中等职业教育课程改革国家规划新教材

电子技术基础与技能

（电气电力类）

主　编　范次猛　冯美仙
主　审　（以姓氏笔画为序）
张大彪
陈　忠
陈振源
陈梓城

電子工業出版社
Publishing House of Electronics Industry
北京・BEIJING

内 容 简 介

本书系中等职业学校电气电力类专业国家规划教材，全书主要内容包括模拟电子技术和数字电子技术两方面。模拟电子技术包括了二极管、三极管、集成运算放大器及其应用。介绍了二极管的特性、结构与分类，整流电路及应用，滤波电路的类型和应用，整流、滤波电路的测试，三极管及应用，放大电路的构成及分析，放大器静态工作点的稳定，集成运算放大器，低频功率放大器，音频功放电路的安装与调试，集成稳压电源，开关式稳压电源，三端集成可调稳压器构成的直流稳压电源的组装与调试，晶闸管及其应用电路等；数字电子技术包括了数字电路基础知识、组合逻辑电路、触发器、时序逻辑电路、数模转换和模数转换等。介绍了脉冲与数字信号、数制与编码、逻辑门电路、组合逻辑电路的基本知识、逻辑函数化简、编码器、译码器、制作三人表决器、RS 触发器、JK 触发器有 D 触发器、制作四人抢答器、寄存器、计数器、制作秒计数器、数模转换与模数转换等。每章节后面都附思考与练习，便于自学。

本书可作为中等职业学校电气电力类专业、电子信息类、计算机类及机电一体化类专业学生的教学用书，也可作为工程技术人员学习电子技术基础的参考书。

图书在版编目（CIP）数据

电子技术基础与技能：电气电力类/范次猛，冯美仙主编. —北京：电子工业出版社，2010.7
中等职业教育课程改革国家规划新教材
ISBN 978-7-121-10519-7

Ⅰ. ①电… Ⅱ. ①范…②冯… Ⅲ. ①电子技术—专业学校—教材 Ⅳ. ①TN

中国版本图书馆 CIP 数据核字（2010）第 041914 号

策划编辑：刘永成
责任编辑：杨宏利
印　　刷：北京丰源印刷厂
装　　订：三河市鹏成印业有限公司
出版发行：电子工业出版社
　　　　　北京市海淀区万寿路 173 信箱　邮编　100036
开　　本：787×1092　1/16　印张：17.75　字数：454.4 千字
印　　次：2012 年 12 月第 3 次印刷
印　　数：2 000 册　　定价：27.00 元（含 CD 光盘 1 张）

凡所购买电子工业出版社图书有缺损问题，请向购买书店调换。若书店售缺，请与本社发行部联系，联系及邮购电话：（010）88254888。

质量投诉请发邮件至 zlts@phei.com.cn，盗版侵权举报请发邮件至 dbqq@phei.com.cn。

服务热线：（010）88258888。

中等职业教育课程改革国家规划新教材

出 版 说 明

为贯彻《国务院关于大力发展职业教育的决定》（国发〔2005〕35 号）精神，落实《教育部关于进一步深化中等职业教育教学改革的若干意见》（教职成〔2008〕8 号）关于“加强中等职业教育教材建设，保证教学资源基本质量”的要求，确保新一轮中等职业教育教学改革顺利进行，全面提高教育教学质量，保证高质量教材进课堂，教育部对中等职业学校德育课、文化基础课等必修课程和部分大类专业基础课教材进行了统一规划并组织编写，从 2009 年秋季学期起，国家规划新教材将陆续提供给全国中等职业学校选用。

国家规划新教材是根据教育部最新发布的德育课程、文化基础课程和部分大类专业基础课程的教学大纲编写，并经全国中等职业教育教材审定委员会审定通过的。新教材紧紧围绕中等职业教育的培养目标，遵循职业教育教学规律，从满足经济社会发展对高素质劳动者和技能型人才的需要出发，在课程结构、教学内容、教学方法等方面进行了新的探索与改革创新，对于提高新时期中等职业学校学生的思想道德水平、科学文化素养和职业能力，促进中等职业教育深化教学改革，提高教育教学质量将起到积极的推动作用。

希望各地、各中等职业学校积极推广和选用国家规划新教材，并在使用过程中，注意总结经验，及时提出修改意见和建议，使之不断完善和提高。

教育部职业教育与成人教育司

2010 年 6 月

前 言

本书是中等职业教育国家规划教材，是总结近几年来电子技术职业教育改革和教学实践，依据教育部制定的《中等职业学校电子技术基础与技能教学大纲》的要求并结合劳动与社会保障部颁发的《国家职业标准》、《职业技能鉴定》相关的工种要求编写而成的。可作为中等职业学校电气电力类专业、电子信息类、计算机类及机电一体化类专业学生的教学用书，也可作为工程技术人员学习电子技术基础的参考书。

近几年来我国的教育事业，特别是职业教育发生了深刻的变化。对中等职业教育的定位，职业教育的理念如“工学结合”、“双证融通”，深刻地影响着中等职业教育的发展。有的地区，在制定教学标准的时候，就把职业标准、职业资格鉴定的要求融入其中。作为中等职业教育的教材应该反映这些方面的变化，将新的职业教育的理念融入教学之中。

本书除保持了以现代电子技术的基本知识和基本技能为主线，以实际应用为目的，重点突出、概念清晰、实用性强，体现中等职业学校电子技术教学改革先进的成功经验外，还体现了以下主要特点：

1．在编写上以培养学生的实践能力为主线，强调内容的应用性和实用性，降低理论分析的难度和深度，以“必需”和“够用”为尺度，建立以能力培养为目标的课程教学模式和教材体系，体现“以能力为本位”的编写指导思想。教材编写突出实用性、应用性，编排时大量削减分立元件，重点突出集成电路的特性和应用。

2．淡化器件内部结构分析，重点介绍器件的符号、特性、功能及应用。突出基本概念、基本原理和基本分析方法，采用较多的图表来代替文字描述和进行归纳、对比。

3．体现了近年来职业教育特别是电子技术职业教学改革的先进经验。知识点的引入采用实物示教、演示实验，体现启发式教育，融“教、学、做”为一体，推行目标教学法，教材中知识点都配有思考与练习，边讲边练、讲练结合。

4．在内容安排上，注重吸收新技术、新产品、新内容。

本书第 1、2、3、4 模块知识部分由冯美仙编写，第 5、6、7 模块知识部分由范次猛编写，第 8、9 模块知识部分由俞浩编写，全书中所有的实训项目由吕纯编写，全书由范次猛、冯美仙任主编。在本教材的编写过程中，得到了江苏省无锡交通高等职业技术学校倪依纯副教授、江苏科技大学刘维亭教授和无锡新一代电力电器有限公司高赟高级工程师的大力支持和帮助，在此一并表示诚挚的谢意。

由于编者学识和水平有限，书中难免存在缺点和错误，恳请同行和使用本书的广大读者批评指正。

为了方便教师教学，本书还配有教学指南、电子教案和习题答案（电子版）。请有此需要的教师登录华信教育网（www.huaxin.edu.cn 或 www.hxedu.com.cn）免费注册后进行下载，具体下载方法详见书后反侵权盗版声明页，有问题时请在网站留言板留言或与电子工业出版社联系（E-mail：hxedu@phei.com.cn）。

编　者

2010 年 7 月

目　录

本书导读 …… 1

模块 1　晶体二极管及其应用 …… 2

任务导入 …… 2

课题 1　晶体二极管的使用 …… 2

一、半导体及 PN 结 …… 3

二、晶体二极管的结构、类型及符号 …… 5

三、二极管的单向导电性 …… 7

四、二极管的伏安特性 …… 8

五、二极管的主要参数 …… 9

六、认识二极管家族 …… 10

七、训练项目：使用万用表测量二极管 …… 13

思考与练习 …… 17

课题 2　整流电路的应用 …… 18

一、认识整流电路 …… 19

二、整流电路的工作原理 …… 20

三、整流电路的应用 …… 24

四、训练项目：整流电路的安装、调试与测量 …… 27

思考与练习 …… 32

课题 3　滤波电路的类型和应用 …… 34

一、认识滤波电路 …… 35

二、滤波电路的工作原理及应用 …… 36

三、训练项目：用示波器观测滤波电路输出波形 …… 41

思考与练习 …… 48

课题 4　晶闸管及应用电路 …… 49

一、普通晶闸管及其应用 …… 50

二、特殊晶闸管及其应用 …… 55

思考与练习 …… 57

模块 2　晶体三极管及放大电路基础 …… 58

任务导入 …… 58

课题 1　晶体三极管的使用 …… 58

一、晶体三极管的结构、类型及符号 …… 59

二、三极管的特性曲线、主要参数 …… 62

三、认识三极管家族……66
四、训练项目：使用万用表判别三极管的极性和质量优劣……67
思考与练习……69
课题 2　放大电路的构成……70
一、三极管的三种状态……71
二、基本共射放大电路的特点……73
思考与练习……74
课题 3　放大电路的分析……74
一、放大电路的直流通路与交流通路……76
二、放大电路的性能指标……79
思考与练习……80
课题 4　放大器静态工作点的稳定……82
一、分压式射极偏置电路……86
二、集电极—基极偏置放大器……88
三、训练项目：使用万用表调整放大电路静态工作点……89
四、训练项目：三极管放大器的安装与调试……92
思考与练习……96
模块 3　常用放大器……97
任务导入……97
课题 1　集成运算放大器……97
一、认识集成运放……98
二、集成运算放大器的基本运算电路……105
三、放大电路中的负反馈……109
四、训练项目：集成运算放大器的使用与测试……111
思考与练习……113
课题 2　低频功率放大电路……116
一、认识低频功率放大器……117
二、低频功率放大器的应用……120
三、综合训练项目：OTL 电路的安装与调试……122
课题 3　综合训练项目：音频功放电路的安装与调试……125
思考与练习……129
模块 4　直流稳压电源……130
任务导入……130
课题 1　硅稳压管稳压电路……130
一、稳压二极管……131
二、硅稳压管稳压电路……132
课题 2　串联型晶体管稳压电路……133

课题 3　集成稳压电源……136
一、集成电路……136
二、集成稳压电源……137
三、训练项目：三端集成稳压电源的组装与调试……139
课题 4　开关稳压电路简介……142
一、开关稳压电路的组成……143
二、开关稳压电路的工作原理……144
三、开关型稳压电路的特点……145
课题 5　训练项目：串联型可调稳压电源的安装、调试与测量……145
思考与练习……150
模块 5　数字电路基础……152
任务导入……152
课题 1　脉冲与数字信号……153
一、数字信号与模拟信号……153
二、数字电路的特点……154
三、数字电路的分类……154
四、数字电路的应用……154
五、脉冲信号……155
课题 2　数制与数制转换……156
一、十进制数……157
二、二进制数……157
三、十六进制数……158
四、不同进制数之间的相互转换……158
五、BCD 编码……159
课题 3　基本逻辑门电路……160
一、基本逻辑关系……161
二、门电路……165
训练项目：TTL 集成逻辑门电路功能测试……175
一、测试 TTL 与门的逻辑功能……175
二、测试 TTL 或门的逻辑功能……176
三、测试 TTL 非门的逻辑功能……177
四、测试 TTL 与非门的逻辑功能……178
思考与练习……179
模块 6　组合逻辑电路……181
任务导入……181
课题 1　组合逻辑电路的基本知识……181
一、逻辑代数……182

二、组合逻辑电路的分析……185
三、组合逻辑电路的类型……187
课题 2　编码器……187
一、二进制编码器……188
二、二—十进制编码器……189
三、优先编码器……191
训练项目：8421BCD 编码器逻辑功能测试……192
课题 3　译码器……194
一、二进制译码器……194
训练项目：74LS138 功能测试与应用……197
二、显示译码器……198
课题 4　训练项目：三人表决器的制作……201
思考与练习……204
模块 7　触发器……209
任务导入……209
课题 1　RS 触发器……209
一、基本 RS 触发器……209
二、同步 RS 触发器……213
三、主从 RS 触发器……215
训练项目：基本 RS 触发器逻辑功能测试……215
课题 2　JK 触发器……216
一、主从 JK 触发器……217
二、边沿 JK 触发器……218
训练项目：JK 触发器逻辑功能测试……220
课题 3　D 触发器……221
一、同步 D 触发器……222
二、边沿 D 触发器……223
三、集成 D 触发器……223
训练项目：D 触发器逻辑功能测试……224
课题 4　综合训练项目：四人抢答器的制作……226
思考与练习……231
模块 8　时序逻辑电路……234
任务导入……234
课题 1　寄存器……234
一、认识寄存器家族……235
二、集成移位寄存器的应用……237
课题 2　计数器……239

一、认识计数器家族……240
二、集成计数器的应用……243
训练项目：寄存器、计数器功能测试……246
一、移位寄存器功能测试……247
二、计数器功能测试……248
课题 4　综合训练项目：秒信号发生器的制作……249
思考与练习……252
模块 9　数模转换和模数转换……254
任务导入……254
课题 1　数模转换……254
一、数模转换的原理……255
二、数模转换的应用……257
课题 2　模数转换……258
三、模数转换的原理……260
四、模数转换的应用……262
课题 3　综合实训项目：数模转换与模数转换集成电路的使用……264
思考与练习……269
参考文献……271

本书导读

《电子技术基础与技能》是中等职业学校电类专业的一门基础课程。本书是依据教育部最新颁布的《中等职业学校电子技术基础与技能教学大纲》的要求，并参考了相关行业的职业技能鉴定规范及中级技术工人等级考核标准编写而成的。

1．教学目标

本书的教学目标是：

- 使学生具备从事相关专业的高素质劳动者和中高级专门人才所必需的电子技术的基本知识和基本技能；
- 为提高学生的全面素质、增强适应职业变化的能力和继续学习的能力打下良好的基础；
- 对学生进行职业意识培养和职业道德教育，提高他们的综合素质。

2．立体化教材

本教材是基于立体化、精品化教材建设的基本思路编写的，由如下3部分内容组成，读者可以配套使用，以大幅提升教、学效果。

- 纸质教材。
- 配书光盘：含全书电子教案PPT，可作为板书。
- 教学指导用书：用于辅助教师备课、授课，可在华信教育资源网上下载电子版（下载方法详见书后“反侵权盗版声明”页）。

3．教学方法建议

- 提倡互动式教学模式，充分调动学生学习的主动性、积极性。
- 积极采用实物演示和多媒体等教学手段，增加学生的感性认识，便于理解掌握。
- 加强实践教学环节，培养学生的学习兴趣，提高学生的动手能力和实际工作能力。
- 适当引进新技术、新知识，拓宽学生的视野，增强学生的适应能力和创新能力。

模块 1 晶体二极管及其应用

任务导入

随着科学水平的提高，新颖的电子产品不断涌现，如大家熟悉的随身听、随身 CD 机、快译通和数字调频收音机等。它们的出现极大地丰富了我们的文化娱乐生活，这些电子产品都要求电源提供稳定且符合规定数值要求的直流电压。常用的供电方式有两种：一种是使用市电的直流低压电源，另一种是使用干电池。干电池又有一次性干电池和可充式干电池之分。

可充式干电池具有可以重复使用的特点，学习本模块内容后，我们可以制作充电器，既能对两节 5 号或 7 号可充干电池充电，又能在输出插口中输出一稳定的直流电压，电压的范围为 1.5～6V，可自由选择，最大输出电流约为 200mA。导入图 1-1 所示为充电器实物图。

导入图1-1 充电器实物图

课题 1 晶体二极管的使用

学习目标

- ✧ 通过实验或演示，了解晶体二极管的单向导电性。了解晶体二极管的结构、电路符号、引脚判别、伏安特性、主要参数，能在实践中合理使用晶体二极管。
- ✧ 了解硅稳压管、发光二极管、光电二极管、变容二极管等特殊二极管的外形、特征、功能和实际应用。能用万用表判别二极管极性和质量优劣。

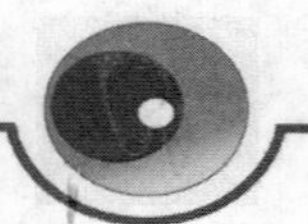

内容提要

晶体二极管简称二极管，是电子器件中最普通、最简单的一种，其种类繁多，应用广泛。全面了解、熟悉晶体二极管的结构、电路符号、引脚、伏安特性、主要参数，有助于对电路进行分析。认识各种二极管的外形特征，对它们有个初步的印象，并熟悉各类二极管的电路符号。电路符号是电子元器件在电路图中“身份”的标记，它包含大量的识图信息，我们必须牢牢掌握它。

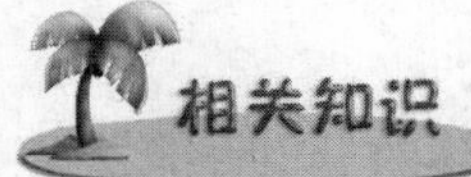

相关知识

一、半导体及 PN 结

半导体器件是 20 世纪中期开始发展起来的，具有体积小、重量轻、使用寿命长、可靠性高、输入功率小和功率转换效率高等优点，在现代电子技术中得到了广泛的应用。

1．半导体的基本特性

在自然界中存在着许多不同的物质，根据其导电性能的不同大体可分为导体、绝缘体和半导体三大类。通常将很容易导电、电阻率小于 $10^{-4}\Omega\cdot cm$ 的物质，称为导体，例如铜、铝、银等金属材料；将很难导电、电阻率大于 $10^{10}\Omega\cdot cm$ 的物质，称为绝缘体，例如塑料、橡胶、陶瓷等材料；将导电能力介于导体和绝缘体之间、电阻率在 $10^{-4}\Omega\cdot cm$～$10^{10}\Omega\cdot cm$ 范围内的物质，称为半导体。常用的半导体材料是硅（Si）和锗（Ge）。

用半导体材料制作电子元器件，不是因为它的导电能力介于导体和绝缘体之间，而是由于其导电能力会随着温度、光照的变化或掺入杂质的多少发生显著的变化，这就是半导体不同于导体的特殊性质。半导体材料具有如下特性。

1）热敏性

所谓热敏性就是半导体的导电能力随着温度的升高而迅速增加的特性。半导体的电阻率对温度的变化十分敏感。例如纯净的锗从 20℃升高到 30℃时，它的电阻率几乎减小为原来的 1/2；而一般的金属导体的电阻率则变化较小，比如铜，当温度同样升高 10℃时，它的电阻率几乎不变。

2）光敏性

半导体的导电能力随光照的变化有显著改变的特性称做光敏性。某种硫化铜薄膜在暗处的电阻为几十兆欧姆，受光照后，电阻可以下降到几十千欧姆，只有原来的 1%。自动控制中用的光电二极管和光敏电阻，就是利用光敏特性制成的。而金属导体在阳光下或在暗处其电阻率一般没有什么变化。

3）杂敏性

所谓杂敏性就是半导体的导电能力因掺入适量的杂质而发生很大变化的特性。在半导体硅中，只要掺入亿分之一的硼，电阻率就会下降到原来的几万分之一。利用这一特性，可以制造出不同性能、不同用途的半导体器件。而金属导体即使掺入千分之一的杂质，对其电阻率也几乎没有什么影响。

半导体之所以具有上述特性，根本原因在于其特殊的原子结构和导电机理。

2．本征半导体

本征半导体是指完全纯净的、具有晶体结构（即原子排列按一定规律排得非常整齐）的半导体，如常用半导体材料硅（Si）和锗（Ge）。在常温下，其导电能力很弱；在环境温度升高或有光照时，其导电能力随之增强。

3．杂质半导体

在本征半导体中，人为地掺入少量其他元素（称杂质），可以使半导体的导电性能发生显著的变化。利用这一特性，可以制成各种性能不同的半导体器件，这样使得它的用途大大增加。掺入杂质的本征半导体称为杂质半导体，根据掺入杂质性质的不同，可分为两种：N型半导体和P型半导体。

1）N型半导体（电子型半导体）

在4价的本征半导体中掺入正5价元素（如磷、砷），就形成N型半导体。N型半导体自由电子数量多，空穴数量少，参与导电的主要是带负电的自由电子，如图1-1-1（a）所示。

2）P型半导体（空穴型半导体）

在4价的本征半导体中掺入正3价杂质元素（如硼、镓）时，就形成P型半导体。P型半导体中，空穴数量多，自由电子数量少，参与导电的主要是带正电的空穴，如图1-1-1（b）所示。

由于杂质的掺入，使得N型半导体和P型半导体的导电能力较本征半导体有极大的增强。但是掺入杂质的目的不是单纯为了提高半导体的导电能力，而是想通过控制杂质掺入量的多少，来控制半导体导电能力的强弱。

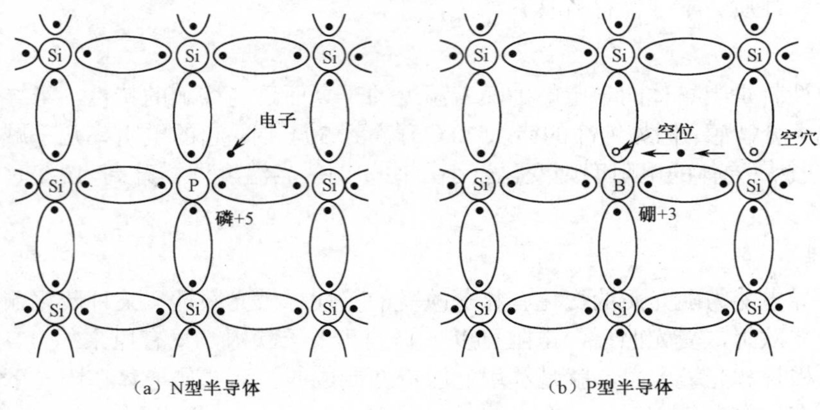

图1-1-1　杂质半导体

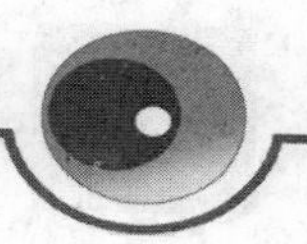

4．PN 结

当把一块 P 型半导体和一块 N 型半导体用特殊工艺紧密结合时，在两者的交界面上会形成一个具有特殊现象的薄层，这个薄层被称为 PN 结，而 PN 结具有单向导电的特性。二极管的核心正是 PN 结。

二、晶体二极管的结构、类型及符号

1．二极管的结构

图 1-1-2 所示是用于家用电器、稳压电源等电子产品的各种不同外形的晶体二极管（简称二极管）。

图1-1-2　几种常用二极管的实物图

在一个 PN 结的两端加上电极引线并用外壳封装起来，就构成了半导体二极管。由 P 型半导体引出的电极，称做正极（或阳极），由 N 型半导体引出的电极，称做负极（或阴极）。二极管的内部结构示意图及电路图形符号如图 1-1-3 所示。

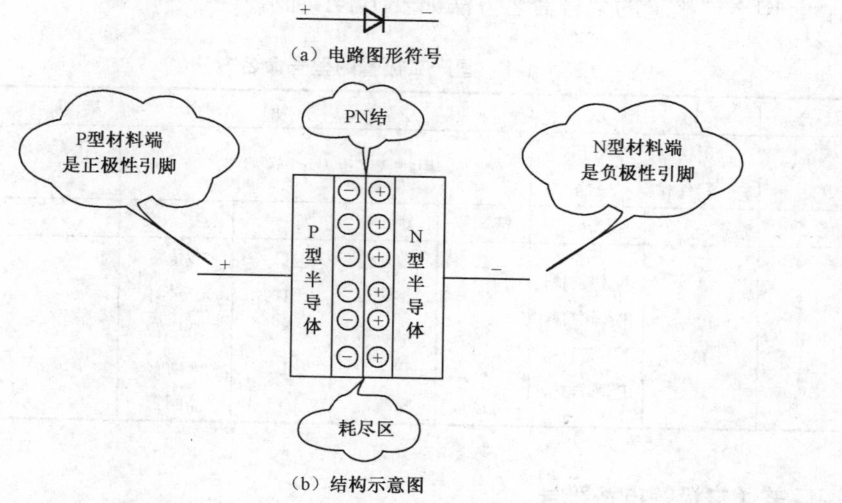

图1-1-3　二极管的内部结构示意图及电路图形符号

二极管的电极是由金属制成的，并被介质所隔开，因此，电极之间存在着电容，这些电容叫做极间电容。

按照结构工艺的不同，二极管有点接触型和面接触型两类。点接触型二极管的结构如

图 1-1-4（a）所示。这类二极管的 PN 结面积和极间电容均很小，不能承受高的反向电压和大电流，因而适用于制作高频检波和脉冲数字电路里的开关元件，以及作为小电流的整流管。

面接触型二极管又称面结型二极管，其结构如图 1-1-4（b）所示。这种二极管的 PN 结面积大，可承受较大的电流，其极间电容大，因而适用于整流，而不宜用于高频电路中。

如图 1-1-4（c）所示是硅工艺平面型二极管的结构图。

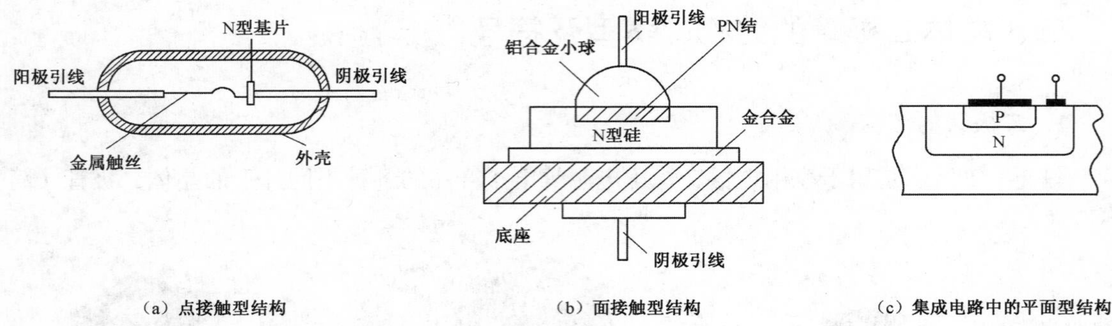

（a）点接触型结构　（b）面接触型结构　（c）集成电路中的平面型结构

图1-1-4　半导体二极管的典型结构

2．二极管的类型

半导体二极管的种类和型号很多，我们用不同的符号来代表它们，例如 2AP9，其中“2”表示二极管，“A”表示采用 N 型锗材料为基片，“P”表示普通用途管（P 为汉语“普通”拼音字头），“9”为产品性能序号；又如 2CZ8，其中“C”表示由 N 型硅材料作为基片，“Z”表示整流管。国产二极管的型号命名方法如表 1-1-1 所示。

表 1-1-1　国产二极管的型号命名方法

第一部分		第二部分		第三部分				第四部分	第五部分
用数字表示器件的电极数目		用拼音字母表示器件材料和极性		用拼音字母表示器件类别				用数字表示器件序号	用汉语拼音表示规格号
符号	意义	符号	意义	符号	意义	符号	意义		
2	二极管	A B C D	N型锗材料 P型锗材料 N型硅材料 P型硅材料	P Z W K L	普通管 整流管 稳压管 开关管 整流堆	C U N B T	参量管 光电器件 阻尼管 雪崩管 晶闸管		

3．图解普通二极管电路符号

如图 1-1-5 所示是图解普通二极管电路图形符号示意图。电路符号中表示了二极管两根引脚极性，指示了流过二极管的电流方向，这些识图信息对分析二极管电路有着重要的作用。例如，电流方向表明了只有当电路中二极管正极电压高于负极电压足够大时，才有电流流过二极管，否则二极管无电流流过。

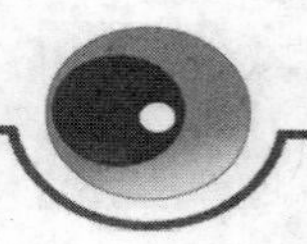

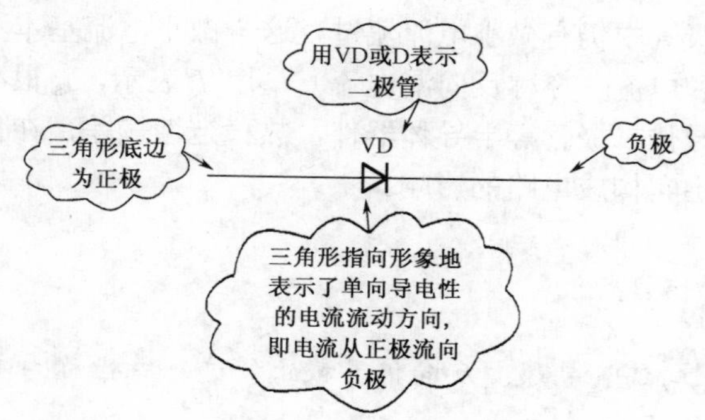

图1-1-5　二极管电路图形符号

三、二极管的单向导电性

做一做

按图 1-1-6 所示连接电路，观察电路中灯的亮灭；将电源反接，再观察灯的亮灭。（建议采用仿真演示）

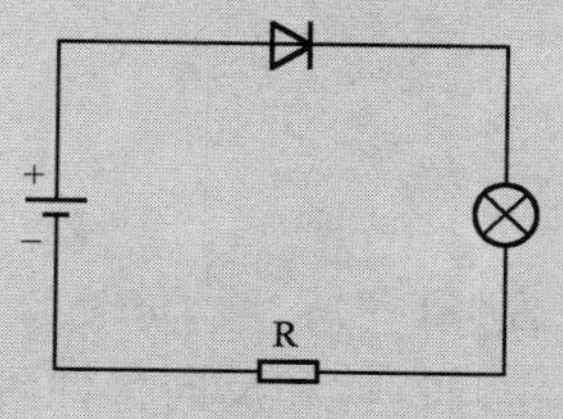

图1-1-6　二极管单向导电性实验

结果

图 1-1-6 所示电路中，灯亮；电源反接后，灯不亮。

1．加正向电压导通

如图 1-1-6 所示的电路中，二极管阳极接电源正极，阴极接电源负极，这种情况称为二极管（PN 结）正向偏置；接通后，灯亮，这时称二极管（PN 结）导通，流过二极管的电流称为正向电流。

2．加反向电压截止

将电路中的电源反接，二极管阳极（P 区）接电源负极，阴极（N 区）接电源正极，这时二极管（PN 结）称为反向偏置。电路接通后，灯不亮，电流几乎为零，这时称为二极管

（PN 结）截止，此时二极管中仍有微小电流流过，这个微小电流基本不随外加反向电压变化而变化，故称为反向饱和电流（亦称反向漏电流），用 I_s 表示，I_s 很小，但它会随温度上升而显著增加。因此，半导体二极管等半导体器件，热稳定性较差，在使用半导体器件时，要考虑环境温度对器件和由它构成电路的影响。

分析总结

二极管（PN 结）正向偏置导通、反向偏置截止的这种特性称为单向导电性。

四、二极管的伏安特性

二极管的伏安特性是指加到二极管两端的电压与流过二极管的电流之间的关系。如果以电压为横坐标、电流为纵坐标作出电压-电流关系曲线，称为伏安特性曲线。该曲线可通过逐点测试法得到，也可利用晶体管特性图示仪直接观测到。

做一做

利用晶体管特性图示仪观测二极管伏安特性曲线。

结果

利用晶体管特性图示仪得到如图 1-1-7 所示二极管的正、反向伏安特性曲线。

二极管的伏安特性曲线可分为正向特性和反向特性两部分。其伏安特性曲线如图 1-1-7 所示。

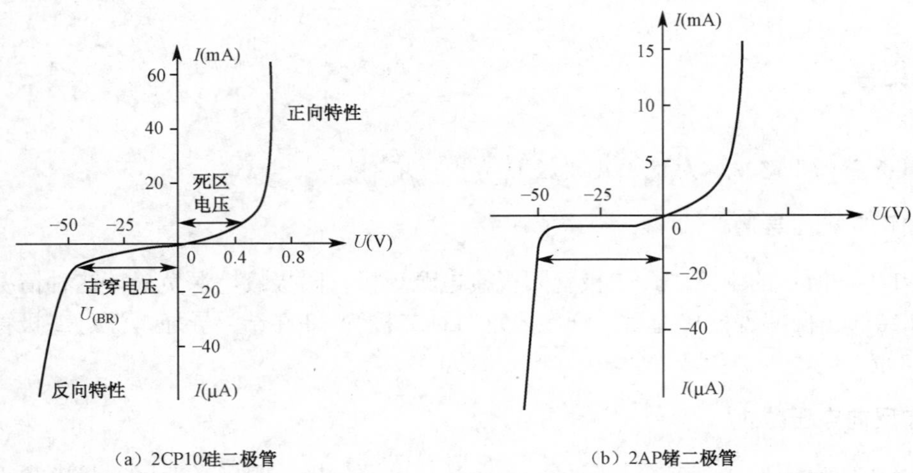

图1-1-7　二极管伏安特性曲线

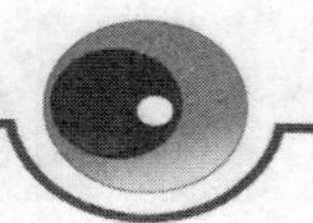

1．正向特性

当二极管加上很低的正向电压时，正向电流很小，二极管呈现很大的电阻。当正向电压超过一定数值即死区电压后，电流增长很快，二极管电阻变得很小。死区电压又称阀值电压，硅管约为 0.6～0.7V。锗管约为 0.2～0.3V。二极管正向导通时，硅管的压降一般为 0.6～0.7V，锗管则为 0.2～0.3V。

2．反向特性

二极管加上反向电压时，形成很小的反向电流。反向电流有两个特性：一是它随温度的上升增长很快；二是在反向电压不超过某一数值时，反向电流不随反向电压的改变而改变，故这个电流称为反向饱和电流。

当外加反向电压过高时，反向电流将突然增大，二极管失去单向导电性，这种现象称为反向击穿。产生击穿时加在二极管上的反向电压称为反向击穿电压 $U_{(BR)}$。正常使用二极管时（稳压二极管除外），是不允许出现这种现象的，因为击穿后电流过大将会损坏二极管。

有时为了讨论方便，在一定条件下，可以把二极管的伏安特性理想化，即认为二极管的死区电压和导通电压都等于零。这样的二极管称为理想二极管。

五、二极管的主要参数

二极管的特性除用伏安特性曲线表示外，还可用一些数据来说明，这些数据就是二极管的参数。各种参数都可从半导体器件手册中查出，下面只介绍几个二极管常用的参数。

1．最大整流电流 I_F

最大整流电流是指二极管长时间使用时，允许流过二极管的最大正向平均电流。当电流超过这个允许值时，二极管会因过热而烧坏，使用时务必注意。

2．最大反向工作电压 U_{RM}（反向峰值电压）

最大反相工作电压是指二极管正常工作时所允许外加的最高反向电压。它是保证二极管不被击穿而得出的反向峰值电压，一般取反向击穿电压的一半左右作为二极管最高反向工作电压。

3．反向峰值电流 I_{RM}

反向峰值电流是指在二极管上加反向峰值电压时的反向电流值。反向峰值电流大，说明单向导电性能差，并且受温度的影响大。

六、认识二极管家族

1．二极管的种类划分

无论哪种类型二极管，虽然它们的工作特性有所不同，但是它们都具有 PN 结的单向导电特性。表 1-1-2 所示的是二极管的种类划分。

表 1-1-2　二极管的种类划分

划分方法及种类		说　明
按功能划分	普通二极管	常见的二极管
	整流二极管	专门用于整流的二极管
	发光二极管	专门用于指示信号的二极管，能发出光
	稳压二极管	专门用于直流稳压的二极管
	光敏二极管	对光有敏感的作用
按材料划分	硅二极管	硅材料二极管，常用的二极管
	锗二极管	锗材料二极管
按外壳封装材料划分	塑料封装二极管	大量使用的二极管采用这种封装材料
	金属封装二极管	大功率整流二极管采用这种封装材料
	玻璃封装二极管	检波二极管等采用这种封装材料

2．普通二极管

二极管的两根引脚有正、负极性之分，使用中如果接错，不仅不能起到正确的作用，甚至还会损坏二极管本身及电路中其他元器件。

二极管最基本的特征是单向导通特性，即流过二极管的实际电流只能从正极流向负极。利用这一特性，二极管可以构成整流电路等许多实用电路。

普通二极管（见图 1-1-8）可以用于整流、限幅、检波等许多电路中。

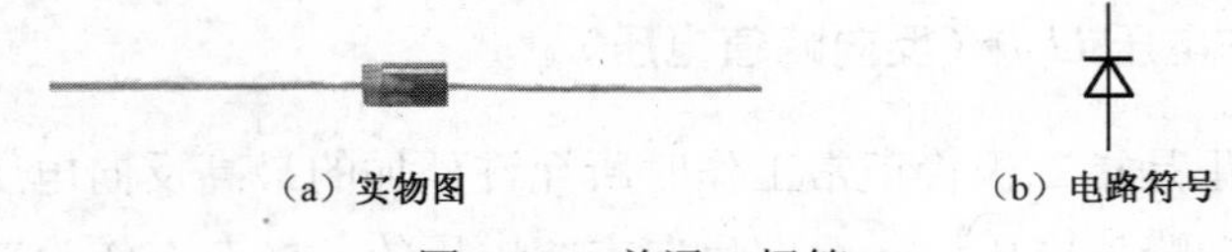

（a）实物图　　（b）电路符号

图1-1-8　普通二极管

3．稳压二极管

稳压二极管（见图 1-1-9）用于直流稳压电路中，它也具有两根正、负引脚，也有一个 PN 结的结构，它应用于直流稳压电路中时，PN 结处于击穿状态下，但不会烧坏 PN 结。稳压二极管常用 VD 表示。

注意：稳压二极管的电路符号与普通二极管电路符号有一点区别，可以由此来识别稳压二极管。

（a）实物图 　　（b）电路图形符号

图1-1-9　稳压二极管

4．发光二极管

发光二极管（见图 1-1-10）是一种在导通后能够发光的二极管，也具有 PN 结，有单向导电特性。为使发光二极管正常发光，发光二极管应正向偏置。

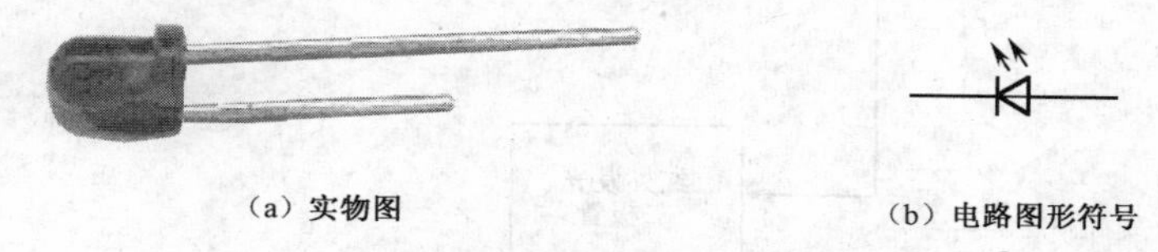

（a）实物图　　（b）电路图形符号

图1-1-10　发光二极管

发光二极管具有体积小、功耗低、寿命长、外形美观、适应性能强等特点，广泛用于仪器、仪表、电器设备中做电源信号指示、音响设备调谐和电平指示、广告显示屏的文字、图形、符号显示等。红外线发光二极管（见图 1-1-11）也是发光二极管中的一种，但是它发出的是红外线，主要用于各种红外遥控器中作为遥控发射器。

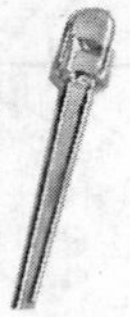

（a）实物图　　（b）电路图形符号

图1-1-11　红外线发光二极管

红外线发光二极管也有 PN 结的结构，有两根引脚，且有正、负极性之分。

发光二极管种类繁多，普通发光二极管用于各种指示器电路中，红外线发光二极管用于各类遥控器电路中。具体分类如图 1-1-12 所示。

5．光敏二极管

如图 1-1-13 所示为光敏二极管。

光敏二极管在反向偏置下并有光线照射时，光敏二极管导通；没有光线照射时，光敏二极管不导通。为使光敏二极管正常工作，光敏二极管应反向偏置。

光敏二极管在烟雾探测器、光电编码器及光电自动控制中作为光电信号接收转换用。

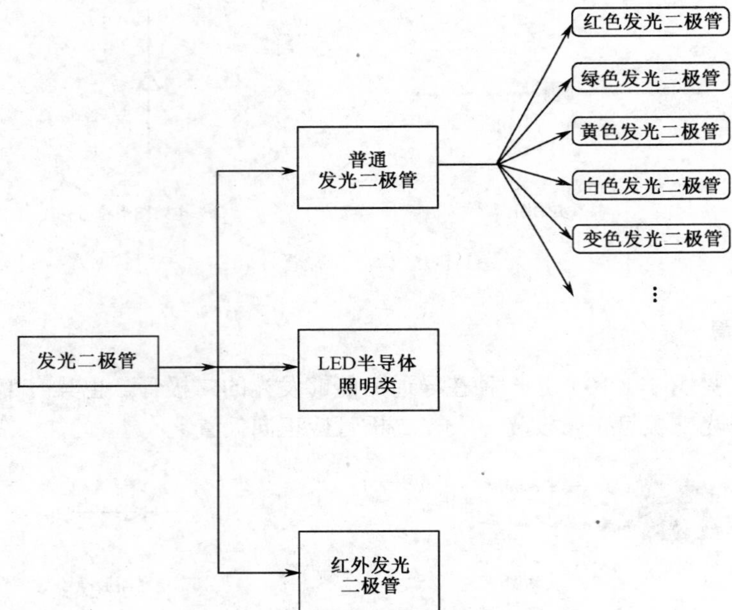

图1-1-12　发光二极管分类

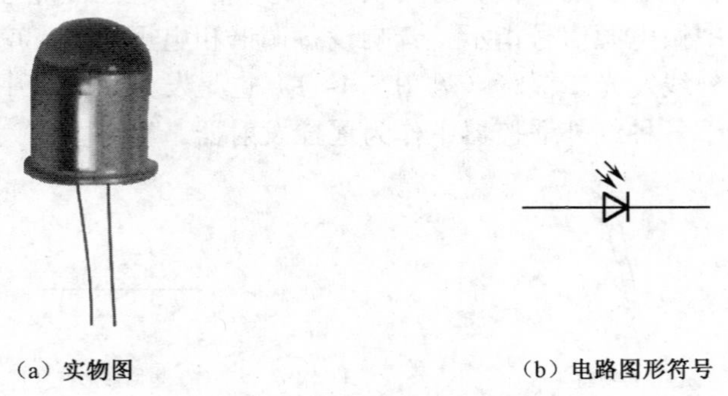

图1-1-13　光敏二极管

6. 变容二极管

变容二极管（见图 1-1-14）又称“可变电抗二极管”。PN 结具有电容的特征和功能，叫做极间电容或结电容。变容二极管是一种利用 PN 结电容（势垒电容）与其反向偏置电压 u_R 的依赖关系及原理制成的二极管。所用材料多为硅或砷化镓单晶，并采用外延工艺技术。反偏电压愈大，则结电容愈小。变容二极管具有与衬底材料电阻率有关的串联电阻。主要参量是：零偏结电容、反向击穿电压、标称电容、电容变化范围（以 pF 为单位）以及截止频率等，对于不同用途，应选用具有不同电容和反向击穿电压特性的变容二极管，如有专用于谐振电路调谐的电调变容二极管，适用于参放变容二极管以及用于固体功率源中倍频、移相的功率阶跃变容二极管等。为使变容二极管正常工作，变容二极管应反向偏置。

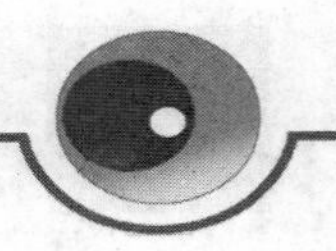

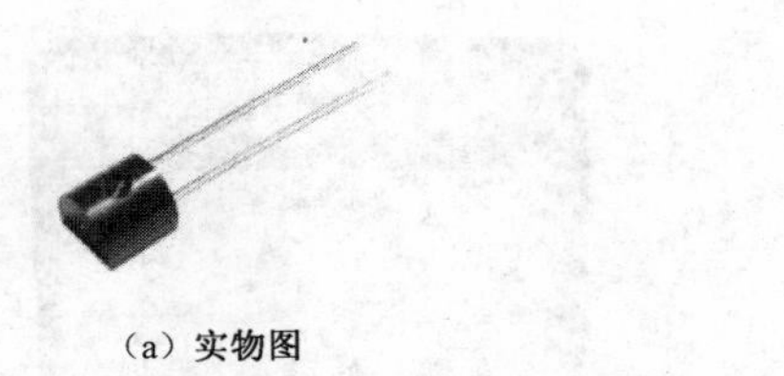

（a）实物图　　（b）电路图形符号

图1-1-14　变容二极管

用于自动频率控制（AFC）和调谐用的变容二极管，通过施加反向电压，使其 PN 结的静电容量发生变化。因此，广泛使用于自动频率控制、扫描振荡、调频和调谐等用途。通常，虽然是采用硅的扩散型二极管，但是也可采用合金扩散型、外延结合型、双重扩散型等特殊制作的二极管，因为这些二极管对于电压而言，其静电容量的变化率特别大。结电容随反向电压 u_R 变化，取代可变电容，用做调谐回路、振荡电路、锁相环电路，常用于电视机高频调谐器的频道转换和调谐电路。

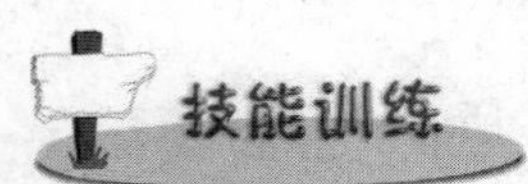

七、训练项目：使用万用表测量二极管

技能目标

1. 掌握万用表电阻挡的使用方法。
2. 掌握二极管极性的判别方法。
3. 能用万用表判别晶体二极管的质量优劣。

工具和仪器

万用表和各类二极管。

知识准备

1．万用表电阻挡的使用方法

万用表是装配和检修中最常见的仪表，初学者必须熟练掌握它的操作方法。万用表有数字式和指针式两种，如图 1-1-15 所示是这两种万用表的外形。数字式万用表的优点是指示直观，如直流电压挡显示“9”，说明直流电压为 9V；而指针式万用表对元器件的检测却有独到之处，一些测量现象更能反映元器件的性能。例如，在测量频率较低的脉冲信号时，指针式万用表清晰地看到指针在来回摆动。

电阻挡用来测量电阻值，以及测量电路的通、断状态。

万用表转换开关置于“Ω”挡时，测量不同阻值时应使用不同挡位。

指针式万用表在测量电阻之前，我们首先要进行欧姆挡调零，也称“动态调零”。

（a）数字式万用表　　（b）指针式万用表

图1-1-15　万用表

指针式万用表欧姆挡调零方法和测量电阻方法如表 1-1-3 和表 1-1-4 所示。

表 1-1-3　指针式万用表欧姆挡调零方法

校零旋钮	表针指示	说　明
	∞　0	在需要准确测量时，更换不同欧姆挡量程后均需进行一次校零，其方法是：红、黑表棒接通，表针向右侧偏转，调整有“Ω”字母的旋钮使表针指向 0Ω处。 当置于 R×1 挡时，因为校零时流过欧姆表的电流比较大，对表内电池的消耗较大，故校零动作要迅速。 当置于 R×1 挡无法校到 0Ω处时，说明万用表内的电池电压不足，要更换这节电池

表 1-1-4　指针式万用表测量电阻方法

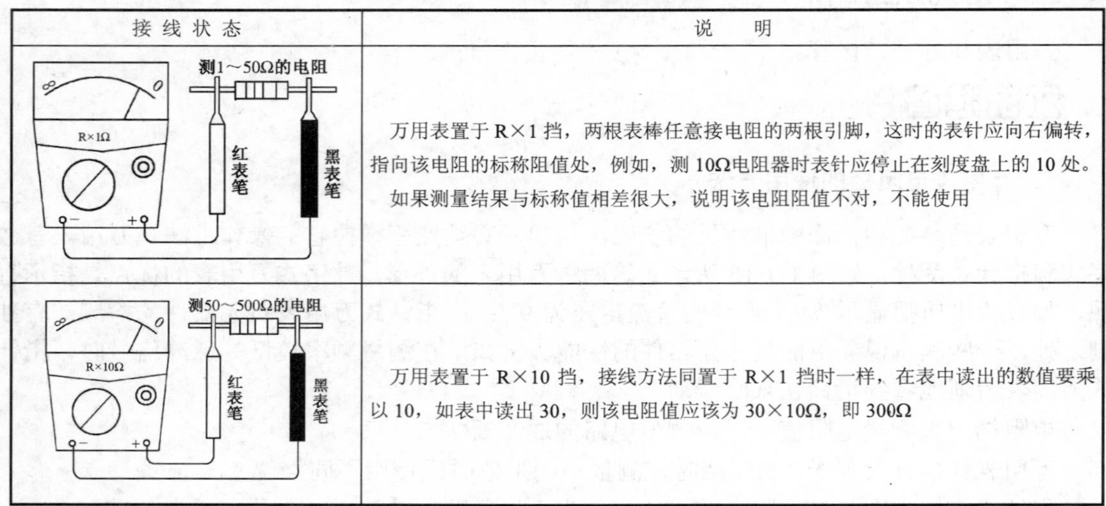

接线状态	说　明
测1～50Ω的电阻 ∞　0 R×1Ω 红表笔　黑表笔 －　＋	万用表置于 R×1 挡，两根表棒任意接电阻的两根引脚，这时的表针应向右偏转，指向该电阻的标称阻值处，例如，测 10Ω电阻器时表针应停止在刻度盘上的 10 处。 如果测量结果与标称值相差很大，说明该电阻阻值不对，不能使用
测50～500Ω的电阻 ∞　0 R×10Ω 红表笔　黑表笔 －　＋	万用表置于 R×10 挡，接线方法同置于 R×1 挡时一样，在表中读出的数值要乘以 10，如表中读出 30，则该电阻值应该为 30×10Ω，即 300Ω

续表

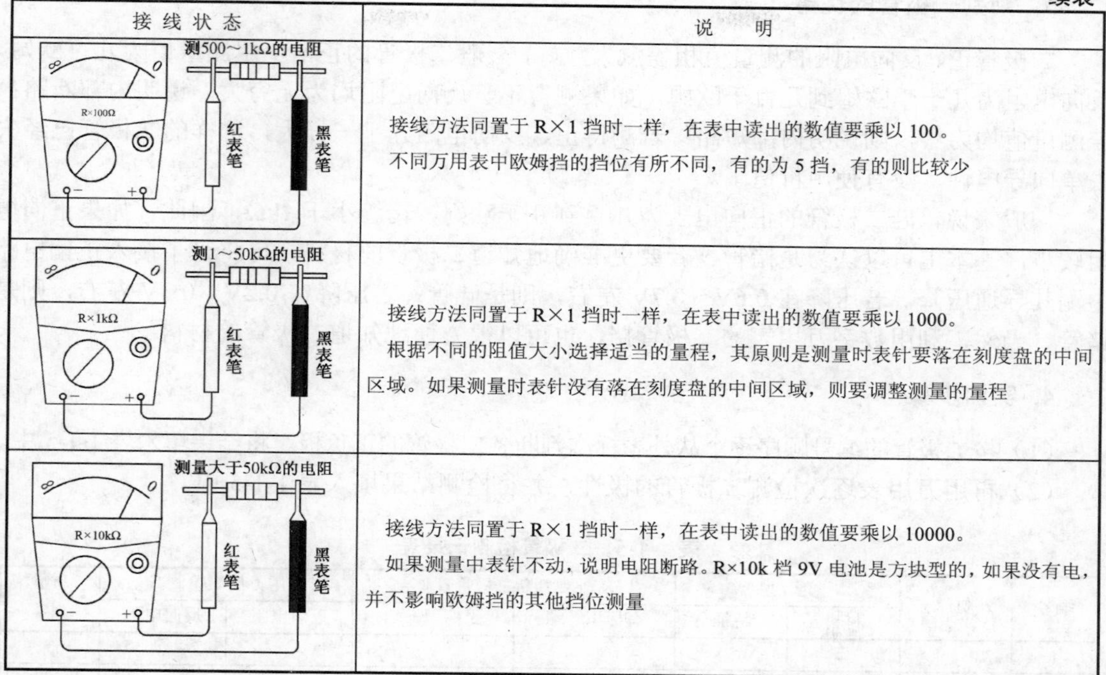

接线状态	说　明
测500～1kΩ的电阻；R×100Ω；红表笔；黑表笔	接线方法同置于 R×1 挡时一样，在表中读出的数值要乘以 100。 不同万用表中欧姆挡的挡位有所不同，有的为 5 挡，有的则比较少
测1～50kΩ的电阻；R×1kΩ；红表笔；黑表笔	接线方法同置于 R×1 挡时一样，在表中读出的数值要乘以 1000。 根据不同的阻值大小选择适当的量程，其原则是测量时表针要落在刻度盘的中间区域。如果测量时表针没有落在刻度盘的中间区域，则要调整测量的量程
测量大于50kΩ的电阻；R×10kΩ；红表笔；黑表笔	接线方法同置于 R×1 挡时一样，在表中读出的数值要乘以 10000。 如果测量中表针不动，说明电阻断路。R×10k 档 9V 电池是方块型的，如果没有电，并不影响欧姆挡的其他挡位测量

2. 使用万用表判别二极管极性

有的二极管从外壳的形状上可以区分电极；有的二极管的极性用二极管符号印在外壳上，箭头指向的一端为负极；还有的二极管用色环或色点来标识（靠近色环的一端是负极，有色点的一端是正极）。若标识脱落，可用万用表测其正反向电阻值来确定二极管的电极。测量时把万用表置于 R×100 挡或 R×1k 挡，不可用 R×1 挡或 R×10k 挡，前者电流太大，后者电压太高，有可能对二极管造成不利的影响。用万用表的黑表笔和红表笔分别与二极管两极相连。若测得电阻较小，与黑表笔相接的极为二极管正极，与红表笔相接的极为二极管负极；若测得电阻很大，与红表笔相接的极为二极管正极，与黑表笔相接的极为二极管负极。测量方法如图 1-1-16 所示。

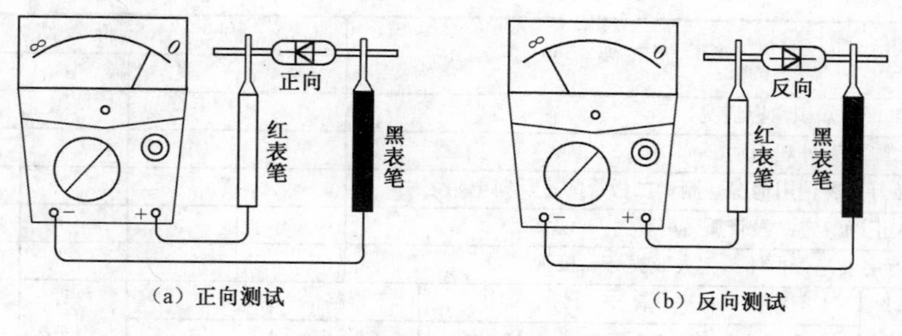

（a）正向测试　　（b）反向测试

图1-1-16　使用万用表判别二极管极性方法

3. 判别二极管的优劣

二极管正、反向电阻的测量值相差愈大愈好，一般二极管的正向电阻测量值为几百欧姆，反向电阻为几十千欧姆到几百千欧姆。如果测得正、反向电阻均为无穷大，说明内部断路；若测量值均为零，则说明内部短路；若测得正、反向电阻几乎一样大，这样的二极管已经失去单向导电性，没有使用价值了。

一般来说，硅二极管的正向电阻为几百到几千欧姆，锗管小于 1kΩ，因此，如果正向电阻较小，基本上可以认为是锗管。若要更准确地知道二极管的材料，可将管子接入正偏电路中测其导通压降，若压降在 0.6V～0.7V 左右，则是硅管；若压降在 0.2V～0.3V 左右，则是锗管。当然，利用数字万用表的二极管挡，也可以很方便地知道二极管的材料。

4. 实训步骤

（1）按二极管的编号顺序逐个从外表标志判断各二极管的正负极。将结果填入表 1-1-5 中。

（2）再用万用表逐次检测二极管的极性，并将检测结果填入表 1-1-5 中。

表 1-1-5　二极管检测记录表

编号	外观标志	类　型		从外观判断二极管管脚		用万用表检测		质量判别
		材料	特征	有标识一端	无标识一端	正向电阻	反向电阻	
1								
2								
3								
4								
5								
6								
7								
8								
9								
10								

5. 课题考核评价表（见表 1-1-6）

表 1-1-6　考核评价表

评价指标	评　价　要　点					评　价　结　果					
						优	良	中	合格	差	
理论知识	二极管知识掌握情况										
技能水平	1.二极管外观识别										
	2.万用表使用情况，测量二极管的正反向电阻										
	3.正确鉴定二极管质量好坏										
安全操作	万用表是否损坏，丢失或损坏二极管										
总评	评别	优 100～88	良 87～75	中 74～65	合格 64～55	差 ≤54	总评得分				

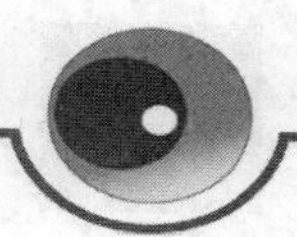

思考与练习

一、填空题

1．PN 结具有________性，__________偏置时导通；________偏置时截止。

2．半导体二极管 2AP7 是______半导体材料制成的，2CZ56 是______半导体材料制成的。

3．光电二极管也称光敏二极管，它能将_______信号转换为_______信号，它有一个特殊的 PN 结，工作于________状态。

4．用万用表测量二极管的正向电阻时，应当将万用表的红表笔接二极管的______，将黑表笔接二极管的_____极。

5．自然界中的物质，根据其导电性能的不同大体可分为_____、______和______三大类。

6．在如图 1-1-17 所示电路中，________图的指示灯不会亮。

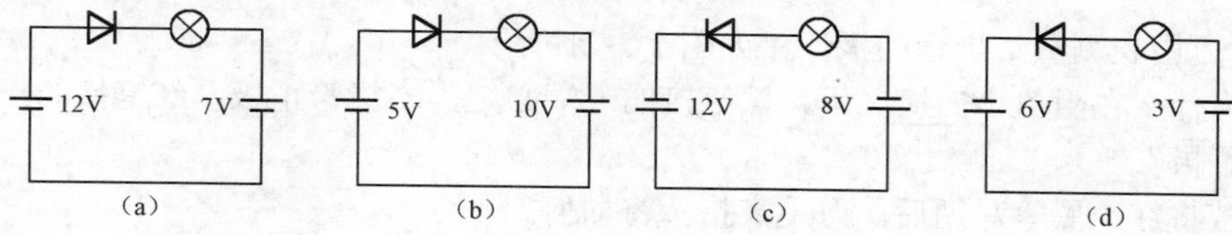

图1-1-17 填空题6用图

二、综合题

1．什么是 N 型半导体？什么是 P 型半导体？

2．怎样使用万用表判断二极管正、负极与好、坏？

3．二极管导通时，电流是从哪个电极流入？从哪个电极流出？

4．发光二极管、光敏二极管分别在什么偏置状态下工作？

5．在如图 1-1-18 所示的各个电路中，已知直流电压 $U_i=3V$，电阻 $R=1k\Omega$，二极管的正向压降为 0.7V，求 U_o。

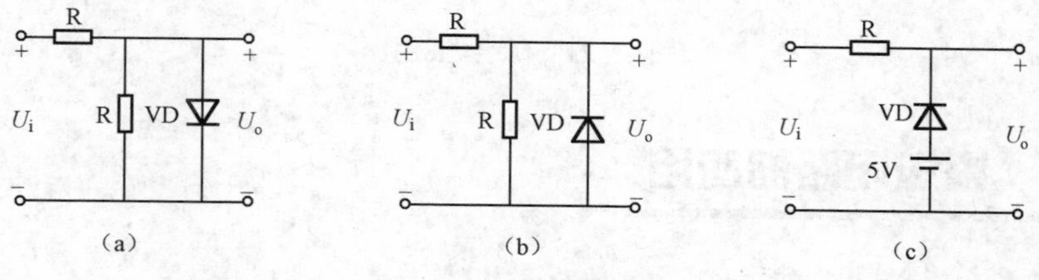

图1-1-18 综合题5用图

6．在用微安表组成的测量电路中，常用二极管来保护μA 表头，以防直流电源极性接错或通过电流过大而损坏，电路图如图 1-1-19 所示。试分别说明图 1-1-19（a）、（b）中二极管各起什么作用，说明原因。

7．在图 1-1-20 所示电路中，VD_1、VD_2 为理想二极管，正偏导通时 $U_D=0$，反偏时可靠截止，$I_s=0$，计算各回路中电流和 U_{AB}、U_{CD}。

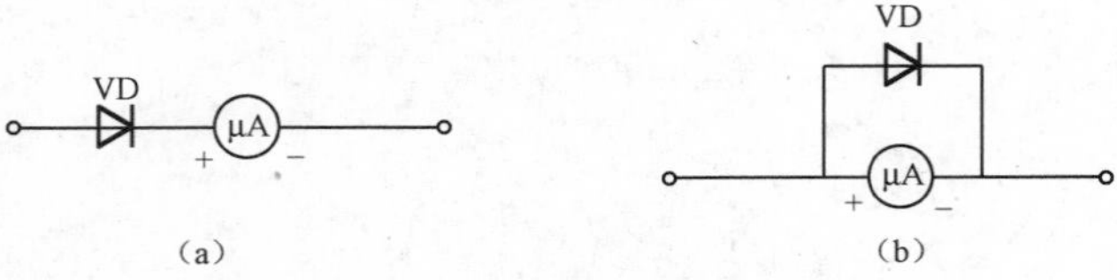

图1-1-19　综合题6用图

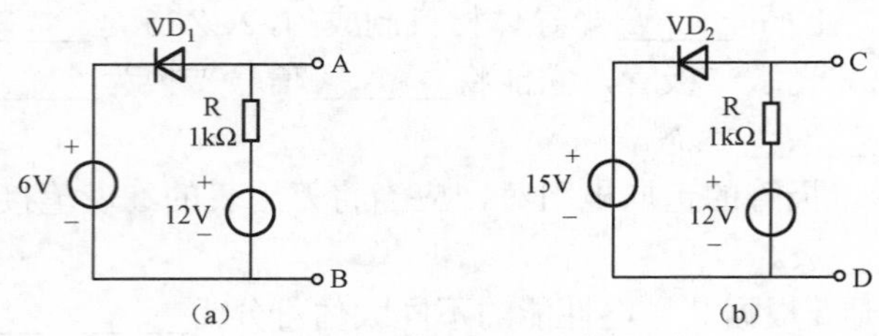

图1-1-20　综合题7用图

8．用万用表测量二极管的极性，如图 1-1-21 所示。

（1）为什么在阻值小的情况下，黑笔接的一端必定为二极管正极，红笔接的一端必定为二极管的负极？

（2）若将红、黑笔对调后，万用表指示将如何？

（3）若正向和反向电阻值均为无穷大，二极管性能如何？

（4）若正向和反向电阻值均为零，二极管性能如何？

（5）若正向和反向电阻值接近，二极管性能又如何？

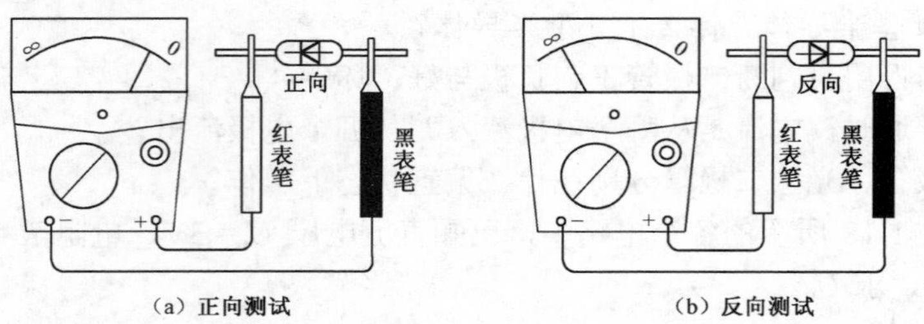

图1-1-21　综合题8用图

课题 2　整流电路的应用

学习目标

- ✧ 通过示波器观察整流电路输出电压的波形；了解整流电路的工作原理；了解整流电路的应用。
- ✧ 能从实际电路图中识读整流电路，通过估算，会合理选择整流电路元件的参数；能列举整流电路在电子技术领域的应用。
- ✧ 能搭接由整流桥组成的应用电路，会使用整流桥。

内容提要

整流电路是利用二极管的单向导电性，将正负交替的正弦交流电压变换成单方向的脉动电压，因此二极管是构成整流电路的核心元件。在小功率的直流电源中，整流电路的主要形式有单相半波、单相全波和单相桥式整流电路，其中，单相桥式整流电路用得最为普遍。

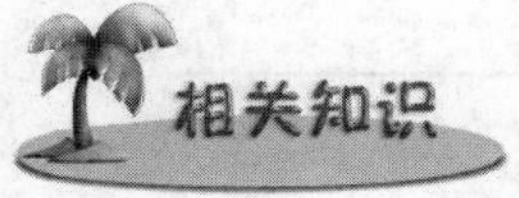

一、认识整流电路

电源电路中的整流电路主要有半波整流电路、全波整流电路和桥式整流电路三种，倍压整流电路适用于负载电流很小的场合，例如用于发光二极管电平指示器电路中，对音频信号进行整流。

1．图解单相半波整流电路（见图 1-2-1）

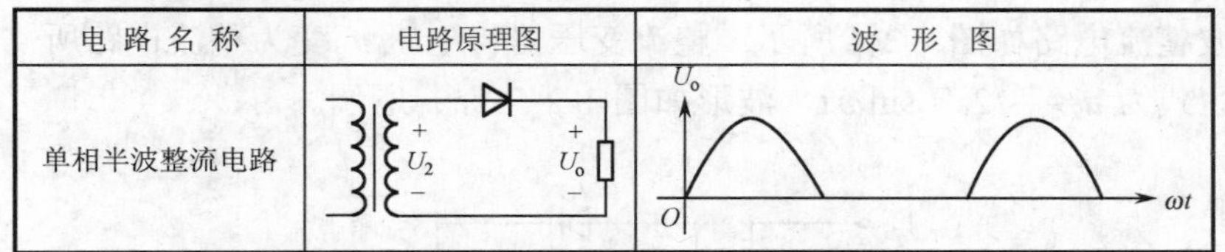

电 路 名 称	电路原理图	波 形 图
单相半波整流电路		

图1-2-1　单相半波整流电路原理图及波形图

半波整流电路是电源电路中一种最简单的整流电路，它的电路结构最为简单，只用一只整流二极管。由于这一整流电路的输出电压只是利用了交流输入电压的半周，因此被称为半波整流电路。半波整流电路是各种整流电路的基础，掌握了这种整流电路工作原理的分析思路，便能分析其他的整流电路。

2．图解单相全波整流电路（见图 1-2-2）

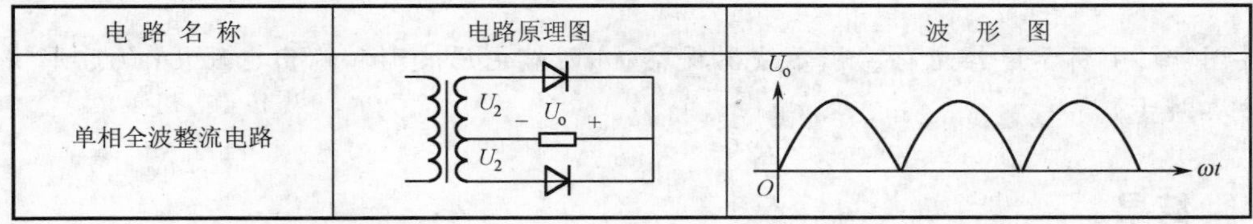

电 路 名 称	电路原理图	波 形 图
单相全波整流电路		

图1-2-2　单相全波整流电路原理图及波形图

全波整流电路使用两只整流二极管构成一组全波整流电路，且要求电源变压器有中心抽头。全波整流电路的效率高于半波整流电路，因为交流输入电压的正、负半周都被作为输出电压输出了。本电路二极管极性不能接反，否则会烧毁二极管。

3. 图解单相桥式整流电路（见图 1-2-3）

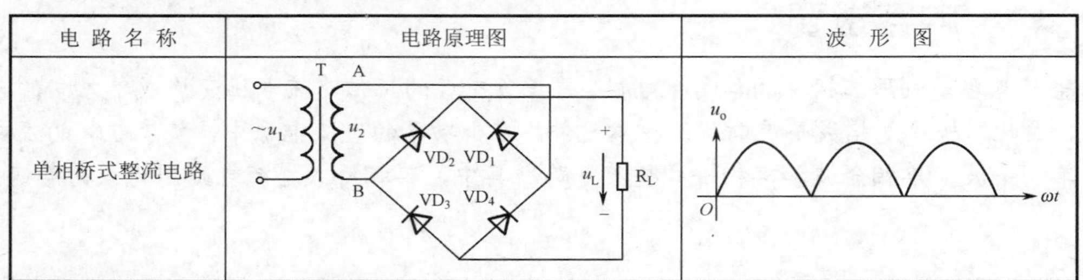

电路名称	电路原理图	波形图
单相桥式整流电路		

图1-2-3　单相桥式整流电路原理图及波形图

单相桥式整流电路的变压器二次绕组不用设中心抽头，但要用四只整流二极管。从整流电路的输出电压波形中可以看出，通过桥式整流电路，可以将交流电压转换成单向脉动性的直流电压，这一电路作用同全波整流电路一样，也是将交流电压的负半周转到正半周来。

二、整流电路的工作原理

1. 单相半波整流电路

单相半波整流电路如图 1-2-4 所示。整流变压器将电压 u_1 变为整流电路所需的电压 u_2，它的瞬时表达式为 $u_2=\sqrt{2}\,U_2\sin\omega t$，波形如图 1-2-5（a）所示。

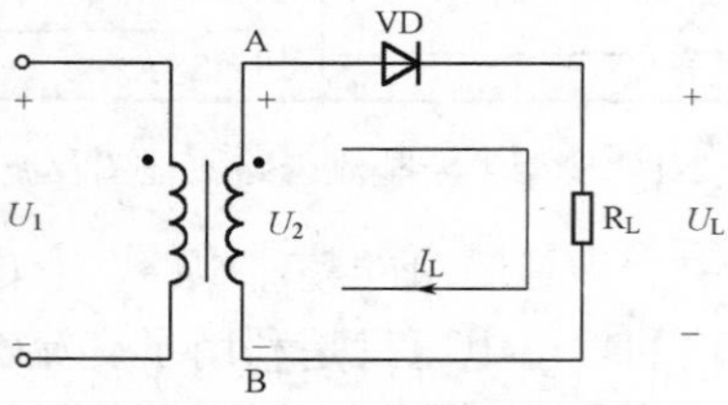

图1-2-4　单相半波整流电路

做一做

按图 1-2-4 所示连接电路。用示波器观察 U_2 两端电压波形和输出电压 U_L 的波形（建议采用仿真演示）

结果

对一个周期的正弦交流信号来说，U_2 是正弦波，而 U_L 只有正弦波的正半周（半个波形）如图 1-2-5 所示。

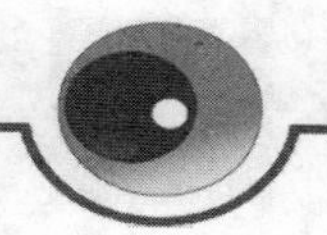

1）工作原理

设在交流电压正半周（$0\sim t_1$），$u_2>0$，A 端电位比 B 端电位高，二极管 VD 因加正向电压而导通，电流 I_L 的路径是 A→VD→R_L→B→A。注意到，忽略二极管正向压降时，A 点电位与 C 点电位相等，则 u_2 几乎全部加到负载 R_L 上，R_L 上电流方向与电压极性如图 1-2-4 所示。

在交流电压负半周（$t_1\sim t_2$），$u_2<0$，A 端电位比 B 端电位低，二极管 VD 承受反向电压而截止，u_2 几乎全部降落在二极管上，负载 R_L 上的电压基本为零。

由此可见，在交流电一个周期内，二极管半个周期导通半个周期截止，以后周期性地重复上述过程，负载 R_L 上电压和电流波形如图 1-2-5（b）、（c）所示。

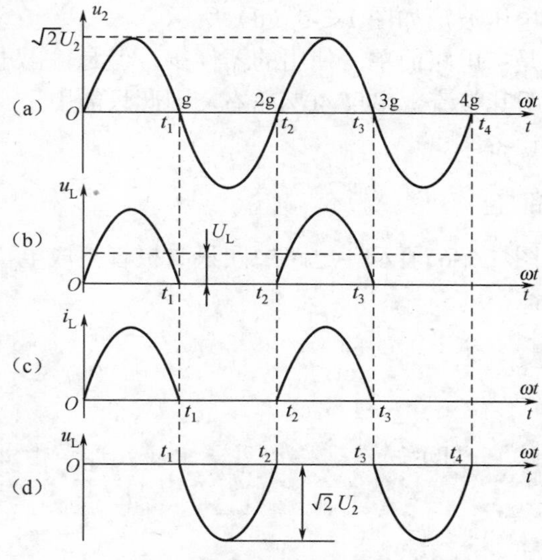

图1-2-5　单相半波整流电路波形图

归纳

利用整流二极管的单向导电性将双向的交流电路变成单方向的脉动直流电，这一过程称为整流。由于输出的脉动直流电的波形是输入的交流电波形的一半，故称为半波整流电路。

2）负载 R_L 上的直流电压和电流的计算

依据数学推导或实验都可以证明，单相半波整流电路中，负载 R_L 上的半波脉动直流电压平均值可按下式计算：

$$U_L \approx 0.45U_2$$

式中，U_2 为整流输入端的交流电压有效值。

为了便于计算，有时依据负载 R_L 上的电压 U_L 来求得整流变压器二次侧电压 U_2，这时，

$$U_2 \approx \frac{1}{0.45}U_L \approx 2.22U_L$$

流过负载 R_L 的直流电流平均值 I_L 可根据欧姆定律求出，即

$$I_L = \frac{U_L}{R_L} \approx 0.45\frac{U_2}{R_L}$$

3）整流二极管上的电流和最大反向电压

二极管导通后，流过二极管的平均电流 I_F 与 R_L 上流过的平均电流相等，即

$$I_F = I_L \approx 0.45\frac{U_2}{R_L}$$

由于二极管在 u_2 负半周时截止，承受全部 u_2 反向电压，所以二极管所承受的最大反向电压 U_{RM} 就是 u_2 的峰值，即

$$U_{RM} = \sqrt{2}\,U_2 \approx 1.41U_2$$

整流二极管所承受的电压波形如图 1-2-5（d）所示。

单相半波整流的特点是：电路简单，使用的器件少，但是输出电压脉动大。由于只利用了正弦半波，理论计算表明其整流效率仅 40%左右，因此只能用于小功率以及对输出电压波形和整流效率要求不高的设备。

2．单相桥式整流电路

单相桥式整流电路如图 1-2-6 所示。电路中四只二极管接成电桥形式，所以称为桥式整流电路。

看一看

按图 1-2-6 所示连接电路。用示波器观察 u_2 两端电压波形和输出电压 u_L 的波形（建议采用仿真演示）

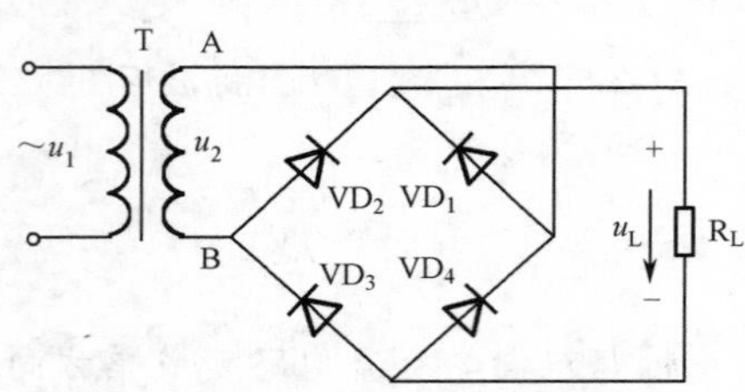

图1-2-6　单相桥式整流电路

实验现象

对一个周期的正弦交流信号来说，u_2 是正弦波，而 u_L 为正弦波的两个正半周（两个半形）如图 1-2-7（b）所示。

1）工作原理

变压器二次绕组电压 u_2 波形如图 1-2-7（a）所示。设在交流电压正半周（0～t_1），u_2＞0，A 点电位高于 B 点电位。二极管 VD_1、VD_3 正偏导通，VD_2、VD_4 反偏截止，电流 I_{L1} 通路是 A→VD_1→R_L→VD_3→B→A，如图 1-2-8（a）所示。这时，负载 R_L 上得到一个半波电压，如图 1-2-7（b）中（0～t_1）段。

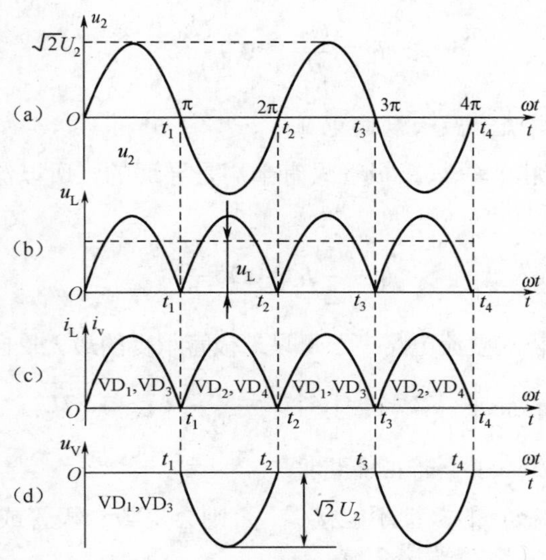

图1-2-7　单相桥式整流电路波形图

在交流电压负半周（t_1～t_2），u_2＜0，B 点电位高于 A 点电位，二极管 VD_2、VD_4 正偏导通，二极管 VD_1、VD_3 反偏截止，电流 I_{L2} 通路是 B→VD_2→R_L→VD_4→A→B，如图 1-2-8（b）所示。同样，在负载 R_L 上得到一个半波电压，如图 1-2-7（b）中（t_1～t_2）段。

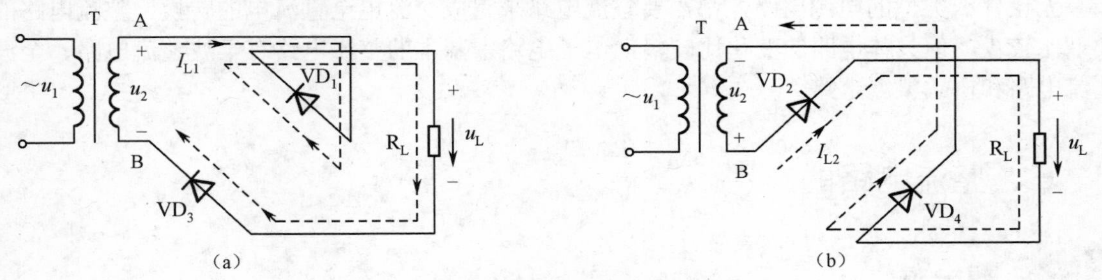

图1-2-8　单相桥式整流电路的电流通路

归纳

本电路二极管不能接反，否则会烧毁二极管。

2）负载 R_L 上直流电压和电流的计算

在单相桥式整流电路中，交流电在一个周期内的两个半波都有同方向的电流流过负载，

因此在同样的 U_2 时，该电路输出的电流和电压均比半波整流大一倍。输出电压为：

$$U_L \approx 0.9U_2$$

依据负载 R_L 上的电压 U_L 求得整流变压器二次侧电压：

$$U_2 \approx \frac{1}{0.9}U_L \approx 1.11U_L$$

流过负载 R_L 的直流电流平均值：

$$I_L = \frac{U_L}{R_L} \approx 0.9\frac{U_2}{R_L}$$

3）整流二极管上的电流和最大反向电压

在桥式整流电路中，由于每只二极管只有半周是导通的，所以流过每只二极管的平均电流只有负载电流的一半，即

$$I_F = \frac{1}{2}I_L \approx 0.45\frac{U_2}{R_L}$$

要注意的是，在单相桥式整流电路中，每只二极管承受的最大反向电压也是 u_2 的峰值，即

$$U_{RM} = \sqrt{2}\,U_2 \approx 1.41U_2 = \frac{\sqrt{2}}{0.9}U_L \approx 1.57U_L$$

4）单相桥式整流电路二极管的正确装接

单相桥式整流电路二极管的极性不能接错，否则会烧毁二极管或变压器。其正确接法是：共阳端、共阴端接负载，其余两端接交流。

3．整流电路的作用

整流电路是电源电路中的核心部分，它的作用是将交流电压通过整流二极管转换成单向脉动性的直流电压，整流是将交流电压转换成直流电压过程中的关键一步。

无论什么类型的电源电路，都需要整流电路来完成交流电至直流电的转换。整流电路的类型比较少，但具体电路的变化比较多，电子电路中基本的整流电路有半波整流电路、全波整流电路和桥式整流电路。

三、整流电路的应用

想一想

在实际应用中，整流二极管该如何选用呢？如果选用不当，会造成什么后果？

1．单相半波整流电路二极管的选择

在单相半波整流电路中，二极管中的电流等于输出电流，所以在选用二极管时，二极管的最大整流电流 I_F 应大于负载电流 I_L。二极管的最高反向电压就是变压器二次侧电压的最大值。根据 I_F 和 U_{RM} 的值，查阅半导体手册就可以选择到合适的二极管。

【例 1-2-1】 某一直流负载，电阻为 1.5kΩ，要求工作电流为 10mA，如果采用半波整

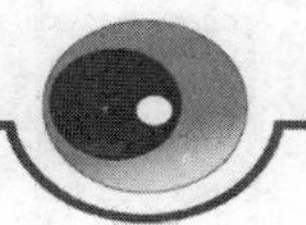

流电路，试求整流变压器二次绕组的电压值，并选择适当的整流二极管。

解：因为　$U_L = R_L I_L = 1.5\times10^3\times10\times10^{-3} = 15\text{V}$

所以　$U_2 \approx \dfrac{1}{0.45}U_L \approx 2.22\times15 \approx 33\text{V}$

流过二极管的平均电流为：

$$I_F = I_L = 10\text{mA}$$

二极管承受的最大反向电压为：

$$U_{RM} = \sqrt{2}\,U_2 \approx 1.41\times33 \approx 47\text{V}$$

根据以上参数，查晶体管手册，可选用一只额定整流电流为 100mA，最高反向工作电压为 50V 的 2CZ82B 型整流二极管。

2．单相桥式整流电路中二极管的选择

【例 1-2-2】　试设计一台输出电压为 24V，输出电流为 1A 的直流电源，电路形式可采用半波整流或全波整流，试确定两种电路形式的变压器二次绕组的电压有效值，并选定相应的整流二极管。

解：（1）当采用半波整流电路时，变压器二次绕组电压有效值为：

$$U_2 = \frac{U_o}{0.45} = \frac{24}{0.45} = 53.3\text{V}$$

整流二极管承受的最高反向电压为：

$$U_{RM} = \sqrt{2}U_2 = 1.41\times53.3 = 75.2\text{V}$$

流过整流二极管的平均电流为：

$$I_D = I_o = 1\text{A}$$

因此可选用 2CZ12B 整流二极管，其最大整流电流为 3A，最高反向工作电压为 200V。

（2）当采用桥式整流电路时，变压器二次绕组电压有效值为：

$$U_2 = \frac{U_o}{0.9} = \frac{24}{0.9} = 26.7\text{V}$$

整流二极管承受的最高反向电压为：

$$U_{RM} = \sqrt{2}U_2 = 1.41\times26.7 = 37.6\text{V}$$

流过整流二极管的平均电流为：

$$I_D = \frac{1}{2}I_o = 0.5\text{A}$$

因此可选用 4 只 2CZ11A 整流二极管，其最大整流电流为 1A，最高反向工作电压为 100V。

变压器二次电流有效值为：

$$I_2 = 1.11I_o = 1.11\times1 = 1.11\text{A}$$

变压器的容量为：

$$S = U_2 I_2 = 26.7\times1.11 = 29.6\text{VA}$$

【例 1-2-3】　有一直流负载，要求电压为 U_o=36V，电流为 I_o=10A，采用图 1-2-6 所示的单相桥式整流电路。（1）试选用所需的整流元件；（2）若 VD_2 因故损坏开路，求 U_o 和 I_o，并画出其波形；（3）若 VD_2 短路，会出现什么情况？

解：（1）根据给定的条件 I_o=10A，整流元件所通过的电流 $I_D = \frac{1}{2}I_o = 5A$

变压器二次绕组电压有效值 $U_2 = \frac{U_o}{0.9} = \frac{36}{0.9} = 40V$

负载电阻 R_L=3.6Ω

整流元件所承受的最大反向电压 $U_{RM} = \sqrt{2}U_2 = 1.41 \times 40 = 56V$

因此选用的整流元件，必须是额定整流电流大于 5A，最高反向工作电压大于 56V 的二极管，可选用额定整流电流为 10A，最高反向工作电压为 100V 的 2CZ10 型的整流二极管。

（2）当 VD_2 开路时，只有 VD_1 和 VD_2 在正半周时导通，而负半周时，VD_1、VD_3 均截止，VD_4 也因 VD_2 开路而截止，故电路只有半周是导通的，相当于半波整流电路，输出为桥式整流电路输出电压、电流的一半。所以有

$$U_o = 0.45U_2 = 0.45 \times 40 = 18V$$

$$I_o = \frac{U_o}{R_L} = 5A$$

而流过二极管的电流 I_D 和其最大反向电压 U_{RM} 与（1）中相同，输出 u_o 和 i_o 波形如图 1-2-9 所示。

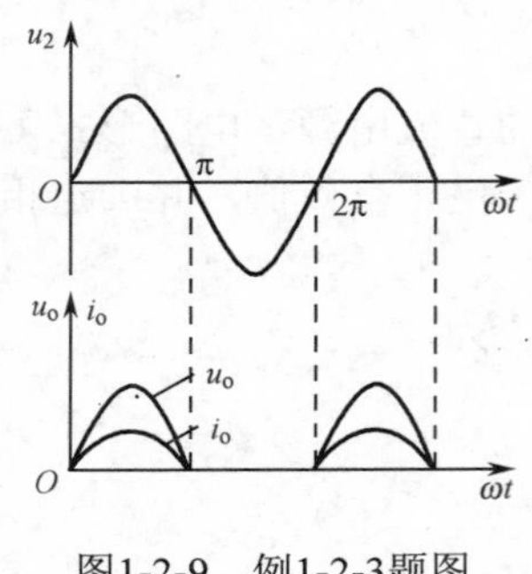

图1-2-9　例1-2-3题图

（3）当 VD_2 短路后，在正半周中电流的流向为 A→VD_1→VD_3→B，一只二极管的导通压降只有 0.6V，因此变压器二次电流迅速增加，容易烧坏变压器和二极管。

归纳

二极管作为整流元件，要根据不同的整流方式和负载大小加以选择。如选择不当，则或者不能安全工作，甚至烧了管子；或者大材小用，造成浪费。

知识拓展

知识拓展 除了用分立元件组成桥式整流电路外，现在半导体器件厂已将整流二极管封装在一起，制造成单相整流桥和三相整流桥模块，这些模块设有输入交流和输出直流引脚，减少了接线，提高了电路工作的可靠性，使用起来非常方便。单相整流桥模块的实物接线图如图 1-2-10 所示。

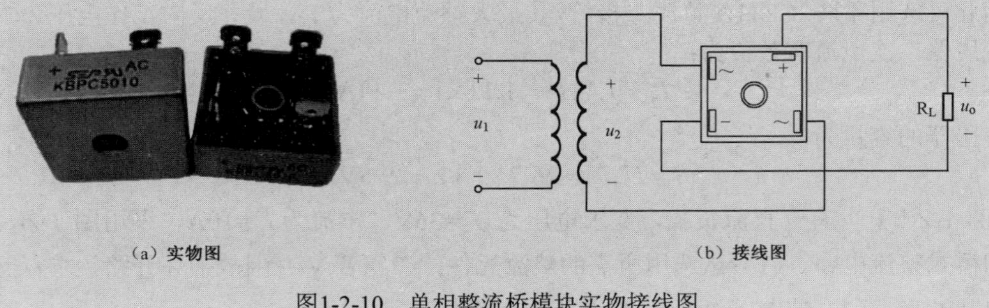

（a）实物图　（b）接线图

图1-2-10　单相整流桥模块实物接线图

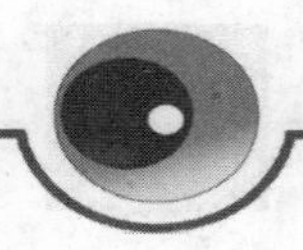

由此可见，半波整流电路的输出电压相对较低，且脉动大。两管全波整流电路则需要变压器的二次绕组具有中心抽头，且两个整流二极管承受的最高反向电压相对较大，所以这两种电路应用较少。桥式整流电路的优点是输出电压高，电压脉动较小，整流二极管所承受的最高反向电压较低，同时因整流变压器在正负半周内部有电流供给负载，整流变压器得到了充分的利用，效率较高。因此桥式整流电路在半导体整流电路中得到了广泛的应用。桥式整流电路的缺点是二极管用得较多。

四、训练项目：整流电路的安装、调试与测量

技能目标

（1）掌握基本的手工焊接技术。

（2）能在万能印制电路板上进行合理布局布线。

（3）能正确安装整流电路，并对其进行安装、调试与测量。

工具、元件和仪器

（1）电烙铁等常用电子装配工具。

（2）变压器、整流二极管。

（3）万用表。

知识准备

1．焊接操作的正确姿势

掌握正确的操作姿势，可以保证操作者的身心健康，焊接时桌椅高度要适宜，挺胸、端坐，为减少有害气体的吸入量，一般情况下，烙铁到鼻子的距离应以 30cm 左右为宜。电烙铁的握法有三种，如图 1-2-11 所示。图 1-2-11（a）为反握法，其特点是动作稳定，长时间操作不易疲劳，适用于大功率烙铁的操作；图 1-2-11（b）为正握法，它适用于中功率烙铁操作；一般在印制板上焊接元器件时多采用握笔法如图 1-2-11（c）所示。握笔法的特点是：焊接角度变更比较灵活机动，焊接不易疲劳。

焊锡丝一般有两种拿法，如图 1-2-12 所示。正拿法如图 1-2-12（a）所示，它适宜连续焊接。图 1-2-12（b）所示为握笔法．它适用于间断焊接。

电烙铁使用完毕，一定要稳妥地放在烙铁架上，并注意电缆线不要碰到烙铁头，以避免烫伤电缆线，造成漏电、触电等事故。

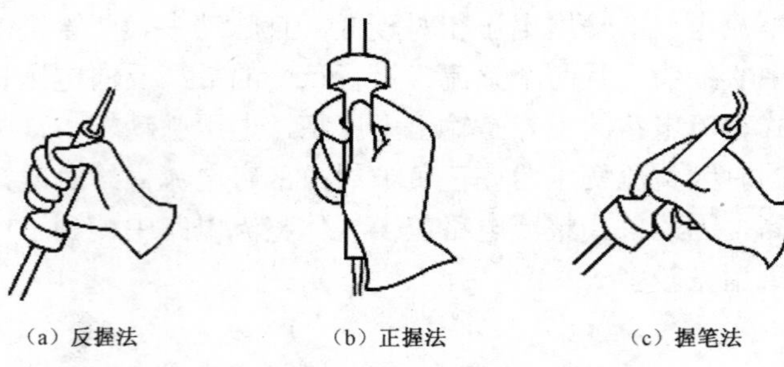

图1-2-11　电烙铁的拿法示意图

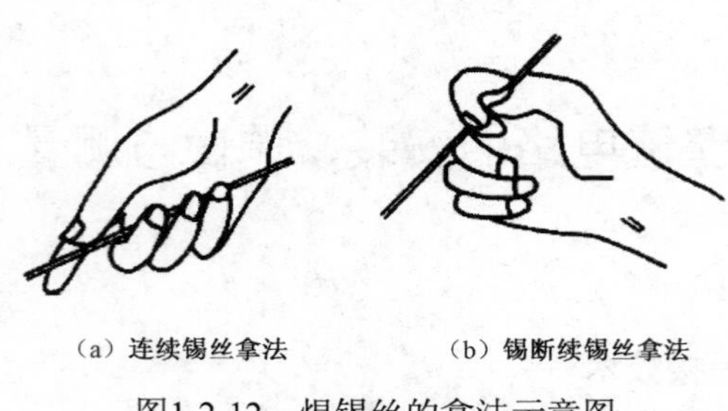

图1-2-12　焊锡丝的拿法示意图

2. 焊接操作的基本步骤

掌握好烙铁的温度和焊接时间，选择恰当的烙铁头和焊点的接触位置，才可能得到良好的焊点。正确的焊接操作过程可以分为五个步骤，如图 1-2-13 所示。

（1）准备施焊。如图 1-2-13（a）所示，左手拿焊锡丝，右手握烙铁，进入备焊状态。要求烙铁头保持干净，无焊渣等氧化物，并在表面镀有一层焊锡。

（2）加热焊件。如图 1-2-13（b）所示，烙铁头靠在焊件与焊盘之间的连接处，进行加热，时间约 2s 左右，对于在印制电路板上焊接元器件，要注意烙铁头同时接触焊盘和元件的引脚，元件引脚要与焊盘同时均匀受热。

（3）送入焊锡丝。如图 1-2-13（c）所示，当焊件的焊接点被加热到一定温时，焊锡丝从烙铁对面接触焊件。尽量与烙铁头正面接触，以便焊锡熔化。

（4）移开焊锡丝。如图 1-2-13（d）所示，当焊锡丝熔化一定量后立即向左上 45° 方向移开焊锡丝。

（5）移开烙铁。如图 1-2-13（e）所示，当焊锡浸润焊盘和焊件的施焊部位以形成焊件周围的合金层后，向右上 45° 方向移开烙铁。从第 3 步开始到第 5 步结束，时间大约 2s 左右。

对于热容量小的焊件，可以简化为三步操作。

① 准备：左手拿锡丝，右手握烙铁，进入备焊状态。

② 加热与送锡丝：烙铁头放置焊件处，立即送入焊锡丝。

③ 去丝移烙铁：焊锡在焊接面上扩散并形成合金层后同时移开电烙铁。

注意移去锡丝的时间不得滞后于移开烙铁的时间。

对于吸收低热量的焊件而言，上述整个过程不过 2～4s，各步骤时间的节奏控制，顺序的准确掌握，动作的熟练协调，都是要通过大量实践并用心体会才能解决的问题。有人总结

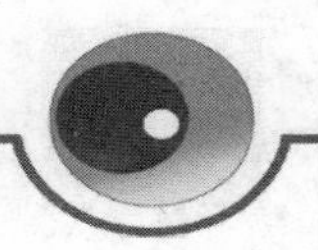

出了在五步操作法中用数秒的办法控制时间：烙铁接触焊点后数一、二（约 2 秒钟）送入焊丝后数三、四，移开烙铁，焊丝熔化量要靠观察决定。此办法可以参考，但由于烙铁功率、焊点热容量的差别等因素，实际掌握焊接火候并无定章可循，必须视具体条件具体对待。

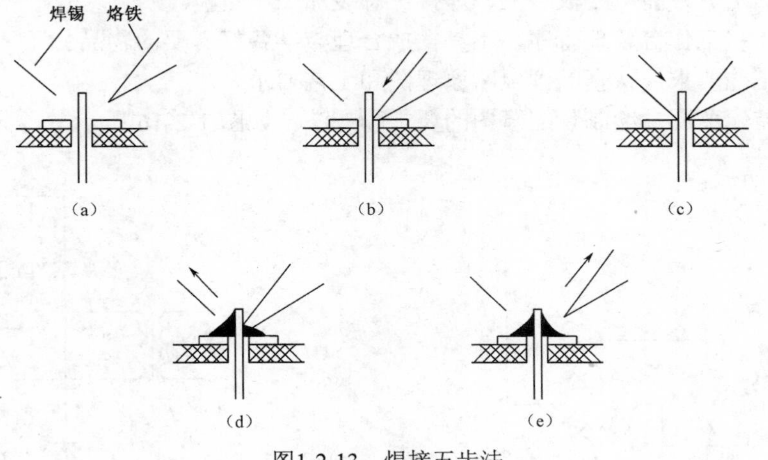

图1-2-13　焊接五步法

3．万能印制电路板介绍

万能印制电路板，亦称通用板，是用单个焊盘或多孔焊盘组成的印制电路板。图 1-2-14 所示为单焊盘板。焊盘数的多少，根据需要而定。对初学者来说，用单焊盘板较方便，但其焊盘附着力低，反复焊接易脱落。在用万能印制电路板进行装配时，根据所设计的装配图或印制电路板图，把多个焊盘连焊成线作为印制导线。为节约焊料，也可用绝缘细导线作为焊盘间的连线，这样就可方便地把所要装配的电路，在万能印制电路板上完成装配。因其可灵活地根据设计者的意愿在印制电路板上进行装配，故称万能印制电路板。万能印制电路板为单面板，若单面印制电路不能完成任务，可在元器件面用绝缘导线或漆包线代作印制导线，穿过插孔在焊盘上焊接。

图1-2-14　单焊盘板

技能操作

1．电路原理图（见图 1-2-15）

2．装配要求和方法

工艺流程：准备→熟悉工艺要求→绘制装配草图→核对元件数量、规格、型号→元件检测→元器件预加工→万能电路板装配、焊接→总装加工→自检。

（1）准备：将工作台整理有序，工具摆放合理，准备好必要的物品。

（2）熟悉工艺要求：认真阅读电路原理图和工艺要求。

（3）绘制装配草图：绘制装配草图的要求和方法，如图 1-2-16 所示。

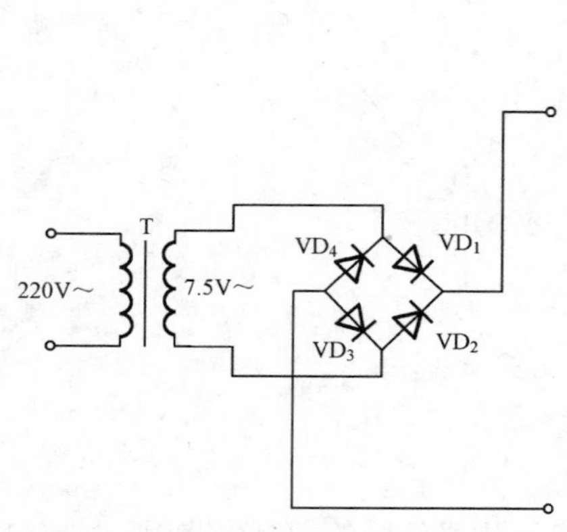

图1-2-15　电路原理图

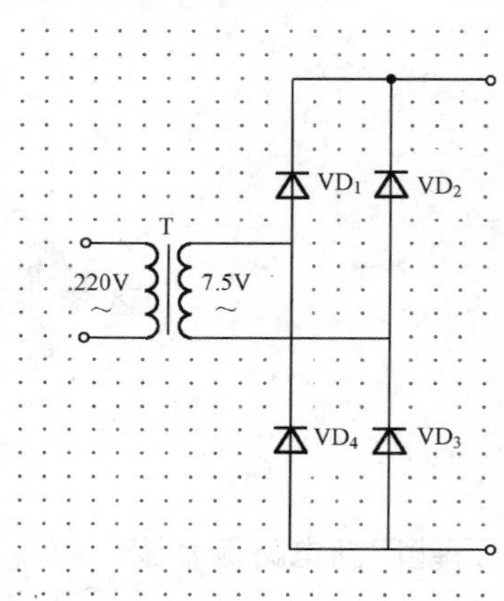

图1-2-16　整流电路装配草图绘制实例

① 设计准备：熟悉电路原理、所用元器件的外形尺寸及封装形式。

② 按万能电路板实样 1:1 在图纸上确定安装孔的位置。

③ 装配草图以导线面（焊接面）为视图方向；元器件水平或垂直放置，不可斜放；布局时应考虑元器件外形尺寸，避免安装时相互影响，疏密均匀；同时注意电路走向应基本和电路原理图一致，一般由输入端开始向输出端逐步确定元件位置，相关电路部分的元器件应就近安放，按一字排列，避免输入输出之间的影响；每个安装孔只能插一个元器件引脚。

④ 按电路原理图的连接关系布线，布线应做到横平竖直，导线不能交叉（确需交叉的导线可在元件下穿过）。

⑤ 检查绘制好的装配草图上的元器件数量、极性和连接关系应与电路原理图完全一致。

（4）清点元件：按表 1-2-1 配套明细表核对元件的数量和规格，应符合工艺要求，如有短缺、差错应及时补缺和更换。

表 1-2-1　配套明细表

代号	名　称	规　格	代　号	名　称	规　格
VD_1	二极管	1N4007	VD_4	二极管	1N4007
VD_2	二极管	1N4007	万能电路板、焊锡丝		
VD_3	二极管	1N4007	电源线、紧固螺丝		
T	变压器	AC 220V/7.5V*2	绝缘胶布		

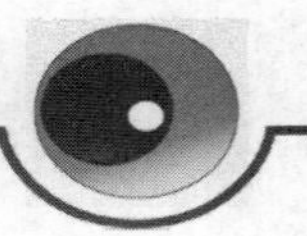

（5）元件检测：用万用表的电阻挡对元器件进行逐一检测，对不符合质量要求的元器件剔除并更换。

（6）元件预加工。

（7）万能电路板装配工艺要求。

① 二极管均采用水平安装方式，紧贴板面。

② 所有焊点均采用直脚焊，焊接完成后剪去多余引脚，留头在焊面以上 0.5～1mm，且不能损伤焊接面。

③ 万能接线板布线应正确、平直、转角处成直角、焊接可靠，无漏焊、短路现象。

基本方法：

a. 将导线理直。

b. 根据装配草图用导线进行布线，并与每个有元器件引脚的安装孔进行焊接。

c. 焊接可靠，剪去多余导线。

（8）总装加工：电源变压器用螺钉紧固在万能电路板的元件面，一次绕组的引出线向外，二次绕组的引出线向内，万能电路板的另外两个角上也固定两个螺钉，紧固件的螺母均安装在焊接面。电源线从万能电路板焊接面穿过打结孔后，在元件面打结，再与变压器一次绕组引出线焊接并完成绝缘恢复，变压器二次绕组引出线插入安装孔后焊接。

（9）自检：对已完成的装配、焊接的工件仔细检查质量，重点是装配的准确性，包括元件位置、电源变压器的绕组等；焊点质量应无虚焊、假焊、漏焊、搭焊及空隙、毛刺等；检查有无影响安全性能指标的缺陷；元件整形。实物图如图 1-2-17 所示。

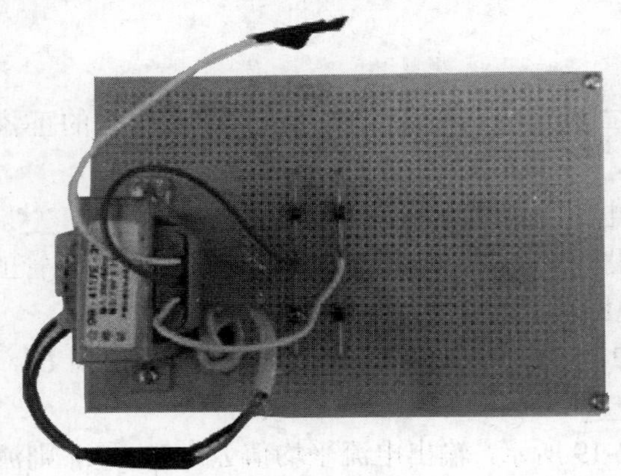

图1-2-17　实物图

3. 调试、测量

将电路通电，使用万用表电压挡（交、直流）测量整流电路的输入、输出电压，并将测量结果记录在表 1-2-2 中。

表 1-2-2　测量表

电路形式	输入（交流）	输出（直流）
桥式整流		

4．课题考核评价表

表 1-2-3　考核评价表

<table>
<tr><td rowspan="2">评价指标</td><td rowspan="2" colspan="4">评　价　要　点</td><td colspan="5">评　价　结　果</td></tr>
<tr><td>优</td><td>良</td><td>中</td><td>合格</td><td>差</td></tr>
<tr><td rowspan="2">理论知识</td><td colspan="4">1. 整流电路知识掌握情况</td><td></td><td></td><td></td><td></td><td></td></tr>
<tr><td colspan="4">2. 装配草图绘制情况</td><td></td><td></td><td></td><td></td><td></td></tr>
<tr><td rowspan="4">技能水平</td><td colspan="4">1. 元件识别与清点</td><td></td><td></td><td></td><td></td><td></td></tr>
<tr><td colspan="4">2. 手工焊接方法掌握情况</td><td></td><td></td><td></td><td></td><td></td></tr>
<tr><td colspan="4">3. 课题工艺情况</td><td></td><td></td><td></td><td></td><td></td></tr>
<tr><td colspan="4">4. 课题调试测量情况</td><td></td><td></td><td></td><td></td><td></td></tr>
<tr><td>安全操作</td><td colspan="4">能否按照安全操作规程操作，有无发生安全事故，有无损坏仪表</td><td></td><td></td><td></td><td></td><td></td></tr>
<tr><td rowspan="2">总评</td><td rowspan="2">评别</td><td>优</td><td>良</td><td>中</td><td>合格</td><td>差</td><td rowspan="2">总评得分</td><td rowspan="2" colspan="2"></td></tr>
<tr><td>100～88</td><td>87～75</td><td>74～65</td><td>64～55</td><td>≤54</td></tr>
</table>

思考与练习

一、填空题

1．整流电路是利用二极管的__________，将正负交替的正弦交流电压变换成单方向的脉动电压。

2．在单相全波整流电路中，所用整流二极管的数量是______只。

3．在整流电路中，设整流电流平均值为 I_o，则流过每只二极管的电流平均值 $I_D = I_o$ 的电路是单相_______整流电路。

4．整流电路如图 1-2-18 所示，变压器二次侧电压有效值为 U_2，二极管 VD 所承受的最高反向电压是__________。

5．整流电路如图 1-2-19 所示，输出电流平均值 $I_o = 50$ mA，则流过二极管的电流平均值 I_D 是__________。

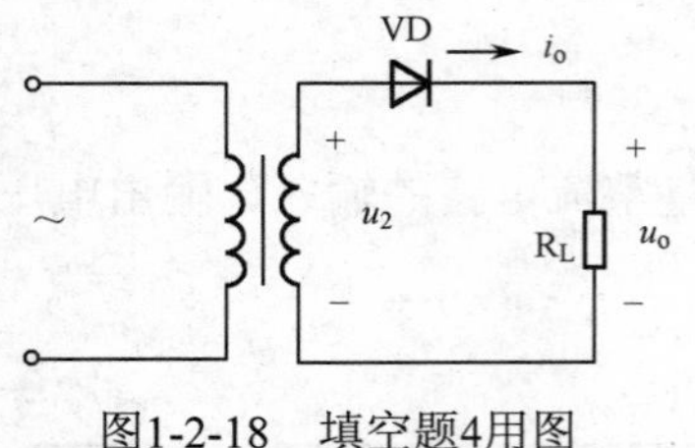

图1-2-18　填空题4用图

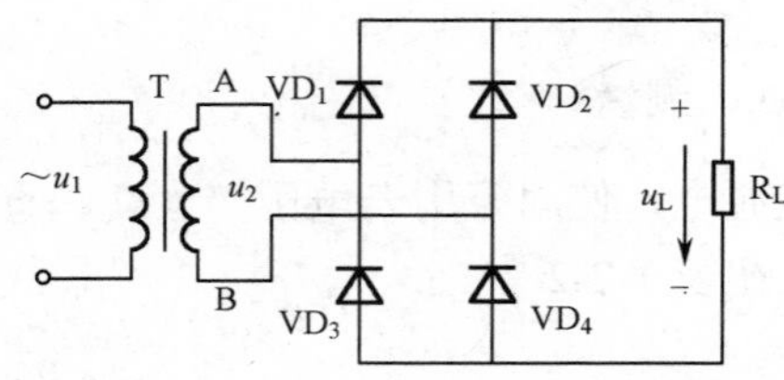

图1-2-19　填空题5用图

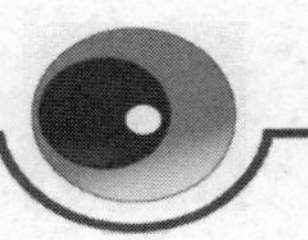

6. 单相半波整流电路中，变压器二次侧电压有效值 U_2 为 25V，输出电流的平均值 $I_o = 12mA$，则二极管应选择________。（见表 1-2-4）

表 1-2-4　二极管参数表

型号 \ 参数	整流电流平均值	反向峰值电压
2AP2	16mA	30V
2AP3	25mA	30V
2AP4	16mA	50V
2AP6	12mA	100V

7. 桥式整流电路中，已知 U_2=10 V，若某一只二极管因虚焊造成开路时，输出电压 U_o=______。

A. 12V　　B. 4.5V　　C. 9V

8. 在桥式整流电路中，（1）若 U_2=20 V，则输出电压直流平均值 U_L=______；

A. 20V　　B. 18V　　C. 9V

（2）桥式整流电路由四只二极管组成，故流过每只二极管的电流为________；

A. $I_L/4$　　B. $I_L/2$　　C. I_L

（3）每只二极管承受的最大反向电压 U_{RM} 为________。

A. $\sqrt{2}V_2$　　B. $\frac{\sqrt{2}V_2}{2}$　　C. $2\sqrt{2}V_2$

9. 在单相桥式整流电路中，若有一只整流管极性接反，则________。

A. 输出电压约为 $2U_o$　　B. 变为半波直流　　C. 整流管将因电流过大而烧坏

二、综合题

1. 什么叫整流？整流电路主要需要什么元器件？

2. 半波整流电路、桥式整流电路各有什么特点？

3. 在题图 1-2-20 所示电路中，已知 R_L=8kΩ，直流电压表 V2 的读数为 110V，二极管的正向压降忽略不计，求：

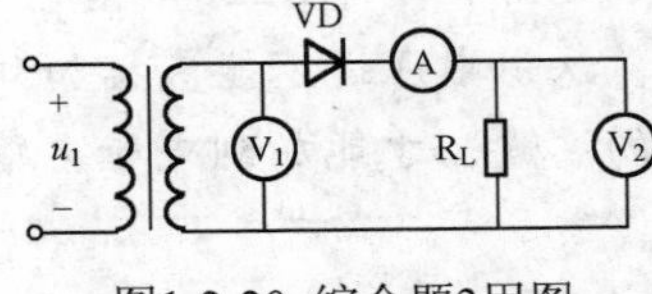

图1-2-20 综合题3用图

（1）直流电流表 A 的读数；

（2）整流电流的最大值；

（3）交流电压表 V_1 的读数。

4. 设一半波整流电路和一桥式整流电路的输出电压平均值和所带负载大小完全相同，均不加滤波，试问两个整流电路中整流二极管的电流平均值和最高反向电压是否相同？

5. 在单相桥式整流电路（见图 1-2-6）中，问（1）如果二极管 VD_2 接反，会出现什么现象？（2）如果输出端发生短路时，会发生什么情况？（3）如果 VD_1 开路，又会出现什么现象？画出 VD_1 开路时输出电压的波形。

6. 在题图 1-2-21 所示电路中，已知输入电压 u_i 为正弦波，试分析哪些电路可以为整流电路？哪些不能，为什么？应如何改正？

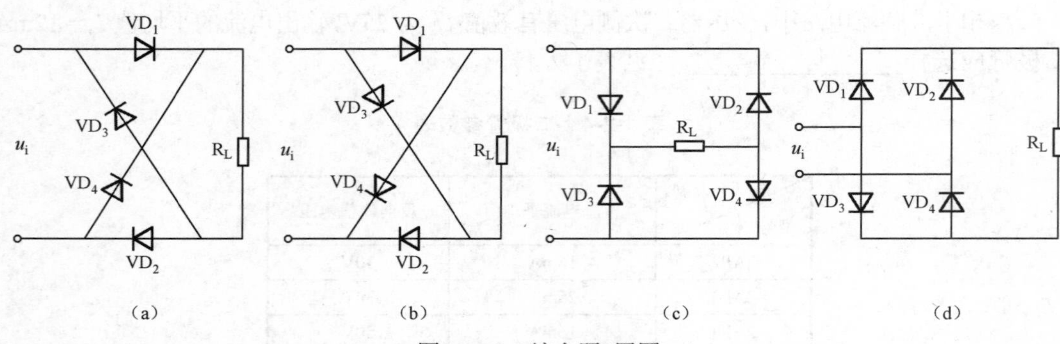

图1-2-21　综合题6用图

7．在单相桥式整流电路中，已知变压器二次侧电压有效值 U_2=60 V，R_L=2kΩ，若不计二极管的正向导通压降和变压器的内阻，求：（1）输出电压平均值 U_o；（2）通过变压器二次绕组的电流有效值 I_2；（3）确定二极管的 I_D、U_{RM}。

课题3　滤波电路的类型和应用

学习目标

✧ 能识读电容滤波、电感滤波、复式滤波电路图；了解滤波电路的应用实例。

✧ 了解滤波电路的作用及工作原理。

✧ 通过示波器观察滤波电路的输出电压波形，会估算电容滤波电路的输出电压。

内容提要

电源电路中，220V 交流电压输入到电源变压器后经整流电路，得到的是脉动性直流电压，这一电压还不能直接加到电子电路中，因为其中有大量的交流成分，必须通过滤波电路的滤波，才能加到电子电路中。

前提知识

1．电容器储能特性

理论上讲电容器不消耗电能，电容器中所充的电荷会储存在电容器中，只要外电路中不存在让电容器放电的条件（放电电路），电荷就一直储存在电容器中，电容器的这一特性称为储能特性。

2．电容两端电压不能突变的特性

许多电容电路分析中需要用到电容两端电压不能突变的特性，这是分析电容电路工作原理时的一个重要特性，也是一个难点。电容两端电压不能突变的特性理解非常困难，在电容电路的分析中这一特性的运用也很困难。电容是个储能元件。电容两端的电压变化是由电容极板上电荷的积累和释放决定的，电荷的转移是需要时间的，所以电压的变化也是需要时间的，不能突变。根据公式$U=\dfrac{Q}{C}$可知，电容器内部没有电荷时，电容两端的电压为 0V；电容中电荷越多，电容两端的电压越大。当电容开始充放电的瞬间，电容两端的电压也不能发生突变。因为电容上的电荷量在充、放电时只能逐渐积累或释放，它是一个渐变的过程，因此其上的电压也只能是渐变而非突变。

3．电感线圈的储能特性

当流过电感的电流变化时，电感线圈中产生的感生电动势将阻止电流的变化，所以，流过电感的电流不能突变。当通过电感线圈的电流增大时，电感线圈产生的自感电动势与电流方向相反，阻止电流的增加，同时将一部分电能转化成磁场能存储于电感之中；当通过电感线圈的电流减小时，自感电动势与电流方向相同，阻止电流的减小，同时释放出存储的能量，以补偿电流的减小。

一、认识滤波电路

单相半波和单相桥式整流电路，虽然都可以把交流电转换为直流电，但是所输出的都是脉动直流电压，其中含有较大的交流成分，因此这种不平滑的直流电仅能在电镀、电焊、蓄电池充电等要求不高的设备中使用，而对于有些仪器仪表及电气控制装置等，往往要求直流电压和电流比较平滑，因此必须把脉动的直流电变为平滑的直流电。保留脉动电压的直流成分，尽可能滤除它的交流成分，这就是滤波。这样的电路叫做滤波电路（也叫滤波器）。滤波电路直接接在整流电路后面，它通常由电容器、电感器和电阻器按照一定的方式组合而成。

1．图解电容滤波电路（见图 1-3-1）

电路名称	电路图	应用范围
电容滤波电路	C ±	用于要求输出电压较高，负载电流较小并且变化也较小的场合

图1-3-1　电容滤波电路图及应用范围

2. 图解电感滤波电路（见图 1-3-2）

电路名称	电路图	应用范围
电感滤波电路	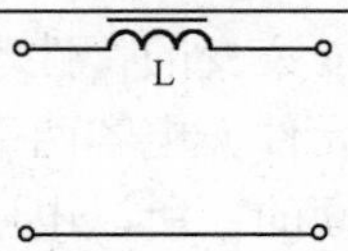 L	用于低电压、大电流的的场合

图1-3-2　电感滤波电路图及应用范围

3. 图解复式滤波电路（见图 1-3-3）

电路名称	电路图	应用场合
复式滤波电路	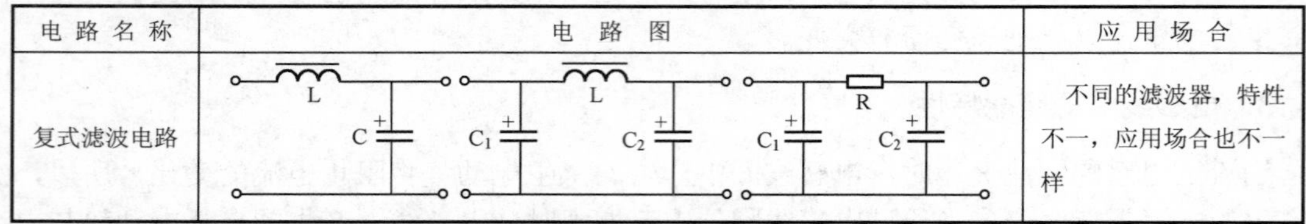	不同的滤波器，特性不一，应用场合也不一样

图1-3-3　复式滤波电路图及应用范围

二、滤波电路的工作原理及应用

1. 电容滤波电路

1）电路结构

在桥式整流电路输出端并联一个电容量很大的电解电容器，就构成了它的滤波电路，如图 1-3-4 所示。

2）电容滤波工作原理

看一看

按图 1-3-4 连接电路，用示波器观察电路输出电压 U_L 的波形（建议采用仿真演示）

实验现象

滤波后输出电压 U_L 的波形脉动很小，且是比较平滑的直流电，如图 1-3-5 所示。

单相桥式整流电路，在不接电容器 C 时，其输出电压波形如图 1-3-5（a）所示。在接上电容器 C 后，当输入次级电压为正半周上升段期间，电容充电；当输入次级电压 u_2 由正峰值开始下降后，电容开始放电，直到电容上的电压 $u_C < u_2$，电容又重新充电；当 $u_2 < u_C$ 时，电容又开始放电，电容器 C 如此周而复始进行充放电，负载上便得到近似如图 1-3-5（b）所示的锯齿波的输出电压。

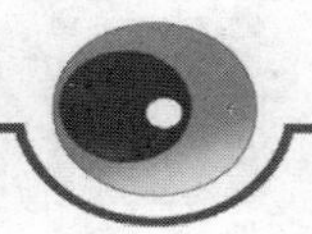

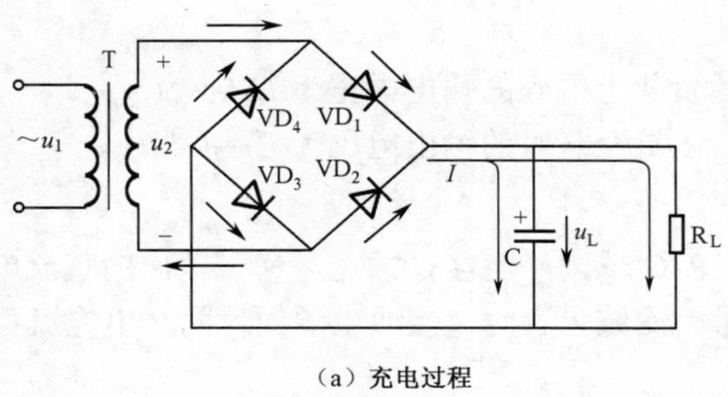

（a）充电过程

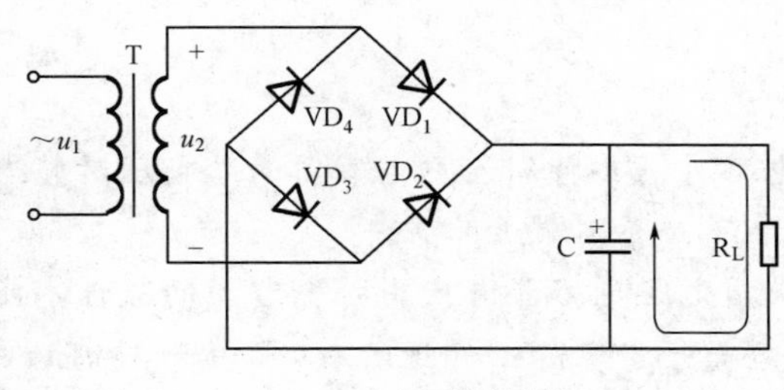

（b）放电过程

图1-3-4 单相桥式整流电容滤波电路图

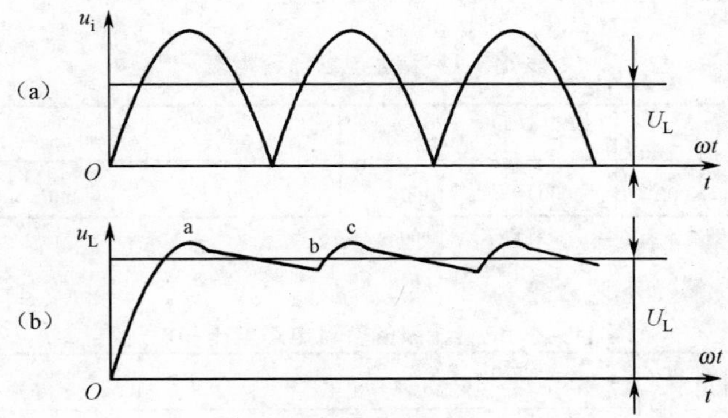

图1-3-5 单相桥式整流电容滤波波形图

从上面分析可知，电容滤波的特点是电源电压在一个周期内，电容器C充放电各两次。比较图1-3-5（a）和（b）可见，经电容器滤波后，输出电压就比较平滑了，交流成分大大减少，而且输出电压平均值得到提高，这就是滤波的作用。

归纳

电容器在电路中有储存和释放能量的作用，电源供给的电压升高时，它把部分能量储存起来，而当电源电压降低时，就把能量释放出来，从而减少脉动成分，使负载电压比较平滑，即电容器具有滤波作用。

3）基本参数

桥式整流电容滤波的负载上得到的输出电压为 $U_L=1.2U_2$

桥式整流电容滤波输出端空载时的输出电压为 $U_L=1.4U_2$

4）电路特点

在电容滤波电路中，R_LC 越大，电容 C 放电越慢，输出的直流电压就越大，滤波效果也越好，但是在采用大容量的滤波电容时，接通电源的瞬间充电电流特别大。电容滤波器只用于负载电流较小的场合。

注意

1. 在分析电容滤波电路时，要特别注意电容器两端电压对整流器件的影响。整流器件只有受正向电压作用时才导通，否则截止。

2. 一般滤波电容是采用电解电容器，使用时电容器的极性不能接反。如果接反则会击穿、爆裂。电容器的耐压应大于它实际工作时所承受的最大电压，即大于 $\sqrt{2}U_2$。滤波电容器的容量选择见表 1-3-1。

3.单相半波整流电容滤波中二极管承受的反向电压也发生了变化，各种整流电路加上电容滤波后，其输出电压、整流器件上反向电压等电量如表 1-3-2 所示。

表 1-3-1　滤波电容器容量表

输出电流 I_L（A）	2	1	0.5～1	0.1～0.5	0.05～0.14	0.05 以下
电容器容量 C（μF）	4000	2000	1000	500	200～500	200

注：表 1-3-1 所列为桥式整流电容滤波 U_L＝12～36V 时的参考值。

表 1-3-2　电容滤波的整流电路电压和电流

整流电路形式	输入交流电压（有效值）	整流电路输出电压		整流器件上电压和电流	
		负载开路时的电压	带负载时的 U_L（估计值）	最大反向电压 U_{RM}	通过的电流 I_L
半波整流	U_2	$\sqrt{2}U_2$	U_2	$2\sqrt{2}U_2$	I_L
桥式整流	U_2	$\sqrt{2}U_2$	$1.2U_2$	$\sqrt{2}U_2$	$\frac{1}{2}I_L$

【例 1-3-1】 在桥式整流电容滤波电路中，若负载电阻 R_L 为 240Ω，输出直流电压 24V，试确定电源变压器二次侧电压，并选择整流二极管和滤波电容。

解：（1）电源变压器二次侧电压 U_2。

根据表 1-3-2 可知 $U_L≈1.2U_2$，所以 $U_2≈U_L/1.2＝24/1.2＝20$V

（2）整流二极管的选择。

负载电流：$I_L＝U_L/R_L＝24/240＝0.1$A

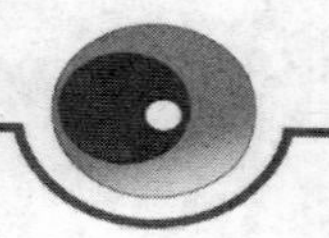

通过每只二极管的直流电流：$I_F=I_L/2=0.1/2=50\text{mA}$

每只二极管承受的最大反向电压：$U_{RM}=\sqrt{2}\,U_2\approx1.41\times20\approx28\text{V}$

查晶体管手册，可选用额定正向电流为 100mA，最大反向电压为 100V 的整流二极管 2CZ82C。

（3）滤波电容的选择。

根据表 1-3-1 及 $I_L=0.1\text{A}$，可选用 500μF 电解电容器。

根据电容器耐压公式：$U_C\geqslant\sqrt{2}\,U_2\approx1.41\times20\approx28\text{V}$

因此，可选用容量为 500μF，耐压为 50V 的电解电容器。

2．电感滤波电路

当一些电气设备需要脉动小、输出电流大的直流电时，往往采用电感滤波电路，即在整流输出电路中串联带铁心的大电感线圈。这种线圈称为阻流圈，如图 1-3-6（a）所示。

由于电感线圈的直流电阻很小，脉动电压中直流分量很容易通过电感线圈，几乎全部加到负载上；而电感线圈对交流的阻抗很大，因此脉动电压中交流分量很难通过电感线圈，大部分降落在电感线圈上。根据电磁感应原理，线圈通过变化的电流时，它的两端要产生自感电动势来阻碍电流变化，当整流输出电流增大时，它的抑制作用使电流只能缓慢上升；而整流输出电流减小时，它又使电流只能缓慢下降，这样就使得整流输出电流变化平缓，其输出电压的平滑性比电容滤波好，如图 1-3-6（b）中所示。

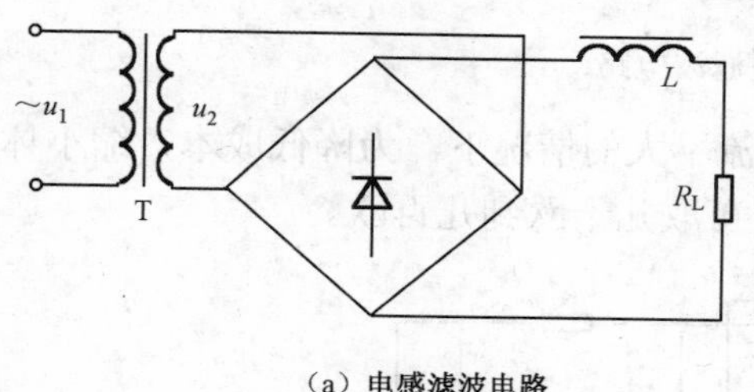

（a）电感滤波电路

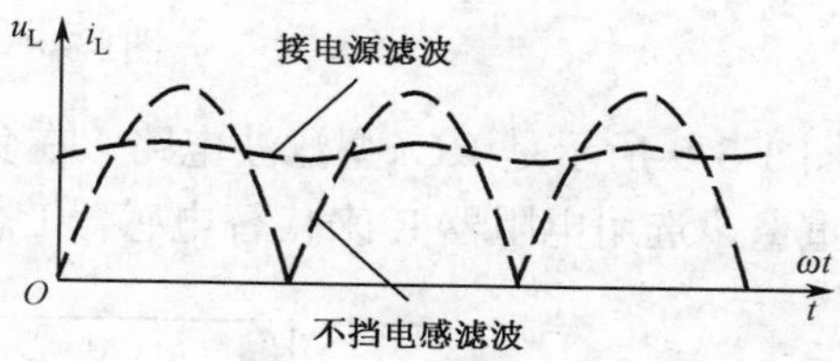

（b）电感滤波电压波形图

图1-3-6　单相桥式整流电感滤波

一般来说，电感越大，滤波效果越好，但是电感太大的阻流圈其铜线直流电阻相应增加，铁心也需增大，结果使滤波器铜耗和铁耗均增加，成本上升，而且输出电流、电压下降。所以滤波电感常取几亨到几十亨。如果忽略电感线圈的铜阻，滤波电路输出电压为 $U_o\approx0.9U_2$。

有的整流电路的负载是电动机线圈、继电器线圈等电感性负载，那就如同串入了一个电感滤波器一样，负载本身就能起到平滑脉动电流的作用，这时可以不另加滤波器。

3．复式滤波电路

复式滤波电路是用电容器、电感器和电阻器组成的滤波器，通常有 LC 型、LCπ型、RCπ型几种。它的滤波效果比单一使用电容或电感滤波要好得多，其应用较为广泛。

图 1-3-7 所示是 LC 型滤波电路，它由电感滤波和电容滤波组成。脉动电压经过双重滤波，交流分量大部分被电感器阻止，即使有小部分通过电感器，再经过电容滤波，这样负载上的交流分量也很小，便可达到滤除交流成分的目的。

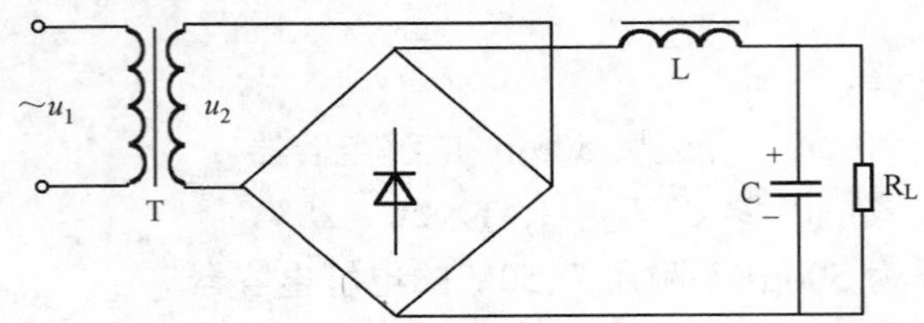

图1-3-7　LC型滤波电路

图 1-3-8 所示是 LCπ型滤波电路，可看成是电容滤波和 LC 型滤波电路的组合，因此滤波效果更好，在负载上的电压更平滑。由于 LCπ型滤波电路输入端接有电容，在通电瞬间因电容器充电会产生较大的充电电流，所以一般取 $C_1 < C_2$，以减小浪涌电流。

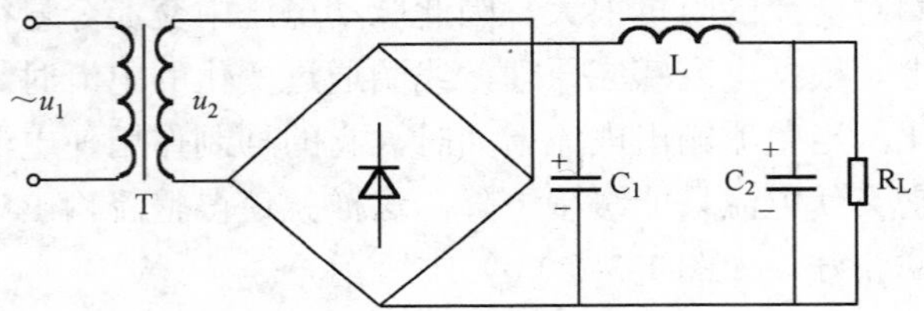

图1-3-8　LCπ型滤波电路

图 1-3-9 所示是 RCπ型滤波电路。在负载电流不大的情况下，为降低成本，缩小体积，减轻重量，选用电阻器 R 来代替电感器 L。一般 R 取几十欧到几百欧。

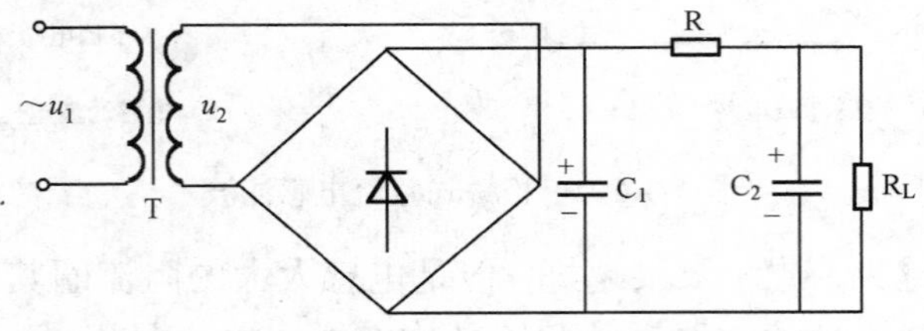

图1-3-9　RCπ型滤波电路

当使用一级复式滤波达不到对输出电压的平滑性要求时，可以增添级数，如图 1-3-10 所示。

以上讨论了常见的几种滤波器，它们的特性不一，电容滤波、RCπ型滤波流过整流器件的电流是间断的脉冲形式，峰值较大，外特性较差，适用于小功率而且负载变化较小的设备；电感滤波、LC 型滤波流经整流器件的电流平稳连续，无冲击现象，外特性较好，适用于大功率而且负载变化较大的设备；电子滤波只能在小电流情况中应用。

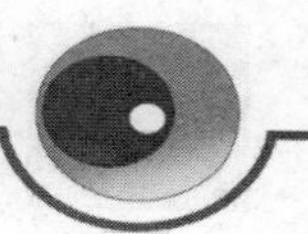

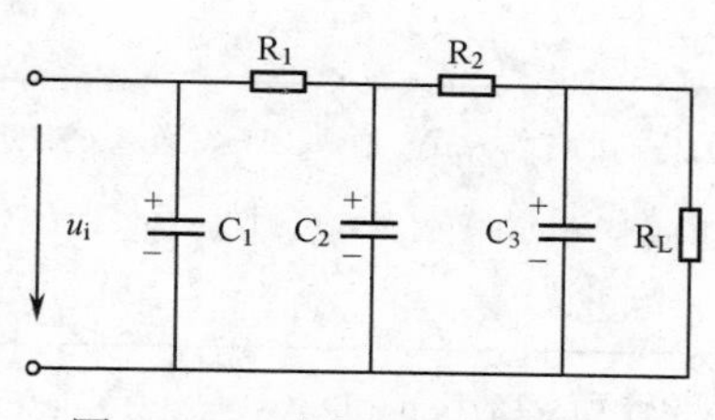

图1-3-10　多级RC型滤波电路

三、训练项目：用示波器观测滤波电路输出波形

技能目标

（1）掌握基本的手工焊接技术。

（2）能熟练地在万能印制电路板上进行合理布局布线。

（3）能正确安装整流滤波电路，并对其进行安装、调试与测量。

（4）能熟练使用示波器观测波形。

装配工具和仪器

（1）电烙铁等常用电子装配工具。

（2）万用表。

（3）EM6520 双踪示波器。

知识准备

1．示波器的使用方法介绍

1）EM6520 双踪示波器面板结构介绍

EM6520 双踪示波器面板外形如图 1-3-11 所示，面板按钮如表 1-3-3 所示。

表 1-3-3　EM6520 双踪示波器面板按钮

1	电源开关（POWER）电源的接通和关闭
2	聚焦旋钮（FOCUS）轨迹清晰度的调节
3	轨迹旋转钮（TRACE ROTATION）调节轨迹与水平刻度线的水平位置
4	校准信号（CAL）提供幅度为 0.5V，频率为 1kHz 的方波信号，用于调整探头的补偿和检测垂直和水平电路的基本功能
5	垂直位移（POSITION）调整轨迹在屏幕中的垂直位置

续表

6	垂直方式选择按钮，选择垂直方向的工作方式。通道 CH1、通道 CH2 或双踪选择（DUAL）：同时按下 CH1 和 CH2 按钮，屏幕上会出现双踪并自动以断续或交替方式同时显示 CH1 和 CH2 信号；叠加（ADD）：显示 CH1 和 CH2 输入的代数和
7	衰减开关（VOLT/DIV）垂直偏转灵敏度的调节
8	垂直微调旋钮（VATIBLE）用于连续调节垂直偏转灵敏度
9	通道 1 输入端（CH1 INPUT）该输入端用于垂直方向的输入，在 X-Y 方式时，输入端得信号成为 X 轴信号
10	通道 2 输入端（CH2 INPUT）该输入端与通道 1 一样用于垂直方向的输入，只是在 X-Y 方式时，输入端得信号成为 Y 轴信号
11	耦合方式（AC-GND-DC）选择垂直放大器的耦合方式
12	CH2 极性开关（INVERT）按下此键 CH2 显示反向电压值
13	CH2×5 扩展（CH2 5MAG）按下×5 扩展按键，垂直方向的信号扩大 5 倍灵敏度为 1Mv/DIV
14	扫描时间因数选择开关（TIME/DIV）共 20 挡在 0.1μs/DIV～0.2μs/DIV 范围选择扫描速率
15	扫描微调旋钮（VARIABLE）用于连续调节扫描速度
16	（×5）扩展控制键（MAG×5）按下此键扫描速度扩大 5 倍
17	水平移位（POSITION）调节轨迹在屏幕中的水平位置
18	交替扩展按键（ALT-MAG）按下此键扫描因数×1、×5 交替显示，扩展以后的轨迹由轨迹分离控制键（31）移位离×1 轨迹 1.5DIV 或更远的地方。同时使用垂直双踪方式和水平扩展交替可在屏幕上同时显示四条轨迹
19	X-Y 控制键在 X-Y 工作方式时，垂直偏转信号接入 CH2 输入端，水平偏转信号接入 CH1 输入端
20	触发极性按钮（SLOPE）用于选择信号的上升或下降沿触发扫描
21	触发电平旋钮（TRIG LEVEL）用于调节被测信号在某一电平触发同步
22	触发方式选择开关（TRIG MODE）用于选择触发方式
23	外触发输入插座（EXT INPUT）用于外部触发信号的输入

2）测量方法

（1）测量前的检查和调整。

接通电源开关，电源指示灯亮，稍等一会儿，机器进行预热，屏幕中出现光迹，分别调节亮度旋钮和聚焦旋钮，使光迹的亮度适中、清晰，如图 1-3-12 所示。

在正常情况下，被显示波形的水平轴方向应与屏幕的水平刻度线平行，由于外界干扰等原因造成误差，可按下列步骤检查调整。

先预置仪器控制件，使屏幕获得一个扫描线；后调节垂直位移，看扫描基线与水平刻度线是否平行，如不平行，用起子调整前面板“轨迹旋转 TRACE ROTATION”控制件。

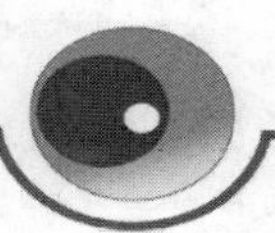

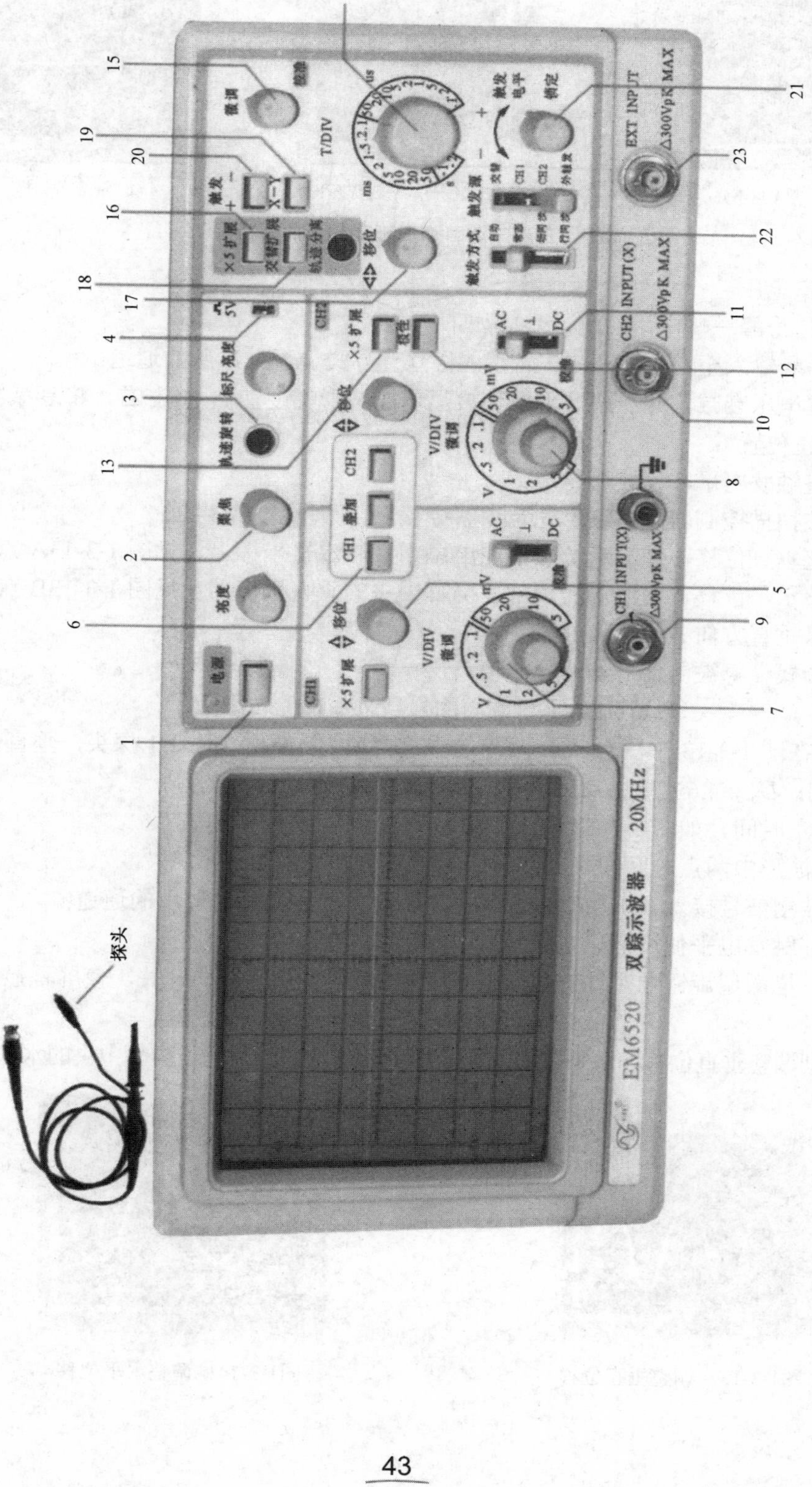

图1-3-11　EM6520双踪示波器

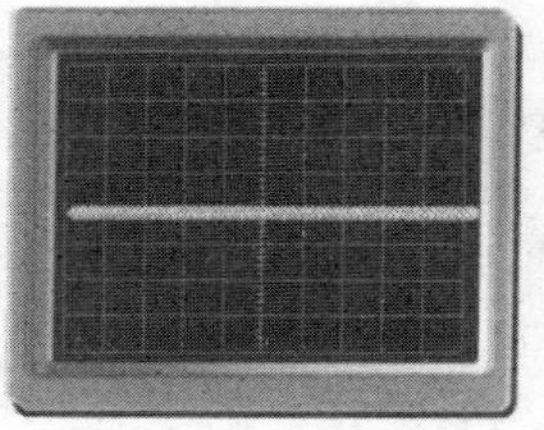
（a）聚焦不好

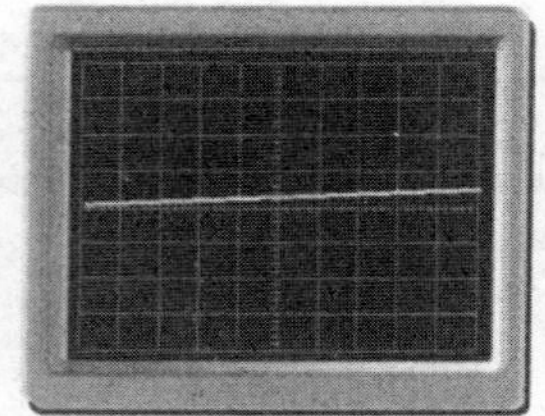
（b）扫描线与水平刻度不平行

（c）正常的扫描

图1-3-12　调节亮度旋钮和聚焦旋钮

（2）测量电压。

对被测信号峰—峰电压的测量步骤如下。

① 将信号输入至CH1或CH2插座，将垂直方式调至被选用的通道；

② 设置电压衰减器并观察波形，使被显示的波形幅度在5格左右，将衰减器微调顺时针旋足（校正位置）；

③ 调整触发电平，使波形稳定；

④ 调整扫描控制器，使波形稳定；

⑤ 调整垂直位移，使波形的底部在屏幕中某一水平坐标上（见图1-3-13A点所示）；

⑥ 调整水平位移，使波形的顶部在屏幕中央的垂直坐标上（见图1-3-13B点所示）；

⑦ 测量垂直方向A-B两点的格数；

⑧ 按公式计算被测信号的峰—峰值：

$$U_{p-p}=垂直方向的格数\times垂直偏转因数$$

例如：在图1-3-13中测出A-B两点的垂直格数为4.6格，用1:1探头，垂直偏转因数为5V/DIV。则：$U_{p-p}=4.6\times5=23$（V）

（3）测量时间，如图1-3-14所示。

对一个波形中两点时间间隔的测量，可按下列步骤进行。

① 将被测信号接入CH1或CH2插座，设置垂直方式为被选用的通道；

② 调整触发电平使波形稳定显示；

③ 将扫描微调旋钮顺时针旋足（校正位置），调整扫速选择开关，使屏幕显示1～2个信号周期；

④ 分别调整垂直位移和水平位移，使波形中需测量的两点位于屏幕中央的水平刻度线上；

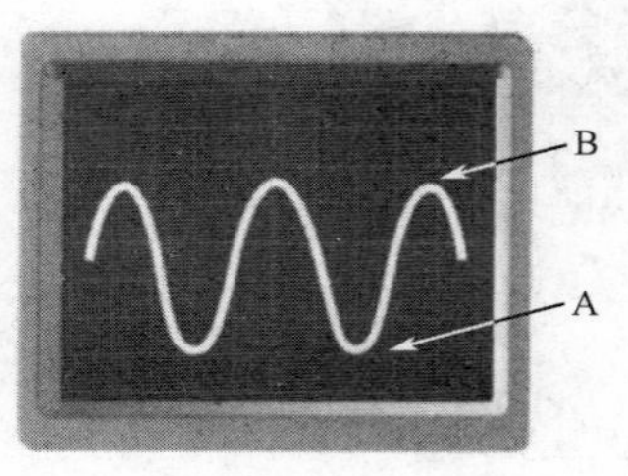

图1-3-13　调整垂直位移

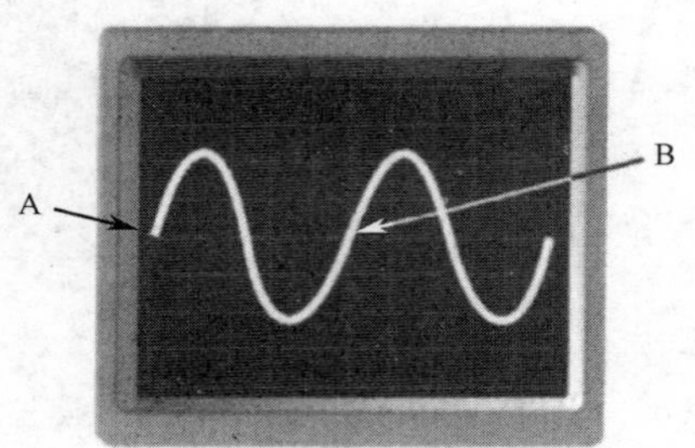

图1-3-14　调整水平位移

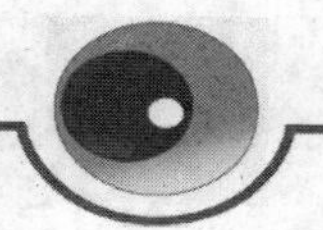

⑤ 测量两点间的水平距离，按公式计算出时间间隔：

$$时间间隔(t)=\frac{两点间的水平距离（格）\times扫描时间因数（时间/格）}{水平扩展因数}$$

例如：在图 1-3-14 中，测量 C、D 两点的水平距离为 6 格，扫描时间因数为 2ms/DIV，水平扩展为×1，则

$$t=5\text{ 格}\times2\text{ms/DIV}=10\text{ms}$$

在图 1-3-14 的例子中，A、B 两点的时间间隔的测量结果即为该信号的周期（T），该信号的频率则为 $1/T$。例如，测出该信号的周期为 10ms，则该信号的频率为：

$$f=\frac{1}{T}=\frac{1}{10\times10^{-3}}=100\text{Hz}$$

技能操作

1. 电路原理图及工作原理分析

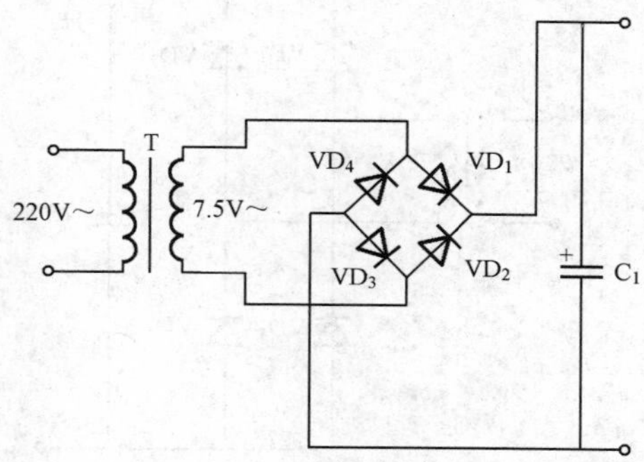

图1-3-15　电路原理图

电路由变压器、整流电路、滤波电路组成，滤波后波形如图 1-3-16 所示。

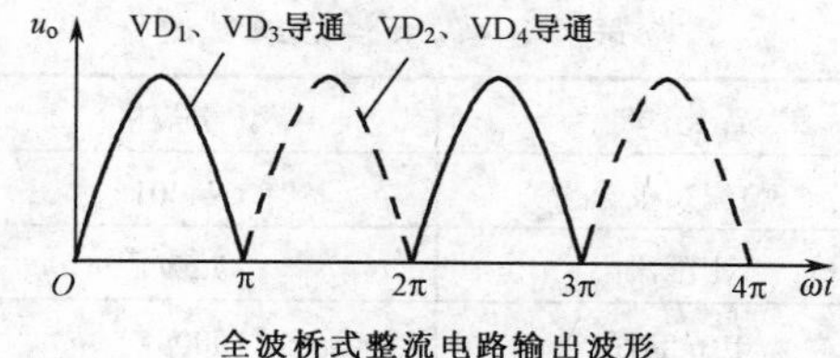

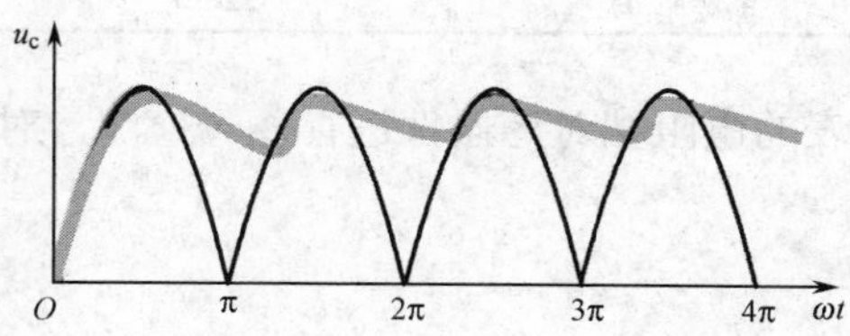

图1-3-16　滤波后波形

整流电路的任务是利用二极管的单向导电性，把正、负交变的 50Hz 电网电压变成单方向脉动的直流电压。

2．装配要求和方法

工艺流程：准备→熟悉工艺要求→绘制装配草图→核对元件数量、规格、型号→元件检测→元器件预加工→万能电路板装配、焊接→总装加工→自检。

（1）准备：将工作台整理有序，工具摆放合理，准备好必要的物品。

（2）熟悉工艺要求：认真阅读电路原理图和工艺要求。

（3）绘制装配草图：绘制装配草图的要求和方法，如图 1-3-17 所示。

（4）清点元件：按表 1-3-4 配套明细表核对元件的数量和规格，应符合工艺要求，如有短缺、差错应及时补缺和更换。

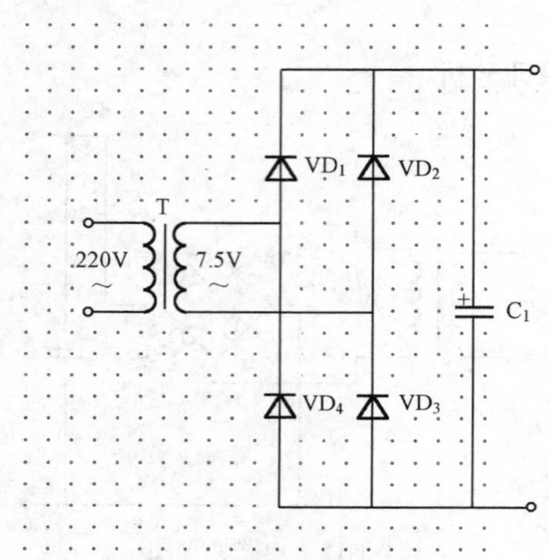

图1-3-17　装配草图的要求和方法

表 1-3-4　元件清单

代　　号	品　　名	型号/规格	数　　量
VD_1～VD_4	整流二极管	1N4001	4
T	变压器	7.5V	1
C	电解电容	1000μF	1
C	电解电容	470μF	1
C	电解电容	220μF	1

（5）元件检测：用万用表的电阻挡对元器件进行逐一检测，对不符合质量要求的元器件剔除并更换。

（6）元件预加工。

（7）万能印制电路板装配工艺要求。

① 电阻、二极管均采用水平安装方式，高度紧贴印制板，色码方向一致。

② 电容采用垂直安装方式，高度要求为电容的底部离板 8mm。

③ 发光二极管采用垂直安装方式，高度要求元件底部离板 8mm。

④ 所有焊点均采用直脚焊，焊接完成后剪去多余引脚，留头在焊面以上 0.5～1mm，且不能损伤焊接面。

⑤ 万能印制电路板布线应正确、平直、转角处成直角、焊接可靠，无漏焊、短路现象。

基本方法：

a. 将导线理直。

b. 根据装配草图用导线进行布线，并与每个有元器件引脚的安装孔进行焊接。

c. 焊接可靠，剪去多余导线。

（8）总装加工：电源变压器用螺钉紧固在万能电路板的元件面，一次侧绕组的引出线向外，二次侧绕组的引出线向内，万能电路板的另外两个角上也固定两个螺钉，紧固件的螺母均安装在焊接面。电源线从万能电路板焊接面穿过打结孔后，在元件面打结，再与变压器一次侧绕组引出线焊接并完成绝缘恢复，变压器二次侧绕组引出线插入安装孔后焊接。

（9）自检：对已完成的装配、焊接的工件仔细检查质量，重点是装配的准确性，包括元件位置、电源变压器的绕组等。实物图如图 1-3-18 所示。

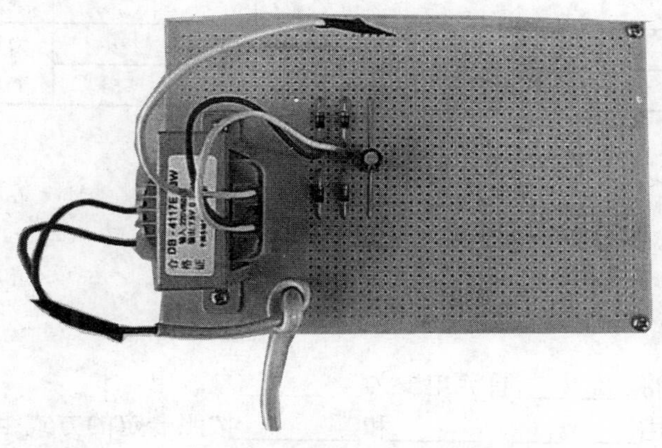

图1-3-18　实物图

3．调试、测量

（1）接通电源使用示波器，完成表 1-3-5 测量，绘制相应波形。

表 1-3-5　测量表

不接入滤波电容 C	接入滤波电容 C

（2）改变电容 C 的容量，使用示波器测量其波形完成表 1-3-6，并进行比较。

表 1-3-6　测量表

电容 C=1000μF	电容 C=470μF	电容 C=220μF
结　论		

4．课题考核评价表

表 1-3-7　考核评价表

评价指标	评　价　要　点						评　价　结　果				
							优	良	中	合格	差
理论知识	1. 整流滤波电路知识掌握情况										
	2. 装配草图绘制情况										
技能水平	1. 元件识别与清点										
	2. 课题工艺情况										
	3. 课题调试测量情况										
	4. 示波器使用情况，波形测量情况										
安全操作	能否按照安全操作规程操作，有无发生安全事故，有无损坏仪表										
总评	评别	优	良	中	合格	差	总评得分				
		100～88	87～75	74～65	64～55	≤54					

思考与练习

一、填空题

1．滤波的作用是将________直流电变为________直流电。

2．滤波电路通常由________、______和________按照一定的方式组合而成。

3．桥式整流电容滤波电路中，已知 U_2=10V，空载时其输出电压 U_o=________。

4．桥式整流电容滤波电路如图 1-3-19 所示，请回答下面的问题：

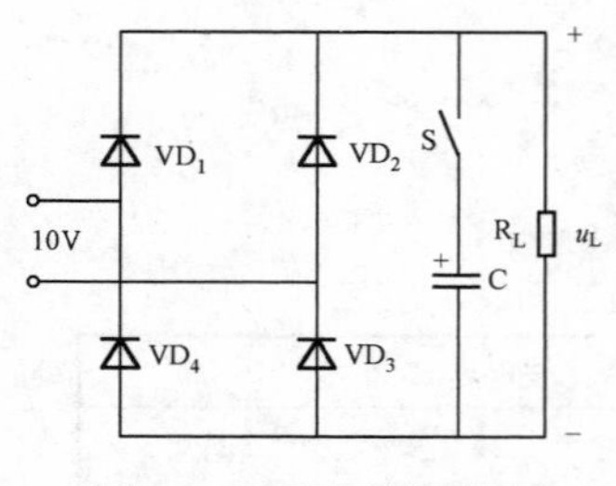

图1-3-19　填空题4用图

（1）S 断开，U_L=________ ；

（2）S 断开，VD_1 的一端脱焊，U_L=________ ；

（3）S 闭合，U_L=________ ；

（4）S 闭合，U_{RM}=________ ；

（5）S 闭合，R_L 开路，U_L=________ 。

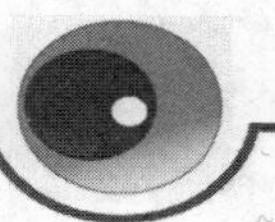

5．整流电路接入电容滤波器后，输出电压的直流成分________，交流成分__________。

A．增大　　　　　　　　B．减小　　　　　　　　C．不变

二、综合题

1．什么叫滤波？常见的滤波电路有几种形式？

2．在图 1-3-20 中，试分析输入端 a、b 间输入交流电压时，通过 R_1、R_2 两电阻上的是交流电，还是直流电？

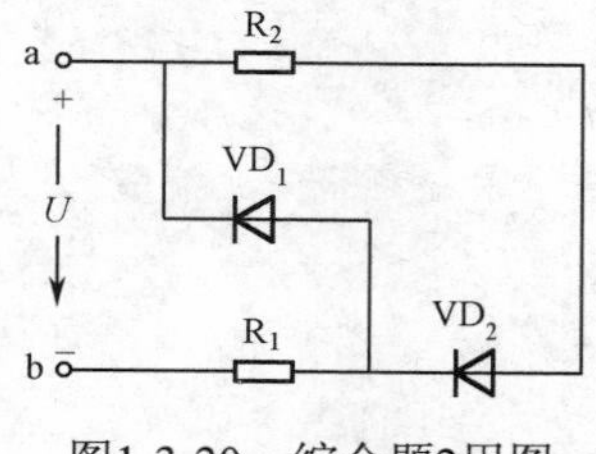

图1-3-20　综合题2用图

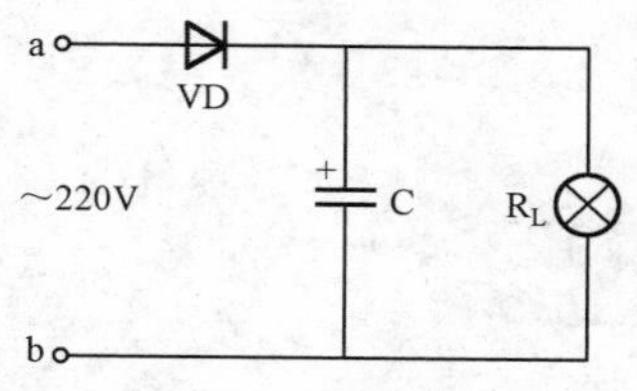

图1-3-21　简答题3用图

3．一个标有 220V，100W 的灯泡，把它接在单相半波整流电路上，求其消耗的功率为多少。

4．在单相半波和桥式整流电路中，加或不加滤波电容，二极管承受的反向工作电压有无差别？为什么？

5．电路如图 1-3-22 所示，设变压器次级电压有效值 U_2 均为 12V，求各电路的直流输出电压。

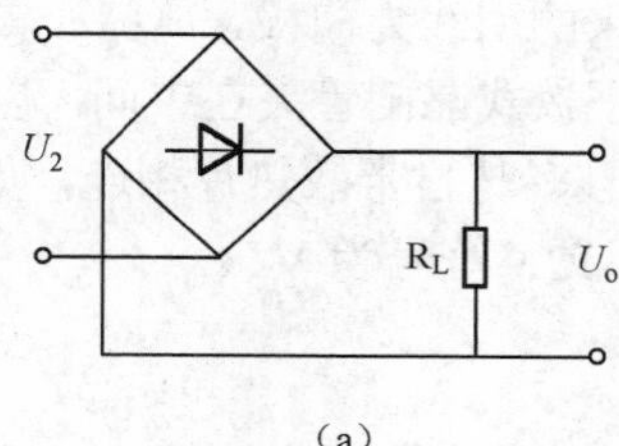

（a）

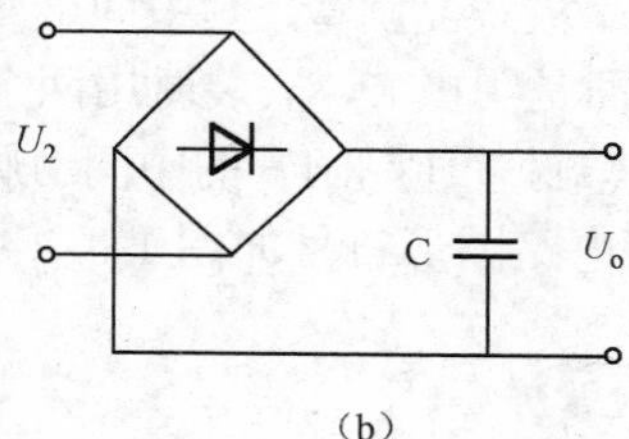

（b）

图1-3-22　综合题5用图

课题 4　晶闸管及应用电路

学习目标

✧ 了解晶闸管的基本结构、符号、引脚排列、工作特性等应用常识。了解晶闸管在可控整流、交流调压等方面的应用。

✧ 了解特殊晶闸管的特点，了解特殊晶闸管在生产与生活中的应用。

内容提要

在实际工作中，有时希望整流器的输出直流电压能够根据需要调节，例如交、直流电动机的调速、随动系统和变频电源等。在这种情况下，需要采用可控整流电路，而晶闸管正是可以实现这一要求的可控整流元件。全面了解晶闸管的基本结构、符号、引脚排列、工作特性等应用常识。并且了解晶闸管在可控整流、交流调压等方面的应用。

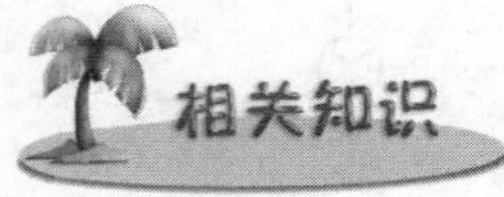

相关知识

一、普通晶闸管及其应用

1．晶闸管的外形与符号

晶闸管又称可控硅，从外形上区别有螺栓式和平板式等。晶闸管的外形与电路图形符号如图 1-4-1 所示。晶闸管有三个电极：阳极 A、阴极 K、门极 G。在图 1-4-1（a）中带有螺栓的一端是阳极 A，利用它和散热器固定，另一端是阴极 K，细引线为门极 G。在图 1-4-1（b）中所示的大功率平板式晶闸管，其中间金属环连接出来的引线为门极，离门极较远的端面是阳极 A，较近的端面是阴极 K，安装时用两个散热器把平板式晶闸管夹在中间，以保证它具有较好的散热效果。塑封普通晶闸管的中间引脚为阳极，且多与自带散热片相连，如图 1-4-1（c）所示。晶闸管的电路图形符号如图 1-4-1（d）所示，文字符号为 VT。

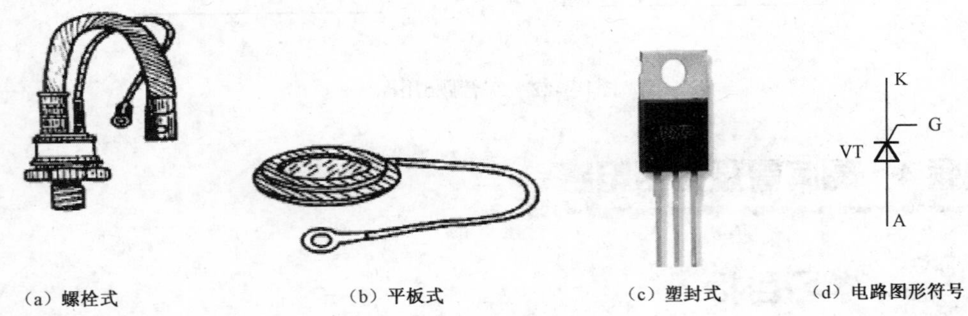

（a）螺栓式　（b）平板式　（c）塑封式　（d）电路图形符号

图1-4-1　晶闸管的外形与电路图形符号

2．晶闸管的结构及导电特性

1）结构

不论哪种结构形式的晶闸管，管芯都由四层三端器件（$P_1N_1P_2N_2$）和三端（A、G、K）引线构成。因此它有三个 PN 结 J_1，J_2，J_3，由最外层的 P 层和 N 层分别引出阳极和阴极，中

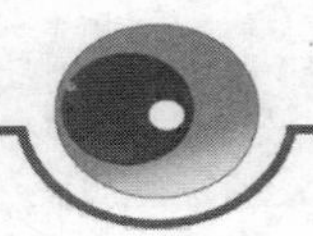

间的P层引出门极，如图1-4-2所示。普通晶闸管不仅具有与硅整流二极管正向导通、反向截止相似的特性，更重要的是它的正向导通是可以控制的，起这种控制作用的就是门极的输入信号。

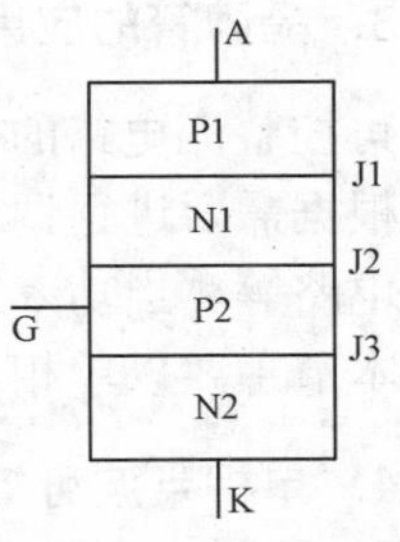

图1-4-2　晶闸管的结构示意图

2）导电特性

单向晶闸管可以理解为一个受控制的二极管，由其符号可见，它也具有单向导电性，不同之处是除了应具有阳极与阴极之间的正向偏置电压外，还必须给控制极加一个足够大的控制电压，在这个控制电压作用下，晶闸管就会像二极管一样导通了，一旦晶闸管导通，控制电压即使取消，也不会影响其正向导通的工作状态。

看一看

按图1-4-3连接电路，当两个开关分别处于何种状态时指示灯亮；当两个开关分别处于何种状态时指示灯不亮。（建议采用仿真演示）

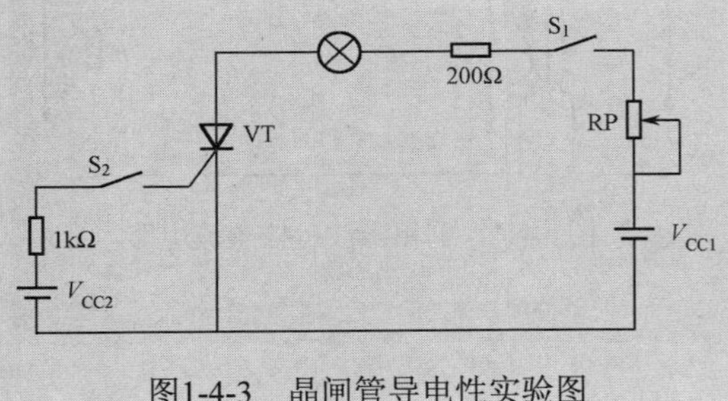

图1-4-3　晶闸管导电性实验图

实验现象

（1）开关S_1闭合、S_2断开时，V_{CC1}正接、反接，指示灯均不亮；

（2）开关S_1、S_2闭合，V_{CC1}、V_{CC2}正接，指示灯亮；V_{CC1}、V_{CC2}有一个反接，指示灯不亮；

（3）指示灯亮后，断开S_2，指示灯仍亮。

实验说明无控制信号时，指示灯均不亮，即晶闸管不导通（阻断）；当阳极、控制极均正偏时，指示灯亮，即晶闸管导通；若二者有一个反偏时指示灯不亮，即晶闸管不导通；指示灯亮后，如果撤掉控制电压，指示灯仍亮，即晶闸管仍然导通。

综上所述，可以得到如下结论：

① 晶闸管与硅整流二极管相似，都具有反向阻断能力，但晶闸管还具有正向阻断能力，即晶闸管的正向导通必须有一定的条件——阳极加正向电压，同时门极还必须加正向触发电压。

② 晶闸管一旦导通，门极即失去控制作用，这就是晶闸管的半控特性。要使晶闸管关断，必须做到两点：一是将阳极电流减小到小于其维持电流I_H，二是将阳极电压减小到零或使之反向。

3．晶闸管的应用

可控整流电路的作用就是把交流电能变换成电压大小可调的直流电能，而且其输出电压可以根据需要进行调节。可控整流有多种电路形式，如单相半波、单相全波和单相桥式可控整流电路等。当功率比较大时，常常采用三相交流电源组成三相半波或三相桥式可控整流电路。本节主要以单相电路为例来讨论其工作原理。

4．单相半波可控整流电路

1）电路结构

单向半波可控整流电路如图 1-4-4 所示。其中 u_2 为交流电源变压器的次级电压，变压器 TR 起变换电压和电气隔离作用；R_d 为电阻负载，其特点是：电压与电流成正比，两者波形相同。

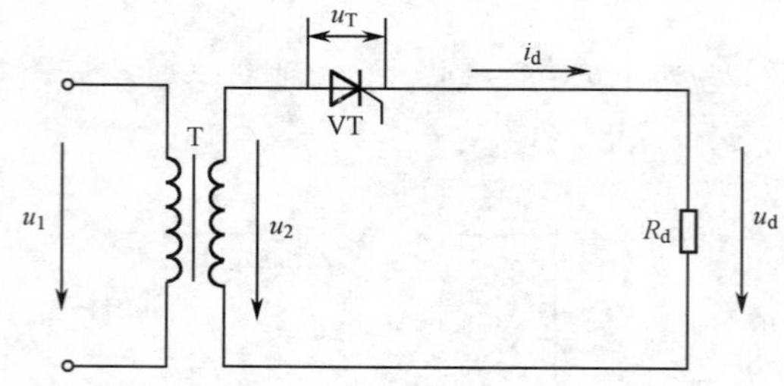

图1-4-4　单相半波可控整流电路

2）工作原理

（1）两个重要概念。

① 触发延迟角：在晶闸管开始承受正向阳极电压的半周内，加上触发脉冲电压，使晶闸管开始导通的电角度，用α表示，称为触发角或控制角。

② 导通角：晶闸管在一个电源周期内处于通态的电角度，用θ表示。

（2）工作原理分析。

晶闸管 VT 视为理想元件，当控制极未加控制电压时，晶闸管 VT 没有整流输出；当交流电压输入为正半周时，晶闸管 VT 承受正向电压，如果此时给控制极加上一个足够大的触发信号时，晶闸管 VT 就会导通，在负载上获得单向脉动整流输出电压；当交流电压经过零值时，流过晶闸管 VT 的电流小于维持电流，晶闸管 VT 便自行关断；当交流电压输入为负半周时，晶闸管 VT 因承受反向电压而保持关断状态，其工作波形如图 1-4-5 所示。具体情况如下：

$0 \leqslant \omega t \leqslant \alpha$　VT 加正向阳极电压，但无触发脉冲，所以 VT 断开，回路无电流，负载两端电压 $u_d=0$，VT 两端电压 $u_T = u_2$。

$\alpha \leqslant \omega t < \pi$　门极加触发脉冲，VT 导通，$u_d = u_2$，$u_T=0$。

$\pi \leqslant \omega t < 2\pi$　VT 加反向阳极电压，因此，VT 断开，$u_d=0$，$u_{T1}=u_2$。

对单相半波电路而言，$\alpha+\theta=\pi$移相范围：π。

3）单相半波可控整流电路特点：

（1）VT 的α移相范围为 180°。

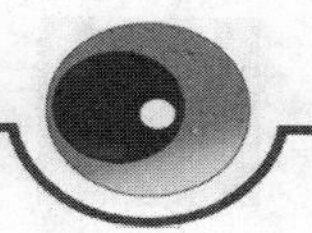

（2）电路结构简单，但输出脉动大，变压器二次侧电流中含直流分量，造成变压器铁心直流磁化。

（3）只适用于小容量，重量轻等技术要求不高的场合。

5．单相桥式可控整流电路

在单相桥式整流电路中，把其中两个二极管换成晶闸管就组成单相半控桥式整流电路，晶闸管 VT_1、VT_2 的阴极接在一起称共阴极连接。即使 U_{g1}、U_{g2} 同时触发两管时，只能使阳极电位高的管子导通，导通后使另一管子承受反压而阻断。VD_1、VD_2 的阳极接在一起称共阳极连接，总是阴极电位低的导通。

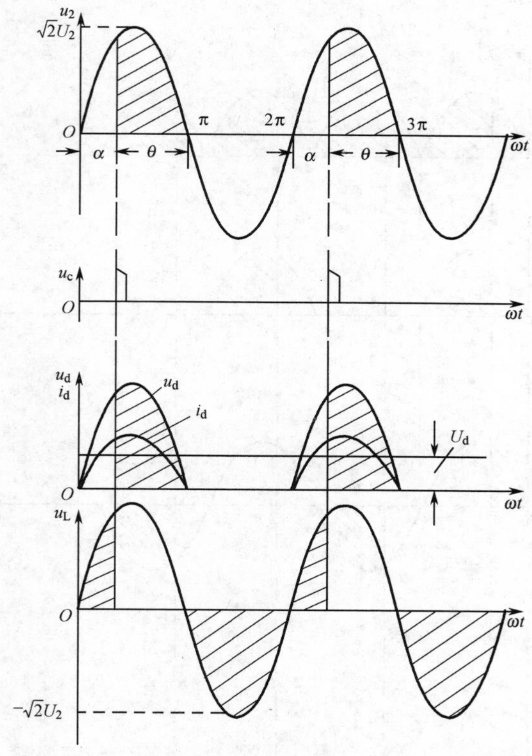

图1-4-5　单相半波可控整流电路阻性负载波形

（1）电路结构（见图 1-4-6）。

（2）工作原理（见图 1-4-7）。

① $0\sim\omega t_1$ 期间：四只管子均截止。

② $\omega t_1\sim\pi$ 期间：VT_1、VD_2 导通，电流 $1\rightarrow VT_1\rightarrow R_d\rightarrow VD_2\rightarrow 2$。

③ $\pi\sim\omega t_2$ 期间：四只管子均截止。

④ $\omega t_2\sim 2\pi$ 期间：VT_2、VD_1 导通，电流 $2\rightarrow VT_2\rightarrow R_d\rightarrow VD_1\rightarrow 1$。

由于单相全控桥整流电路并不比半控桥式整流电路优越，线路较复杂且费用大，所以一般均采用半控桥式整流电路。

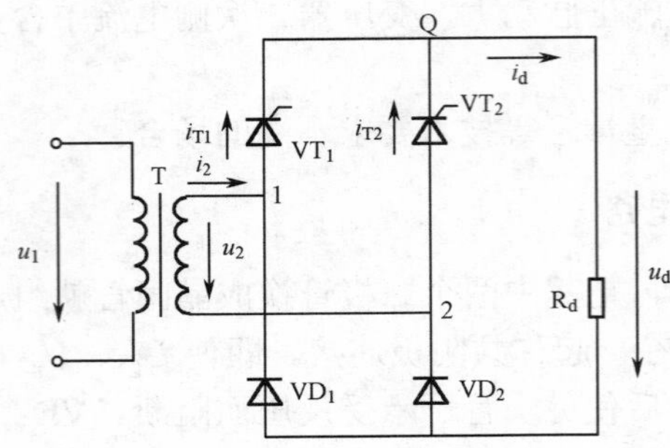

图1-4-6　单相桥式半控整流电路

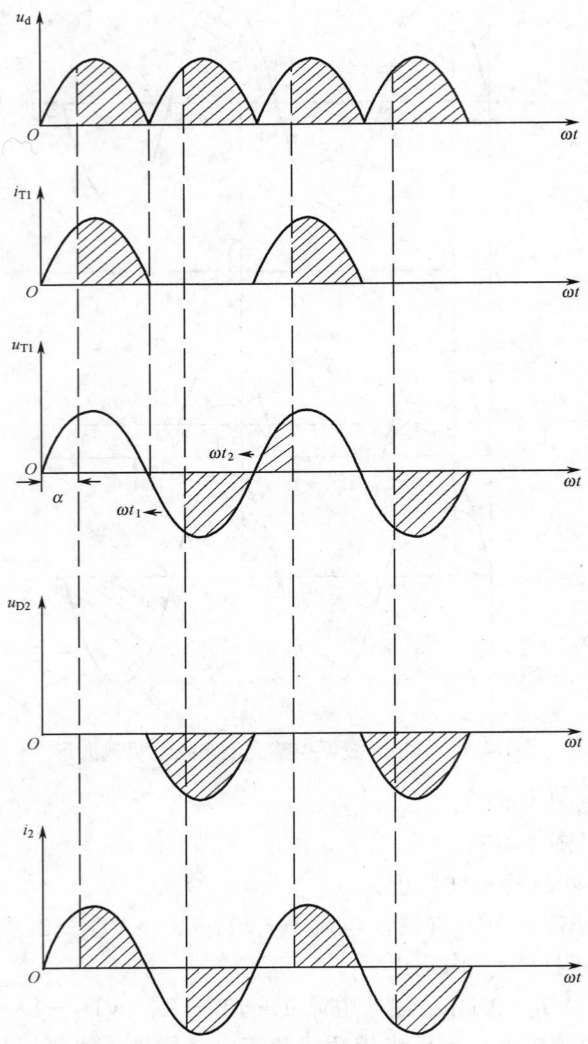

图1-4-7　单相桥式半控整流电路阻性负载电压电流波形

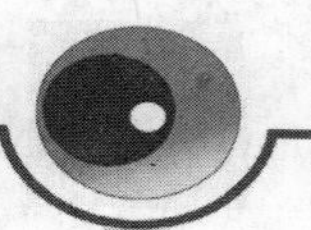

二、特殊晶闸管及其应用

晶闸管按其关断、导通及控制方式可分为普通晶闸管、双向晶闸管、逆导晶闸管、门极关断晶闸管、温控晶闸管和光控晶闸管等多种。

1．双向晶闸管

双向晶闸管（TRIAC）是由 NPNPN 五层半导体材料构成的，相当于两只普通晶闸管反相并联，它也有三个电极，分别是主电极 T_1、主电极 T_2 和门极 G。如图 1-4-8 所示是双向晶闸管的结构和等效电路，如图 1-4-9 所示是其电路图形符号。双向晶闸管可以双向导通，即门极加上正或负的触发电压，均能触发双向晶闸管正、反两个方向导通。

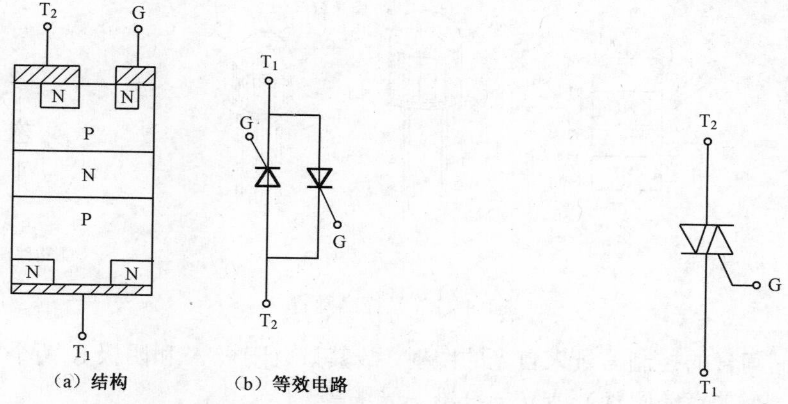

图1-4-8　双向晶闸管的结构和等效电路　　图1-4-9　双向晶闸管的电路图形符号

双向晶闸管可广泛用于工业、交通、家电领域，实现交流调压、交流调速、交流开关、舞台调光、台灯调光等多种功能。

2．门极关断晶闸管

门极关断晶闸管（GTO）（以 P 型门极为例）是由 PNPN 四层半导体材料构成的，其三个电极分别为阳极 A、阴极 K 和门极 G，如图 1-4-10 所示是其结构及电路图形符号。

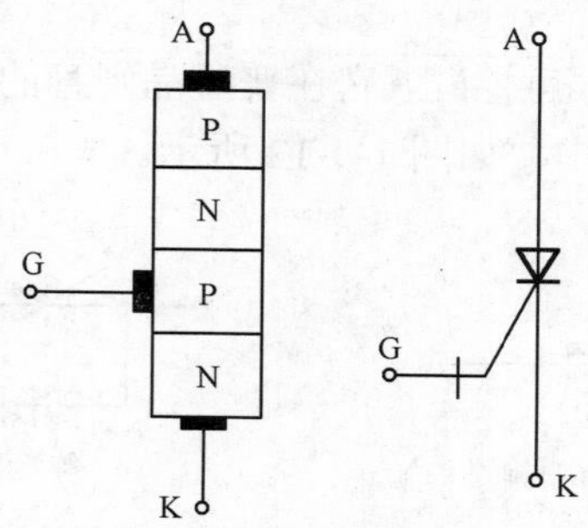

图1-4-10　门极关断晶闸管的结构及电路图形符号

门极关断晶闸管也具有单向导电特性，即当其阳极A、阴极K两端为正向电压，在门极G上加正的触发电压时，晶闸管将导通，导通方向A→K。

在门极关断晶闸管导通状态，若在其门极G上加一个适当的负电压，则能使导通的晶闸管关断（普通晶闸管在靠门极正电压触发之后，撤掉触发电压也能维持导通，只有切断电源使正向电流低于维持电流或加上反向电压，才能使其关断）。

GTO在感应加热调节器、静止变频器、电力机车的电工设备等方面得到广泛应用，其发展方向是高频、高压、大电流。

3. 光控晶闸管

光控晶闸管（LAT）俗称光控硅，内部由PNPN四层半导体材料构成，可等效为由两只晶体管和一只电容、一只光敏二极管组成的电路，如图1-4-11所示。

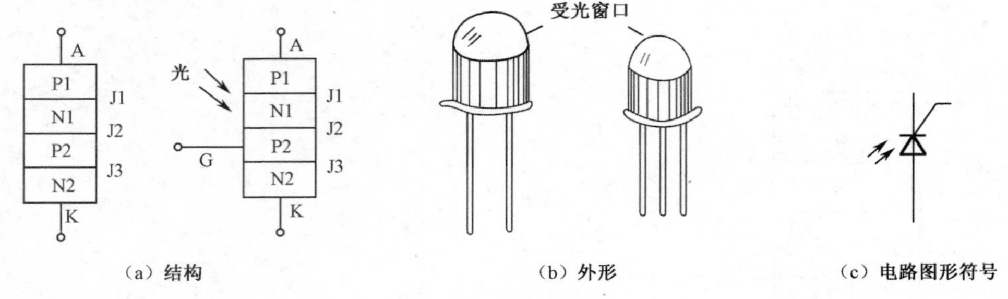

图1-4-11 光控晶闸管

由于光控晶闸管的控制信号来自光的照射，故其只有阳极A和阴极K两个引出电极，门极为受光窗口（小功率晶闸管）或光导纤维、光缆等。

当在光控晶闸管的阳极A加上正向电压，阴极K上加负电压时，再用足够强的光照射一下其受光窗口，晶闸管即可导通。晶闸管受光触发导通后，即使光源消失也能维持导通，除非加在阳极A和阴极K之间的电压消失或极性改变，晶闸管才能关断。

光控晶闸管的触发光源有激光器、激光二极管和发光二极管等。

小功率光控晶闸管常应用于电隔离，为较大的晶闸管提供控制极触发；也可用于继电器、自动控制等方面。大功率光控晶闸管主要用于高压直流输电。

4. 逆导晶闸管

逆导晶闸管（RCT）俗称逆导可控硅，它在普通晶闸管的阳极A与阴极K之间反向并联了一只二极管（制作于同一管芯中）如图1-4-12所示。

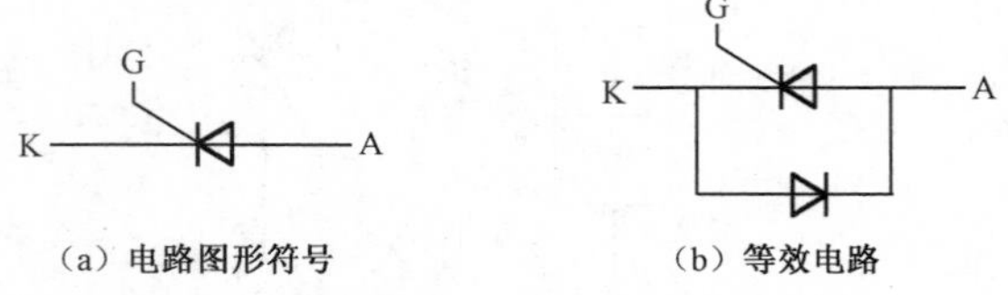

图1-4-12 逆导晶闸管的电路图形符号和等效电路

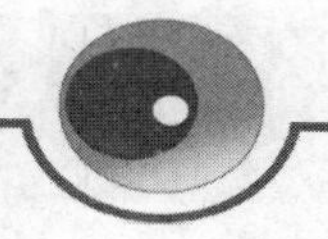

逆导晶闸管较普通晶闸管的工作频率高，关断时间短，误动作小，可广泛应用于超声波电路、电磁灶、开关电源、电子镇流器、超导磁能储存系统等领域。

5．温控晶闸管

温控晶闸管是一种新型温度敏感开关器件，它将温度传感器与控制电路结合为一体，输出驱动电流大，可直接驱动继电器等执行部件或直接带动小功率负荷。

温控晶闸管的结构与普通晶闸管的结构相似（电路图形符号也与普通晶闸管相同），也是由 PNPN 半导体材料制成的三端器件，但在制作时，温控晶闸管中间的 PN 结中注入了对温度极为敏感的成分（如氩离子），因此改变环境温度，即可改变其特性曲线。

在温控晶闸管的阳极 A 接上正电压，在阴极 K 接上负电压，在门极 G 和阳极 A 之间接入分流电阻，就可以使它在一定温度范围内（通常为－40～+130℃）起开关作用。温控晶闸管由断态到通态的转折电压随温度变化而改变，温度越高，转折电压值就越低。

思考与练习

一、填空题

1．硅晶体闸流管简称__________，俗称__________。

2．晶闸管有三个电极__________、__________和__________。

3．晶闸管是一种大功率半导体器件，它由__________层硅管半导体组成，中间形成__________个 PN 结。

4. 要使晶闸管关断，必须做到两点：一是____________________，二是____________________。

5．可控整流电路的作用就是把__________变换成__________。

6．单向半波可控整流电路的最大控制角为__________，最大导通角为__________。

7．单相半波可控整流电路中 VT 的α移相范围为__________。

7．光控晶闸管的触发光源有__________、__________和__________等。

8．半控桥式整流电路由__________只二极管和__________只晶闸管组成。

二、综合题

1．晶闸管导通和关断的条件是什么？

2．单相半波可控整流电路的特点是什么？

3．由一个晶闸管组成的单相桥式可控整流电路如图 1-4-13 所示，设α=60°，试画出输出电压u_o的波形。

4．晶闸管整流与二极管整流的主要区别是什么？

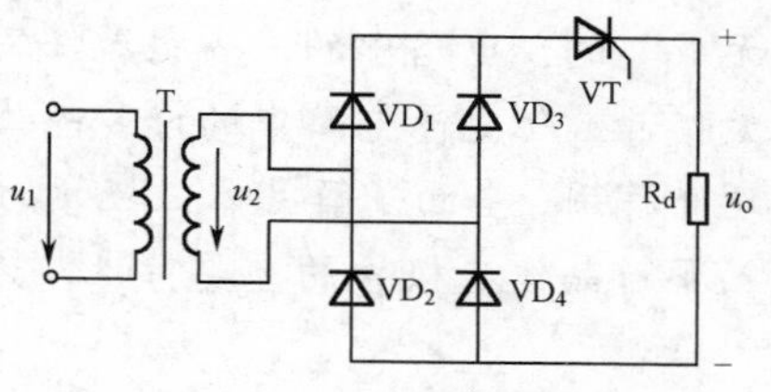

图1-4-13　综合题3用图

模块2　晶体三极管及放大电路基础

任务导入

利用电子元器件的特性而工作的电路，称为电子电路或电子线路。电子技术的不断进步，其实也就体现在电子元器件制造技术的不断发展与电子线路的不断完善上。

你知道吗？我们的日常家电产品一般分为两类：家用电子产品与家用电器产品。像电视机、DVD 机、家庭影院、电脑等等属于家用电子产品，而电冰箱、空调器、洗衣机、抽油烟机、电饭煲等等则属于家用电器产品。这两类产品又是怎样划分的呢？我们通常看产品的功能体现，是否主要利用了电子线路的工作。如果是，则为电子产品；否则，为电器产品。

其实，即使是家用电器产品，其电路中也常见到电子元器件。三极管作为电子元器件中的一种重要类型，在电路中得到了广泛的应用。

课题1　晶体三极管的使用

学习目标

- ✧ 了解晶体三极管的结构、类型及符号；认识晶体三极管的外形。
- ✧ 了解特性曲线、主要参数、温度对特性的影响，在实践中能合理使用晶体三极管。
- ✧ 会用万用表判别晶体三极管的引脚和质量优劣。

内容提要

讲起电子元器件，当然不能没有晶体三极管，而电子电路中若没有晶体三极管也是“一事无成”的，电路中的许多元器件又都是为晶体三极管服务的。晶体三极管的主要功能是放大信号，但电子电路中的许多晶体三极管并不全是用来放大电信号，而是起信号控制、处理等作用。全面了解晶体三极管的结构、类型及符号，认识各种晶体三极管的外形特征，深入了解晶体三极管的重要特性，为晶体三极管电路的分析打下基础。

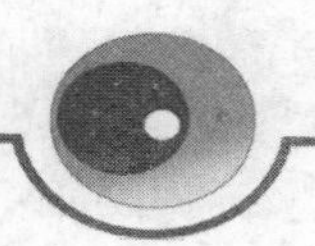

一、晶体三极管的结构、类型及符号

晶体三极管（简称三极管）是电子电路的重要元件。它是通过一定的工艺，将两个 PN 结结合在一起的器件。由于两个 PN 结的相互影响，使晶体三极管呈现出不同于单个 PN 结的特性，且具有电流放大作用，从而使 PN 结的应用产生了质的飞跃。

图 2-1-1 所示是晶体三极管示意图。晶体三极管有三根引脚：基极（用“B”表示）、集电极（用“C”表示）和发射极（用“E”表示），各引脚不能相互代用。

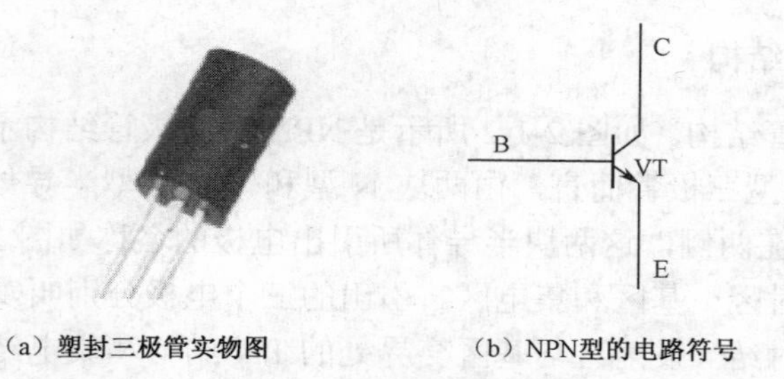

（a）塑封三极管实物图　　（b）NPN型的电路符号

图2-1-1　晶体三极管示意图

三根引脚中，基极是控制引脚，基极电流大小控制着集电极和发射极电流的大小。在三个电极中，基极电流最小（且远小于另外两个引脚的电流），发射极电流最大，集电极电流其次。

1. 晶体三极管的种类

晶体三极管是一个“大家族”，人丁众多，品种齐全。表 2-1-1 所示是晶体三极管的种类。

表 2-1-1　晶体三极管的种类

划分方法及名称		说　明
按极性划分	NPN 型三极管	这是目前常用的晶体三极管，电流从集电极流向发射极
	PNP 型三极管	电流从发射极流向集电极。NPN 型三极管与 PNP 型三极管这两种三极管通过电路符号可以分清，不同之处是发射极的箭头方向不同
按材料划分	硅三极管	简称为硅管，这是目前常用的三极管，工作稳定性好
	锗三极管	简称为锗管，反向电流大，受温度影响较大
按极性和材料组合划分	PNP 型硅管	最常用的是 NPN 型硅管
	NPN 型硅管	
	PNP 型锗管	
	NPN 型锗管	
按工作频率划分	低频三极管	工作频率 $f \leqslant 3\text{MHz}$，用于直流放大器、音频放大器
	高频三极管	工作频率 $f \geqslant 3\text{MHz}$，用于高频放大器

续表

划分方法及名称		说　明
按功率划分	小功率三极管	输出功率 P_C<0.5W，用于前级放大器
	中功率三极管	输出功率 P_C 在 0.5W～1W，用于功率放大器输出级或末级电路
	小功率三极管	输出功率 P_C>1W，用于功率放大器输出级
按封装材料划分	塑料封装三极管	小功率三极管常采用这种封装
	金属封装三极管	一部分大功率三极管和高频三极管采用这种封装
按安装形式划分	普通方式三极管	理论大量的三极管采用这种形式，三根引脚通过电路板上引脚孔伸到背面铜箔线路一面，用焊锡焊接
	贴片三极管	三极管引脚非常短，三极管直接装在电路板铜箔线路一面，用焊锡焊接
按用途划分	放大管、开关管、振荡管等	用来构成各种功能电路

2．晶体三极管的结构

（1）NPN 型三极管结构。如图 2-1-2 所示是 NPN 型三极管结构示意图。三极管由三块半导体构成，对于 NPN 型三极管而言，由两块 N 型和一块 P 型半导体组成，P 型半导体在中间，两块 N 型半导体在两侧，这两块半导体所引出电极的名称如图 2-1-2 中所示。三极管有三个区，分别叫做发射区、基区和集电区。引出的三个电极分别叫发射极、基极和集电极。两个 PN 结分别叫发射结（发射区与基区交界处的 PN 结）和集电结（集电区与基区交界处的 PN 结）。图 2-1-2 只是三极管结构的示意图，三极管的实际结构并不是对称的，发射区掺杂浓度远远高于集电区掺杂浓度；基区很薄并且掺杂浓度低；而集电结的面积比发射结要大得多，所以三极管的发射极和集电极不能对调使用。

（2）PNP 型三极管结构。如图 2-1-3 所示是 PNP 型三极管结构示意图。它与 NPN 型三极管基本相似，只是用了两块 P 型半导体和一块 N 型半导体组成，也是形成了两个 PN 结，但极性不同，如图 2-1-3 中所示。

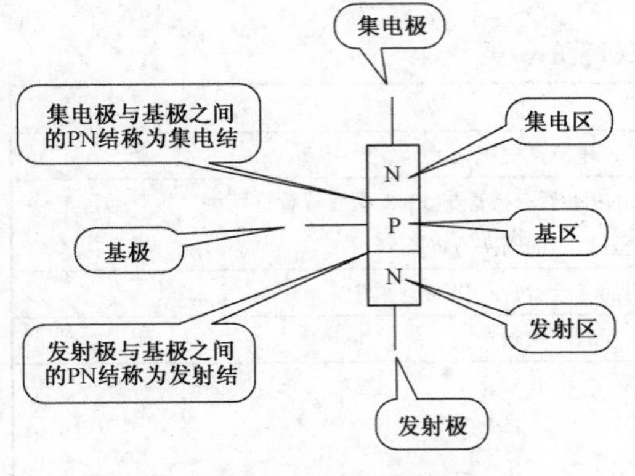

图2-1-2　NPN型三极管结构示意图

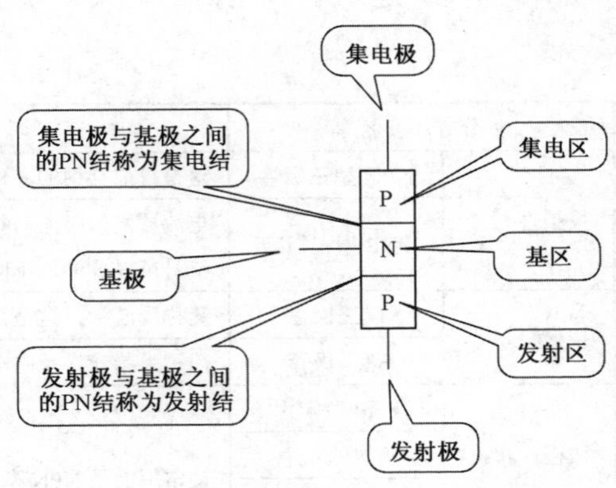

图2-1-3　PNP型三极管结构示意图

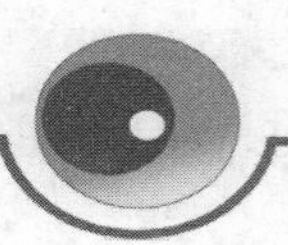

3．晶体三极管的电路符号

1）两种极性三极管电路符号

三极管种类繁多，按极性划分有两种：NPN 型三极管和 PNP 型三极管。

（1）NPN 型三极管电路符号。如图 2-1-4 所示是 NPN 型三极管的电路符号。电路符号中表示了三极管的三个电极。

（2）PNP 型三极管电路符号。如图 2-1-5 所示是 PNP 型三极管的电路符号。它与 NPN 型三极管电路符号的不同之处是发射极箭头方向不同，PNP 型三极管电路符号中的发射极箭头指向管内，而 NPN 型三极管电路符号的发射极箭头指向管外，以此可以方便地区别电路中这两种极性的三极管。

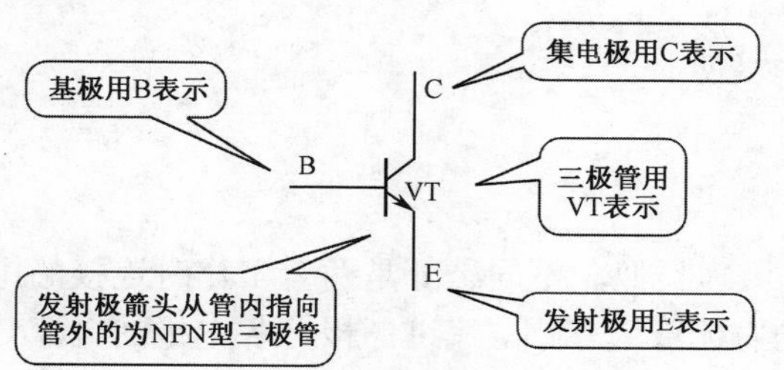

图2-1-4　NPN型三极管电路符号

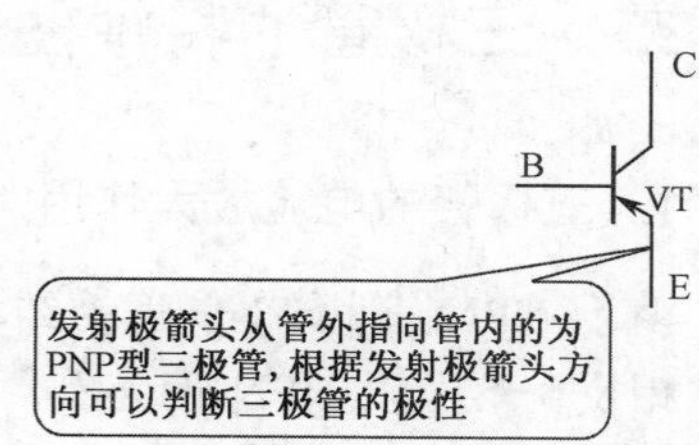

图2-1-5　PNP型三极管电路符号

2）三极管电路符号中的识图信息

电子元器件的电路符号中包含了一些识图信息，三极管电路符号中的识图信息比较丰富，掌握这些识图信息能够轻松地分析三极管电路的工作原理。

（1）NPN 型三极管电路符号识图信息。如图 2-1-6 所示是 NPN 型三极管电路符号识图信息示意图。电路符号中发射极箭头的方向指明了三极管三个电极的电流方向，在分析电路中的三极管电流流向、三极管直流电压时，这个箭头指示方向非常有用。

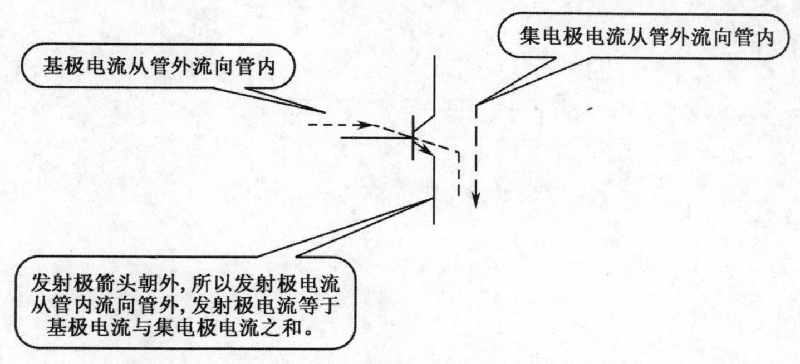

图2-1-6　NPN型三极管电路符号识图信息示意图

判断各电极电流方向时，首先根据发射极箭头方向确定发射极电流的方向，再根据基极电流加集电极电流等于发射极电流，判断基极和集电极电流方向。

（2）PNP 型三极管电路符号识图信息。如图 2-1-7 所示是 PNP 型三极管电路符号识图信息示意图，根据电路符号中的发射极箭头方向可以判断出三个电极的电流方向。

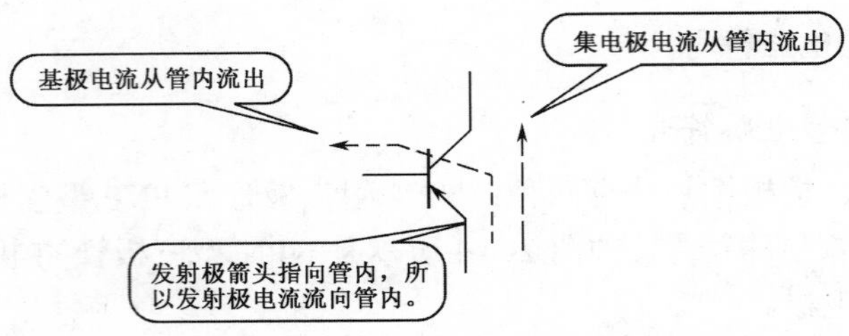

图2-1-7 PNP型三极管电路符号识图信息示意图

判断各电极电流方向时要记住，根据基尔霍夫定律，流入三极管内的电流应该等于流出三极管的电流。

二、三极管的特性曲线、主要参数

1. 三极管的电流放大作用

由于 NPN 管和 PNP 管的结构对称，工作原理类似，不同之处是两者工作时连接的电源极性相反。下面以 NPN 管为例，讨论三极管的电流放大作用。流过三极管各电极的电流分别用 I_B、I_C 和 I_E 表示。

做一做

实验电路如图 2-1-8 所示，观察各极电流的大小及其关系（建议采用仿真演示）。

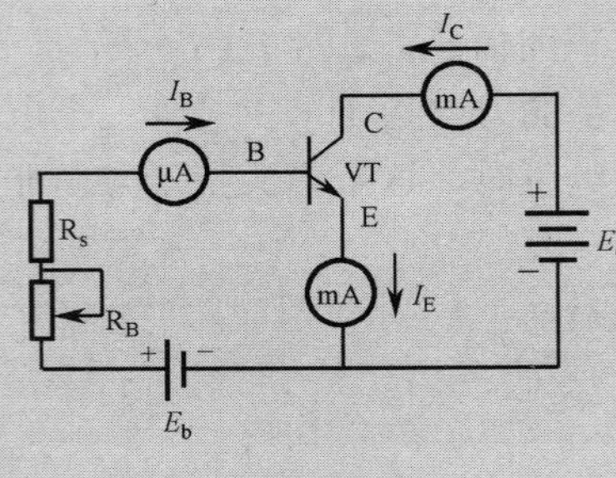

图2-1-8 电流放大实验图

结果

三极管三个电极的电流测量值如表 2-1-2 所示。

表 2-1-2 三极管电流测量数据

I_B（mA）	0	0.02	0.04	0.06	0.08	0.10
I_C（mA）	<0.001	0.70	1.50	2.30	3.10	3.95
I_E（mA）	<0.001	0.72	1.54	2.36	3.18	4.05

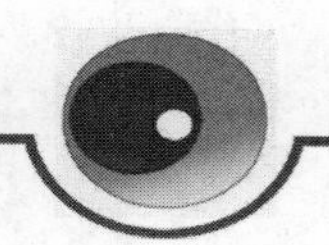

（1）观察实验数据中的每一列，可得：

$$I_E=I_C+I_B$$

此结果符合基尔霍夫电流定律。

（2）I_E 和 I_C 比 I_B 大得多。通常可认为发射极电流约等于集电极电流即

$$I_E \approx I_C$$

（3）晶体三极管具有电流放大作用，从第三列和第四列的数据可知，I_C 与 I_B 的比值分别为

$$\frac{I_C}{I_B}=\frac{1.50}{0.04}=37.5 \quad \frac{I_C}{I_B}=\frac{2.30}{0.06}=38.3$$

这就是三极管的电流放大作用。电流放大作用还体现在基极电流的少量变化ΔI_B 可以引起集电极电流较大的变化ΔI_C。仍比较第三列和第四列的数据，可得出

$$\frac{\Delta I_C}{\Delta I_B}=\frac{2.30-1.50}{0.06-0.04}=\frac{0.80}{0.02}=40$$

从表 2-1-2 中我们看到对一个晶体三极管来说，这个电流放大系数在一定范围内几乎不变。

注意

三极管电流放大的过程，实际上是指小电流控制大电流的过程，而不是由小电流独自生成大电流。所被控制大电流的能量是由电源提供的，而且三极管本身也有能量的损耗。因此，这一过程并不违背能量守恒定律。

2．电流放大作用的条件

只有给三极管的发射结加正向电压、集电结加反向电压时，它才具有电流放大作用和电流分配关系。所以三极管具有电流放大作用的条件是：发射结正偏、集电结反偏。即对 NPN 管，三个电极上的电位分布是 $U_C>U_B>U_E$；对 PNP 管，三个电极上的电位分布是 $U_C<U_B<U_E$。

3．三极管的连接方式

三极管的主要用途之一是构成放大器，简单地说，放大器的工作过程是从外界接受弱小信号，经放大后送给用电设备。通常晶体三极管在放大电路中的连接方式有三种，如图 2-1-9 所示，它们分别称为共基极接法、共发射极接法和共集电极接法。

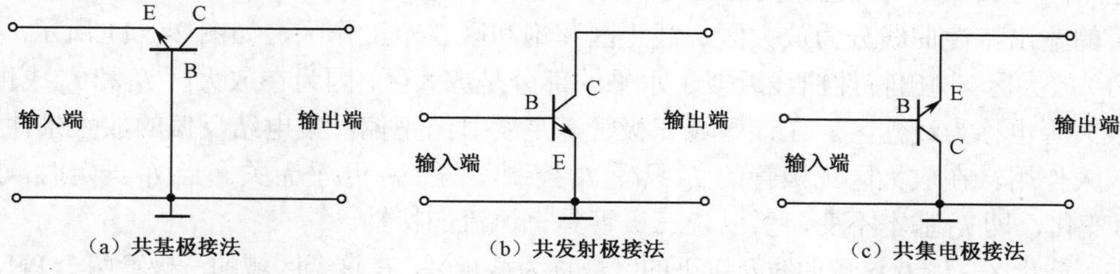

图2-1-9　晶体三极管在放大电路中的三种接法

4．三极管的特性曲线

三极管的特性曲线是用来表示该管各极电压和电流之间相互关系的，这里只介绍三极管共发射极的两种特性，即输入特性和输出特性。

1）输入特性

输入特性是指在三极管集电极与发射极之间的电压 U_{CE} 为一定值时，基极电流 I_B 同基极与发射极之间的电压 U_{BE} 的关系，即

$$I_B = f(U_{BE})\big|_{U_{CE}=\text{常数}}$$

3DG6 输入特性曲线如图 2-1-10 所示。

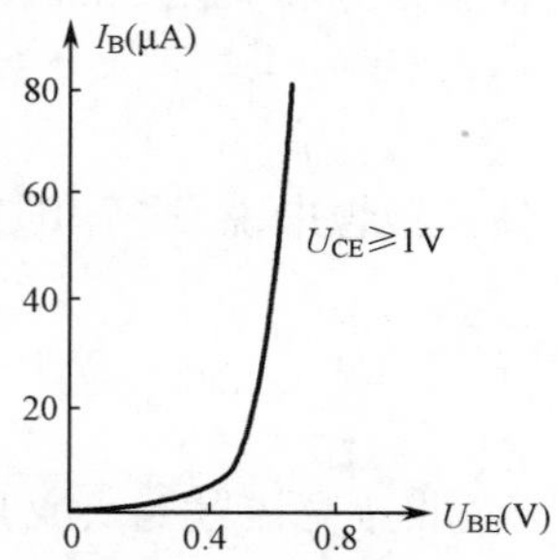

图2-1-10　3DG6输入特性曲线

从理论上讲，对应于不同的 U_{CE} 值，可做出一簇 I_B 与 U_{BE} 的关系曲线，但实际上，当 U_{CE}＞1V 以后，U_{CE} 对曲线的形状几乎无影响（输入特性曲线基本重合），故只需做一条对应 U_{CE}≥1V 的曲线即可。

由图 2-1-10 可见，和二极管的伏安特性一样，三极管输入特性也存在一段死区。只有在发射结的外加电压大于死区电压时，三极管才会出现 I_B。硅管的死区电压约为 0.5V，锗管的死区电压不超过 0.2V。正常工作时，NPN 型硅管的发射结电压 U_{BE}=0.6～0.7V，PNP 型锗管的 U_{BE}=0.2～0.3V。

2）输出特性

输出特性是指在基极电流 I_B 为一定值时，三极管集电极电流 I_C 同集电极与发射极之间的电压 U_{CE} 的关系。

在不同的 I_B 下，可得出不同的曲线。所以三极管的输出特性曲线是一组曲线，通常把晶体三极管的输出特性曲线分为放大区、截止区和饱和区 3 个工作区，如图 2-1-11 所示。

（1）放大区。输出特性曲线近似于水平的部分是放大区。因为在放大区 I_C 和 I_B 成正比例，所以放大区也称为线性区。在该区域三极管满足发射结正偏，集电结反偏的放大条件，具有电流放大作用。在放大区三极管的 I_C 只受 I_B 控制，与 U_{CE} 几乎无关。当 I_B 一定时，I_C 不随 U_{CE} 而变化，即 I_C 基本不变，所以说三极管具有恒流的特性。

（2）截止区。I_B=0 这条曲线及以下的区域称为截止区。在这个区域的三极管两个 PN 结均处于反向偏置状态，此时三极管因不满足放大条件，所以没有电流放大作用，各电极电流几乎全为零，相当于三极管内部开路，即相当于开关断开。此时管压降 U_{CE}，近似等于电源电压。

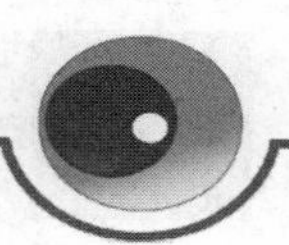

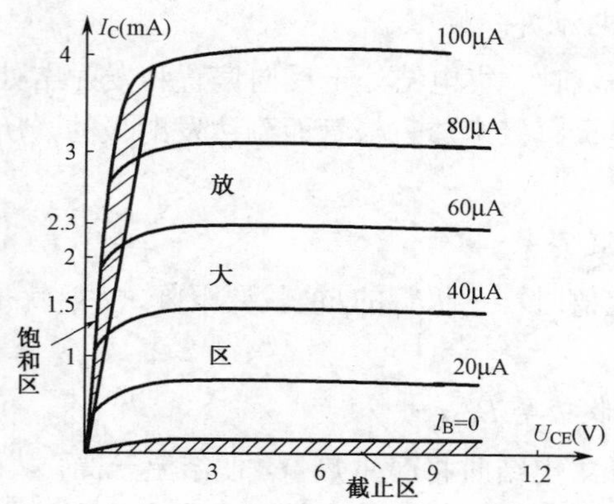

图2-1-11　晶体三极管的输出特性曲线

（3）饱和区。靠近纵坐标特性曲线的上升和弯曲部分所对应的区域称为饱和区。在饱和区。这个区域的三极管两个 PN 结均处于正向偏置状态，此时三极管因不满足放大条件也没有电流放大作用，当 U_{CE} 减小到 $U_{CE}<U_{BE}$ 时，I_C 已不再受 I_B 控制。此时的 U_{CE} 值常称为晶体三极管的饱和压降，用 U_{CES} 表示，小功率硅管的 U_{CES} 通常小于 0.5V。此时三极管的集电极、发射极呈现低电阻，相当于开关闭合。

归纳

三极管具有“开关”和“放大”两个功能，当三极管工作在饱和与截止区时，相当于开关的闭合与断开，即有开关的特性，可用于数字电路中；当三极管工作在放大区时，它有电流放大的作用，可应用于模拟电路中。

注意

三极管工作区的判断非常重要，当放大电路中的三极管不工作在放大区时，放大信号就会出现严重失真。

5. 三极管的主要参数

1）电流放大系数β

当三极管工作在动态（有输入信号）时，基极电流的变化量为ΔI_B，它引起集电极电流的变化为ΔI_C。ΔI_C与ΔI_B的比值称为动态电流（交流）放大系数，即

$$\beta=\frac{\Delta I_C}{\Delta I_B}$$

由于三极管的输出特性曲线是非线性的，所以只有在特性曲线的近似水平部分，I_C 随 I_B 成正比地变化，β 值才可认为是基本恒定的。由于制造工艺的分散性，即使同一型号的三极管，β 值也有很大差别。常用的三极管的β值在 20～100 之间。

2）集—射极反向截止电流 I_{CEO}

它是指基极开路（I_B=0）时，集电结处于反向偏置和发射结处于正向偏置时的集电极电流。又因为它好像是从集电极直接穿透三极管而到达发射极的，所以又称为穿透电流。这个电流应越小越好。

3）集电极最大允许电流 I_{CM}

当集电极电流超过一定值时，三极管的β值就要下降，I_{CM} 就是表示当β值下降到正常值的 2/3 时的集电极电流。

4）集电极最大允许耗散功率 P_{CM}

由于集电极电流在流经集电结时将产生热量，使结温升高，从而会引起三极管参数变化。当三极管因受热而引起的参数变化不超过允许值时，集电极所消耗的最大功率就称为集电极最大允许耗散功率 P_{CM}。P_{CM} 与 I_C、U_{CE} 的关系如下。

$$P_{CM}=I_C \cdot U_{CE}$$

可在三极管的输出特性曲线上作出 P_{CM} 曲线，它是一条双曲线，如图 2-1-12 所示。P_{CM} 主要受结温度的限制，一般来说，锗管允许结温度约为 70～90℃，硅管约为 150℃。

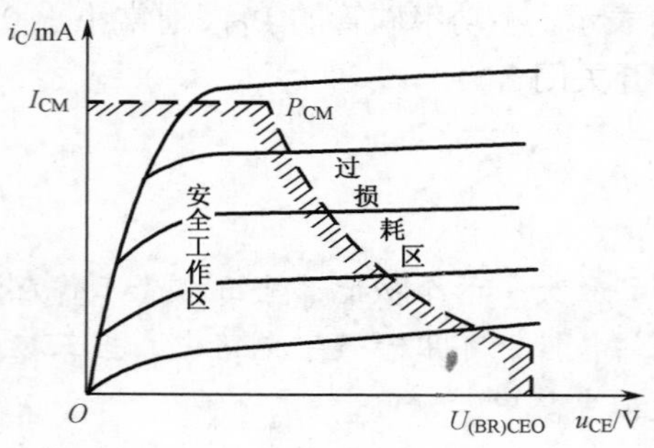

图2-1-12　三极管的权限损耗区

三、认识三极管家族

目前用得最多的是塑料封装三极管，其次是金属封装三极管。一般三极管只有三根引脚，它们不能相互代替。一些金属封装的功率三极管只有两根引脚，它的外壳是集电极，即第三根引脚。有的金属封装高频放大管是四根引脚，第四根引脚接外壳，这一引脚不参与三极管内部工作，接电路中的地线。有些三极管外壳上需要加装散热片，这主要是功率三极管。表 2-1-3 所示为常见三极管实物图形及说明。

表 2-1-3　常见三极管实物图形及说明

三极管名称	实 物 图 形	说　明
塑料封装小功率三极管		这种三极管是电子电路中用得最多的三极管，它的具体形状有许多种，三根引脚的分布也不同。主要用来放大信号电压和做各种控制电路中的控制器件

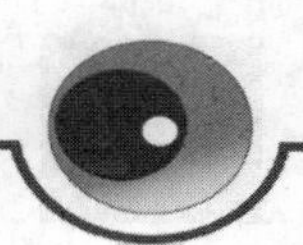

续表

三极管名称	实物图形	说明
塑料封装大功率三极管		它有三根引脚，在顶部有一个开孔的小散热片。因为大功率三极管的功率比较大，三极管容易发热，所以要设置散热片，根据这一特征也可以分辨是不是大功率三极管
金属封装大功率三极管		它的输出功率比较大，用来对信号进行功率放大。金属封装大功率三极管体积较大，结构为帽子形状，帽子顶部用来安装散热片，其金属的外壳本身就是一个散热部件，两个孔用来固定三极管。这种三极管只有基极和发射极两根引脚，集电极就是三极管的金属外壳
金属封装高频三极管		所谓高频三极管就是指它的频率很高。高频三极管采用金属封装，其金属外壳可以起到屏蔽的作用
带阻三极管		带阻三极管是一种内部封装有电阻器的三极管，它主要构成中速开关管，这种三极管又称为反相器或倒相器
带阻尼管的三极管		主要在电视机的行输出级电路中作为行输出三极管，它将阻尼二极管和电阻封装在管壳内
达林顿三极管		达林顿三极管又称达林顿结构的复合管，有时简称复合管。这种复合管由内部的两只输出功率大小不等的三极管复合而成。它主要作为功率放大管和电源调整管
贴片三极管		贴片三极管引脚很短，它装配在电路板铜箔线路一面

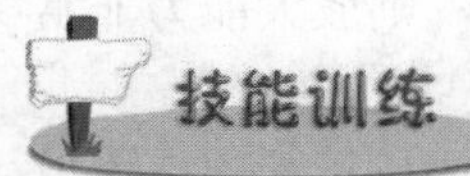

四、训练项目：使用万用表判别三极管的极性和质量优劣

技能目标

1.掌握万用表电阻挡使用方法。

2.掌握三极管极性的判别方法。

3.能用万用表判别晶体三极管的质量优劣。

工具和仪器

万用表和各类三极管。

三极管是由管芯（两个 PN 结）、三个电极和管壳组成的，三个电极分别叫集电极 C、

发射极 E 和基极 B，目前常见的三极管是硅平面管，又分 PNP 和 NPN 型两类。现在锗合金管已经少见了。

下面我们介绍用万用表测量三极管三个管脚的简单方法。

1．找出基极，并判定管型（NPN 或 PNP）

对于 PNP 型三极管，C、E 极分别为其内部两个 PN 结的正极，B 极为它们共同的负极，而对于 NPN 型三极管而言，则正好相反：C、E 极分别为两个 PN 结的负极，而 B 极则为它们共用的正极，根据 PN 结正向电阻小反向电阻大的特性就可以很方便的判断基极和管子的类型。具体方法如下。

将万用表拨在 R×100 或 R×1k 挡上。红笔接触某一管脚，用黑表笔分别接另外两个管脚，这样就可得到三组（每组两次）的读数，当其中一组二次测量都是几百欧的低阻值时，若公共管脚是红表笔，所接触的是基极，则三极管的管型为 PNP 型；若公共管脚是黑表笔，所接触的也是基极，则三极管的管型为 NPN 型。

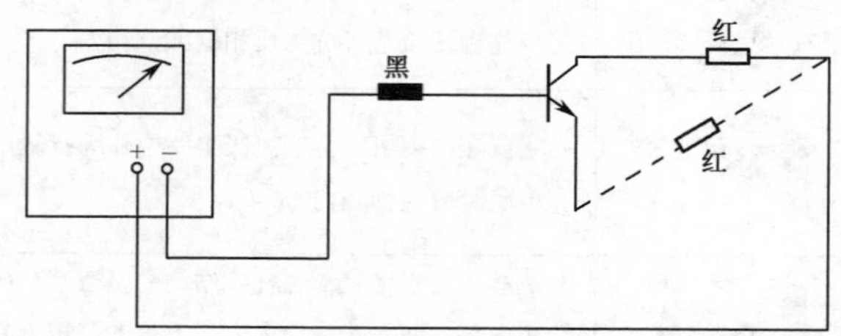

图2-1-13　测量三极管极性及基极

2．判别发射极和集电极

由于三极管在制作时，两个 P 区或两个 N 区的掺杂浓度不同，如果发射极、集电极使用正确，三极管具有很强的放大能力，反之，如果发射极、集电极互换使用，则放大能力非常弱，由此即可把管子的发射极、集电极区别开来。

判断集电极和发射极的基本原理是把三极管接成单管放大电路，利用测量管子的电流放大系数β值的大小来判定集电极和发射极。

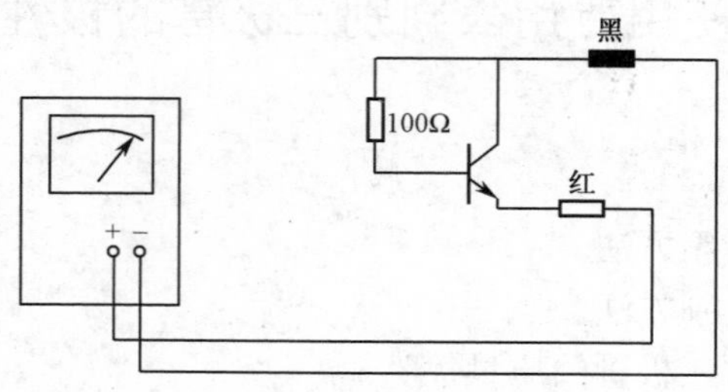

图2-1-14　判别三极管E、C引脚

将万用表拨在 R×1k 挡上。用手（以人体电阻代替 100kΩ），将基极与另一管脚捏在一起（注意不要让电极直接相碰），为使测量现象明显，可将手指湿润一下，将红表笔接在与基极捏在一起的管脚上，黑表笔接另一管脚，注意观察万用表指针向右摆动的幅度。然后将

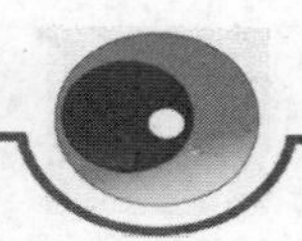

两个管脚对调，重复上述测量步骤。比较两次测量中表针向右摆动的幅度，找出摆动幅度大的一次。对 PNP 型三极管，则将黑表笔接在与基极捏在一起的管脚上，重复上述实验，找出表针摆动幅度大的一次，对于 NPN 型，黑表笔接的是集电极，红表笔接的是发射极。对于 PNP 型，红表笔接的是集电极，黑表笔接的是发射极。

这种判别电极方法的原理是，利用万用表内部的电池，给三极管的集电极、发射极加上电压，使其具有放大能力。用手捏其基极、集电极时，就等于通过手的电阻给三极管加一正向偏流，使其导通，此时表针向右摆动幅度就反映出其放大能力的大小，因此可正确判别出发射极、集电极来。

3. 实训步骤

① 对各个三极管的外观标识进行识读，并将识读结果填入表 2-1-4 中。

② 用万用表分别对各三极管进行检测，判断其管脚和性能好坏，将测量结果填入表 2-1-4 中。

表 2-1-4　三极管识别与检测技能训练表

<table>
<tr><td rowspan="2">编号</td><td rowspan="2">标识内容</td><td rowspan="2">封装类型</td><td colspan="2">判断结果</td><td rowspan="2">根据万用表测试结果画三极管引脚排列示意图</td><td rowspan="2">性能好坏</td></tr>
<tr><td>极型类型</td><td>材料</td></tr>
<tr><td>1</td><td></td><td></td><td></td><td></td><td></td><td></td></tr>
<tr><td>2</td><td></td><td></td><td></td><td></td><td></td><td></td></tr>
<tr><td>3</td><td></td><td></td><td></td><td></td><td></td><td></td></tr>
<tr><td>4</td><td></td><td></td><td></td><td></td><td></td><td></td></tr>
<tr><td>5</td><td></td><td></td><td></td><td></td><td></td><td></td></tr>
</table>

4.考核评价表（见表 2-1-5）

表 2-1-5　考核评价表

<table>
<tr><td rowspan="2">评价指标</td><td rowspan="2" colspan="4">评 价 要 点</td><td colspan="5">评 价 结 果</td></tr>
<tr><td>优</td><td>良</td><td>中</td><td>合格</td><td>差</td></tr>
<tr><td>理论知识</td><td colspan="4">三极管知识掌握情况</td><td></td><td></td><td></td><td></td><td></td></tr>
<tr><td rowspan="3">技能水平</td><td colspan="4">1. 三极管外观识别</td><td></td><td></td><td></td><td></td><td></td></tr>
<tr><td colspan="4">2. 万用表使用情况，三极管极性判别情况</td><td></td><td></td><td></td><td></td><td></td></tr>
<tr><td colspan="4">3. 正确鉴定三极管质量好坏</td><td></td><td></td><td></td><td></td><td></td></tr>
<tr><td>安全操作</td><td colspan="4">万用表是否损坏，丢失或损坏二极管</td><td></td><td></td><td></td><td></td><td></td></tr>
<tr><td rowspan="2">总评</td><td rowspan="2">评别</td><td>优</td><td>良</td><td>中</td><td>合格</td><td>差</td><td rowspan="2">总评得分</td><td rowspan="2" colspan="2"></td></tr>
<tr><td>100～88</td><td>87～75</td><td>74～65</td><td>64～55</td><td>≤54</td></tr>
</table>

思考与练习

一、填空题

1．晶体三极管的种类很多，按照半导体材料的不同可分为______、_______；按照极性的不同分为________，__________。

2．三极管有三个区，分别是________，________，________。

3．三极管有两个 PN 结，即________结和________结；有三个电极，即________极、极和________极，分别用________、________、________表示。

4．放大电路有共________、共________、共________三种连接方式。

5．三极管的输出特性可分为三个区域，即________区、________区、________区。

6．当三极管的发射结________，集电结________时，工作在放大区；发射结________，集电结________时，工作在饱和区；发射结________，集电结________时，工作在截止区。

7．三极管中，硅管的死区电压约为________，锗管的死区电压不超过________。

8．在三极管家族中，目前用得最多的是________，其次是________。

二、综合题

1．三极管主要功能是什么？放大的实质是什么？放大的能力用什么来衡量？

2．在电路中测出各三极管的三个电极对地电位如图 2-1-15 所示，试判断各三极管处于何种工作状态（设图 2-1-15 中 PNP 型均为锗管，NPN 型为硅管）。

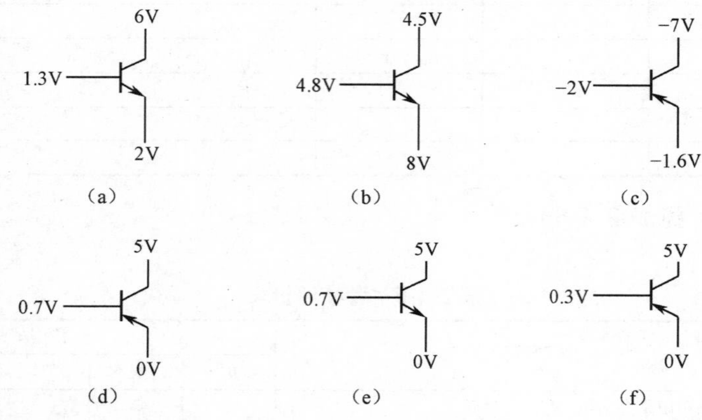

图2-1-15　综合题2用图

课题2　放大电路的构成

学习目标

- ✧ 了解三极管的三种状态。
- ✧ 能识读和绘制基本共射放大电路。
- ✧ 理解共射放大电路主要元件的作用。

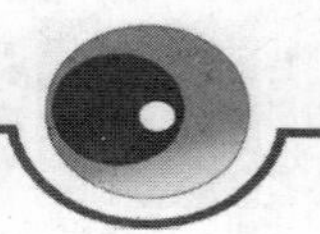

内容提要

三极管共有三种工作状态，用于不同目的的三极管其工作状态是不同的。了解三极管的三种状态，有助于对电路的理解和分析。利用三极管的放大作用，可以设计出各式各样的放大电路，其中最基本的放大电路就是由单个三极管组成的放大电路。基本共射电路是放大电路的基础，能识读和绘制基本共射放大电路，并能理解共射放大电路主要元件的作用。

相关知识

一、三极管的三种状态

三极管共有三种工作状态：截止状态、放大状态和饱和状态。用于不同目的的三极管其工作状态是不同的。

1. 三极管截止工作状态

用来放大信号的三极管不应工作在截止状态。倘若输入信号部分地进入了三极管特性的截止区，则输出会产生非线性失真。所谓非线性失真是指给三极管输入一个正弦信号，从三极管输出的信号已不是一个完整的正弦信号，输出信号与输入信号不同。

图 2-2-1 所示是非线性失真信号波形示意图，产生非线性失真的原因是三极管静态工作点设置不合适，某些时刻工作于非线性区。

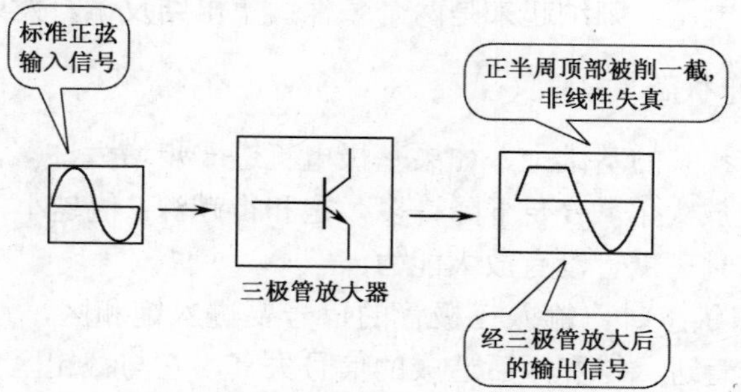

图2-2-1 非线性失真信号波形示意图

如果三极管基极上输入信号的负半周进入三极管截止区，将引起削顶失真。注意，三极管基极上的负半周信号对应于三极管集电极的是正半周信号，所以三极管集电极输出信号的正半周某些时刻工作于三极管的截止区，波形顶部被削去，如图 2-2-2 所示。

当三极管用于开关电路时，三极管的一个工作状态就是截止状态。注意，开关电路中的三极管工作在开关状态，所以不存在这样的削顶失真。

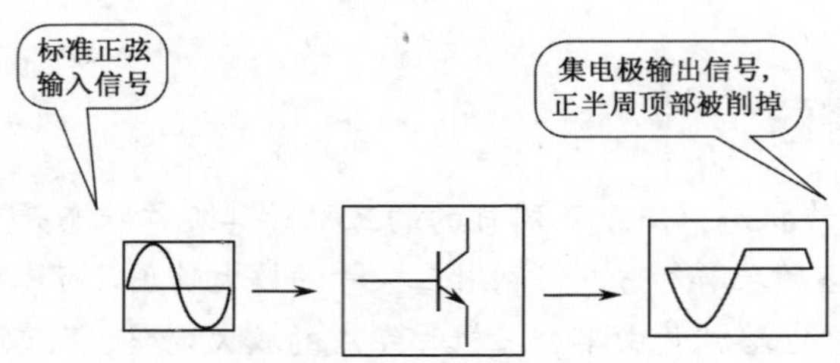

图2-2-2　三极管截止区造成的削顶失真

2．三极管放大工作状态

在线性状态下，给三极管输入一个正弦信号，则输出的也是正弦信号，此时输出信号的幅度比输入信号要大，如图 2-2-3 所示，说明三极管对输入信号已有了放大作用，但是正弦信号的特性并未改变，所以没有非线性失真。输出信号的幅度变大，这也是一种失真，称之为线性失真。放大器中这种线性失真是需要的，没有这种线性失真放大器就没有放大能力。显然，线性失真和非线性失真不同。

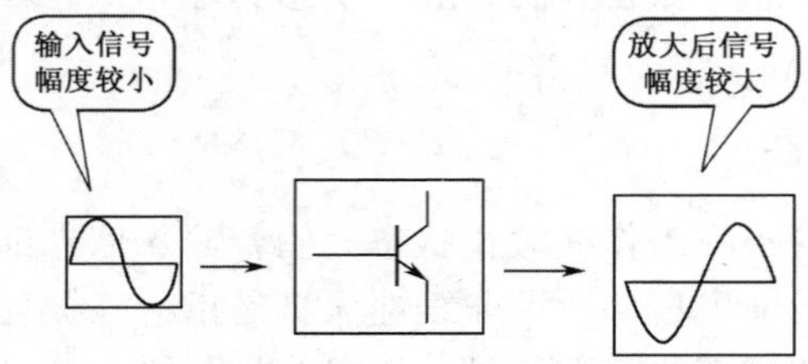

图2-2-3　信号放大示意图

要想使三极管进入放大区，无论是 NPN 型三极管还是 PNP 型三极管，必须给三极管各个电极一个合适的直流电压，归纳起来是两个条件：集电结反偏，发射结正偏。

3．三极管饱和工作状态

三极管在放大工作状态的基础上，如果基极电流进一步增大许多，三极管将进入饱和状态，这时的三极管电流放大倍数β要下降许多，饱和得越深β值越小，电流放大倍数一直能小到小于 1 的程度，这时三极管没有放大能力。

在三极管处于饱和状态时，输入三极管的信号要进入饱和区，这也是一个非线性区。如图 2-2-4 所示是三极管进入饱和区后造成的信号失真，它与截止区信号失真不同的是，加在三极管基极的信号的正半周进入饱和区，在集电极输出信号中是负半周被削掉，所以放大信号时三极管也不能进入饱和区。

在开关电路中，三极管的另一个工作状态是饱和状态。由于三极管开关电路不放大信号，所以也不会存在这样的失真。

三极管的三种工作状态中，三极管工作电流都有一定的范围，其中截止区的电流范围最小，放大区的范围最大，饱和区其次，当然通过外电路的调整也可以改变各工作区的电流范围。

三极管的三种工作状态中，放大倍数β也不同，截止区、饱和区中的β很小，放大区中的β大且大小基本不变。

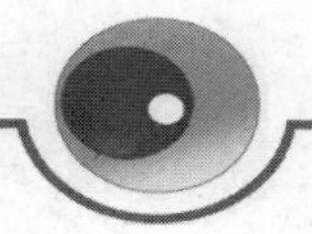

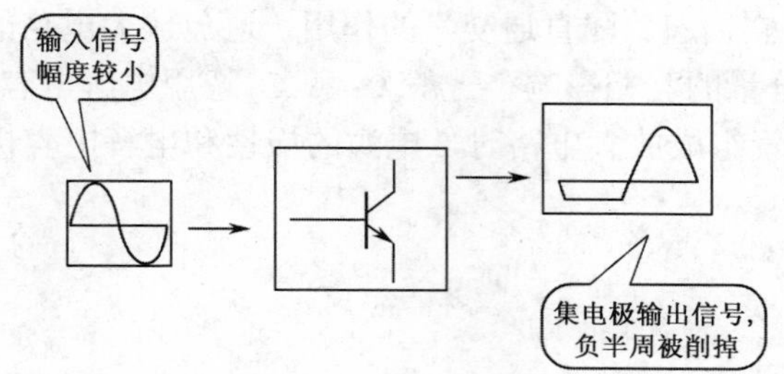

图2-2-4　三极管进入饱和区后信号的失真

二、基本共射放大电路的特点

图 2-2-5 所示是由 NPN 型管组成的基本共射放大电路，它是最基本的放大电路。交流信号 u_i 从基极回路中输入，输出信号 u_o 取自集电极，三极管的发射极接地，它作为输入、输出的公共端，所以这种电路称为共发射极电路（简称共射电路）。下面说明图 2-2-5 中各元器件的作用。

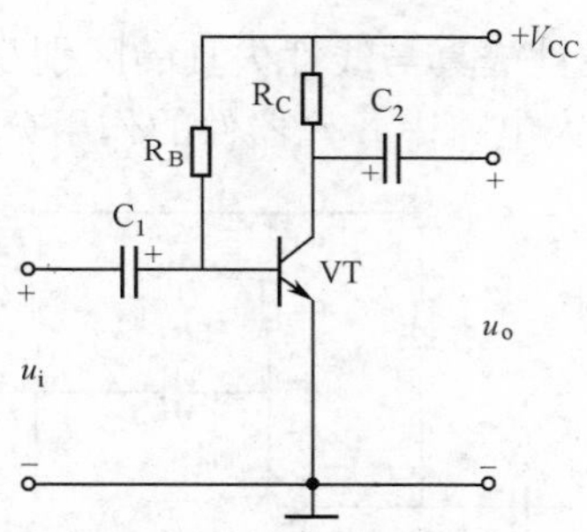

图2-2-5　基本共射放大电路

（1）三极管 VT。它是放大电路的核心器件，具有放大电流的作用。

（2）基极偏流电阻 R_B。其作用是向三极管的基极提供合适的偏置电流，并使发射结正向偏置。选择合适的 R_B 值，就可使三极管有恰当的静态工作点。通常 R_B 的取值为几十千欧到几百千欧。

（3）集电极负载电阻 R_C。R_C 的作用是把三极管的电流放大转换为电压放大，如果 $R_C=0$，则集电极电压等于电源电压，即使由输入信号 u_i 引起集电极电流变化，集电极电压也保持不变，因此负载上将不会有交流电压 u_o。一般 R_C 的值为几百欧到几千欧。

（4）直流电源 V_{CC}。V_{CC} 的正极经 R_C 接三极管集电极，负极接发射极。V_{CC} 有两个作用，一是通过 R_B 和 R_C 使三极管发射结正偏、集电结反偏，使三极管工作在放大区；二是给放大电路提供能源。放大电路放大作用的实质是，用能量较小的输入信号，去控制能量较大的输出信号，但三极管自身并不能创造能量，因此输出信号的能量，来源于电源 V_{CC}。V_{CC} 是整个放大电路的能源，V_{CC} 的电压一般为几伏到几十伏。

（5）电容 C_1 和 C_2。它们起“隔直通交”的作用，避免放大电路的输入端与信号源之间，输出端与负载之间直流分量的互相影响。一般 C_1 和 C_2 选用电解电容器，取值为几微法到几十微法。用 PNP 型三极管组成放大电路时，电源的极性和电解电容极性，正好与 NPN 型电路相反。

思考与练习

一、填空题

1．三极管共有三种工作状态：__________状态、__________状态和__________状态。

2．在开关电路中，三极管主要工作在__________状态和__________状态。

3．在 NPN 组成的共射基本放大电路中，当输入为正弦波时，输出电压波形出现了底部失真，产生这种失真的原因是由于三极管工作在__________状态。

4．在共射放大电路中，输出电压 u_o 和输入电压 u_i 的相位__________。

二、综合题

1．什么叫非线性失真？非线性失真与线性失真的区别是什么？

2．如图 2-2-6 所示的共射放大电路中各元器件的作用分别是什么？

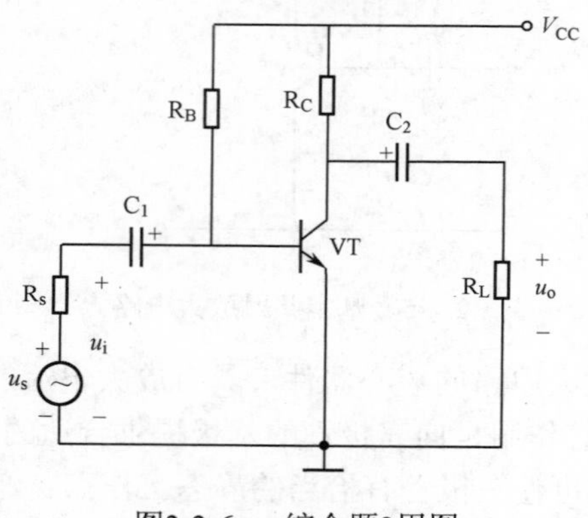

图2-2-6　综合题2用图

课题 3　放大电路的分析

学习目标

- ✧ 了解放大器直流通路与交流通路。
- ✧ 了解小信号放大器性能指标（放大倍数、输入电阻、输出电阻）的含义。
- ✧ 会使用万用表调试三极管的静态工作点。

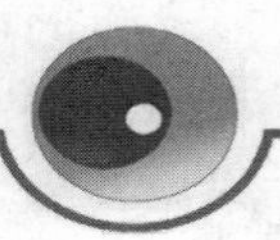

内容提要

三极管工作离不开直流电路，若三极管直流电路工作不正常，就不可能使三极管交流电路正常工作，另外，由于业余测量条件的限制，对三极管电路的故障检查就是通过测量三极管各电极直流工作电压来进行的，再用三极管直流电路工作状态来推理三极管的交流工作状态，所以掌握直流电路工作原理是学习三极管电路的重中之重。

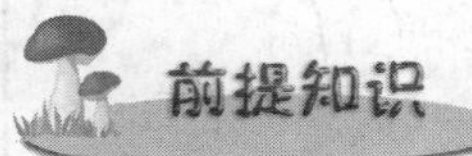

前提知识

三极管有静态和动态两种工作状态。未加信号时三极管的直流工作状态称为静态，此时各极电流称为静态电流。给三极管加入交流信号之后的工作电流称为动态工作电流，这时三极管是交流工作状态，即动态。

1．放大器的静态工作点

静态工作点是指在静态情况下，电流电压参数在晶体管输入输出特性曲线族上所确定的点，用 Q 表示。一般包括 I_{BQ}，I_{CQ}，和 U_{CEQ}。放大器的静态工作点的设置是否合适，是放大器能否正常工作的重要条件。

2．静态工作点对放大电路工作的影响

为了直观说明静态工作点对放大电路工作的影响，请看下面的实验。

做一做

按图 2-3-1 所示连接电路，观察电路中 R_B 分别为 1000 kΩ、600 kΩ、200 kΩ等情况下的输出电压波形，并测量静态工作点的数值。

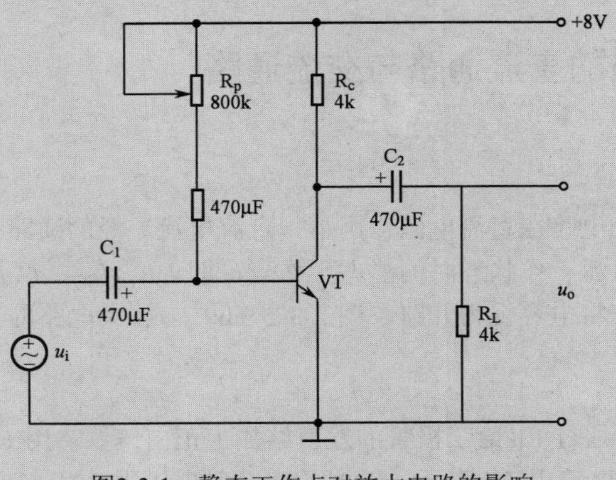

图2-3-1　静态工作点对放大电路的影响

实验结果

当电阻 R_B 分别为 1000 kΩ、200 kΩ时输出电压波形有失真。

当电阻 R_B 分别为 600 kΩ时输出电压波形无失真。实验数据及输出波形如表 2-3-1 所示。

表 2-3-1　实验数据

R_B	I_{BQ}/uA	I_{CQ}/mA	U_{CEQ}/V	波形
1000 kΩ	12	1.176	9.648	(a)
600 kΩ	20	1.96	8.08	(b)
200 kΩ	60	5.88	0.24	(c)

分析总结

静态工作点对放大器的放大能力、输出电压波形都有影响。只有当静态工作点在放大区时，晶体管才能不失真地对信号进行放大。因此，要使放大电路正常工作，必须使它具有合适的静态工作点。

一、放大电路的直流通路与交流通路

1. 直流通路

没有输入信号时，电路在直流电源作用下，直流电流流经的通路称为直流通路。直流通路用于确定电路处于直流工作状态时的静态工作点，即 I_{BQ}、I_{CQ}、U_{CEQ}。

直流通路的画法：将电容视为开路。图 2-3-2（b）为放大电路的直流通路。

2. 静态分析

静态时，电源 V_{CC} 通过 R_B 给三极管的发射结加上正向偏置，用 U_B 表示，产生的基极电流用 I_{BQ} 表示，集电极电流用 I_{CQ} 表示，此时的集—射电压用 U_{CEQ} 表示。放大电路的静态分

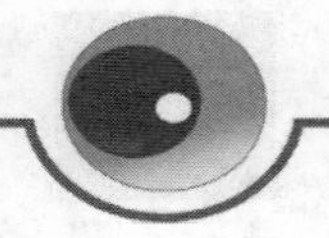

析一般通过画直流通路来进行。从图中不难求出放大电路的静态值

$$I_{BQ}=\frac{V_{CC}-U_{BE}}{R_B} \tag{2-3-1}$$

因为 $V_{CC}\gg U_{BE}$，所以

$$I_{BQ}\approx\frac{V_{CC}}{R_B} \tag{2-3-2}$$

$$I_{CQ}=\beta I_{BQ} \tag{2-3-3}$$

$$U_{CEQ}=V_{CC}-I_{CQ}R_C \tag{2-3-4}$$

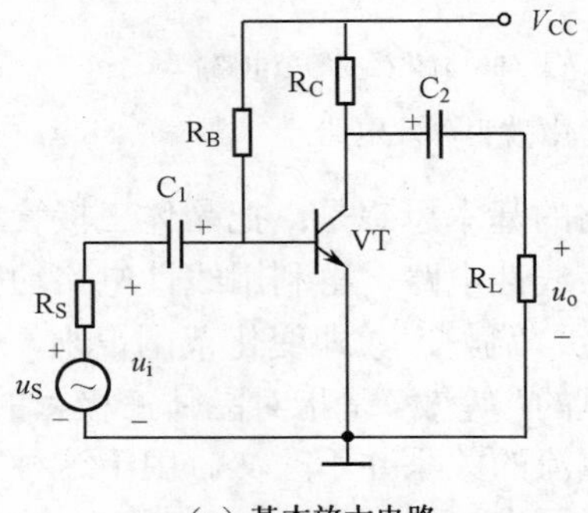

（a）基本放大电路

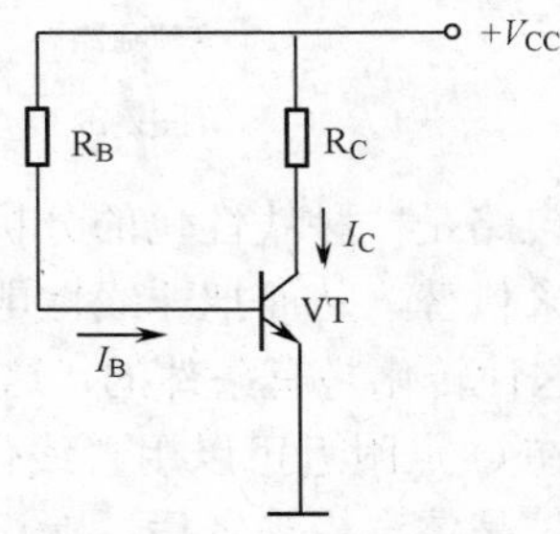

（b）基本放大电路的直流通路

图2-3-2　共射放大电路的直流通路

【例 2-3-1】　在图 2-2-5 中，已知 V_{CC}=12V，R_B=300kΩ，R_C=4kΩ，β= 37.5，试求放大电路的静态值。

解：根据图 2-3-1 所示的直流通路，可以得到；

$$I_{BQ}\approx\frac{V_{CC}}{R_B}=12/300\text{mA}=0.04\text{ mA}$$

$$I_{CQ}=\beta I_{BQ}=37.5\times0.04\text{ mA}=1.5\text{ mA}$$

$$U_{CEQ}=V_{CC}-I_{CQ}R_C=12\text{V}-1.5\times4\text{V}=6\text{V}$$

3．交流通路

交流通路是指在输入信号的作用下交流信号流经的通路。交流通路用于分析、计算电路的动态性能指标，如 A_u、R_i、R_o。

交流通路的画法：将容抗小的电容（如耦合电容、射极旁路电容）视为短路；将直流电源（如 V_{CC}）视为短路。图 2-3-4（a）为放大电路的交流通路。

4．动态分析

放大电路有输入信号的工作状态称为动态。动态分析主要是确定放大电路的电压放大倍数 A_u、输入电阻 R_i 和输出电阻 R_o 等。

放大电路有输入信号时，三极管各极的电流和电压瞬时值既有直流分量，又有交流分量。直流分量一般就是静态值，而所谓放大，只考虑其中的交流分量。下面介绍常用的动态分析法——简化微变等效电路法。

1）三极管的简化微变等效电路

在讨论放大电路的简化微变等效电路之前，需要介绍三极管的简化微变等效电路。如图 2-3-3 所示是三极管的简化微变等效电路。

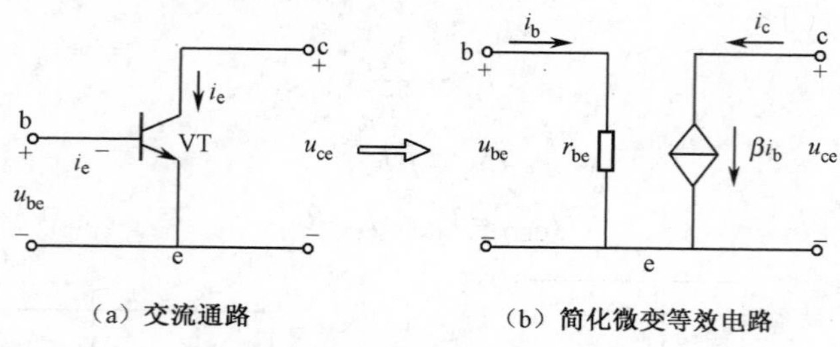

（a）交流通路　　（b）简化微变等效电路

图2-3-3　三极管的简化微变等效电路

微变等效电路是一种线性化的分析方法，它的基本思想是：把晶体三极管用一个与之等效的线性电路来代替，从而把非线性电路转化为线性电路，再利用线性电路的分析方法进行分析。当然，这种转化是有条件的，这个条件就是“微变”，即变化范围很小，小到晶体三极管的特性曲线在 Q 点附近可以用直线代替。这里的“等效”是指对晶体三极管的外电路而言，用线性电路代替晶体三极管之后，端口电压、电流的关系并不改变。由于这种方法要求变化范围很小，因此，输入信号只能是小信号，一般要求 u_{be}（即 u_i）≤10mV。这种分析方法，只适用于小信号电路的分析，且只能分析放大电路的动态。

从图 2-3-3 可以看出，三极管的输入回路可以等效为输入电阻 r_{be}。在小信号工作条件下，r_{be} 是一个常数，低频小功率管的 r_{be} 可用下式估算

$$r_{be}=300\Omega+(1+\beta)\frac{26(\text{mV})}{I_E(\text{mA})} \tag{2-3-5}$$

式中，I_E 是三极管发射极电流的静态值，一般可取 $I_E \approx I_{CQ}$。

三极管的输出回路中，用一等效的受控恒流源 βi_b 来代替。三极管的输出电阻数值比较大，故在三极管的简化微变等效电路中将它忽略。

2）放大电路的简化微变等效电路

由于 C_1、C_2 和 V_{CC} 对于交流信号是相当于短路的，所以图 2-2-5 放大电路的交流通路如图 2-3-4（a）所示。放大电路交流通路中的三极管如用其简化微变等效电路来代替，便可得到如图 2-3-4（b）所示的放大电路的简化微变等效电路（以后简称微变等效电路）。

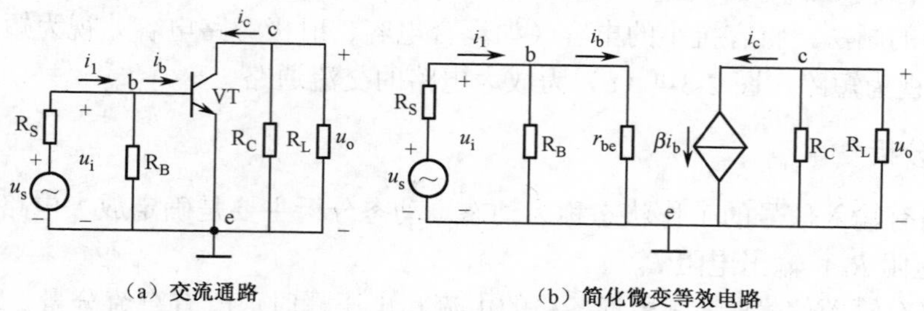

（a）交流通路　　（b）简化微变等效电路

图2-3-4　放大电路的简化微变等效电路

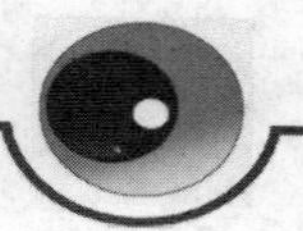

二、放大电路的性能指标

用微变等效电路法分析放大电路的步骤：先画出放大电路的交流通路，再用相应的等效电路代替三极管，最后计算性能指标。

1．求电压放大倍数 A_u

电压放大倍数是指放大器输出信号的电压 u_o 与输入信号的电压 u_i 的比值，它反映放大器的电压放大能力，用 A_u 表示，即 $A_u=\frac{u_o}{u_i}$

放大器的输出端有无负载时，其输出电压各不相同。

无负载时的电压放大倍数 $A_u=-\beta\frac{R_C}{r_{be}}$

带负载 R_L 时的电压放大倍数 $A_u=-\beta\frac{R_L'}{r_{be}}$

式中，负号表示输出电压与输入电压反相，$R_L'=R_C//R_L$ 。如果电路的输出端开路，即 $R_L=\infty$ 则有如下：

$$A_u=-\frac{\beta R_C}{r_{be}}$$

【例 2-3-3】　在图 2-2-5 中，V_{CC}=12V，R_C=4kΩ，R_L=4kΩ，R_B=300kΩ，β=37.5，试求放大电路的电压放大倍数 A_u。

解：在例 2-3-1 中已求出，$I_{CQ}=\beta I_{BQ}$=1.5mA

由公式可求出

$$r_{be}=300\Omega+(1+37.5)\frac{26(\text{mV})}{1.5(\text{mA})}=967\Omega$$

则
$$A_u=-\beta\frac{R_C\,//\,R_L}{r_{be}}=-\frac{37.5(4//4)}{0.967}=-77.6$$

2．求输入电阻 R_i

放大电路的输入电阻 R_i 是从放大器的输入端看进去的等效电阻，如图 2-3-5 所示。即

$$R_i=R_B//r_{be}$$

通常 $R_B\gg r_{be}$，因此 $R_i\approx r_{be}$，可见共射基本放大电路的输入电阻 R_i 不大。

3．求输出电阻 R_o

放大电路对负载而言，相当于一个信号源，其内阻就是放大电路的输出电阻 R_o。求输出电阻 R_o 可利用图 2-3-6 所示电路，将输入信号源 u_s 短路和输出负载开路，从输出端外加测试电压 u_T，产生相应的测试电流 i_T 则输出电阻为

$$R_o = \frac{u_T}{i_T}$$

而
$$i_T = \frac{u_T}{R_C}$$

故
$$R_o = R_C$$

在例 2-3-3 中，$R_o = R_C = 4\text{k}\Omega$

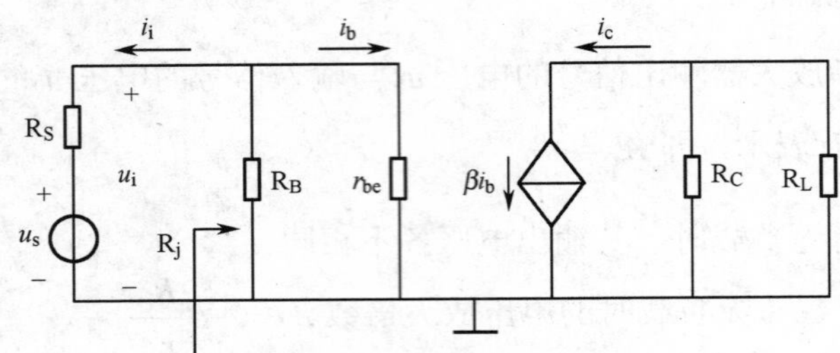

图2-3-5　共射放大电路的输入电阻

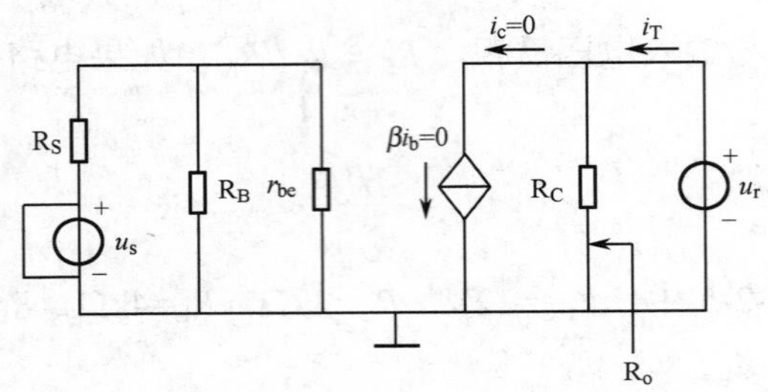

图2-3-6　共射放大电路的输出电阻

上面以共射基本放大电路为例，估算了放大电路的输入电阻和输出电阻。一般来说，希望放大电路的输入电阻高一些，这样可以避免输入信号过多地衰减；对于放大电路的输出电阻来说，则希望越小越好，以提高电路的带负载能力。

思考与练习

一、填空题

1．放大电路中三极管静态工作点的估算是指计算__________、__________和________。

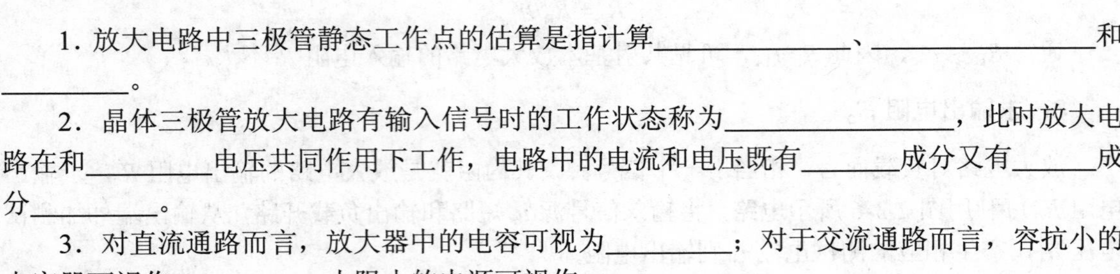

2．晶体三极管放大电路有输入信号时的工作状态称为__________，此时放大电路在和________电压共同作用下工作，电路中的电流和电压既有______成分又有______成分________。

3．对直流通路而言，放大器中的电容可视为________；对于交流通路而言，容抗小的电容器可视作________，内阻小的电源可视作________。

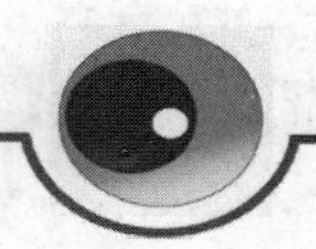

4．放大器的输入电阻和输出电阻是衡量放大电路性能的重要指标，一般希望电路的输入电阻________，以______对信号源的影响；希望输出电阻_________，以_______放大器带负载的能力。

二、综合题

1．电路如图2-3-7所示，调整电位器R_w可以调整电路的静态工作点。

试问：（1）要使I_C=2mA，R_w应为多大？

（2）使电压U_{CE}=4.5V，R_w应为多大？

2．放大电路及元件参数如图2-3-8所示，三极管选用3DG105，β=50。分别计算R_L开路和R_L=4.7kΩ时的电压放大倍数A_u。

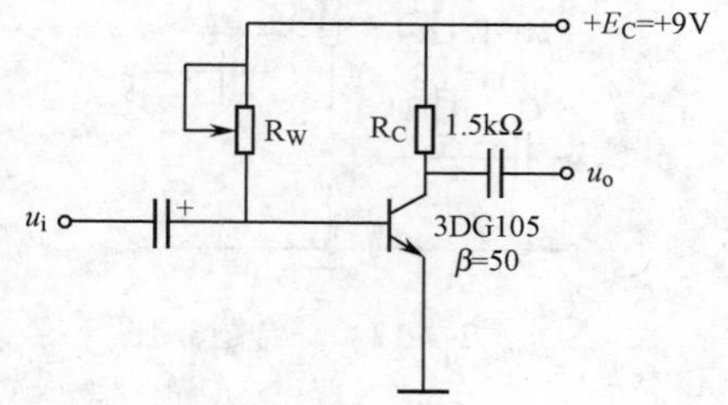

图2-3-7　综合题1用图

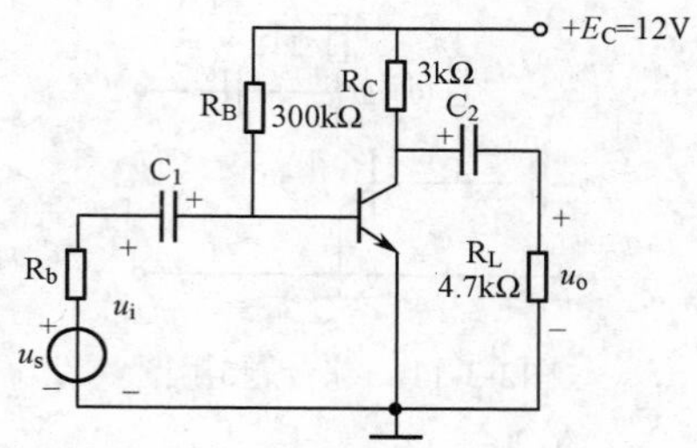

图2-3-8　综合题2用图

3．放大电路和三极管的输出特性曲线如图2-3-9所示。已知V_{CC}=12V，R_B=160kΩ，R_C=2kΩ，I_{BQ}按V_{CC}/R_B估算。

（1）画出直流负载线，并求出静态工作点Q_1；

（2）若R_C增大到6kΩ时，重新确定静态工作点Q_2，试问Q_2点合理吗？为什么？

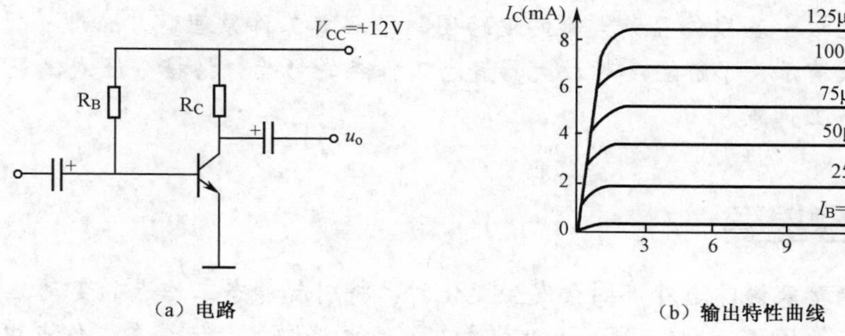

图2-3-9　综合题3用图

4．在如图2-3-10所示的放大电路中，V_{CC}=12V，R_B=360kΩ，R_C=3kΩ，R_E=2kΩ，R_L=3kΩ，三极管的U_{BE}=0.7V，β=60。

（1）求静态工作点；

（2）画出微变等效电路；

（3）求电路输入输出电阻；

（4）求电压放大倍数A_u。

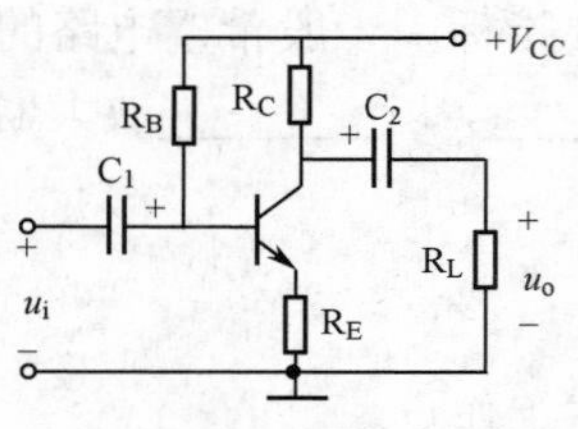

图2-3-10　综合题4用图

5．在图 2-3-11 所示的放大电路中，各参数的数值已标注在图上，现测得 I_{BQ}=3OμA，I_{CQ}=1.5mA。若更换一只β=100 的管子，则 I_{BQ}=______________μA，I_{CQ}=______________mA。

6．在图 2-3-12 所示放大电路中，β=50，U_{BE} 忽略不计。

（1）当 R_P 最大时，I_{BQ}≈________μA，I_{CQ}=________mA，U_{CEQ}≈________V，晶体三极管处于__________状态；

（2）当 R_P 最小时，I_{BQ}≈________μA，I_{CQ}=________mA，U_{CEQ}≈________V，晶体三极管处于__________状态；

（3）若基极脱焊，U_{CEQ}≈________V，晶体三极管处于__________状态。

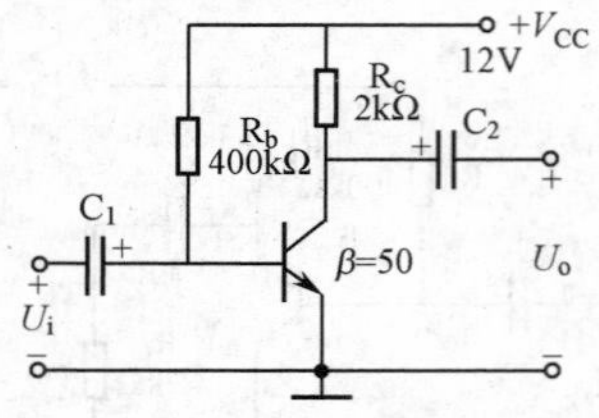

图2-3-11　综合题5用图

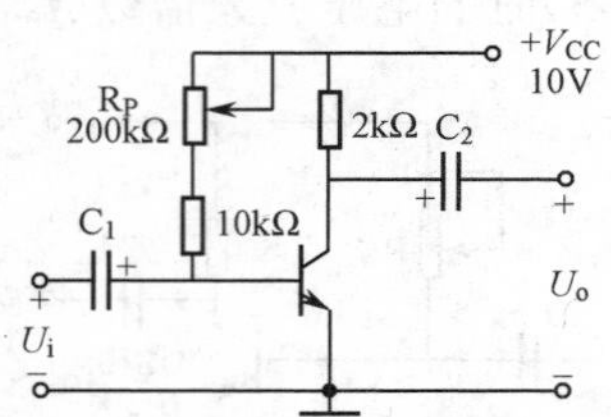

图2-3-12　综合题6用图

课题 4　放大器静态工作点的稳定

学习目标

✧　能识读分压式偏置的电路图；了解分压式偏置放大器的工作原理。

✧　能识读集电极—基极偏置放大器的电路图，了解其工作原理。

✧　通过实验或演示，了解温度对放大器静态工作点的影响，搭接分压式偏置放大器，会调整静态工作点。

内容提要

对共射放大电路来说，当外部因素发生变化时，将引起静态工作点的变动，例如，当温度升高时，三极管的 U_{BEQ} 将下降，I_{CBO} 增加，β值也将增加，使静态工作点中的 I_{CQ} 值增加，从而造成静态工作点不稳定。严重时还会使放大电路不能正常工作，产生失真，在分析放大电路时，必须考虑静态工作点的稳定问题。分压式偏置放大器和集电极—基极偏置放大器都是稳定静态工作点采取的有效措施。通过学习，能识读分压式偏置和集电极—基极偏置放大器的电路图；并了解它们的工作原理。通过实验或演示，了解温度对放大器静态工作点的影响，会搭接分压式偏置放大器，会调整静态工作点。

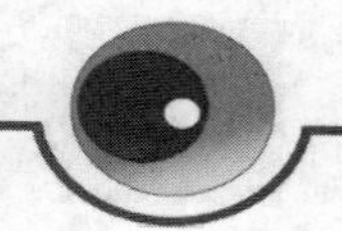

图解分析法（简称图解法）是放大电路的另一种分析方法，下面简单介绍放大电路的图解分析法。

1）用图解法分析放大电路的静态工作情况

如前所述，图 2-2-5 基本共射放大电路直流通路如图 2-3-1 所示。利用三极管的输出特性曲线，可以画出放大电路输出回路的图解分析曲线如图 2-4-1 所示。

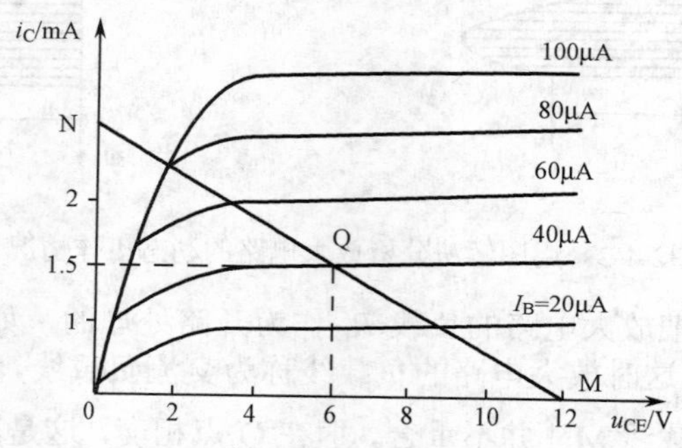

图2-4-1　输出回路的图解分析

大家知道，放大电路的输出回路应当满足

$$u_{CE}=V_{CC}-i_c R_C$$

这是一条直线，称为放大电路的直流负载线，其斜率为$-\frac{1}{R_C}$。在输出特性曲线图上作出的 MN 就是这条直流负载线，它与横轴的交点是 M（V_{CC}，0），与纵轴的交点是 N（0，$\frac{V_{CC}}{R_C}$）。MN 与放大电路中 I_{BQ} 的交点就是静态工作点 Q。Q 点的横坐标值为 U_{CEQ}，纵坐标值是 I_{CQ}。在例 2-3-1 中，已知 I_{BQ}=40μA，MN 与 I_{BQ}=4μA 交点为 Q 点，Q 点的横坐标值为 6V（即 U_{CEQ}=6V），纵坐标值为 1.5mA（即 I_{CQ}=1.5mA）。

2）用图解法分析放大电路的动态工作情况

用图解法能够直观显示出在输入信号作用下，放大电路各点电压和电流波形的幅值大小及相位关系，尤其对判断静态工作点是否合适，输出波形是否会失真等十分方便。图 2-4-2 画出了用图解法分析放大电路的动态工作情况。从图中可以看出，输入信号作用在放大电路输入端（见曲线①），在三极管输入特性曲线上可以对应画出基极电流的曲线（见曲线②），输入曲线上的 Q 点在 Q′和 Q″范围内上下移动。随着放大电路基极电流 i_b 的变化，在输出特性曲线上放大电路的工作点将沿直流负载线移动，其范围是 Q′～Q″之间，这样可以得到 i_c 的变化曲线③及 u_{ce} 的变化曲线④。可以发现，当 u_i 为正半周时，对应 u_{ce} 的负半周，u_i 为负半周时则对应 u_{ce} 的正半周，而 u_{ce} 就是 u_o。这说明，共射放大电路的 u_i 和 u_o 是反相的。

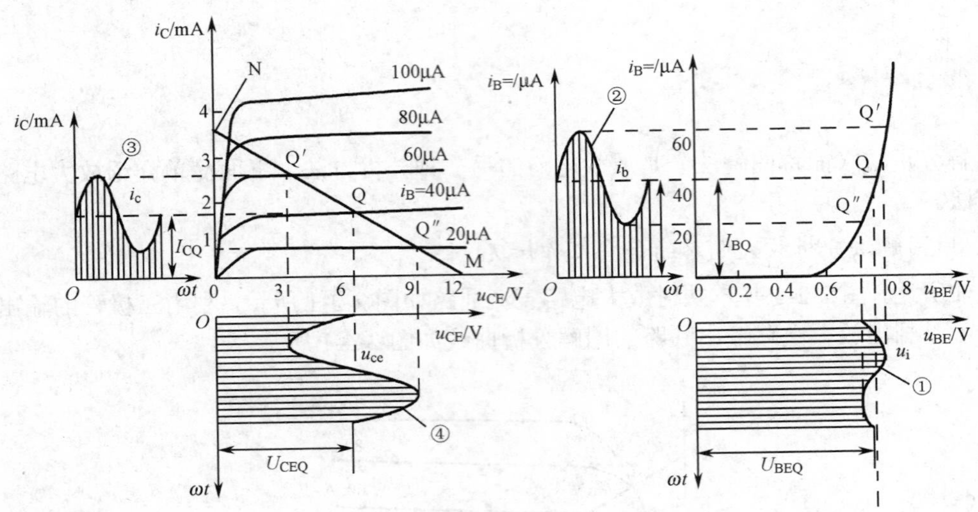

图2-4-2　用图解法分析放大电路的动态工作情况

上述图解分析时，是把放大电路的负载 R_L 作为开路处理的，如果考虑 R_L，则放大电路的负载应为 $R_L' = R_C \,//\, R_L$。这时放大电路的负载线称为交流负载线，如图 2-4-3 所示。从图中看出交流负载线与直流负载线 MN 并不重合，但在 Q 点相交，这是因为输入信号在变化过程中必定会经过零点，在通过零点时 u_i=0，相当于放大电路处于静态。通过 Q 点作一条斜率为 $-1/R_L'$ 的直线就能得到放大电路的交流负载线。

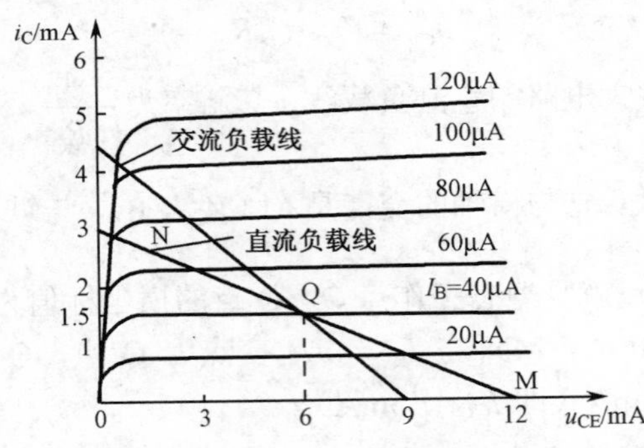

图2-4-3　放大电路的交流负载线

1. 温度对静态工作点的影响

静态工作点不稳定的原因很多，例如电源电压的波动，电路参数的变化，但最主要的是因为三极管的参数会随外部温度变化而变化。当温度升高时，三极管的 U_{BEQ} 将下降，I_{CBO}

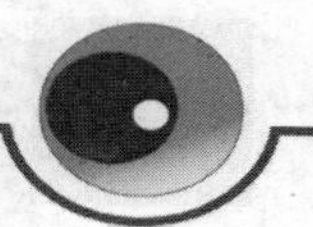

增加，β 值也将增加，这些都表现在静态工作点中的 I_{CQ} 值增加，从而造成静态工作点不稳定。

2．静态工作点对输出波形失真的影响

对一个放大电路来说，要求输出波形的失真尽可能小。但是，当静态工作点设置不当时，输出波形将出现严重的非线性失真。在图 2-4-4 中，静态工作点设于 Q 点，可以得到失真很小的 i_c 和 u_{ce} 波形。但是，当静态工作点设在 Q_1 或 Q_2 点时。会使输出波形产生严重的失真。

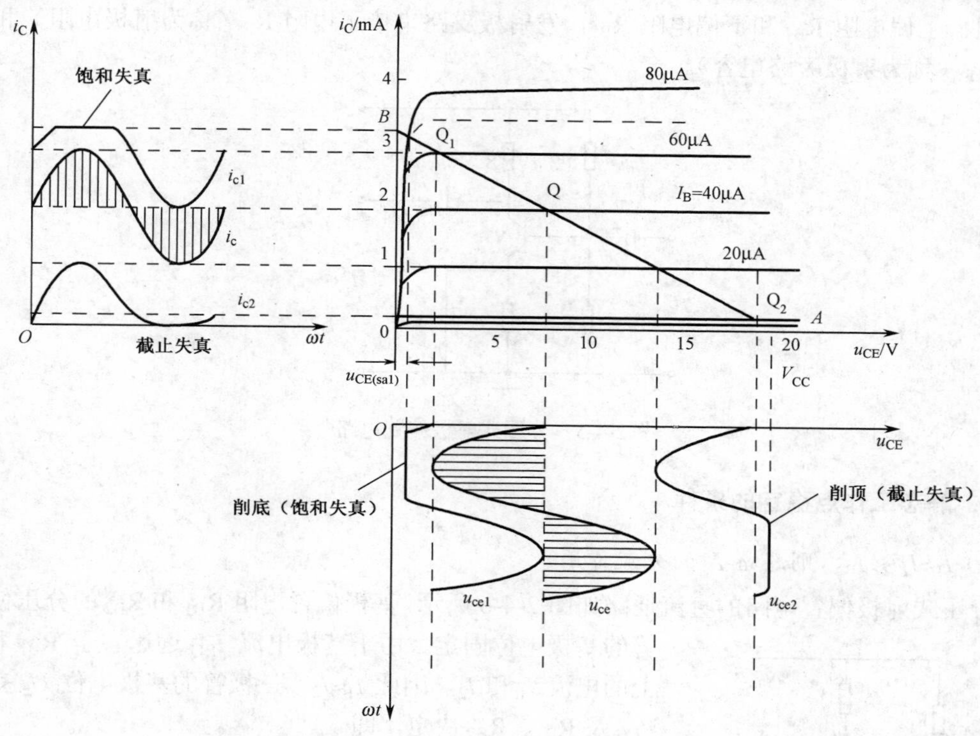

图2-4-4　静态工作点对输出波形失真的影响

1）饱和失真

当 Q 点设置偏高，接近饱和区时，如图 2-4-4 中的 Q_1 点，i_c 的正半周和 u_{ce} 的负半周都出现了畸变。这种由于动态工作点进入饱和区而引起的失真，称为“饱和失真”。

2）截止失真

当 Q 点设置偏低，接近截止区时，如图 2-4-4 中的 Q_2 点，使得 i_c 的负半周和 u_{ce} 的正半周出现畸变。这种失真称为“截止失真”。

一般，工作点 Q 选在交流负载线的中央，可以获得最大的不失真输出，使放大电路得到最大的动态工作范围。

由于三极管参数的温度稳定性较差，在固定偏置放大电路（基本放大电路）中，当温度变化时，会引起电路静态工作点的变化，造成输出电压失真。为了稳定放大电路的性能，必须在电路的结构上加以改进，使静态工作点保持稳定。分压式偏置放大电路和集电极—基极偏置放大电路就是静态工作点比较稳定的放大电路。

一、分压式射极偏置电路

1. 电路组成

分压式射极偏置电路如图 2-4-5 所示。从电路的组成来看，三极管的基极连接有两个偏置电阻：上偏电阻 R_{B1} 和下偏电阻 R_{B2}，发射极支路串接了电阻 R_E（称为射极电阻）和旁路电容 C_E（称为射极旁路电容）。

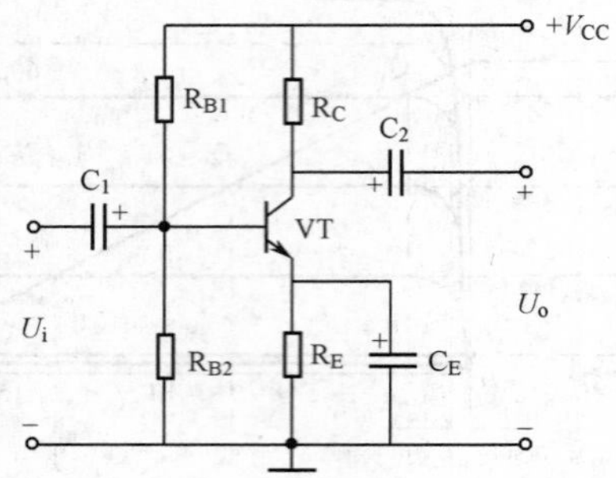

图2-4-5　分压式射极偏置电路

2. 静态工作点稳定的条件

1）$I_1 \approx I_2 \gg I_B$，则忽略 I_B 的分流作用

分压式射极偏置电路的直流通路如图 2-4-6 所示，基极偏置电阻 R_{B1} 和 R_{B2} 的分压使三极管的基极电位固定。由于基极电流 I_{BQ} 远远小于 R_{B1} 和 R_{B2} 上的电流 I_1 和 I_2，因此 $I_1 \approx I_2$。三极管的基极电位 U_B 完全由 V_{CC} 及 R_{B1}、R_{B2} 决定，即

$$U_B = \frac{R_{B2}}{(R_{B1}+R_{B2})} V_{CC}$$

由上式可知，U_B 与三极管的参数无关，几乎不受温度影响。

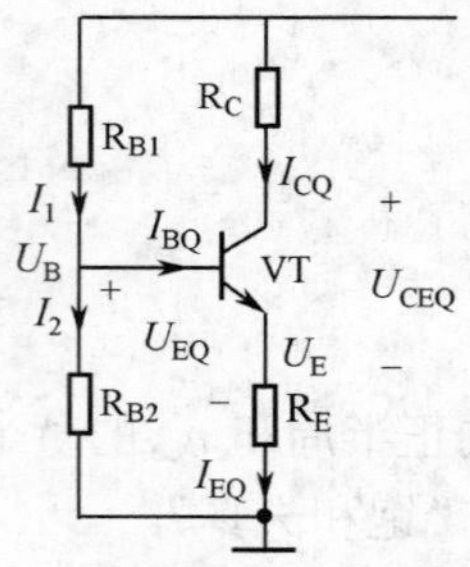

图2-4-6　分压式射极偏置电路的直流通路

2）$U_B \gg U_{BE}$

发射极电位 U_{EQ} 等于发射极电阻 R_E 乘电流 I_{EQ}，即

$$U_{EQ}=R_E I_{EQ}$$

三极管发射结的正向偏压 U_{BE} 等于 U_{BQ} 减 U_{EQ}，即

$$U_{BE}=U_{BQ}-U_{EQ}$$

3. 稳定静态工作点的原理

下面通过仿真演示来证明分压式偏置放大电路具有稳定静态工作点的作用。

做一做

按图 2-4-7 连接电路，改变三极管的电流放大倍数β（更换三极管），观察静态工作点、输出波形失真和波形变化情况（建议采用仿真演示）。

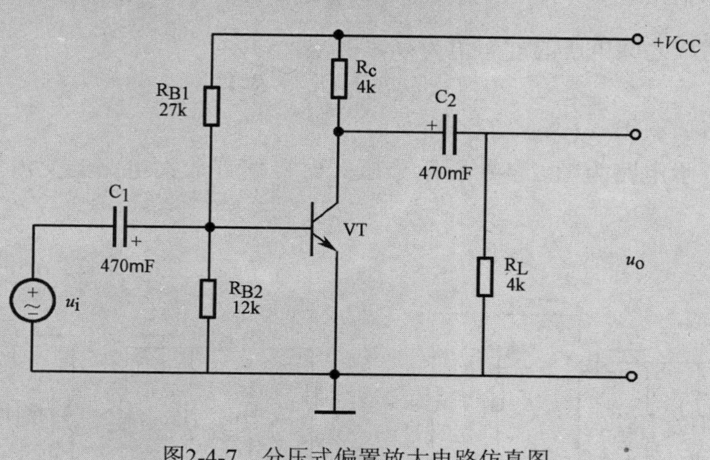

图2-4-7　分压式偏置放大电路仿真图

实验结果

分压式偏置放大电路：第一只管子的电流放大倍数为β_1，集电极电流为 I_{CQ1}，输出波形正常；第二只管子的电流放大倍数为β_2，集电极电流 I_{CQ2}=I_{CQ1}，输出波形正常。

由图 2-4-6 所示，当温度升高时 I_{CQ}、I_{EQ} 均会增大，因此 R_E 的压降 U_{EQ} 也会随之增大，由于 U_{BQ} 基本不变化，所以 U_{BE} 减小，而 U_{BE} 减小又会使 I_{BQ} 减小，I_{BQ} 减小又使 I_{CQ} 减小，因此 I_{CQ} 的增大就会受到抑制，电路的静态工作点能基本保持不变化。上述变化过程可以表述为

温度升高 ⟹ I_{CQ} 增大 ⟹ I_{EQ} 增大 ⟹ U_{EQ} 增大 ⟹ U_{BE} 减小 ⟹ I_{BQ} 减小 ⟹ I_{CQ} 减小

因此，只要满足 $I_2 \gg I_B$ 和 $u_B \gg U_{BE}$ 两个条件，u_B 和 I_{EQ} 或 I_{CQ} 就与晶体三极管的参数几乎无关，不受温度变化的影响，从而静态工作点能得以基本稳定。

4．分压式射极偏置电路性能参数计算

（1）静态分析

用估算法计算静态工作点。当满足 $I_2 \gg I_B$ 时，$I_1 = I_2 + I_B \approx I_2$。由如图 2-4-5 所示的直流通路得三极管基极电位的静态值为：

$$U_B = \frac{R_{B2}}{(R_{B1}+R_{B2})}V_{CC}$$

集电极电流的静态值为：

$$I_C \approx I_E = \frac{U_B - U_{BE}}{R_E}$$

基极电流的静态值为：

$$I_B = \frac{I_C}{\beta}$$

集电极与发射极之间电压的静态值为：

$$U_{CE} = V_{CC} - I_C(R_C + R_E)$$

（2）动态分析

如图 2-4-8 所示电路为图 2-4-6 所示分压式射极偏置放大电路的交流通路和微变等效电路。

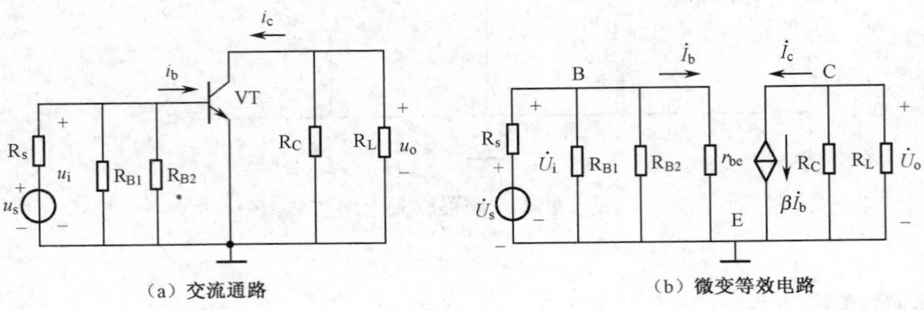

图2-4-8　分压式偏置放大电路的交流通路和微变等效电路

因为在交流通路中电阻 R_{B1} 与 R_{B2} 并联，可等效为电阻 R_B，所以固定偏置电路（基本放大电路）的动态分析结果对分压式偏置电路同样适用。

电压放大倍数为：

$$A_u = \frac{\dot{U}_o}{\dot{U}_i} = -\frac{\beta(R_C // R_L)}{r_{be}}$$

输入电阻为：

$$R_i = R_{B1} // R_{B2} // r_{be}$$

输出电阻为：

$$R_o = R_C$$

二、集电极—基极偏置放大器

1．集电极—基极偏置放大器的组成

图 2-4-11 所示是典型的三极管集电极—基极偏置放大电路。电阻 R_1 接在三极管集电极与基极之间，这是偏置电阻，R_1 为 VT 提供了基极电流回路。由于 R_1 接在集电极与基极之间，所以称为集电极—基极偏置放大电路。

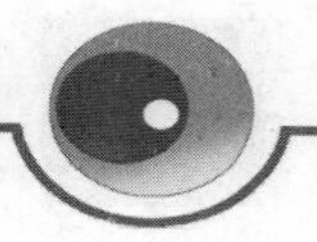

2．稳定静态工作点的原理

当温度升高使 I_C 增大时，随着 I_C 的增大，集电极－发射极电压和相应的基极－发射极电压同时下降，使 I_C 自动减小，达到稳定静态工作点的目的。这个过程简单表述如下：

$$T\uparrow \rightarrow I_C\uparrow \rightarrow U_C\downarrow \rightarrow U_B\downarrow \rightarrow U_{BE}\downarrow \rightarrow I_B\downarrow \rightarrow I_C\downarrow$$

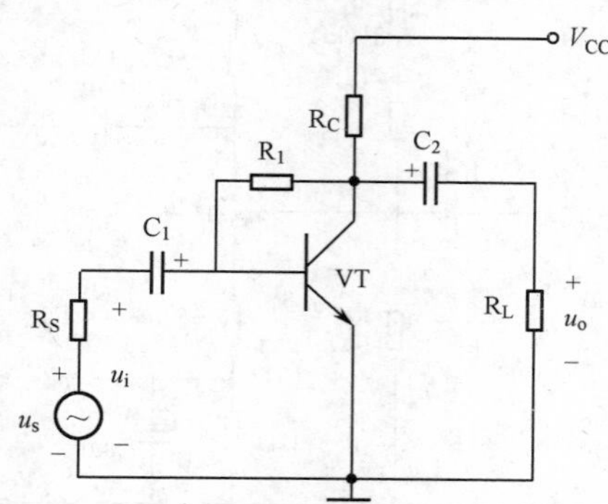

图2-4-9　三极管集电极—基极偏置放大电路

三、训练项目：使用万用表调整放大电路静态工作点

技能目标

（1）掌握晶体三极管放大电路静态工作点的测试方法。

（2）掌握基本焊接方法。

工具和仪器

（1）万用表。

（2）三极管、电阻、电容等。

（3）电烙铁等常用电子装配工具。

1．工作原理与电路图

单级共射放大电路是三种基本放大电路组态之一，基本放大电路处于线性工作状态的必要条件是设置合适的静态工作点，工作点的设置直接影响放大器的性能。放大器的动态技术指标是在有合适的静态工作点时，保证放大电路处于线性工作状态下进行测试的。共射放大电路具有电压增益大，输入电阻较小，输出电阻较大，带负载能力强等特点，其主要技术指标的表达式如下。

$$A_u = -\frac{\beta R'_L}{r_{be} + \beta R_{C1}}, (R'_L = R_L // R_C)$$

$$r_i = R_b // (r_{be} + \beta R_{e1}), (R_b = R_{b1} // R_{b2})$$

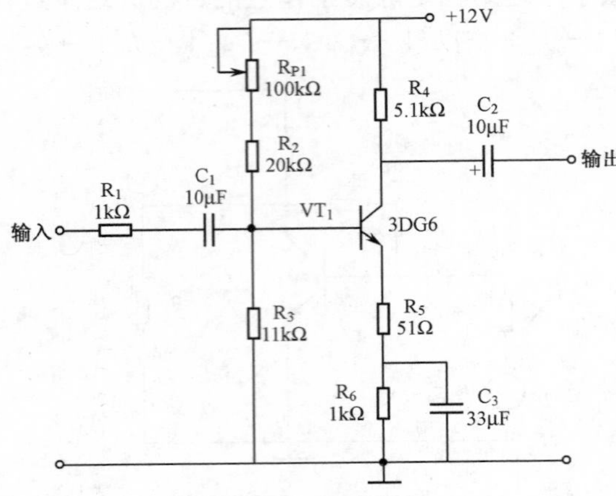

图2-4-10　电路原理图

2. 装配要求和方法

工艺流程：准备→熟悉工艺要求→绘制装配草图→核对元件数量、规格、型号→元件检测→元器件预加工→万能电路板装配、焊接→总装加工→自检。

(1) 准备：将工作台整理有序，工具摆放合理，准备好必要的物品。

(2) 熟悉工艺要求：认真阅读电路原理图和工艺要求。

(3) 绘制装配草图：绘制装配草图的要求和方法，如图 2-4-11。

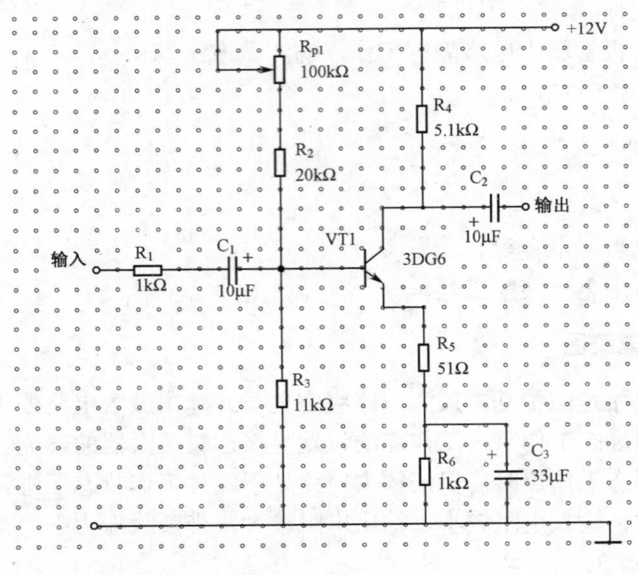

图2-4-11　装配草图

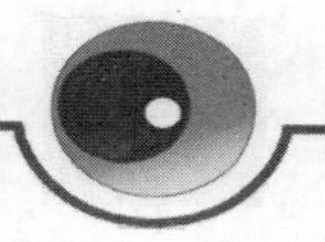

（4）清点元件：核对元件的数量和规格，应符合工艺要求，如有短缺、差错应及时补缺和更换。

（5）元件检测：用万用表的电阻挡对元器件进行逐一检测，对不符合质量要求的元器件剔除并更换。

（6）元件预加工。

（7）万能电路板装配工艺要求。

① 电阻采用水平安装方式，紧贴板面。

② 三极管底部离板高度 6mm±1mm。

③ 电解电容底部离板高度 4mm±1mm。

④ 所有焊点均采用直脚焊，焊接完成后剪去多余引脚，留头在焊面以上 0.5～1mm，且不能损伤焊接面。

⑤ 万能接线板布线应正确、平直，转角处成直角；焊接可靠，无漏焊、短路等现象。

（8）自检：对已完成的装配、焊接的工件仔细检查质量，重点是装配的准确性，包括元件位置、电源变压器的绕组等；焊点质量应无虚焊、假焊、漏焊、搭焊及空隙、毛刺等；检查有无影响安全性能指标的缺陷；元件整形。实物图如图 2-4-12 所示。

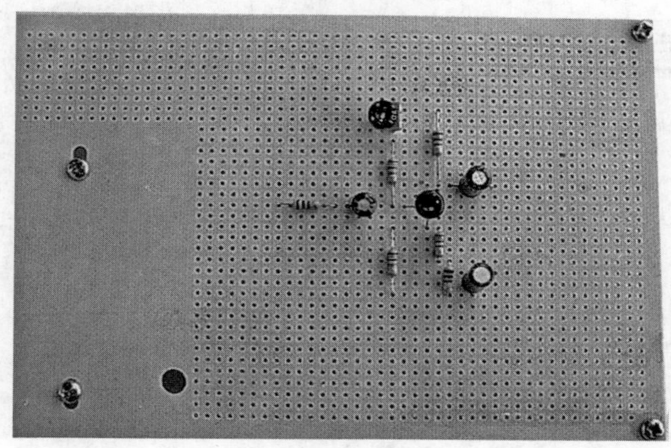

图2-4-12 实物图

3．调试、测量

调节 RP_1（100kΩ电位器），使 I_E≈1.2mA（或 V_E=1.2V），使静态工作点选在交流负载线的中点，所得数据填入表 2-4-1 中。

表 2-4-1 测量表

I_B（μA）	V_E（V）	I_C（mA）	V_{CE}（V）	V_{BE}（V）	RP_1+R_2	β

注：RP_1+R2 测量时必须从电路中断开。

4．课题考核评价表

表 2-4-2　考核评价表

<table>
<tr><th rowspan="2">评价指标</th><th rowspan="2">评 价 要 点</th><th colspan="5">评 价 结 果</th></tr>
<tr><th>优</th><th>良</th><th>中</th><th>合格</th><th>差</th></tr>
<tr><td rowspan="2">理论知识</td><td>1.共射极放大电路知识掌握情况</td><td></td><td></td><td></td><td></td><td></td></tr>
<tr><td>2.装配草图绘制情况</td><td></td><td></td><td></td><td></td><td></td></tr>
<tr><td rowspan="3">技能水平</td><td>1.元件识别与清点</td><td></td><td></td><td></td><td></td><td></td></tr>
<tr><td>2.课题工艺情况</td><td></td><td></td><td></td><td></td><td></td></tr>
<tr><td>3.课题调试测量情况</td><td></td><td></td><td></td><td></td><td></td></tr>
<tr><td>安全操作</td><td>能否按照安全操作规程操作，有无发生安全事故，有无损坏仪表</td><td></td><td></td><td></td><td></td><td></td></tr>
</table>

<table>
<tr><td rowspan="2">总评</td><td rowspan="2">评别</td><td>优</td><td>良</td><td>中</td><td>合格</td><td>差</td><td rowspan="2">总评得分</td><td rowspan="2"></td></tr>
<tr><td>100～88</td><td>87～75</td><td>74～65</td><td>64～55</td><td>≤54</td></tr>
</table>

四、训练项目：三极管放大器的安装与调试

技能目标

（1）掌握晶体三极管放大电路静态工作点的测试方法。

（2）掌握基本焊接方法。

工具和仪器

（1）万用表。

（2）三极管、电阻、电容等。

（3）电烙铁等常用电子装配工具。

EE1641B 型函数信号发生器/计数器是一种精密的测试仪器，具有连续信号、扫频信号、函数信号、脉冲信号等多种输出信号和外部测频功能，在模拟电路及数字电路中提供输入信号。

部分功能及使用方法如下。

1—电源开关：此按键揿下时，机内电源接通，整机工作。此键释放为关机。

2—函数输出波形选择按钮：可选择正弦波、三角波、脉冲波输出。

3—函数信号输出端：输出多种波形受控的函数信号，输出幅度 20Vp–p（1MΩ负载），10Vp–p（50Ω负载）。

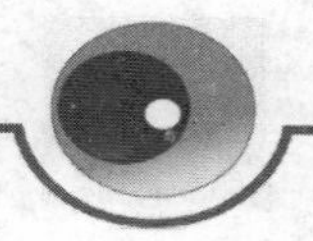

4—TTL 信号输出端：输出标准的 TTL 幅度的脉冲信号，输出阻抗为 600Ω。

5—外部输入插座：当“扫描/计数键”功能选择在外扫描外计数状态时，外扫描控制信号或外测频信号由此输入。

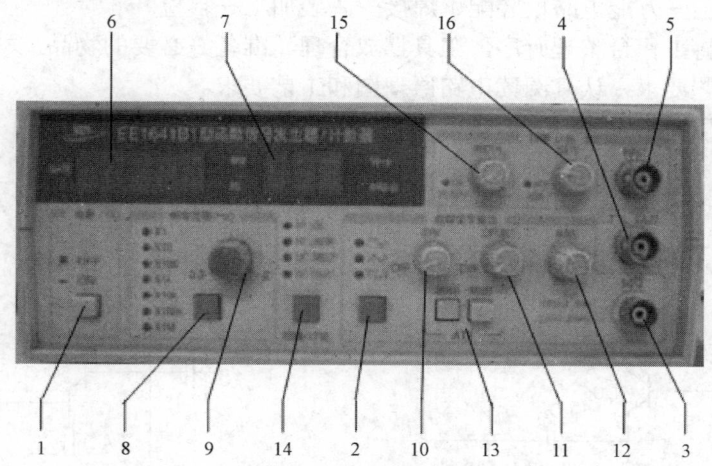

图2-4-13　EE1641B型函数信号发生器/计数器面板图

6—频率显示窗口：显示输出信号的频率或外测频信号的频率。

7—幅度显示窗口：显示函数输出信号的幅度的范围。

8—频率范围粗选择旋钮：调节此旋钮可粗调输出频率的范围。

9—频率范围精细选择旋钮：调节此旋钮可精细调节输出频率。

10—输出波形，对称性调节旋钮：调节此旋钮可改变输出信号的对称性。当电位器处在“OFF”位置时，则输出对称信号。

11—函数信号发生器输出信号直流电平预置调节旋钮：调节范围：–5V～+5V（50Ω负载），当电位器处在“OFF”位置时，则为 0 电平。

12—函数信号输出幅度调节旋钮：信号输出幅度调节范围 20dB。

13—函数信号输出幅度衰减开关：“20dB”“40dB”键均不按下，输出信号不经衰减，直接输出到插座口。“20dB”“40dB”键分别按下，则可选择 20dB 或 40dB 衰减。

14—“扫描/计数”按钮：可选择多种扫描方式和外测频方式。

15—扫描宽度调节旋钮：调节此电位器可以改变内扫描的时间长短。在外测频时，逆时针旋到底（绿灯亮），为外输入测量信号经过衰减低通开关进入测量系统。

16—速率调节旋钮：调节此电位器可调节扫频输出的频率宽度。在外测频时，逆时针旋到底（绿灯亮），为外输入测量信号经过衰减“20dB”进入测量系统。

1. 工作原理与电路图

共发射极放大电路具有输入电阻高、输出电阻低、电压放大倍数接近于 1、输出电压与输入电压同相的特点，输出电压能够在较大的范围内跟随输入电压做线性变化，又称为射极跟随器。

2．装配要求和方法

工艺流程：准备→熟悉工艺要求→绘制装配草图→核对元件数量、规格、型号→元件检测→元器件预加工→万能电路板装配、焊接→总装加工→自检。

（1）准备：将工作台整理有序，工具摆放合理，准备好必要的物品。

（2）熟悉工艺要求：认真阅读电路原理图和工艺要求。

（3）绘制装配草图，如图 2-4-15 所示。

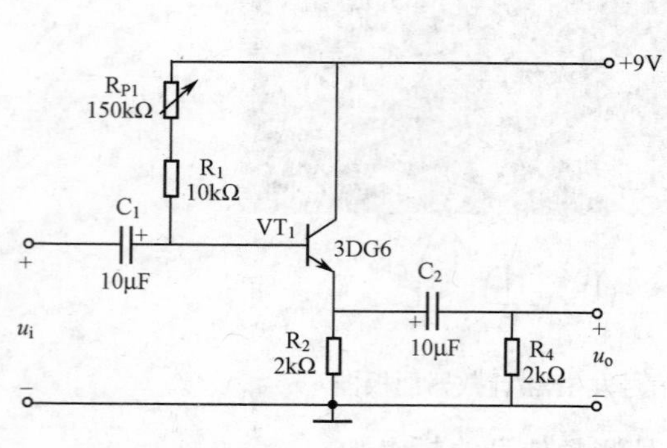

图2-4-14　电路原理图

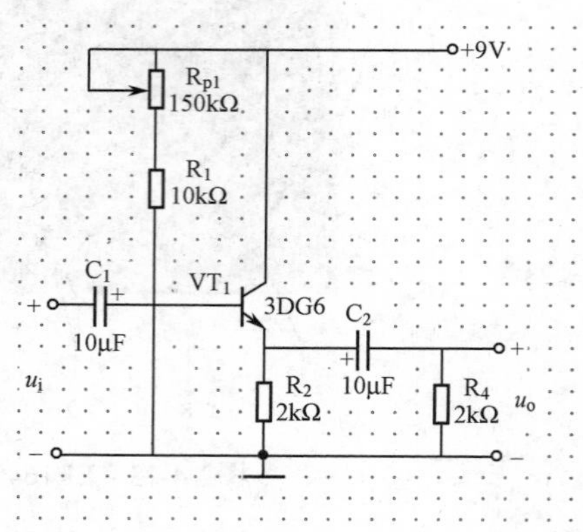

图2-4-15　装配草图

（4）清点元件：核对元件的数量和规格，应符合工艺要求，如有短缺、差错应及时补缺和更换。

（5）元件检测：用万用表的电阻挡对元器件进行逐一检测，对不符合质量要求的元件剔除并更换。

（6）元件预加工。

（7）万能电路板装配工艺要求。

① 电阻采用水平安装方式，紧贴板面。

② 三极管底部离板高度 6mm±1mm。

③ 电解电容底部离板高度 4mm±1mm。

④ 所有焊点均采用直脚焊，焊接完成后剪去多余引脚，留头在焊面以上 0.5～1mm，且不能损伤焊接面。

⑤ 万能接线板布线应正确、平直，转角处成直角；焊接可靠，无漏焊、短路等现象。

基本方法：

a．将导线理直。

b．根据装配草图用导线进行布线，并与每个有元器件引脚的安装孔进行焊接。

c．焊接可靠，剪去多余导线。

（8）自检：对已完成的装配、焊接的工件仔细检查质量，重点是装配的准确性，包括元件位置等；检查有无影响安全性能指标的缺陷；元件整形。实物图如图 2-4-16 所示。

3. 调试、测量

1）静态工作点测量

调节 W（150kΩ电位器），使静态工作点选在交流负载线的中点，所得数据填入表 2-4-3、2-4-4 中。

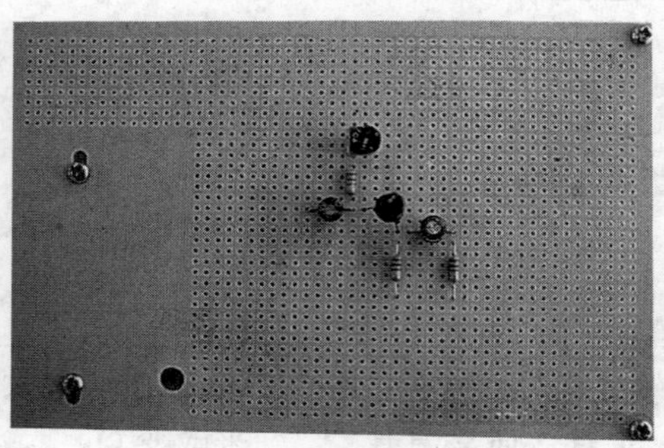

图2-4-16 实物图

表 2-4-3 测量表

V_C（V）	V_E（V）	V_B（V）	V_{CE}（V）	V_{BC}（V）	I_B（mA）	I_C（mA）	β

表 2-4-4 测量表

	U_i	U_o
波　形		
幅值（V）		
相位关系		

2）动态指标测量

从信号发生器输入 f=1kHz 的正弦信号，使有效值 U_i=1V，用示波器的通道 1 观察 U_i，通道 2 观察 U_o 的波形。画出 U_i 和 U_o 的波形，比较它们的相位关系和幅值大小。

4. 课题考核评价表

表 2-4-5 考核评价表

评价指标	评 价 要 点	评价结果				
		优	良	中	合格	差
理论知识	1. 共集电极放大电路知识掌握情况					
	2. 装配草图绘制情况					
技能水平	1. 元件识别与清点					
	2. 课题工艺情况					
	3. 课题调试测量情况					
	4. 低频信号发生器操作掌握情况					
	5. 示波器操作熟练度，测量波形读数是否准确					

续表

<table>
<tr><td>评价指标</td><td colspan="6">评 价 要 点</td><td colspan="5">评 价 结 果</td></tr>
<tr><td>安全操作</td><td colspan="6">能否按照安全操作规程操作，有无发生安全事故，有无损坏仪表。</td><td></td><td></td><td></td><td></td><td></td></tr>
<tr><td rowspan="2">总评</td><td rowspan="2">评别</td><td>优</td><td>良</td><td>中</td><td>合格</td><td>差</td><td rowspan="2">总评得分</td><td colspan="4" rowspan="2"></td></tr>
<tr><td>100-88</td><td>87-75</td><td>74-65</td><td>64-55</td><td>≤54</td></tr>
</table>

思考与练习

一、填空题

1．电压放大电路设置静态工作点的目的是______________________________。

2．在放大电路中，当输入信号一定时，静态工作点Q设置太低将产生__________失真；设置太高，将产生________失真。通常调节______来改变Q。

3．影响静态工作点稳定的主要因素是__________________，此外，_______________和_______________________也会影响静态工作点的稳定。

二、综合题

1．什么叫饱和失真？什么叫截止失真？如何消除这两种失真？

2．如图2-4-17所示分压式偏置放大电路中，已知三极管的$\beta=50$，$V_{CC}=16V$，$R_{B1}=60k\Omega$，$R_{B2}=20k\Omega$，$R_C=3k\Omega$，$R_E=2k\Omega$，$R_L=6k\Omega$，三极管的$U_{BE}=0.7V$。

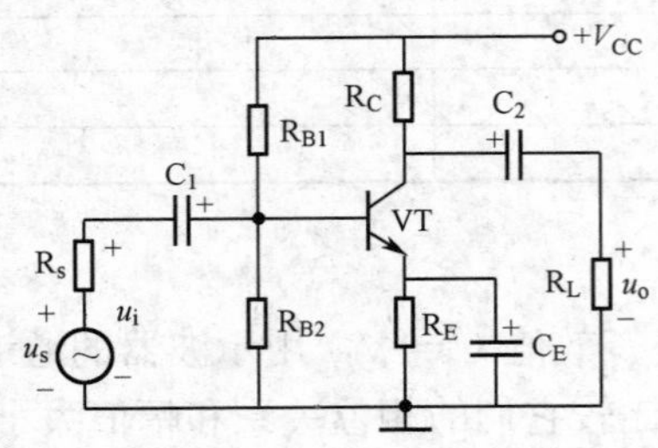

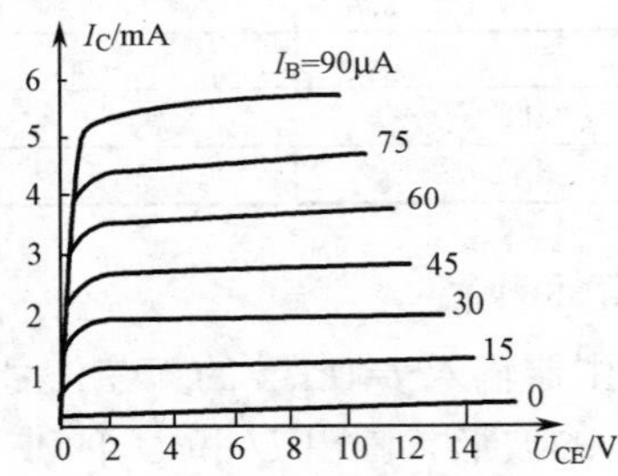

图2-4-17　综合题2用图

（1）画出放大电路的直流通路和交流通路；

（2）求放大电路的静态工作点。

模块 3　常用放大器

任务导入

进入 21 世纪以后，各种便携式的电子设备成为了电子设备的一种重要的发展趋势。从作为通信工具的手机，到作为娱乐设备的 MP3 播放器，已经成为差不多人人具备的便携式电子设备。陆续将要普及的还有便携式电视机，便携式 DVD 等等。所有这些便携式的电子设备的一个共同点，就是都有音频输出，也就是都需要有一个音频放大器，而功率放大器对音色的还原质量，有着举足轻重的作用。

课题 1　集成运算放大器

学习目标

- ✧ 了解集成运放的电路结构及抑制零点漂移的方法，理解差模与共模、共模抑制比的概念。
- ✧ 掌握集成运放的符号及元件的引脚功能；了解集成运放的主要参数，了解理想集成运放的特点。
- ✧ 能识读由理想集成运放构成的常用电路（反相输入、同相输入、差分输入运放电路和加法、减法运算电路），会估算输出电压值。
- ✧ 理解反馈的概念，了解负反馈应用于放大器中的类型。
- ✧ 会安装和使用集成运放组成的应用电路；了解集成运放的使用常识，会根据要求正确选用元件。

内容提要

集成运算放大器是一种通用性很强的集成电路，是集成化的运算放大器，应用相当广泛。通俗地讲，运算放大器是一种开环放大倍数高达万倍的直流放大器，它早期用于模拟计算机中作为基本运算单元，完成加、减、乘、除等数学运算，所以有运算放大器之称。重点掌握集成运放的符号及元件的引脚功能，从理解它的基本运算电路入手，逐步掌握其他的集成运算放大器电路的分析，并且会安装和使用集成运放组成的应用电路。

负反馈放大器应用十分广泛，了解这种放大器的有关基础知识和电路分析方法能够为分析各种形式的放大器工作原理打下扎实的基础。

一、认识集成运放

1. 零点漂移

1）零点漂移现象

用来放大直流信号的放大电路称为直流放大器，直流放大器不能使用阻容耦合或变压器耦合方式，应采用直接耦合方式才能使直流信号逐级顺利传送。我们知道，当放大电路处于静态时，即输入信号电压为零时，输出端的静态电压应为恒定不变的稳定值。但是在直流放大电路中，即使输入信号电压为零，输出电压也会偏离稳定值而发生缓慢的、无规则的变化，这种现象叫做零点漂移，简称零漂，如图 3-1-1（b）所示。如图 3-1-1（a）所示直接耦合放大电路中，即使将输入端短路，在其输出端也会有变化缓慢的电压输出，即 $\Delta U_i=0$，$\Delta U_o\neq0$。

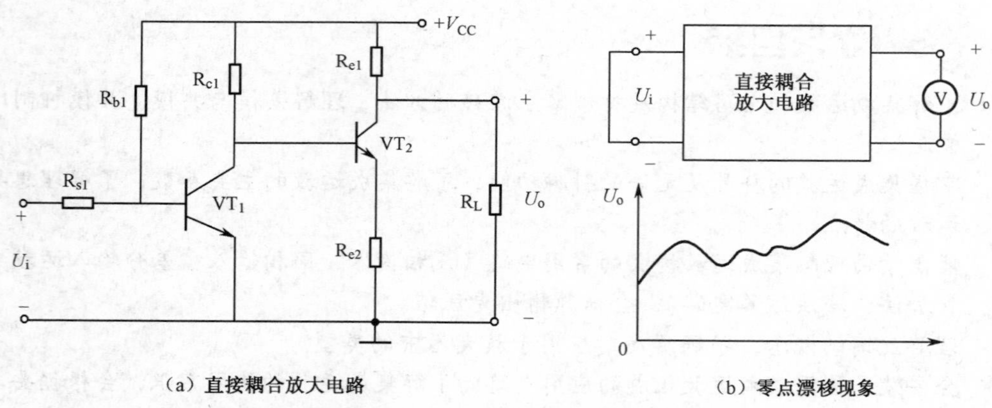

（a）直接耦合放大电路　（b）零点漂移现象

图3-1-1　直接耦合放大电路及其零点漂移现象

2）产生零点漂移的原因

产生零点漂移的原因有电源电压的波动、温度变化、元件老化等，其中温度变化是产生零漂的最主要的原因，因此，也称为温度漂移。

3）抑制零点漂移的措施

（1）选用稳定性能好的高质量的硅管。

（2）采用高稳定性的稳压电源可以抑制由电源电压波动引起的零漂。

（3）利用恒温系统来减小由温度变化引起的零漂。

（4）利用两只特性相同的三极管组成差动放大器，它可以有效地抑制零漂。

2．差动放大电路

1）电路组成

图 3-1-2 所示是一个基本差动放大电路，它由两个特性相同的三极管 VT_1 和 VT_2 组成对称电路，电路参数均对称（比如 $R_{C1}=R_{C2}$，$\beta_1=\beta_2$ 等）。电路中有两组电源 V_{CC} 和 V_{EE}。两个三极管的发射极连接在一起，并接了一个恒流源，它提供恒定的发射极电流 I_o。这个电路有两个输入端和两个输出端，称为双端输入、双端输出差动放大电路。差动放大电路没有耦合电容，是直接耦合放大电路。

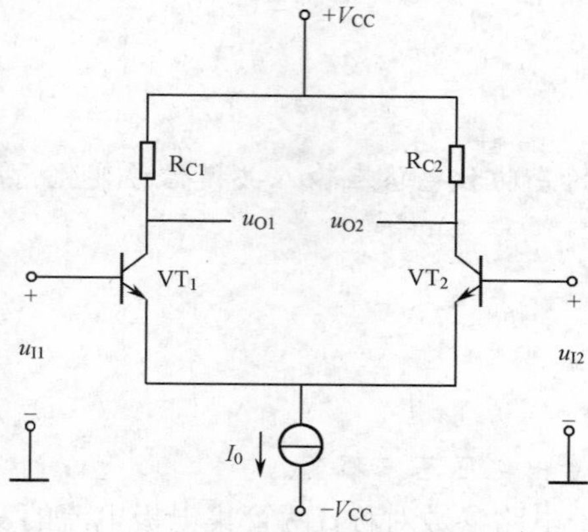

图3-1-2　基本差动放大电路

2）静态特性

当没有输入信号时，即 $u_{i1}=u_{i2}=0$ 时，由于电路完全对称，这时两个三极管的集电极电流相等，则有 $I_{C1}=I_{C2}=I_o/2$，而 $I_{C1}R_{C1}=I_{C2}R_{C2}$，故 $u_o=u_{o1}-u_{o2}=0$。也就是说，当输入信号为 0 时，其输出信号也为 0。

3）动态特性

（1）差模信号和共模信号

差模信号 u_{iD}：一对大小相等，极性相反的信号称为差模信号。即 $u_{i1}=u_i/2$，$u_{i2}=-u_i/2$，$u_{iD}=u_{i1}-u_{i2}$。

共模信号 u_{iC}：一对大小相等，极性相同的信号称为差模信号。即 $u_{i1}=u_{i2}=u_i/2$，$u_{iC}=(u_{i1}+u_{i2})/2$

（2）对差模信号的放大作用

做一做

注意观察如图 3-1-2 所示的差动放大电路在输入差模信号变化情况下的输出电压的变化情况（建议采用仿真演示）。

实验现象

输入不同的差模信号，输出电压随之线性变化，而且输出电压远远大于输入电压。

在差模输入信号作用下，差动放大电路一个三极管的集电极电流增加，而另一个三极管的集电极电流减少，使得 u_{o1} 和 u_{o2} 以相反方向变化，在两个输出端将有一个放大了的输出电压 u_o。这说明，差动放大电路对差模输入信号有放大作用。

（3）对共模信号的抑制作用

看一看

注意观察图 3-1-2 所示的差动放电路在输入共模信号变化情况下的输出电压的变化情况（建议采用仿真演示）

实验现象

输入不同的共模信号，输出电压基本不变。

在共模信号作用下，由于电路参数对称，两管集电极电流的变化是大小相等、方向相同，因此 u_{o1} 和 u_{o2} 相等，输出端 $u_o=u_{o1}-u_{o2}=0$。这说明，差动放大器电路对共模输入信号没有放大作用，起抑制作用。

4）共模抑制比

为了说明差动放大电路抑制共模信号的能力，常用共模抑制比 K_{CMR} 这项指标来衡量。共模抑制比 K_{CMR} 的定义为：放大电路对差模信号的电压放大倍数 A_d 和对共模信号的电压放大倍数 A_c 之比的绝对值，即

$$K_{CMR}=\left|\frac{A_d}{A_c}\right| \tag{3-1-1}$$

差模电压放大倍数越大，共模电压放大倍数越小，则共模抑制能力越强，放大电路的性能越优良，也就是说，希望 K_{CMR} 的值越大越好。共模抑制比通常用分贝（dB）数来表示

$$K_{CMR}=20\lg\left|\frac{A_d}{A_c}\right| \text{（dB）} \tag{3-1-2}$$

在图 3-1-2 所示的差动放大电路中，若电路参数完全对称，则共模电压放大倍数 $A_c=0$，其 K_{CMR} 将是一个很大的数值，理想情况下可以看成无穷大。

5）抑制零点漂移

在差动放大电路中，温度或电源电压的波动，会引起两管集电极电流相同的变化，其效果相当于共模输入方式。由于电路元件的对称性及发射极接有恒流源，在理想情况下，可使输出电压保持不变，从而抑制了零点漂移。当然，实际上要做到两管电流完全对称和理想恒

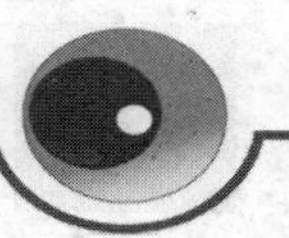

流源是比较困难的，由于实际的电路元件存在微小的不对称，造成差动放大电路静态时的输出电压不为 0。但是，可以在差动放大电路中加上调零电路使静态时的输出电压为 0。

3. 集成运算放大电路简介

在半导体制造工艺的基础上，把整个电路中的元件制作在一块半导体基片上，构成特定功能的电子电路，称为集成电路。集成电路的体积小，性能好。集成电路可分为模拟集成电路和数字集成电路两大类。模拟集成电路的种类繁多，有运算放大器、宽带放大器、功率放大器、直流稳压器以及电视机、收录机和其他电子设备中的专用集成电路等等。在模拟集成电路中，集成运算放大器（简称集成运放）是应用最为广泛的一种。

集成运放是一种有高电压放大倍数、高输入电阻和低输出电阻的多级直接耦合放大电路。下面介绍集成运放的主要特点及组成原理。

4. 集成运放的特点

（1）集成运放采用直接耦合方式，是高质量的直接耦合放大电路。

（2）集成运放采用差动放大电路克服零点漂移。由于在很小的硅片上制作很多元件，所以可使元件的特性达到非常好的对称性，加之采用其他措施，集成运放的输入级具有高输入电阻、高差模放大倍数、高共模抑制比等良好性能。

（3）用有源元件取代无源元件。用电流源电路提供各级静态电流，并以恒流源替代大阻值电阻。

（4）采用复合管以提高电流放大系数。

5. 集成运放的组成及各部分的作用

集成运放有两个输入端，一个称为同相输入端，一个称为反相输入端，一个输出端。符号如图 3-1-3（b）所示。图中，带“−”号的输入端称为反相输入端，带“+”号的输入端称为同相输入端，三角形符号表示运算放大器。“∞”表示开路增益极高。它的三个端分别用 U_-、U_+ 和 U_o 来表示。一般情况下可以不画出电源连线。其输入端对地输入，输出端对地输出。

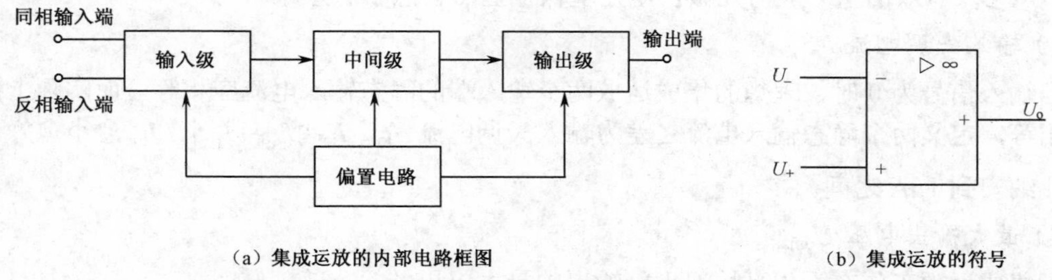

（a）集成运放的内部电路框图　（b）集成运放的符号

图3-1-3　集成运放的符号及内部电路框图

集成运放内部电路由四个部分组成，包括输入级、中间级、输出级和偏置电路，如图 3-1-3（a）所示。

1）输入级

输入级又称前置级，它是一个高性能的差动放大电路。输入级的好坏影响着集成运放的大多数参数。一般要求其输入电阻高，放大倍数大，抑制温度漂移的能力强，输入电压范围大，且静态电流小。

2）中间级

中间级是整个电路的主放大器，主要功能是获得高的电压放大倍数。一般由多级放大电路组成，并以恒流源取代集电极电阻来提高电压放大倍数，其电压放大倍数可达千倍以上。

3）输出级

输出级应具有输出电压范围宽，输出电阻小，有较强的带负载能力，非线性失真小等特点。大多数集成运放的输出级采用准互补输出电路。

4）偏置电路

偏置电路用于设置集成运放各级放大电路的静态工作点。与分立元件电路不同，它采用电流源电路为各级提供合适的集电极静态电流，从而确定合适的管压降，以便得到合适的静态工作点。理想的集成运放，当同相输入端与反向输入端同时接地时，输出电压为0V。

6．集成运放的主要参数

为了合理地选用和正确使用集成运放，必须了解表征其性能的主要参数（或称技术指标）的意义。

1）开环差模电压放大倍数 A_{od}

集成运放不外接反馈电路，输出不接负载时测出的差模电压放大倍数，称为开环差模电压放大倍数 A_{od}。此值越高，所构成的运算电路越稳定，运算精度也越高。A_{od} 一般为 10^4～10^7，即 80～140dB。

2）输入失调电压 U_{io}

理想的集成运算放大器，当输入电压为 0（即反相输入端和同相输入端同时接地）时，输出电压应为 0。但在实际的集成运放中，由于元件参数不对称等原因，当输入电压为 0 时，输出电压 $U_o \neq 0$。如果这时要使 $U_o=0$，则必须在输入端加一个很小的补偿电压，它就是输入失调电压 U_{io}。U_{io} 的值一般为几微伏至几毫伏，显然它愈小愈好。

3）输入失调电流 I_{io}

当输入信号为 0 时，理想的集成运放两个输入端的静态输入电流应相等，而实际上并不完全相等，定义两个静态输入电流之差为输入失调电流 I_{io}。$I_{io}=\left|I_{B1}-I_{B2}\right|$。$I_{io}$ 愈小愈好，一般为几纳安到 1μA 之间。

4）最大输出电压 U_{omax}

指集成运放工作在不失真情况下能输出的最大电压。

5）最大输出电流 I_{omax}

指集成运放所能输出的正向或负向的峰值电流。通常给出输出端短路的电流。

除以上介绍的指标外，还有差模输入电阻、开环输出电阻、共模抑制比、带宽、转换速度等。

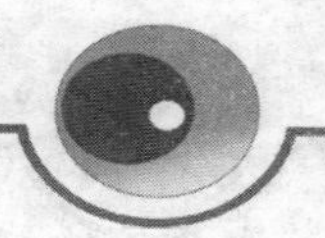

7. 集成运放的种类

目前国产集成运放的种类很多，根据用途不同可分为以下几类。

1）通用型

通用型的性能指标适合一般情况下使用，按产品投产先后和性能先进程度分为 I、II、III 型。如 CF741 为 III 型产品，其特点是电源电压适应范围较广，不需要外接补偿电容来防止电路自激，允许有较大的输入电压等。

2）低功耗型

静态功耗≤2mW，如 FX253 等。

3）高精度型

在温度变化时其漂移电压很小，能保证运算放大器组成的电路对微弱信号检测的准确性，如 CF725（国外的 pA725）、CF7650（国外的 ICL7650）等。

4）高阻型

输入级采用 MOS 场效应管，集成运放几乎不从信号源索取电流，其输入阻抗很高，可达 $10^{12}\Omega$以上，如 F55 系列等。

应当指出，除有特殊要求外，一般应该选用通用型集成运放，因为它们既容易得到，价格又较低。

8. 理想运算放大器

尽管集成运放的应用是多种多样的，但是其工作区域只有两个。在电路中，它不是工作在线性区，就是工作在非线性区。而且，在一般分析计算中，都将其看成为理想运放。

1）理想运放

所谓理想运放就是将各项技术指标都理想化的集成运放，即认为：

（1）开环电压放大倍数 $A_{od}\to\infty$；

（2）差模输入电阻 $r_{id}\to\infty$；

（3）输出电阻 $r_o\to0$；

（4）共模抑制比 $K_{CMR}\to\infty$；

（5）输入偏置电流 $I_{B1}=I_{B2}=0$。

其等效电路如图 3-1-4 所示。

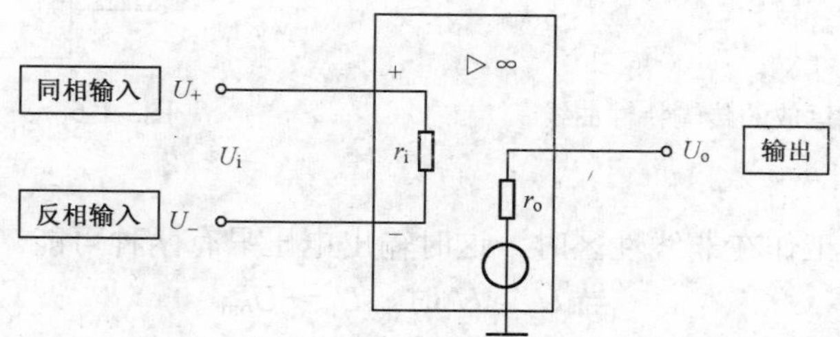

图3-1-4　理想运放等效电路

由以上理想特性可以推导出如下两个重要结论。

① 虚短路原则（简称虚短）。集成运放工作在线性区，其输出电压 U_o 是有限值，而开环电压放大倍数 $A_{od}\to\infty$，则

$$U_i=\frac{U_o}{A_{od}}\approx 0$$

即
$$U_-=U_+ \tag{3-1-3}$$

式（3-1-3）中的"U_+"为集成运放同相输入端电位，"U_-"为集成运放反相输入端电位。反相端电位和同相端电位几乎相等，近似于短路又不可能是真正的短路，称为虚短。

② 虚断路原则（简称虚断）。理想集成运放输入电阻 $r_{id}\to\infty$，这样，同相、反相两端没有电流流入运算放大器内部，即

$$I_-=I_+=0 \tag{3-1-4}$$

式（3-1-4）中的"I_+"为集成运放同相输入端电流，"I_-"为集成运放反相输入端电流。输入电流好像断开一样，称为虚断。

2）集成运放的传输特性

表示输出电压与输入电压之间关系的特性曲线称为传输特性曲线，如图 3-1-5 所示，可分为线性区和非线性区。集成运算放大器可工作在线性区，也可工作在非线性区，两个区的分析方法不同。

（1）线性区。

工作在线性区时，U_o 和 U_i 是线性关系，即

$$U_o=A_{od}U_i=A_{od}（U_--U_+） \tag{3-1-5}$$

式（3-1-5）中，A_{od} 是开环电压放大倍数。由于 A_{od} 很大，即使输入毫伏级以下电压的信号，也足以使输出电压 U_o 饱和，其饱和值 $+U_{om}$ 和 $-U_{om}$ 接近正、负电源电压值。所以，只有引入负反馈后，才能保证输出不超出线性范围，集成运放接入负反馈网络，电路如图 3-1-6 所示。负反馈的相关知识参阅后文，其输出输入关系可用式（3-1-5）分析计算。

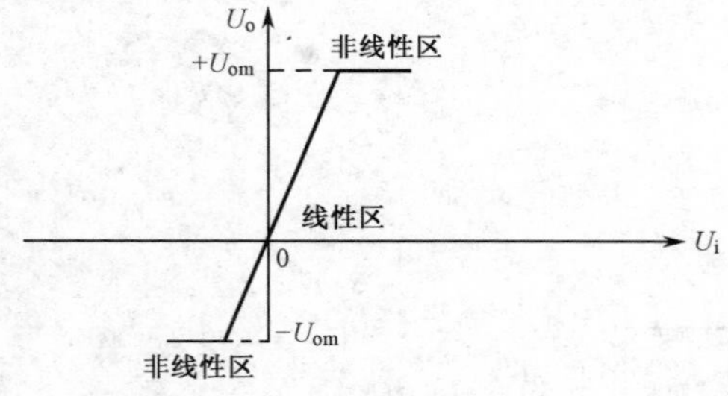

图3-1-5　集成运放的传输特性曲线

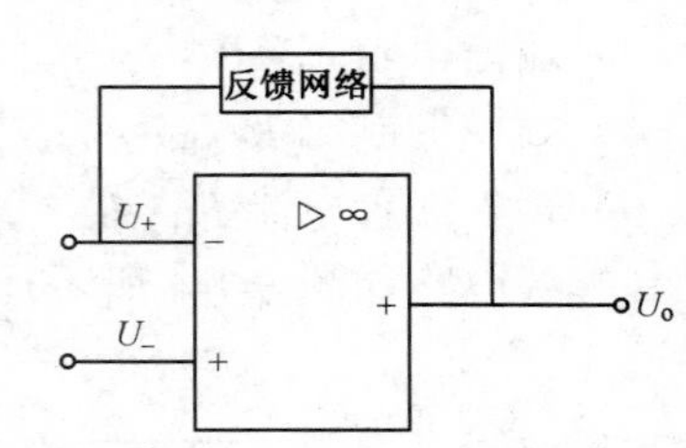

图3-1-6　集成运放工作在线性区

（2）非线性区。

集成运算放大器工作在非线性区时，这时输出电压只有两种可能。

当 $U_->U_+$ 时，$U_o=-U_{om}$

当 $U_-<U_+$ 时，$U_o=+U_{om}$

此时虚短原则不成立，$U_-\neq U_+$，虚断原则仍然成立，即有 $I_-=I_+=0$。

注意

虚短和虚断原则简化了集成运算放大器的分析过程。由于许多应用电路中集成运算放大器都工作在线性区，因此，上述两条原则极其重要，应牢固掌握。

二、集成运算放大器的基本运算电路

集成运放外接不同的反馈电路和元件等，就可以构成比例、加减、积分、微分等各种运算电路。

1．反相比例运算电路

1）电路结构

反相比例运算电路如图 3-1-7 所示，输入信号 U_i 从反相输入端与地之间加入，R_F 是反馈电阻，接在输出端和反相输入端之间，将输出电压 U_o 反馈到反相输入端，实现负反馈。R_1 是输入耦合电阻，R_2 是补偿电阻（也叫平衡电阻），$R_2=R_1//R_F$。

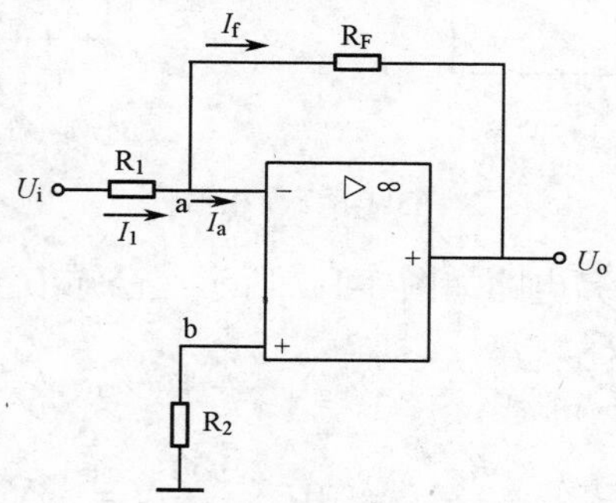

图3-1-7　反相比例运算电路原理图

2）输出与输入的关系

由前面学习的虚断可知 $I_-=I_+=0$，所以图 3-1-7 电路中的 $I_1\approx I_f$，同时 R_2 上电压降等于零，即同相输入端与地等电位；根据虚短有 $U_-=U_+\approx 0$，则反相输入端也与地等电位，即反相端近于接地，称反相输入端为“虚地”，即并非真正“接地”。“虚地”是反相比例运算电路的一个重要特点。

由上述分析可得其电压放大倍数

$$A_{of}=\frac{U_o}{U_i}=\frac{-R_F I_f}{R_1 I_1}=-\frac{R_F}{R_1} \tag{3-1-6}$$

因此输出电压与输入电压的关系为

$$U_o=-\frac{R_F}{R_1}U_i \tag{3-1-7}$$

可见输出电压与输入电压存在着比例关系，比例系数为$\frac{R_F}{R_1}$，负号表示输出电压U_o与输入电压U_i相位相反。只要开环放大倍数A_{od}足够大，，那么闭环放大倍数A_{of}就与运算电路的参数无关，只决定于电阻R_F与R_1的比值。故该放大电路通常称为反相比例运算放大器。

3）实际应用（反相器）

根据反相比例运算放大器输入与输出的关系：$U_o=-\frac{R_F}{R_1}U_i$，若式中R_F=R_1，则电压放大倍数等于−1，输出与输入的关系为

$$U_o=-U_i$$

上式表明，该电路无电压放大作用，输出电压U_o与输入电压U_i数值相等，但相位是相反的。所以它只是把输入信号进行了一次倒相，因此把它称为反相器。电路图及符号图如图 3-1-8 所示。

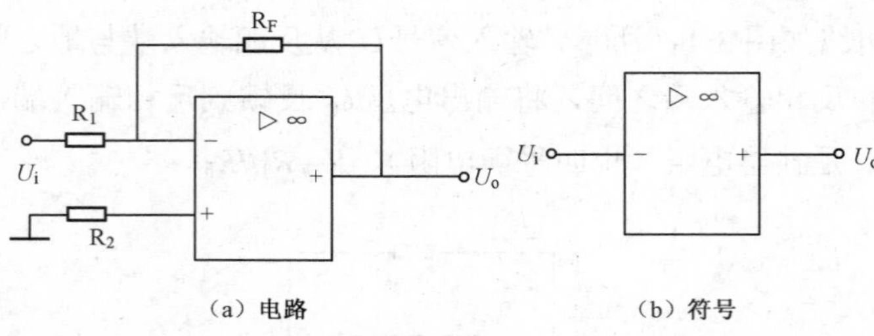

（a）电路　（b）符号

图3-1-8　反相器

【例 3-1-1】　反相比例运算电路如图 3-1-7 所示，已知U_i=0.3V，R_1=10kΩ，R_F=100kΩ，试求输出电压U_o及平衡电阻R_2。

解：（1）根据式（3-1-7）可得

$$U_o=-\frac{R_F}{R_1}U_i=-0.3\times\frac{100}{10}\text{V}=-3\text{V}$$

（2）平衡电阻 $R_2=R_1//R_F=\frac{10\times100}{10+100}\text{k}\Omega=9.09\text{k}\Omega$

2．同相比例运算电路

1）电路结构

同相比例运算电路如图 3-1-9 所示，输入信号电压U_i接入同相输入端，输出端与反相输入端之间接有反馈电阻R_F与R_1，为使输入端保持平衡，R_2=R_1//R_F。

2）输出与输入的关系

根据虚断可知，流入放大器的电流趋近于零；根据虚短可知，反相输入端与同相输入端的电位近似相等，所以

$$\frac{0-U_-}{R_1}=\frac{U_--U_o}{R_F}\text{；即}-\frac{U_i}{R_1}=\frac{U_i-U_o}{R_F}$$

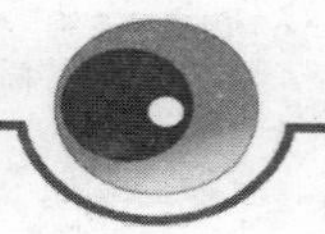

得输出电压与输入电压的关系为：

$$U_o = (1+\frac{R_F}{R_1})U_i \tag{3-1-8}$$

同相放大器的电压放大倍数为：

$$A_{uf} = \frac{U_o}{U_i} = 1+\frac{R_F}{R_1} \tag{3-1-9}$$

可见输出电压与输入电压也存在着比例关系，比例系数为$\left(1+\frac{R_F}{R_1}\right)$，而且输出电压 U_o 与输入电压 U_i 相位相同。只要开环放大倍数 A_{od} 足够大，那么闭环放大倍数 A_{of} 就与运算电路的参数无关，只决定于电阻阻值 R_F 与 R_1。故该放大电路通常称为同相比例运算电路。

3）实际应用（电压跟随器）

在前面学习的同相比例运算电路中，当反馈电阻 R_F 短路或 R_1 开路的情况下，由式（3-1-8）、式（3-1-9）可知，其电压放大倍数等于 1，输出与输入的关系为

$$U_o = U_i$$

即输出电压的幅度和相位均随输入电压幅度和相位的变化而变化，故称之为电压跟随器，它是同相比例运算电路的一种特例。电路如图 3-1-10 所示。

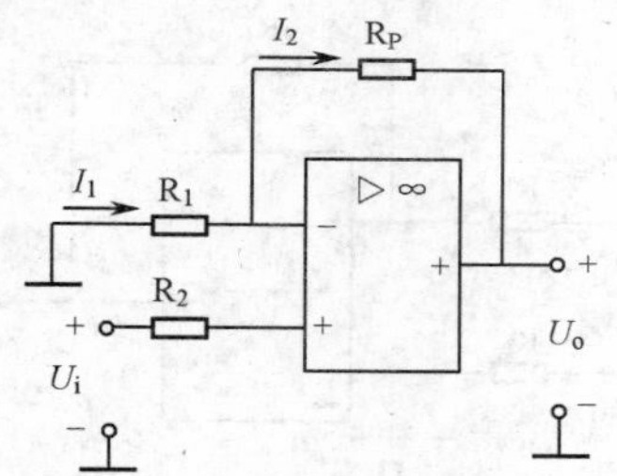

图3-1-9　同相比例运算电路原理图

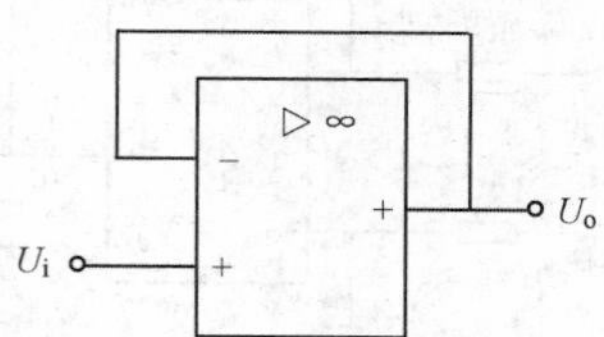

图3-1-10　电压跟随器

【例 3-1-2】　试求如图 3-1-11 所示电路中输出电压 U_o 的值。

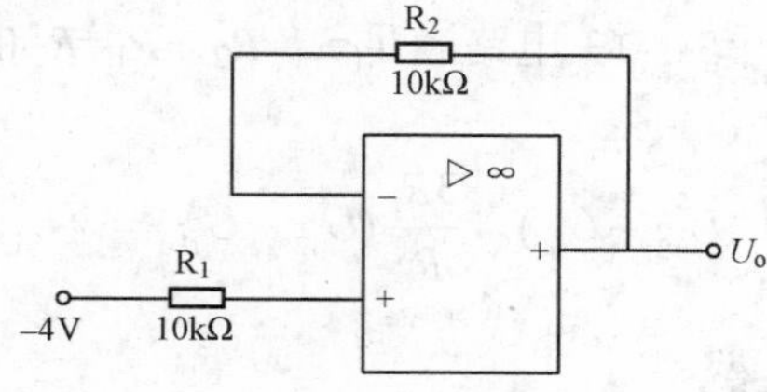

图3-1-11　例3-1-2用图

解：分析电路可知，该电路是一个电压跟随器，它是同相比例运算电路的特例。所以输出电压与输入电压大小相等，相位相同。

即
$$U_o = U_i = -4\text{V}$$

3．差动比例（减法）运算电路

1）电路结构

差动比例运算电路如图 3-1-12 所示，它是把输入信号同时加到反相输入端和同相输入端，使反相比例运算和同相比例同时进行，集成运算放大器的输出电压叠加后，即是减法运算结果。

2）输出与输入电压关系

根据理想运放的虚断、虚短可得

$$U_{\mathrm{o}}=\left(1+\frac{R_{\mathrm{F}}}{R_1}\right)\left(\frac{R_3}{R_2+R_3}\right)U_{\mathrm{i2}}-\frac{R_{\mathrm{F}}}{R_1}U_{\mathrm{i1}}$$

当 $R_1=R_2$，且 $R_{\mathrm{F}}=R_3$ 时，上式变为

$$U_{\mathrm{o}}=\frac{R_{\mathrm{F}}}{R_1}(U_{\mathrm{i2}}-U_{\mathrm{i1}}) \tag{3-1-10}$$

上式说明，该电路的输出电压与两个输入电压之差成正比例，因此该电路称为减法比例运算电路，比例系数为 $\frac{R_{\mathrm{F}}}{R_1}$。

【例 3-1-3】 试写出图 3-1-13 所示电路中输出电压和输入电压的关系式。

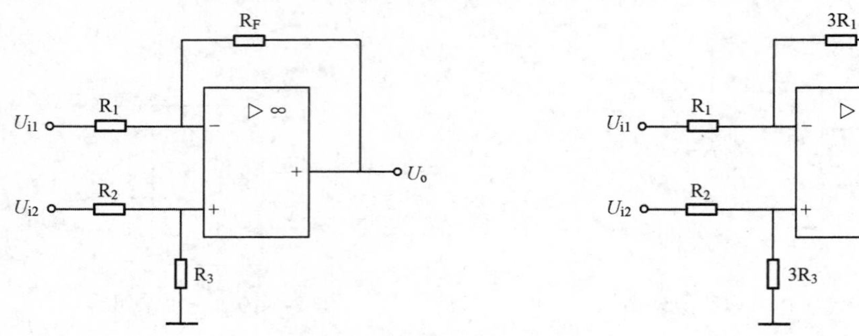

图3-1-12　差动比例运算电路　　　图3-1-13　例3-1-3用图

解：比较 3-1-12 电路，图 3-1-13 电路满足 $R_1=R_2$，$R_{\mathrm{F}}=R_3$ 的条件，因此输出与输入的关系为

$$U_{\mathrm{o}}=\frac{R_{\mathrm{F}}}{R_1}(U_{\mathrm{i2}}-U_{\mathrm{i1}})=\frac{3R_1}{R_1}(U_{\mathrm{i2}}-U_{\mathrm{i1}})=3(U_{\mathrm{i2}}-U_{\mathrm{i1}})$$

4．加法运算电路（加法器）

1）电路结构

这里介绍的加法运算电路实际上是在反相比例运算电路基础上又多加了几个输入端构成的。如图 3-1-14 所示的是有三个输入信号的反相加法运算电路。R_1、R_2、R_3 为输入电阻，R_4 为平衡电阻，其值 $R_4=R_1//R_2//R_3//R_{\mathrm{F}}$。

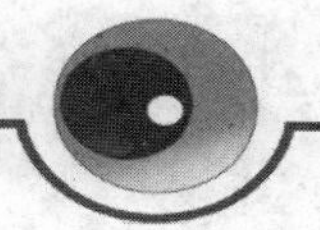

2）输出与输入的关系

根据虚断、虚短可得

$$U_o = -I_f R_F = -R_F\left(\frac{U_{i1}}{R_1} + \frac{U_{i2}}{R_2} + \frac{U_{i3}}{R_3}\right) \tag{3-1-11}$$

当 $R_1=R_2=R_F=R_3$ 时，有 $U_o = -(U_{i1} + U_{i2} + U_{i3})$

上式表明，如图 3-1-15 所示电路的输出电压 U_o 为各输入信号电压之和，由此完成加法运算。式中的负号表示输出电压与输入电压相位相反。若在同相输入端求和，则输出电压与输入电压相位相同。

【例 3-1-4】　试写出如图 3-1-15 所示电路中输出电压和输入电压的关系式。

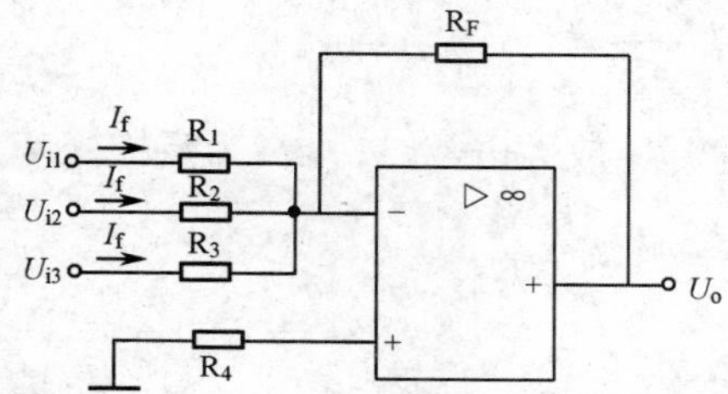

图3-1-14　加法运算电路

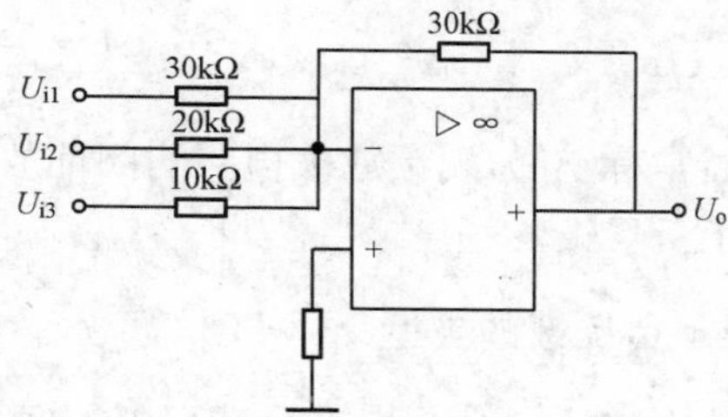

图3-1-15　例3-1-4用图

解：根据式（3-1-11）有

$$U_o = -I_f R_F = -R_F\left(\frac{U_{i1}}{R_1} + \frac{U_{i2}}{R_2} + \frac{U_{i3}}{R_3}\right) = -30\left(\frac{U_{i1}}{10} + \frac{U_{i2}}{20} + \frac{U_{i3}}{30}\right)$$

$$= -(3U_{i1} + 1.5U_{i2} + U_{i3})$$

三、放大电路中的负反馈

反馈在科学技术中的应用非常广泛，通常的自动调节和自动控制系统都是基于反馈原理构成的。利用反馈原理还可以实现稳压、稳流等。在放大电路中引入适当的反馈，可以改善放大电路的性能，实现有源滤波及模拟运算，也可以构成各种振荡电路等。

1．反馈的基本概念

将放大电路输出信号（电压或电流）的一部分或全部，通过某种电路（称为反馈电路）送回到输入回路，从而影响输入信号的过程称为反馈。反馈到输入回路的信号称为反馈信号。

如图 3-1-16 所示为负反馈放大电路的原理框图，它由基本放大电路 A、反馈网络 F 和比较环节Σ三部分组成。基本放大电路由单级或多级组成，完成信号从输入端到输出端的正向传输。反馈网络一般由电阻元件组成，完成信号从输出端到输入端的反向传输，即通过它来实现反馈。图中箭头表示信号的传输方向，x_i、x_o、x_f 和 x_d 分别表示外部输入信号、输出信号、反馈信号和基本放大电路的净输入信号，它们既可以是电压，也可以是电流。比较环节实现外部输入信号与反馈信号的叠加，以得到净输入信号 x_d。

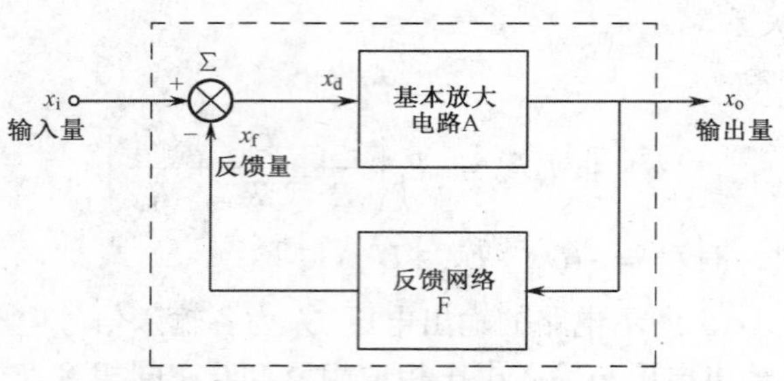

图3-1-16　负反馈放大电路的原理框图

设基本放大电路的放大倍数为 A，反馈网络的反馈系数为 F，则反馈放大电路的放大倍数为：

$$A_f = \frac{x_o}{x_i} = \frac{x_o}{x_d + x_f} = \frac{A}{1 + AF}$$

通常称 A_f 为反馈放大电路的闭环放大倍数，A 为开环放大倍数，$1+AF$ 为反馈深度，它反应了负反馈的程度。

2. 负反馈的类型

放大电路中是否引入反馈和引入何种形式的反馈，对放大电路的性能影响是有很大区别的。因此，在具体分析反馈放大电路之前，首先要搞清楚是否有反馈，反馈量是直流还是交流？是电压还是电流？反馈到输入端后与输入信号是如何迭加的，是加强了原输入信号还是削弱了原输入信号？下面我们从定性的角度研究这几个问题。

1）正反馈与负反馈

凡是反馈信号削弱输入信号，也就是使净输入信号减小的反馈称为负反馈，负反馈有着抑制和稳定系统输出量变化的作用；反馈信号如能起到加强净输入量的作用，则称为正反馈。

2）直流反馈与交流反馈

反馈信号中只含直流成分的称直流反馈，只含交流成分的，则称交流反馈。直流反馈仅对放大电路的直流性能（如静态工作点）有影响；交流反馈则只对其交流性能有影响（如放大倍数、输入电阻、输出电阻等），而交、直流反馈则对二者均有影响。

3）电压反馈与电流反馈

根据反馈信号是反映输出量中的电压还是电流，有电压反馈和电流反馈之分。反馈信号取自输出电压的称电压反馈，取自输出电流的则称电流反馈。电压反馈时，反馈网络与基本放大电路在输出端并联连接，反馈信号正比于输出电压；电流反馈时，反馈网络与基本放大电路在输出端串联连接，反馈信号正比于输出电流。

一般，在放大电路中引入电压负反馈，可以稳定输出电压，降低电路输出电阻；引入电流负反馈，则可以稳定输出电流，使电路输出电阻增大。

4）串联反馈与并联反馈

根据反馈信号与输入信号在输入回路的作用方式，反映在电路连接上是串联还是并联，有串联反馈和并联反馈之分。反馈信号与输入信号在输入回路中串联连接着，称串联反馈；

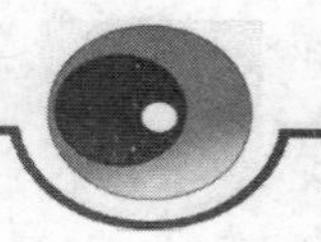

并联连接着则称并联反馈。在放大电路中引入串联负反馈，可以使放大电路的输入电阻增大；引入并联负反馈，则可以使放大电路的输入电阻减小。

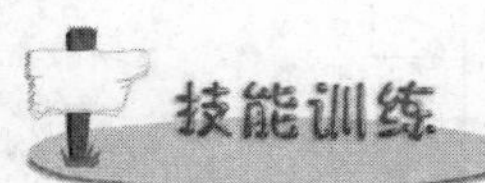

技能训练

四、训练项目：集成运算放大器的使用与测试

技能目标

（1）掌握基本的手工焊接技术。
（2）能熟练在万能印制电路板上进行合理布局布线。
（3）了解集成运放的使用常识，根据要求，能正确选用元件。
（4）会安装和使用集成运放组成的应用电路。

工具、元件和仪器

（1）电烙铁等常用电子装配工具。
（2）LM358、电阻等。
（3）万用表、示波器。

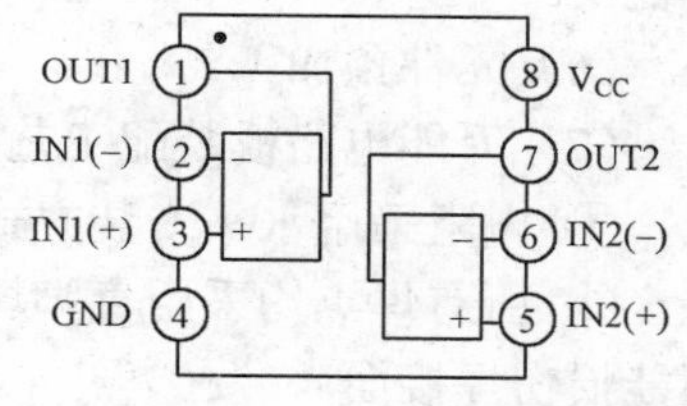

图3-1-17 LM358管脚排列图

知识准备

如图 3-1-17 所示为 LM358 管脚排列图。

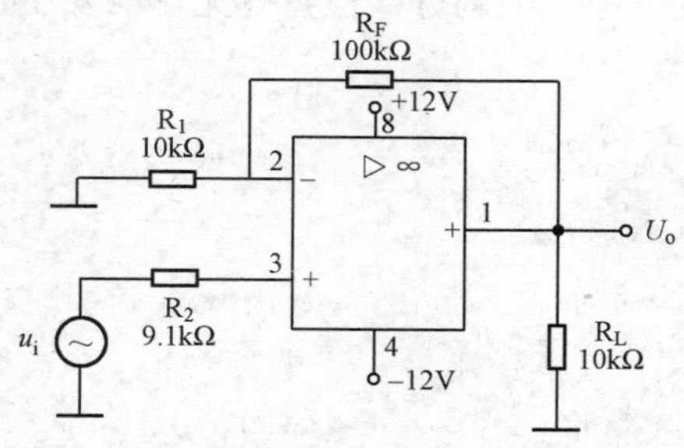

图3-1-18 同相比例输入放大器

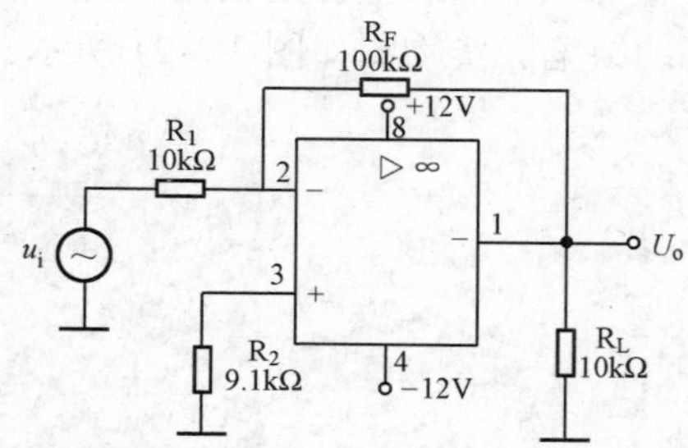

图3-1-19 反相比例输入放大器

1．装配要求和方法

工艺流程：准备→熟悉工艺要求→绘制装配草图→核对元件数量、规格、型号→元件检测→元件预加工→装配、焊接→总装加工→自检。

（1）准备：将工作台整理有序，工具摆放合理，准备好必要的物品。
（2）熟悉工艺要求：认真阅读电路原理图和工艺要求。
（3）绘制装配草图，如图 3-1-20 所示。

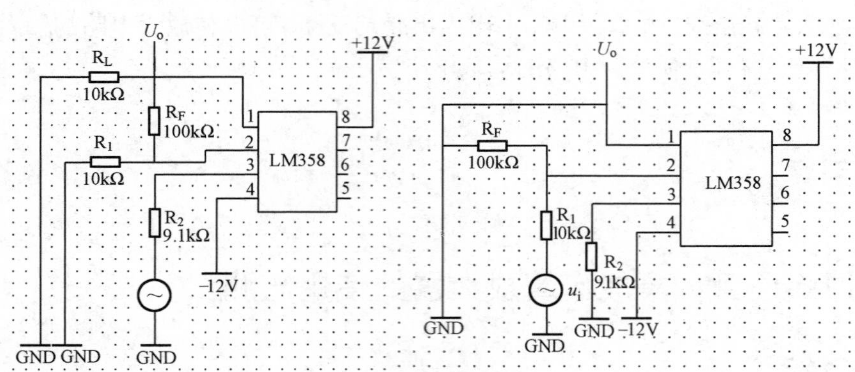

图3-1-20　装配草图

（4）清点元件：核对元件的数量和规格，应符合工艺要求，如有短缺、差错应及时补缺和更换。

（5）元件检测：用万用表的电阻挡对元件进行逐一检测，对不符合质量要求的元件剔除并更换。

（6）元件预加工。

（7）万能电路板装配工艺要求。

① 电阻采用水平安装方式，紧贴印制板，色码方向一致。

② 所有焊点均采用直脚焊，焊接完成后剪去多余引脚，留头在焊面以上 0.5～1mm，且不能损伤焊接面。

③ 万能接线板布线应正确、平直，转角处成直角；焊接可靠，无漏焊、短路等现象。

（8）自检：对已完成的装配、焊接的工件仔细检查质量，重点是装配的准确性，包括元件位置等；焊点质量应无虚焊、假焊、漏焊、搭焊及空隙、毛刺等；检查有无影响安全性能指标的缺陷。实物图如图 3-1-21 所示。

图3-1-21　实物图

2．调试、测量

（1）验证同相比例运算关系。

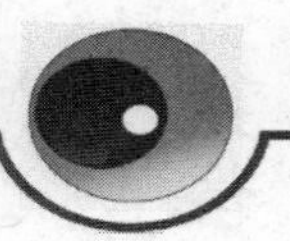

电路如图 3-1-18 所示，将实验结果填入表 3-1-1 中。输入信号为 f=1kHz 的正弦波。

表 3-1-1 实验结果表（1）

U_o（V） U_i（V）	U_o（测试）	U_o（理论）
0.1		
0.2		

同时用示波器观察输入、输出波形，其相位关系是______________。

（2）验证反相比例运算关系。

电路如图 3-1-19 所示，将实验结果填入表 3-1-2 中。输入信号为 f=1kHz 的正弦波。

表 3-1-2 实验结果表（2）

U_o（V） U_i（V）	U_o（测试）	U_o（理论）
0.1		
0.2		

同时用示波器观察输入、输出波形，其相位关系是______________。

3．课题考核评价表

表 3-1-3 考核评价表

<table>
<tr><th rowspan="2">评价指标</th><th rowspan="2">评价要点</th><th colspan="5">评价结果</th></tr>
<tr><th>优</th><th>良</th><th>中</th><th>合格</th><th>差</th></tr>
<tr><td rowspan="2">理论知识</td><td>1. 同相、反相比例放大电路知识掌握情况</td><td></td><td></td><td></td><td></td><td></td></tr>
<tr><td>2. 装配草图绘制情况</td><td></td><td></td><td></td><td></td><td></td></tr>
<tr><td rowspan="5">技能水平</td><td>1. 元件识别与清点</td><td></td><td></td><td></td><td></td><td></td></tr>
<tr><td>2. 课题工艺情况</td><td></td><td></td><td></td><td></td><td></td></tr>
<tr><td>3. 课题调试测量情况</td><td></td><td></td><td></td><td></td><td></td></tr>
<tr><td>4. 低频信号发生器操作熟练度</td><td></td><td></td><td></td><td></td><td></td></tr>
<tr><td>5. 示波器操作熟练度</td><td></td><td></td><td></td><td></td><td></td></tr>
<tr><td>安全操作</td><td>能否按照安全操作规程操作，有无发生安全事故，有无损坏仪表</td><td></td><td></td><td></td><td></td><td></td></tr>
</table>

<table>
<tr><td rowspan="2">总评</td><td rowspan="2">评别</td><td>优</td><td>良</td><td>中</td><td>合格</td><td>差</td><td rowspan="2">总评得分</td><td rowspan="2"></td></tr>
<tr><td>100～88</td><td>87～75</td><td>74～65</td><td>64～55</td><td>≤54</td></tr>
</table>

思考与练习

一、填空题

1．造成直流放大器零点漂移的主要原因是____________。

2．差模信号是指______________，共模信号是指______________，差分放大电路的共模抑制比 K_{CMR}=__________。共模抑制比越小，抑制零漂的能力越____________。

3．对称式差分放大器中，当温度升高时，因电路对称，共模输出电压 u_o=_____，故此电路有抑制零漂的能力。

4．差动放大器中的差模输入是指两输入端各加大小_______、相位________的信号；共模输入是指两输入端各加大小_________、相位________的电压信号。

5．差分放大电路中，温度变化使每管引起的温漂的方向大小都相同，可视为__________信号，差分放大电路对共模信号的抑制能力也反应了对________抑制的水平。

6．差分放大电路如果两边完全对称，双端输出的共模电压为 0。实际上差分放大电路不可能________对称，其共模输出电压________为零。显然差分放大电路对称性越好，对温漂抑制越_____。

7．理想集成运放的 A_{od} = ______； r_{id} =_____ ； r_o =________； K_{CMR} =________。

8．集成运放应用于信号运算时工作在________区域。

9．集成运算放大器主要是由_______、_________、_________、________四部分组成的。

10．集成运算放大器的一个输入端为_________，其极性与输出端__________；另一个输入端为________，其极性与输出端 _______。

11．分别从“同相”，“反相”中选择一词填入空中。

（1）____________比例电路中集成运放反相输入端为虚地点，而________比例电路中集成运放两个输入端对地的电压等于输入电压。

（2）________________ 比例电路的输入电流基本上等于流过反馈电阻的电流，而比例电路的输入电流几乎等于零。

（3）_____________比例电路的电压放大倍数是 $-R_F/R_1$，_______________比例电路的电压放大倍数是 $1+(R_F/R_1)$。

12．负反馈放大电路是由________________电路和______________电路组成。

二、综合题

1．解释什么是共模信号、差模信号、共模放大倍数、差模放大倍数、共模抑制比？

2．集成运放由哪几个部分组成？试分析各自的作用。

3．什么是“虚短”“虚断”“虚地”？

4．运算放大器工作在线性区时，为什么通常要引入深度电压负反馈？

5．集成运放的输入级为什么采用差分放大电路？对集成运放的中间级和输出级各有什么要求？一般采用什么样的电路形式？

6．试求如图 3-1-22 所示各电路中输出电压 U_o 的值。

7．设同相比例电路中，R_1=5kΩ，若希望它的电压放大倍数等于 10，试估算电阻 R_F 和 R_2 各应取多大？

8．试写出如图 3-1-23 所示电路中输出电压和输入电压的关系式。

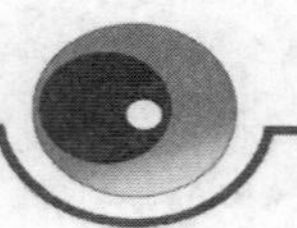

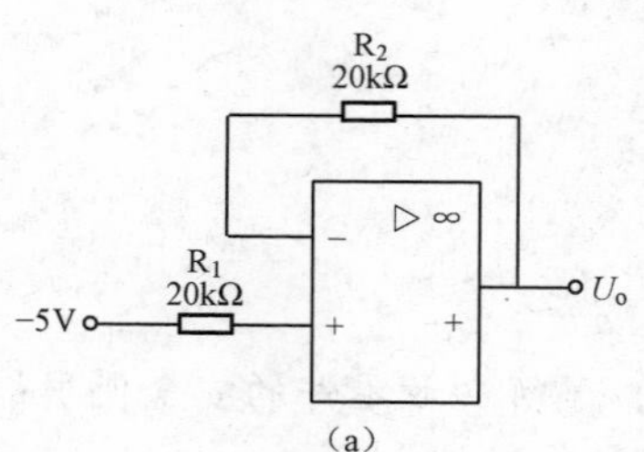

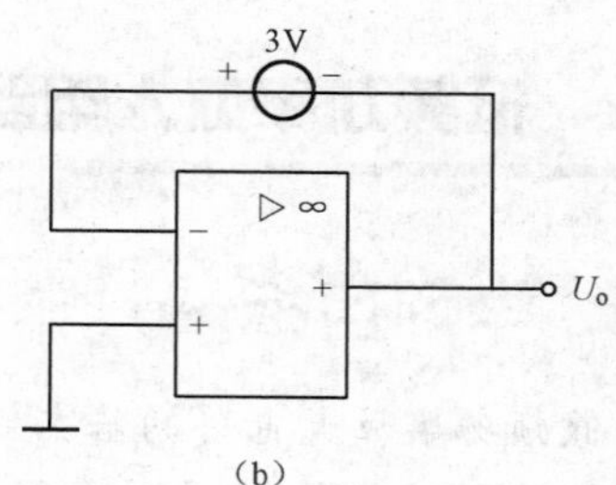

图3-1-22　综合题6用图

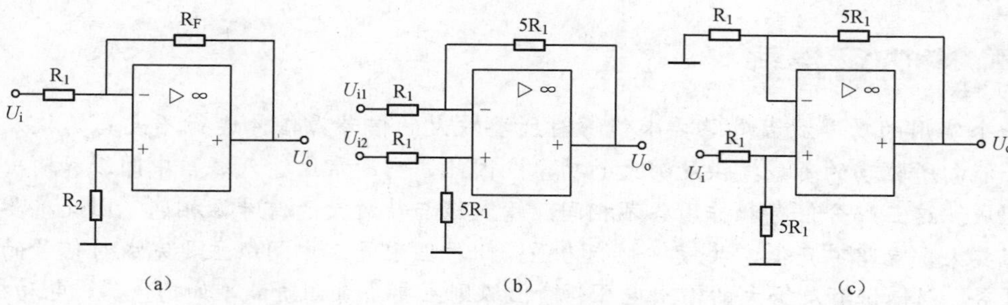

图3-1-23　综合题8用图

9．试写出如图 3-1-24 所示电路中输出电压和输入电压的关系式。

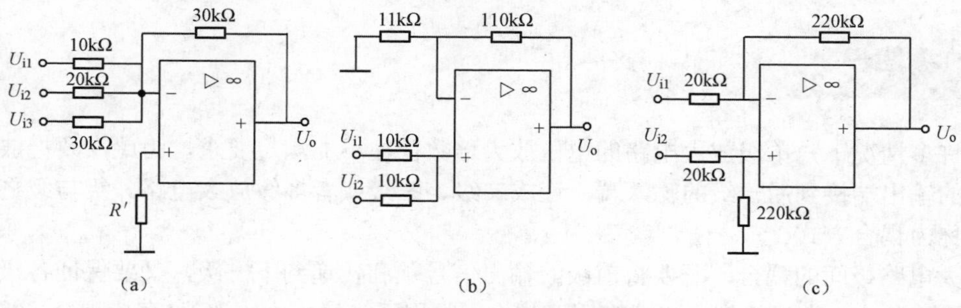

图3-1-24　综合题9用图

10．在如图 3-1-25 所示电路中，已知 $R_F=2R_1$，$U_i=-2V$，试求输出电压 U_o 的值。

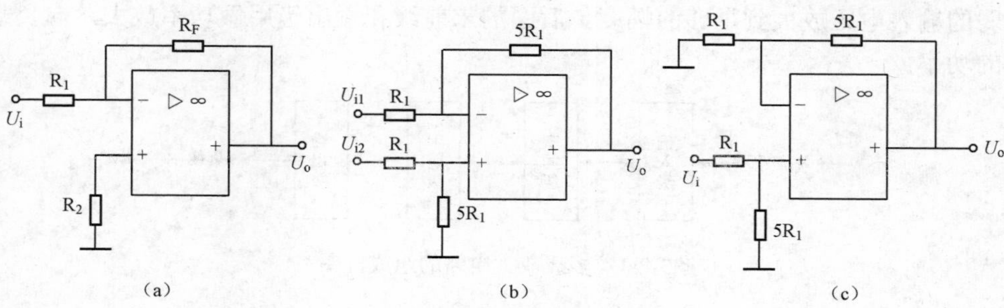

图3-1-25　综合题10用图

课题2 低频功率放大电路

学习目标

- ✧ 了解低频功率放大电路的基本要求和分类；了解功放元件的安全使用知识。
- ✧ 能识读 OTL、OCL 功率放大器的电路图。
- ✧ 了解典型功放集成电路的引脚功能，能按工艺要求装接典型电路。

内容提要

一个实用的功率放大电路要求能够对所要放大的信号源信号进行不失真的放大和输出，并能向所驱动的负载提供足够大的功率。因此，它通常由输入级、中间级和输出级三部分组成。这三部分任务和作用各不相同。输入级与待放大的信号源相连，因此，要求输入电阻要大，电路噪声低，共模抑制能力强，阻抗匹配等。中间级主要完成对信号的电压放大任务。以保证有足够大的输出电压。输出级则主要负责向负载（如扬声器、电动机等）提供足够大功率，以便有效地驱动负载。一般说，输出级就是一个功率放大电路。显而易见，功率放大电路的主要任务就是放大信号功率。

前提知识

在许多情况下，单级放大电路的电压放大倍数往往不能满足要求，为此，要把放大电路前一级的输出端接到后一级的输入端，连成二级、三级或者多级放大电路。级与级之间的连接方式称为耦合方式。

放大电路级间的耦合，既要将前级的输出信号顺利传递到下一级，又要保证各级都有合适的静态工作点。常见的耦合方式有阻容耦合（常用于交流放大电路）、直接耦合（常用于直流放大电路和集成电路中）、变压器耦合（在功率放大电路中常用）等。

多级放大电路的组成框图如图 3-2-1 所示，其中输入级和中间级主要用作电压放大，可以将微弱的输入电压放大到足够的幅度。后面的末前级和输出级用做功率放大，向负载输出足够大的功率。

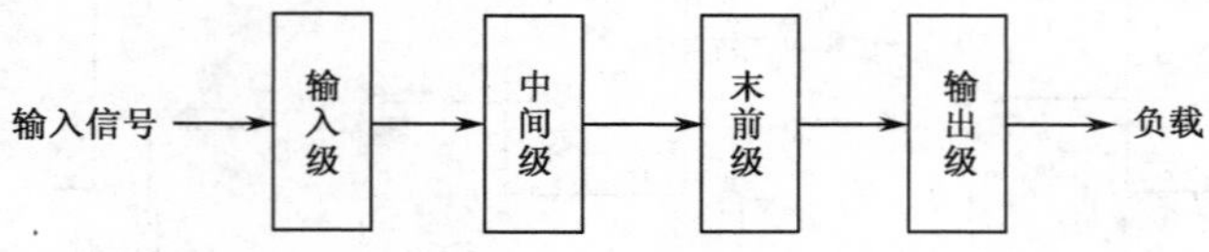

图3-2-1　多级放大电路的组成框图

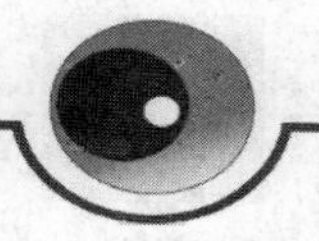

多级放大器只是几级单级放大器按先后顺序通过级间耦合电路排列起来的，所以电路分析内容、步骤和方法与单级放大器基本相同。

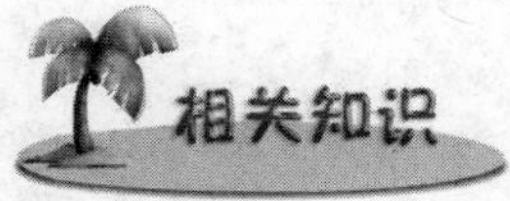

一、认识低频功率放大器

电子电路一般都由多级放大器组成。多级放大器在工作过程中，一般先由小信号放大电路对输入信号进行电压放大，再由功率放大电路进行功率放大，以控制或驱动负载电路工作。这种以功率放大为目的的电路，就是功率放大电路。能使低频信号放大的功率放大器，即为低频功率放大器，简称功率放大器。

1. 低频功率放大器的基本要求

功率放大器和电压放大器是有区别的，电压放大器的主要任务是把微弱的信号电压进行放大，一般输入及输出的电压和电流都比较小，是小信号放大器。它消耗能量少，信号失真小，输出信号的功率小。功率放大器的主要任务是输出大的信号功率，它的输入、输出电压和电流都较大，是大信号放大器。它消耗能量多，信号容易失真，输出信号的功率大。这就决定了一个性能良好的功率放大器应满足下列几点基本要求。

1）具有足够大的输出功率

为了得到足够大的输出功率，三极管工作时的电压和电流应尽可能接近极限参数。

2）效率要高

功率放大器是利用晶体管的电流控制作用，把电源的直流功率转换成交流信号功率输出，由于晶体管有一定的内阻，所以它会有一定的功率损耗 P_C。我们把负载获得的功率 P_o 与电源提供的功率 P_{DC} 之比定义为功率放大电路的转换效率 η，用公式表示为：

$$\eta = \frac{P_o}{P_{DC}} \times 100\% \qquad P_{DC} = P_o + P_C$$

显然，功率放大电路的转换效率越高越好。

3）非线性失真要小

功率大、动态范围大，由晶体管的非线性引起的失真也大。因此提高输出功率与减少非线性失真是有矛盾的，但是依然要设法尽可能减小非线性失真。

4）散热性能好

2. 低频功率放大器的分类

1）以晶体管的静态工作点位置分类

常见的功率放大器按晶体管静态工作点 Q 在交流负载线上的位置不同，可分为甲类、乙类和甲乙类三种，如图 3-2-2 所示。

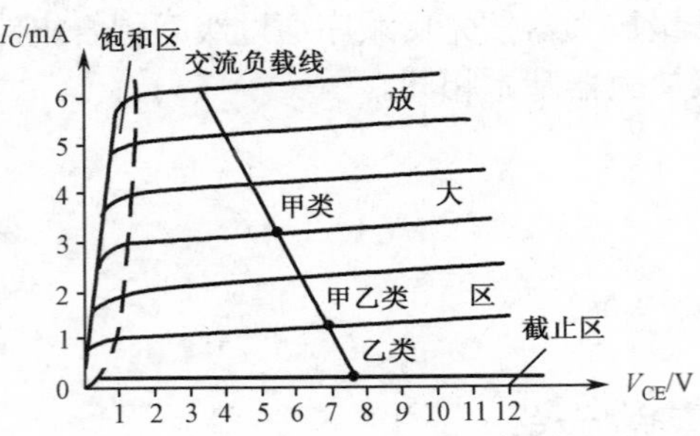

（a）三种工作状态下对应的工作点位置

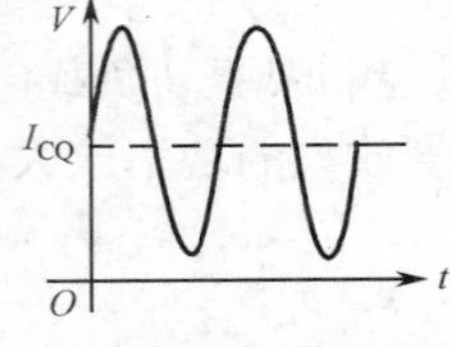

（b）甲类功放的输出波形

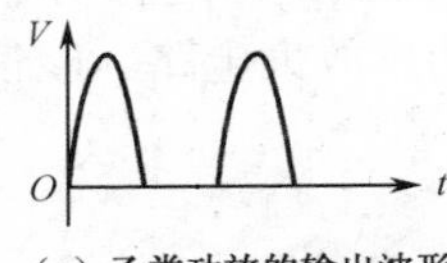

（c）乙类功放的输出波形

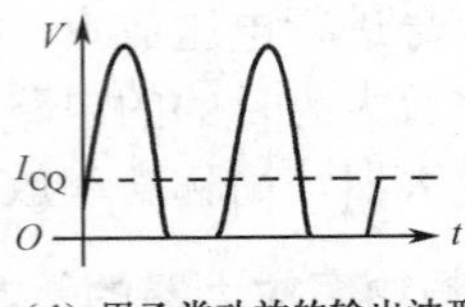

（d）甲乙类功放的输出波形

图3-2-2　功率放大器的三种工作状态

（1）甲类功率放大器。工作在甲类工作状态的晶体管，静态工作点 Q 选在交流负载线的中点附近，如图 3-2-2（a）所示。在输入信号的整个周期内，晶体管都处于放大区内，输出的是没有削波失真的完整信号，如图 3-2-2（b）所示，它允许输入信号的动态范围较大，但其静态电流大、损耗大、效率低。

（2）乙类功率放大器。工作在乙类工作状态的晶体管，静态工作点 Q 选在晶体管放大区和截止区的交界处，即交流负载线和 I_B=0 的交点处，如图 3-2-2（a）所示。在输入信号的整个周期内，三极管半个周期工作在放大区，半个周期工作在截止区，放大器只有半波输出，如图 3-2-2（c）所示。乙类工作状态的静态电流为零，故损耗小、效率高，但非线性失真太大。如果采用两个不同类型的晶体管组合起来交替工作，则可以放大输出完整的不失真的全波信号。

（3）甲乙类功率放大器。工作在甲乙类工作状态的晶体管，静态工作点 Q 选在甲类和乙类之间，如图 3-2-2（a）所示。在输入信号的一个周期内，晶体管有时工作在放大区，有时工作在截止区，其输出为单边失真的信号，如图 3-2-2（d）所示。甲乙类工作状态的电流较小，效率也比较高。

2）以功率放大器输出端特点分类

（1）有输出变压器功率放大器。

（2）无输出变压器功率放大器（又称 OTL 功率放大器）。

（3）无输出电容器功率放大器（又称 OCL 功率放大器）。

（4）平衡式无输出变压器功率放大器（又称 BTL 功率放大器）。

3．功放管的散热和安全使用

在功率放大器中，给负载输送功率的同时，功放管本身也消耗一部分功率，表现为功放

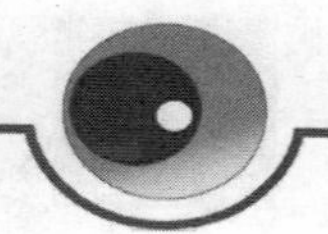

管集电结温度的升高。当结温超过一定值（锗管一般为90℃，硅管一般为150℃）以后，管子因过热而损坏。所以，功放输出功率的大小就会受到功放管允许的最大集电极损耗的限制，对于大功率的功放电路，这个问题尤为突出。值得注意的是，功放管允许的管耗与它的散热情况有密切的关系。如果采取适当措施把管子产生的热量散发出去，降低结温，就能进一步发挥管子的潜力，输出更大的功率。

1）热阻的概念

热的传导路径称热路，阻碍热的传导的特性称热阻。真空不易传热，其热阻大；金属的传热性能好，其热阻小。利用热阻这个概念可以帮助我们理解功放管的散热问题。

在功放管中，集—射极电压绝大部分降在集电结上，它与流过集电结的电流一起形成了集电结的功耗（即集电极功耗），产生热量。这些热量要向外界散发。在散发热量的过程中同样会受到阻碍作用，这就是热阻。功放管热阻的大小用℃/W（或℃/mW）表示，也就是集电极每耗散1W功率使结温上升的度数。例如手册中标出的3AD50A型功放管的热阻为2℃/W，它表示该管集电极每消耗1W功率，集电结的温度升高2℃。显然，功放管的热阻越小，说明它的散热性能越好。在相同环境温度下，允许集电极的功耗越大，那么允许输出的功率也就越大。手册上给出的P_{CM}是在环境温度为25℃时计算的值。

2）提高功放管散热能力的措施

功放管的集电极功耗是产生热量的主要来源。这热量从管壳向四周散发出去。这种依靠管壳本身来散热的方式，效果是很差的。利用金属材料热阻小的特点，将功放管的集电极（通常就是管壳）安装在金属片上，这金属片一般选用铜或铝材，为增大散热面积而做成凹凸形，为增大散热效果而制作成黑色，通常称做散热器、散热片、散热板。例如3AD50A型功放管，不加散热片时，它允许的最大集电极功耗P_{CM}为1W；若加接$120\times120\times4\text{mm}^3$的散热片时，允许的$P_{CM}$为10W，如图3-2-3所示。若要求集电极（管壳）与散热片绝缘又要使热阻小，可用薄云母片隔在管壳和散热片之间。如果想进一步提高散热性能，可在管壳、云母片、散热板的接触面上涂以硅油（硅油是导热绝缘材料，其形状如凡士林），涂上它可使管壳与云母片之间及云母片与散热片之间有良好的接触，减小了空气间隙，减小了热阻，提高了散热效果。

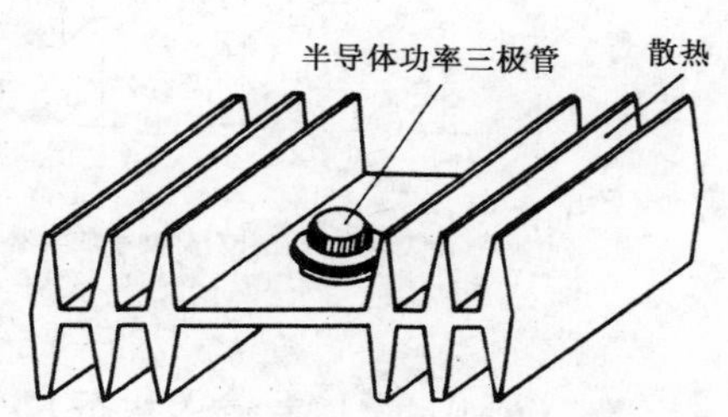

图3-2-3　安装散热器的功放管

3）功放管的安全使用问题

（1）应使功放管工作在安全区以内，耐压和功耗要留有充分的余量，注意改善功放管集电极的散热条件，防止集电结温度过高。

（2）在使用时尽量避免功放管过压和过流的可能性，避免负载出现开路、短路或过载。不要突然加大信号，不允许电源电压有较大的波动。

二、低频功率放大器的应用

音频信号的频率范围为20Hz～20kHz，放大这一频率范围信号的放大器称为音频放大器。音频放大器是使用非常广泛的一种放大器。音频功率放大器是低频功率放大器的典型应用。

在多种家用电器（收音机、录音机、黑白电视机、彩色电视机和组合音响）电路中广泛使用音频放大器。而在组合音响、音响组合和扩音机电路中，对音频功率放大器有更高的要求。

互补对称功率放大电路是利用特性对称的 NPN 型和 PNP 型三极管在信号的正、负半周轮流工作，互相补充，以此来完成整个信号的功率放大。互补对称功率放大器一般工作在甲乙类状态。按功率放大器输出端特点分为 OTL 功率放大器和 OCL 功率放大器。

1）单电源互补对称功率放大电路（OTL 功率放大器）

OTL 功率放大器采用输出端耦合电容取代输出耦合变压器。如图 3-2-4（a）所示为乙类单电源互补对称功率放大器。电路中，VT_1 和 VT_2 是 OTL 功率放大器输出管，C 是输出端耦合电容，B_{L1} 是扬声器。

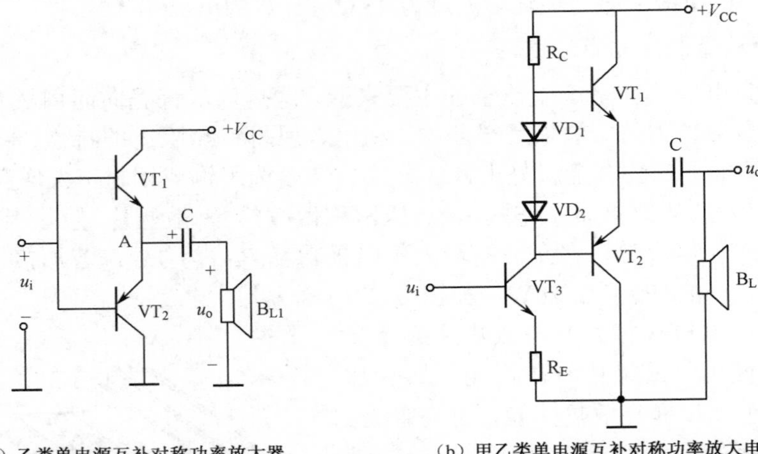

（a）乙类单电源互补对称功率放大器　　（b）甲乙类单电源互补对称功率放大电路

图3-2-4　单电源互补对称功率放大器

静态时（u_i=0，无信号输入状态），由于电路对称，两管发射极 E 点电位为电源电压的一半，即 $V_{CC}/2$，电容 C 上电压被充到 $V_{CC}/2$ 后，扬声器中无电流流过，因而，扬声器上电压为零。而两管的集电极与发射极之间都有 $V_{CC}/2$ 的直流电压，此时两个三极管均处于截止状态。动态时，u_i 有信号输入，负载电压 u_o 是以 $V_{CC}/2$ 为基准交流电压。当 u_i 处于正半周时，VT_1 导通，VT_2 截止，电容 C 开始充电，输出电流在负载上形成输出电压 u_o 的正半周部分。当 u_i 处于负半周时，VT_1 导通，VT_2 截止，电容 C 对 VT_2 放电，在扬声器上形成反向电流，形成输出电压 u_o 的负半周部分，这样在一个周期内，通过电容 C 的充放电，在扬声器上得到完整的电压波形。

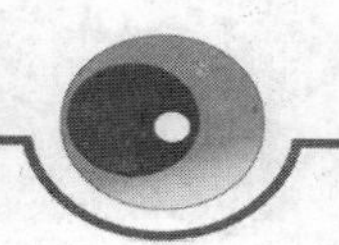

归纳

在输入信号的一个周期内，两只管子轮流交替工作，共同完成对输入信号的放大工作，最后输出波形在负载上合成得到完整的正弦波。

分析时，把三极管的门限电压看成零，但实际中，门限电压不能为零，且电压和电流的关系不是线性的。在输入电压较低时，输出电压存在着死区，此段输出电压与输入电压不存在线性关系，即产生失真。这种失真出现在通过零值处，因此它被称为交越失真，如图 3-2-5 所示。同样，该电路的输出波形 u_o 存在交越失真，为了克服交越失真，采用甲乙类单电源互补对称功率放大电路，如图 3-2-4（b）所示。它是在静态时利用 VD_1、VD_2 两个二极管的偏置作用，给两功放管设置小数值的静态电流，使两功放管处于微导通状态，从而有效地克服了死区电压的影响。

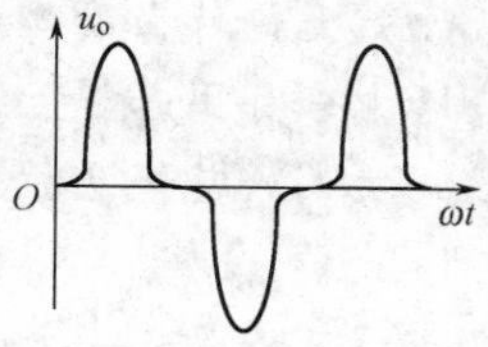

图3-2-5　交越失真

从单电源互补对称功率放大电路的工作原理可以得出，电容的放电起到了负电源的作用，从而相当于双电源工作。只是输出电压的幅度减少了一半，因此，最大输出功率、效率也都相应降低。

2）双电源互补对称功率放大电路（OCL 功率放大器）

OCL 功率放大器是指没有输出端耦合电容的功率放大器电路。如图 3-2-6 所示，从电路中可以看出，这一放大器电路采用正、负电源供电，即$+V_{CC}$和$-V_{CC}$，并且是对称的正、负电源供电，也就是$+V_{CC}$和$-V_{CC}$的电压大小相等，这是 OCL 功率放大器电路的一个特点。

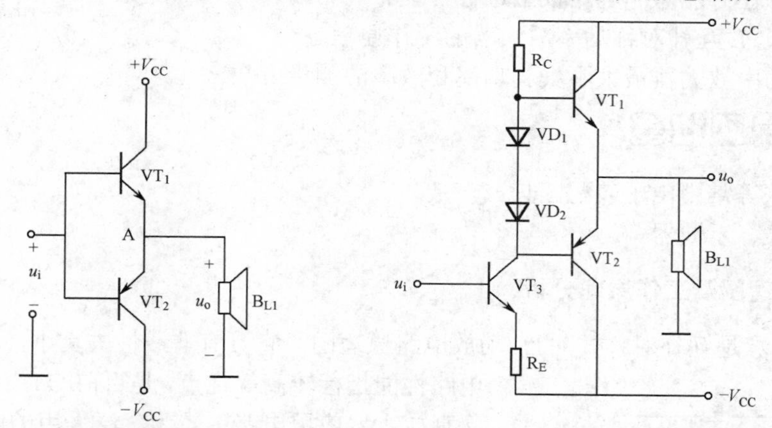

（a）乙类双电源互补对称功率放大器　　（b）甲乙类电源互补对称功率放大电路

图3-2-6　双电源互补对称功率放大器

由于电路对称，静态时两功率管 VT_1 和 VT_2 的电流相等，所以负载扬声器中无电流通过，两管的发射极电位 V_A=0。它的工作原理与无输出变压器（OTL）的单电源互补对称放大电路相似。

归纳

OCL 功率放大器与 OTL 功率放大器比较具有下列特点：

（1）省去了输出端耦合电容器，扬声器直接与放大器输出端相连，如果电路出现故障，功率放大器输出端直流电压异常，这一异常的直流电压直接加到扬声器上，因为扬声器的直流电阻很小，便有很大的直流电流通过扬声器，损坏扬声器是必然的。所以，OCL 功率放大器使扬声器被烧坏的可能性大大增加，这是一个缺点。在一些 OCL 功率放大器中为了防止扬声器损坏，设置了扬声器保护电路。

（2）由于要求采用正、负对称直流电源供电，电源电路的结构复杂，增加了电源电路的成本。所谓正、负对称直流电源就是正、负直流电源电压的绝对值相同，极性不同。

（3）无论什么类型的 OCL 功率放大器，其输出端的直流电压等于 0V，这一点要牢记，对检修十分有用。检查 OCL 功率放大器是否出现故障，只要测量这一点的直流电压是不是为 0V，不为 0V 就说明放大器已出现故障。

三、综合训练项目：OTL 电路的安装与调试

技能目标

（1）掌握基本的手工焊接技术。
（2）能熟练在万能印制电路板上进行合理布局布线。
（3）熟悉 OTL 互补对称功率放大器的工作原理。
（4）学习功率放大器最大不失真功率和效率的测量方法。

装配工具和仪器

（1）电烙铁等常用电子装配工具。
（2）万用表、示波器。

1．电路原理图及工作原理分析

图 3-2-7 所示是互补对称式 OTL 功放电路原理图。它具有非线性失真小，频率响应宽，电路性能指标较高等优点，是目前 OTL 电路在各种高保真放大器应用电路中较为广泛采用的电路之一。

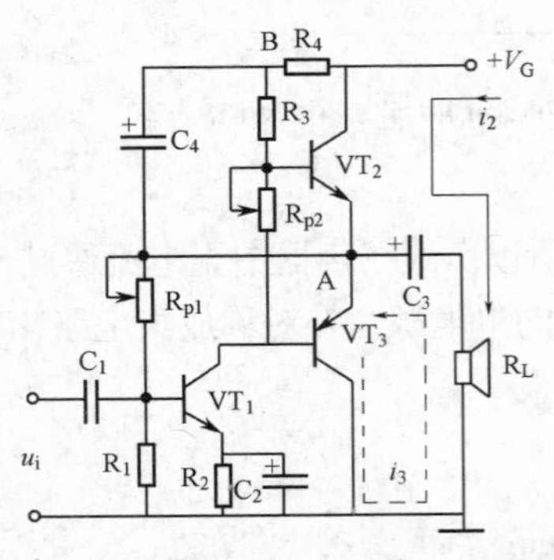

图3-2-7　互补对称式OTL功放电路原理图

VT_1 是前置放大管，采用 NPN 型硅管，温度稳定性较好。要降低噪声，就要从前级做起，否则，噪声会经后级放大，变得很明显。

VT_2、VT_3 是末级互补输出对管，该管主要是为了给扬声器提供足够大的驱动电流，VT_2、VT_3 的放大倍数应尽可能一致，这样才可以保证输出信号的正负半周信号对称，让失真更小。互补对管的意思是指一个管是 NPN 型，一个管是 PNP 型。

2．装配要求和方法

工艺流程：准备→熟悉工艺要求→绘制装配草图→核对元件数量、规格、型号→元件检测→元件预加工→万能电路板装配、焊接→总装加工→自检。

（1）准备：将工作台整理有序，工具摆放合理，准备好必要的物品。

（2）熟悉工艺要求：认真阅读电路原理图和工艺要求。

（3）绘制装配草图，如图 3-2-8 所示。

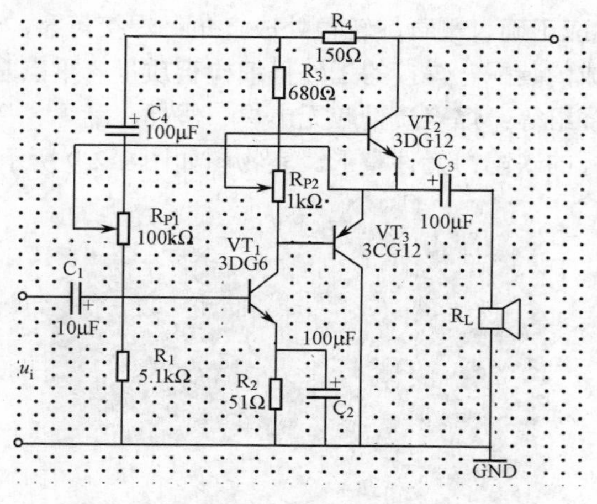

图3-2-8　装配草图

（4）清点元件：按表 3-2-1 所示配套明细表核对元件的数量和规格，应符合工艺要求，如有短缺、差错应及时补缺和更换。

表 3-2-1　配套明细表

代号	品　名	型号/规格	数 量
R_1	碳膜电阻	5.1kΩ	1
R_2	碳膜电阻	51Ω	1
R_3	碳膜电阻	680Ω	1
R_4	碳膜电阻	150Ω	1
RP_1	电位器	100kΩ	1
RP_2	电位器	1kΩ	1
C_1	电解电容	10μF	1
C_2～C_4	电解电容	100μF	3
VT_1	三极管	3DG6	1
VT_2	三极管	3DG12	1
VT_3	三极管	3CG12	1
R_L	场声器	8Ω	1

（5）元件检测：用万用表的电阻挡对元件进行逐一检测，对不符合质量要求的元件剔除并更换。

（6）元件预加工。

（7）万能电路板装配工艺要求。

① 电阻、二极管均采用水平安装方式，高度紧贴印制板，色码方向一致。

② 电容采用垂直安装方式，高度要求为电容的底部离板 8mm。

③ 三极管采用垂直安装方式，高度要求三极管底部离板 8mm。

④ 所有焊点均采用直脚焊，焊接完成后剪去多余引脚，留头在焊面以上 0.5～1mm，且不能损伤焊接面。

⑤ 万能接线板布线应正确、平直，转角处成直角；焊接可靠，无漏焊、短路等现象。

（8）自检：对已完成的装配、焊接的工件仔细检查质量，重点是装配的准确性，包括元件位置、电源变压器的绕组等；焊点质量应无虚焊、假焊、漏焊、搭焊及空隙、毛刺等；检查有无影响安全性能指标的缺陷；元件整形。实物图如图 3-2-9 所示。

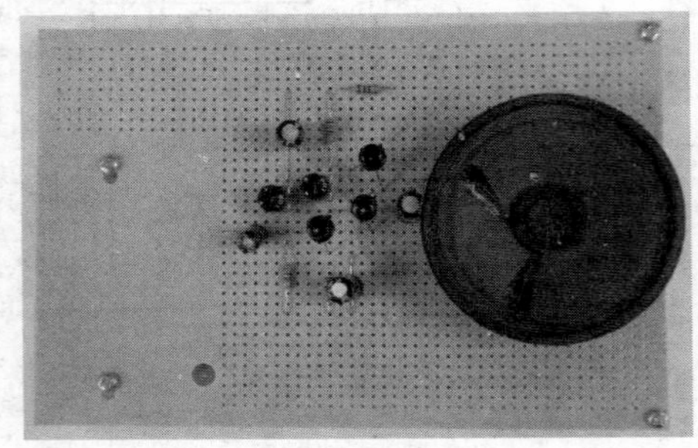

图3-2-9　实物图

3．调试、测量

（1）接通电源后，调节电位器使$U_A = \frac{V_{CC}}{2}$。

（2）输入 f=10kHz，V_i=10mV 的正弦波信号，使用示波器测量输入输出波形，记录在表 3-2-2、3-2-7 中。

表 3-2-2　测量表

输 入 波 形	输 出 波 形

4．课题考核评价表

表 3-2-3　考核评价表

评价指标	评 价 要 点	评 价 结 果				
		优	良	中	合格	差
理论知识	1. OTL 功放电路知识掌握情况					
	2. 装配草图绘制情况					

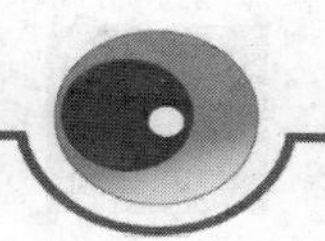

续表

<table>
<tr><td rowspan="2">评价指标</td><td rowspan="2" colspan="6">评 价 要 点</td><td colspan="5">评 价 结 果</td></tr>
<tr><td>优</td><td>良</td><td>中</td><td>合格</td><td>差</td></tr>
<tr><td rowspan="5">技能水平</td><td colspan="6">1. 元件识别与清点</td><td></td><td></td><td></td><td></td><td></td></tr>
<tr><td colspan="6">2. 课题工艺情况</td><td></td><td></td><td></td><td></td><td></td></tr>
<tr><td colspan="6">3. 课题调试测量情况</td><td></td><td></td><td></td><td></td><td></td></tr>
<tr><td colspan="6">4. 低频信号发生器操作熟练度</td><td></td><td></td><td></td><td></td><td></td></tr>
<tr><td colspan="6">5. 示波器操作熟练度</td><td></td><td></td><td></td><td></td><td></td></tr>
<tr><td>安全操作</td><td colspan="6">能否按照安全操作规程操作，有无发生安全事故，有无损坏仪表</td><td></td><td></td><td></td><td></td><td></td></tr>
<tr><td rowspan="2">总评</td><td rowspan="2">评别</td><td>优</td><td>良</td><td>中</td><td>合格</td><td>差</td><td rowspan="2">总评得分</td><td rowspan="2" colspan="4"></td></tr>
<tr><td>100～88</td><td>87～75</td><td>74～65</td><td>64～55</td><td>≤54</td></tr>
</table>

课题 3 综合训练项目：音频功放电路的安装与调试

技能目标

（1）掌握基本的手工焊接技术。

（2）能熟练使用示波器以及低频信号发生器。

（3）会判断并检修音频功放电路的简单故障。

（4）会安装与调试音频功放电路。

（5）根据原理图，能准确规划印制板线路。

工具、元件和仪器

（1）电烙铁等常用电子装配工具。

（2）LM386、电阻等。

（3）万用表、示波器和低频信号发生器。

知识准备

LM386 是一种音频集成功放，具有自身功耗低、电压增益可调整、电源电压范围大、外接元件少和总谐波失真小等优点，广泛应用于录音机和收音机之中。

LM386 的外形和引脚的排列如图所示。引脚 2 为反相输入端，3 为同相输入端；引脚 5 为输出端；引脚 6 和 4 分别为电源和地；引脚 1 和 8 为电压增益设定端；使用时在引脚 7 和地之间接旁路电容，通常取 10μF。

LM386 的电源电压 4～12V 或 5～18V；静态消耗电流为 4mA；电压增益为 20～200dB；在 1、8 脚开路时，带宽为 300kHz；输入阻抗为 50kΩ；音频功率 0.5W。

1．电路原理图

图 3-3-2 所示为电路原理图。

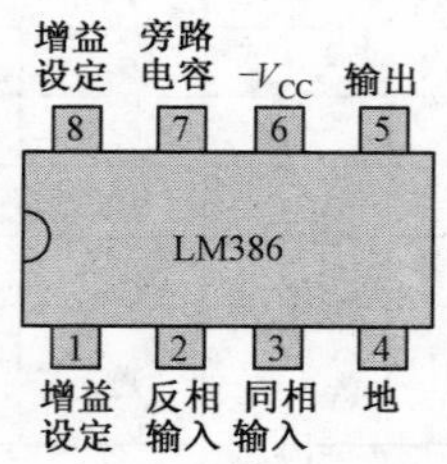

图3-3-1　LM386外形和引脚排列图

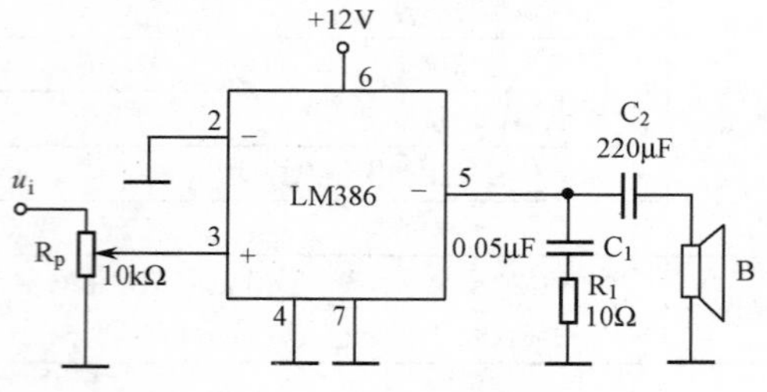

图3-3-2　电路原理图

2．装配要求和方法

工艺流程：准备→熟悉工艺要求→绘制装配草图→核对元件数量、规格、型号→元件检测→元件预加工→装配、焊接→总装加工→自检。

（1）准备：将工作台整理有序，工具摆放合理，准备好必要的物品。

（2）熟悉工艺要求：认真阅读电路原理图和工艺要求。

（3）绘制装配草图，如图 3-3-3 所示。

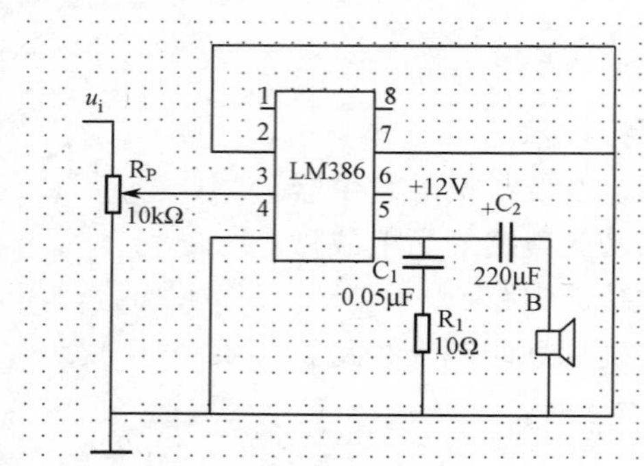

图3-3-3　装配草图

（4）元件检测：用万用表的电阻挡对元件进行逐一检测，对不符合质量要求的元件剔除并更换。

（5）元件预加工。

（6）万能电路板装配工艺要求。

① 电阻采用水平安装方式，紧贴印制板，色码方向一致。

② 电容采用垂直安装方式，高度要求为电容的底部离板 6mm。

③ 微调电位器应贴板安装。

④ 所有焊点均采用直脚焊，焊接完成后剪去多余引脚，留头在焊面以上 0.5～1mm，且不能损伤焊接面。

⑤ 万能接线板布线应正确、平直，转角处成直角；焊接可靠，无漏焊、短路等现象。

（7）自检：对已完成的装配、焊接的工件仔细检查质量，重点是装配的准确性，包括元件位置等；检查有无影响安全性能指标的缺陷。实物图如图 3-3-4 所示。

图3-3-4　实物图

3．调试、测量

（1）在 U_i 处接入音频信号，场声器应发出声音。

（2）将低频信号发生器产生一个 30mV、1kHz 的信号，用示波器分别观察输入、输出波形，完成表 3-3-1。

表 3-3-1　测量表

输 入 波 形	输 出 波 形

4. 课题考核评价表

表 3-3-2　考核评价表

<table>
<tr><th rowspan="2">评价指标</th><th rowspan="2" colspan="5">评 价 要 点</th><th colspan="5">评 价 结 果</th></tr>
<tr><th>优</th><th>良</th><th>中</th><th>合格</th><th>差</th></tr>
<tr><td rowspan="2">理论知识</td><td colspan="5">1. LM386 应用知识掌握情况</td><td></td><td></td><td></td><td></td><td></td></tr>
<tr><td colspan="5">2. 装配草图绘制情况</td><td></td><td></td><td></td><td></td><td></td></tr>
<tr><td rowspan="5">技能水平</td><td colspan="5">1. 元件识别与清点</td><td></td><td></td><td></td><td></td><td></td></tr>
<tr><td colspan="5">2. 课题工艺情况</td><td></td><td></td><td></td><td></td><td></td></tr>
<tr><td colspan="5">3. 课题调试测量情况</td><td></td><td></td><td></td><td></td><td></td></tr>
<tr><td colspan="5">4. 低频信号发生器操作熟练度</td><td></td><td></td><td></td><td></td><td></td></tr>
<tr><td colspan="5">5. 示波器操作熟练度</td><td></td><td></td><td></td><td></td><td></td></tr>
<tr><td>安全操作</td><td colspan="5">能否按照安全操作规程操作，有无发生安全事故，有无损坏仪表</td><td></td><td></td><td></td><td></td><td></td></tr>
<tr><td rowspan="2">总　评</td><td rowspan="2">评别</td><td>优</td><td>良</td><td>中</td><td>合格</td><td>差</td><td rowspan="2">总评得分</td><td rowspan="2" colspan="3"></td></tr>
<tr><td>100～88</td><td>87～75</td><td>74～65</td><td>64～55</td><td>≤54</td></tr>
</table>

思考与练习

一、填空题

1．低频功率放大器以晶体管的静态工作点位置可以分为____________、____________和____________。

2．互补对称功率放大器一般工作在_______________状态。按功率放大器输出端特点分为______________功率放大器和_____________功率放大器。

3．OTL 功率放大器中与负载串联的电容器具有_______________的功能。

4．OCL 功率放大器，其输出端的直流电压等于___________。

二、综合题

1．电压放大器与功率放大器有哪些区别？

2．什么是功率放大器？它有哪些基本要求？

3．功率放大器的甲类、乙类和甲乙类三种工作状态各有什么特点？

4．什么是交越失真？如何克服交越失真？

模块4 直流稳压电源

任务导入

在日常生活中，有时会出现电压不稳，有时很低，使得电脑自动关机与重启，很麻烦，对硬盘不利，也使一般的家用电器效率降低或难以正常工作，甚至损坏。在使用家庭稳压电源后，不仅家里电源电压升高了，而且也变得稳定了。稳压电源又分为直流稳压电源和交流稳压电源，本模块主要学习直流稳压电源。

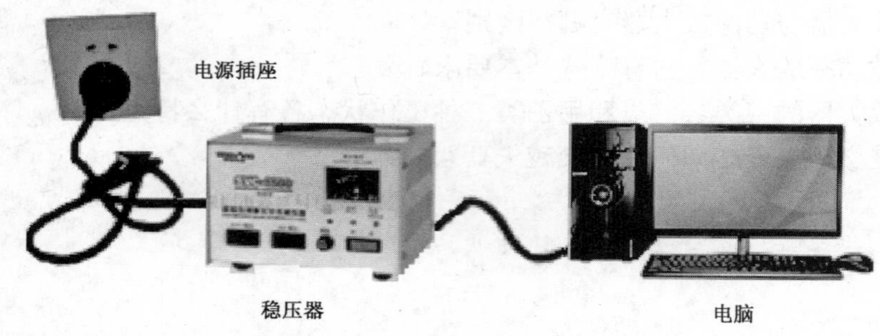

导入图4-1 稳压电源作用示意图

课题1 硅稳压管稳压电路

学习目标

✧ 了解稳压二极管的特性及主要参数。
✧ 了解硅稳压管稳压电路的稳压原理及应用。

内容提要

硅稳压管稳压电路是最简单的直流稳压电路，电路中的主要元器件是稳压二极管。这种电路结构简单，稳压效果一般，而且直流输出工作电压不能进行连续调节。通过学习了解稳压二极管的特性及主要参数，了解硅稳压管稳压电路的稳压原理。

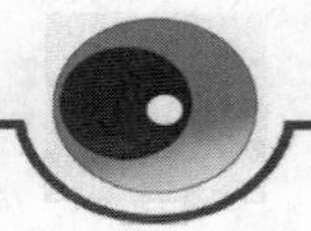

一、稳压二极管

1．稳压二极管结构

稳压二极管是一种特殊的硅二极管，由于它在电路中与适当数值的电阻配合后能起稳定电压的作用，故称为稳压管。在稳压设备和一些电子电路中经常用到。

小型稳压管与二极管外型无异，图形符号如图 4-1-1（a）所示。

2．稳压二极管的伏安特性

看一看

利用晶体管图示仪观测稳压二极管的伏安特性曲线（建议采用仿真演示）

实验现象

稳压二极管的伏安特性曲线如图 4-1-1（b）所示。

由稳压管的伏安持性曲线可知，其正向特性与普通二极管的类似，其差异是稳压管的反向特性曲线比较陡。稳压管正常工作于反向击穿区，且在外加反向电压撤除后，稳压管又恢复正常，即它的反向击穿是可逆的。从反向特性曲线上可以看出，当稳压管工作于反向击穿区时，电流虽然在很大范围内变化，但稳压管两端的电压变化很小，即它能起稳压的作用。

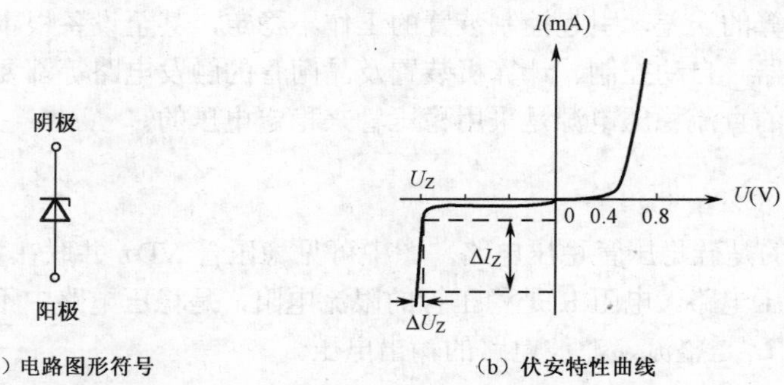

（a）电路图形符号　　（b）伏安特性曲线

图4-1-1　稳压管的电路图形符号与伏安特性曲线

注意

由“击穿”转化为“稳压”，还有一个值得注意的条件，那就是要适当限制通过稳压二极管的反向电流。否则，过大的反向电流，将造成稳压二极管击穿后的永久性损坏。因此，在实际工作中，为了保护稳压管，要在外电路串联一个限流电阻。

3．稳压管的主要参数

（1）稳定电压 U_Z。U_Z 指稳压管的稳压值。由于制造工艺方面和其他的原因，稳压值也有一定的分散性。同一型号的稳压管稳压值可能略有不同。手册给出的都是在一定条件（工作电流、温度）下的数值。例如，2CW18 稳压管的稳压值为 10V～12V。

（2）稳定电流 I_Z。I_Z 指稳压管工作电压等于稳定电压 U_Z 时的工作电流。稳压管的稳定电流只是一个参考数值，设计选用时要根据具体情况（例如工作电流的变化范围）来考虑。但对每一种型号的稳压管都规定有一个最大稳定电流 I_{ZM}。

（3）动态电阻 r_Z。r_Z 指稳压管两端电压的变化量与相应电流变化量的比值，即：

$$r_Z = \frac{\Delta U_Z}{\Delta I_Z}$$

稳压管的反向伏安特性曲线越陡，则动态电阻越小，稳压性能越好。

（4）最大允许耗散功率 P_{ZM}。P_{ZM} 指管子不致发生热击穿的最大功率损耗，即：

$$P_{ZM}=U_Z I_{ZM}$$

稳压管在电路中的主要作用是稳压和限幅，也可和其他电路配合构成欠压或过压保护、报警环节等。

二、硅稳压管稳压电路

经整流和滤波后的电压往往会随交流电压的波动和负载的变化而变化。电压的不稳定有时会产生测量和计算的误差，引起控制装置的工作不稳定，甚至设备根本无法正常工作。特别精密电子测量仪器、自动控制、计算机装置及晶闸管的触发电路等都要求有很稳定的直流电源供电。最简单的直流稳压电源是采用稳压管来稳定电压的。

1．电路组成

图 4-1-2 所示的是硅稳压管稳压电路。图中可见稳压管 VDz 并联在负载 R_L 两端，因此它是一个并联型稳压电路。电阻 R 是稳压管的限流电阻，是稳压电路中不可缺少的元件。稳压电路的输入电压 U_i 是整流、滤波电路的输出电压。

2．稳压原理

稳压管是利用调节流过自身的电流大小（端电压基本不变）来满足负载电流的改变的，并和限流电阻配合将电流的变化转换成电压的变化，以适应电网电压的波动。

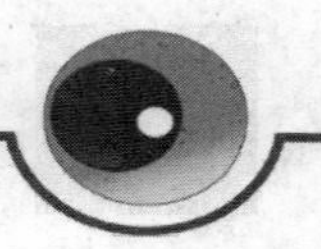

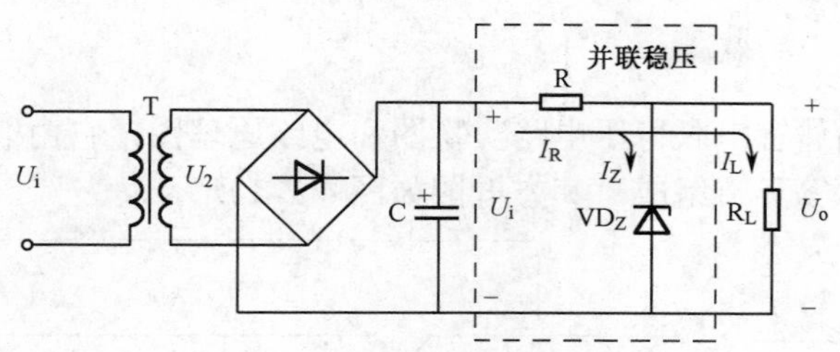

图4-1-2　硅稳压管稳压电路

当电网电压波动或负载变化时，使得输出电压 U_o 下降，则流过稳压二极管的反向电流 I_Z 也减小，导致通过限流电阻 R 上的电流也减小，这样使 R 上的压降 U_R 也下降，根据 $U_o=U_i-U_R$ 的关系，使输出 U_o 的下降受到限制，上述过程可用符号表达为：

$$U_o\downarrow\rightarrow I_Z\downarrow\rightarrow I_R\downarrow\rightarrow U_R\downarrow\rightarrow U_o\uparrow$$

3．电路特点

硅稳压管稳压电路结构简单，元件少。但输出电压由稳压管的稳压值决定，不可随意调节，因此输出电流的变化范围较小，只适用于小型的电子设备中。

课题2　串联型晶体管稳压电路

学习目标

✧　了解串联型晶体管稳压电路的稳压原理及其应用。

✧　会安装与调试直流稳压电源。

✧　能正确测量稳压性能、调压范围；会判断并检修直流稳压电源的简单故障。

内容提要

串联型晶体稳压管稳压电路是应用相当广泛的直流稳压电路，这种稳压电路比硅稳压管稳压电路要复杂得多，但稳压性能良好，其输出的直流工作电压大小可以在一定范围内连续调整。通过学习，了解串联型晶体稳压管稳压电路的稳压原理，并且会安装与调试直流稳压电源；能正确测量稳压性能、调压范围；会判断并检修直流稳压电源的简单故障。

相关知识

稳压管稳压电路的稳压效果不够理想，并且它只用于负载电流较小的场合。为此，为了提高稳压电路的稳压性能，可采用晶体管串联型直流稳压电路。

1．电路结构

图 4-2-1 所示为晶体管串联稳压电路实物图和电路原理图，它由取样电路、基准电压、比较放大器及调整元件等环节组成，其方框图如图 4-2-2 所示。

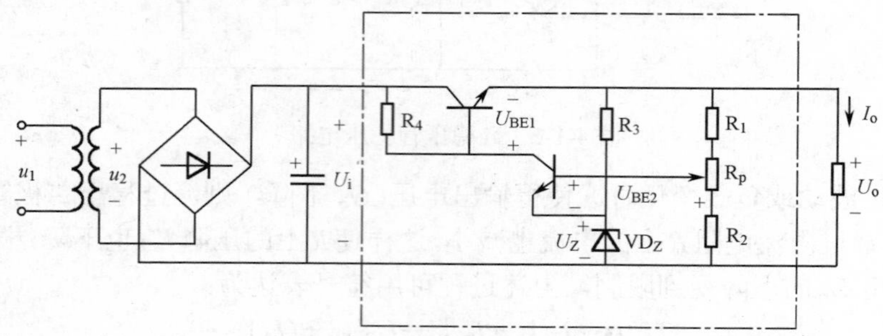

图4-2-1　晶体管串联稳压电路原理图

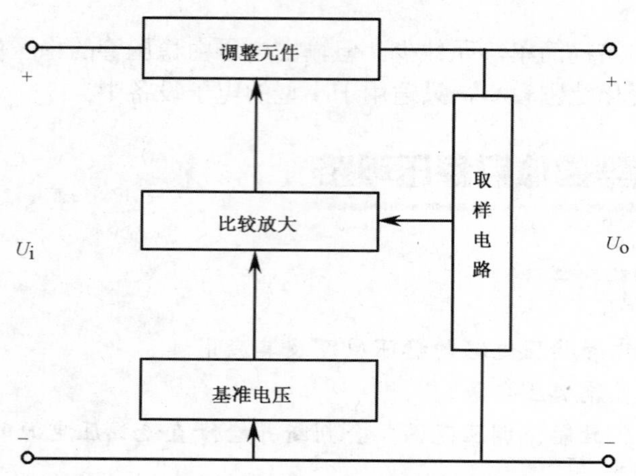

图4-2-2　串联型稳压电源方框图

2．电路中各部分的作用

（1）取样电路：由 R_1、R_P、R_2 组成，取出输出电压 U_o 的一部分送到比较放大电路 VT_2 的基极。

（2）基准电压：由稳压管 VDz 与电阻 R_3 组成。其作用是提供一个稳定性较高的直流电压 U_Z。其中 R_3 为稳压管 VDz 的限流电阻。

（3）比较放大电路：以三极管 VT_2 构成直流放大器。其作用是将取样电压 U_{B2} 和基准电压 U_Z 进行比较，比较的误差电压 U_{BE2} 经 VT_2 管放大后去控制调整管 VT_1。R_4 既是 VT_2 的集电极负载电阻，又是 VT_1 的偏置电阻。

（4）调整电路：调整管 VT_1 是该稳压电源的关键元件，利用其集射之间的电压 U_{CE} 受基极电流控制的原理，与负载 R_L 串联，用于调整输出电压。

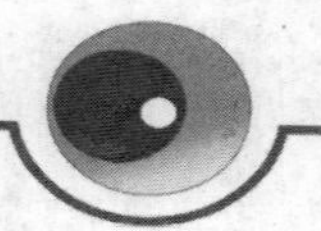

3．稳压原理

做一做

注意观察图 4-2-1 电路的输出电压 U_o 的波形（建议采用仿真演示）

实验结果

输出电压 U_o 的波形是一条直线（直流电）。

当电网电压升高或负载电阻增大而使输出电压有上升的趋势时，取样电路的分压点升高，因 U_Z 不变，所以 U_{BE2} 升高，I_{C2} 随之增大，U_{C2} 降低，则调整管 U_{B1} 降低，发射结正偏电压 U_{BE1} 下降，I_{B1} 下降，I_{C1} 随着减小，U_{CE1} 增大，从而使输出电压 U_o 下降。因此使输出电压上升的趋势受到遏制而保持稳定。上述稳压过程可用下式表示为：

$$\left.\begin{matrix} U_1\uparrow \\ R_L\uparrow \end{matrix}\right\} \to U_o\uparrow \to U_{B2}\uparrow \to U_{BE2}\uparrow \to I_{C2}\uparrow \to U_{C2}\uparrow \to U_{B1}\uparrow \to U_{CE1}\uparrow \to U_o\downarrow$$

当电网电压下降或负载变小时，输出电压有下降的趋势，电路的稳压过程与上面情形相反。

4．输出电压的调节

调节电位器 R_P 可以调节输出电压 U_o 的大小，使其在一定的范围内变化。若将电位器 R_P 分为上下两部分，$R_{P'}$ 为电位器上部分电阻，$R_{P''}$ 为电位器下部分电阻，则由原理图可得输出电压如下。

$$U_o = \frac{R_1 + R_2 + R_P}{R_2 + R_{P''}} U_Z$$

电位器的作用是把输出电压调整在额定的数值上。电位器滑动触点下移，$R_{P''}$ 变小，输出电压 U_o 调高。反之，电位器滑动触点上移，$R_{P''}$ 变大，输出电压 U_o 调低。输出电压 U_o 调节范围是有限的，其最小值不可能调到零，最大值不可能调到输入电压 U_i。

【例 4-2-1】 串联型直流稳压电路如图 4-2-3 所示，其中 R_1=600Ω，R_2=300Ω，R_P=300Ω，U_Z=5.3V，U_{BE2}=0.7V，求输出电压的可调范围。

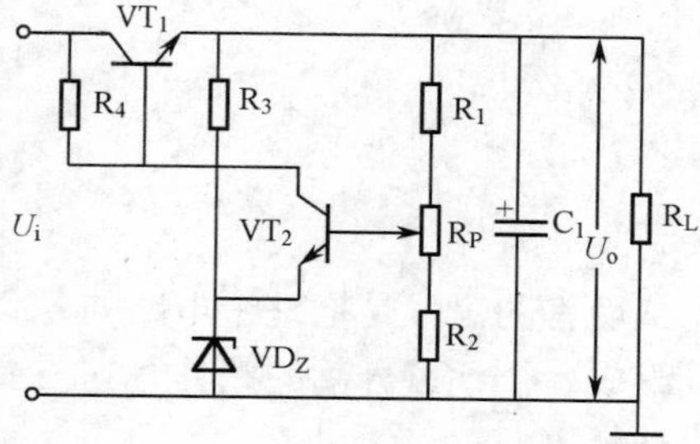

图4-2-3 例4-2-1用图

解：电位滑动端滑到最上端时，输出电压为：

$$U_o = \frac{R_1 + R_2 + R_P}{R_1 + R_{P'}} U_{B2} = \frac{R_1 + R_2 + R_P}{R_2 + R_{P''}}(U_{BE2} + U_Z)$$

$$= \frac{600 + 300 + 300}{300 + 300} \times (0.7 + 5.3)\text{V} = 12\text{V}$$

电位器滑动端滑到最下端地，输出电压为

$$U_o = \frac{R_1 + R_2 + R_P}{R_1 + R_{P'}} U_{B2} = \frac{R_1 + R_2 + R_P}{R_2 + R_{P''}}(U_{BE2} + U_Z)$$

$$= \frac{600 + 300 + 300}{300} \times (0.7 + 5.3)\text{V} = 24\text{V}$$

该电路输出电压的可调范围为 12V～24V。

课题 3　集成稳压电源

学习目标

✧　了解三端集成稳压器件的种类、主要参数、典型应用电路；能识读集成稳压电源的电路图。

✧　能识别三端集成稳压器件的引脚；能识读集成稳压电源的电路图。

✧　会安装与调试三端集成稳压电源。

内容提要

三端集成稳压器只有三个引脚，其引脚功能分别是直流电压输入引脚、直流电压输出引脚和接地引脚，应用广泛。通过学习，能了解三端集成稳压器件的种类、主要参数、典型应用电路，能识别其引脚；能识读集成稳压电源的电路图，并且会安装、调试三端集成稳压电源。

相关知识

一、集成电路

集成电路是相对于分立电路而言的，就是把整个电路的各个元件以及相互之间的连接同时制造在一块半导体芯片上，组成一个不可分割的整体。它与晶体管等分立元件连成的电路比较，体积更小，重量更轻，功耗更低。

就集成度而言，集成电路有小规模、中规模、大规模和超大规模集成电路之分。目前的

超大规模集成电路，每块芯片上制有上亿个元件，而芯片面积只有几十平方毫米。就导电类型而言，有双极型、单极型（场效应管）和两者兼容的集成电路。就功能而言，集成电路有数字集成电路和模拟集成电路，而后者又有集成运算放大器、集成功率放大器、集成稳压电源和集成数模和模数转换器等许多种。表 4-3-1 列出了四种不同引脚分布的集成电路外形图。

表 4-3-1　四种不同引脚分布集成电路外形示意图

名　称	实 物 图	解　说
单列直插集成电路		它的引脚只有一列，引脚是直的
单列曲插集成电路		它的引脚只有一列，引脚是弯曲的
双列集成电路		它的引脚分成两列分布
四列集成电路		它的引脚分成四列分布

二、集成稳压电源

集成稳压器具有体积小、使用方便、电路简单、可靠性高、调整方便等优点，近年来已得到广泛的应用。集成稳压器的类型很多，按工作方式可分为串联型、并联型和开关型，按输出电压类型可分为固定式和可调式。

1. 三端集成稳压器

（1）外形特性。只有三个引脚，标准封装是 TO-220，也有 TO-92 封装。

（2）系列。78 和 79 两个系列。

（3）散热片要求。小功率应用时不用散热片，但带大功率时要在三端集成稳压电路上安装足够大的散热器，否则稳压管温度过高，稳压性能将变差，甚至损坏。

（4）输出电压规格。5V、6V、8V、9V、12V、15V、18V、24V；−5V、−6V、−8V、−9V、−12V、−15V、−18V、−24V。

（5）输入电压范围。上限可达 30 余伏，为保证工作可靠性，比输出电压高出 3～5V 余量，过高的输入电压将导致器件的严重发热，甚至损坏，同时输入电压也不能比输出电压低 2V，否则稳压性能不好。

（6）保护电路。电路内部设有过电流、过热及调整管保护电路。

2．三端固定集成稳压器

三端固定集成稳压器的输出电压是固定的，且它只有三个接线端，即输入端、输出端及公共端，如图 4-3-1 所示。它有两个系列 CW78XX、CW79XX，如图 4-3-1 所示。CW78XX 系列输出是正电压，CW79XX 系列输出是负电压。CW78XX 的 1 脚为输入端，2 脚为公共端，3 脚为输出端。CW79XX 的 1 脚为公共端，2 脚为输入端，3 脚为输出端。

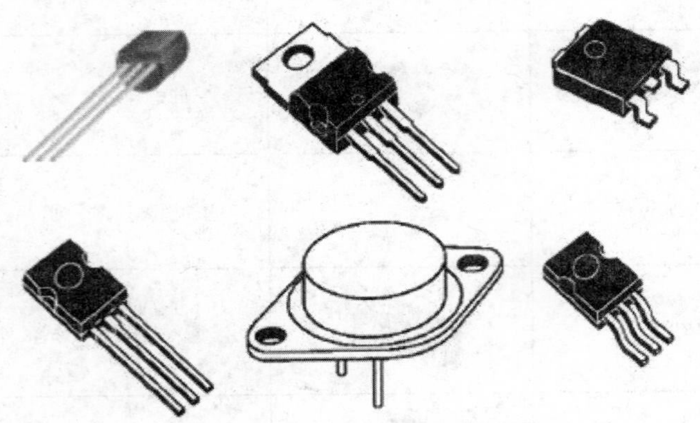

图4-3-1　三端固定集成稳压器外形

1）输出正电压的三端固定稳压器

CW78XX 系列三端固定稳压器，它们型号的后两位数字就表示输出电压值，比如 CW7805 表示输出电压为 5V。根据输出电流的大小又可分为 CW78XX 型（表示输出电流为 1.5A）、CW78MXX 型（表示输出电流为 0.5A）和 CW78LXX 型（表示输出电流为 0.1A）。其功能图如图 4-3-2 所示。图中 C_1 防止产生自激振荡，C_2 削弱电路的高频噪声。

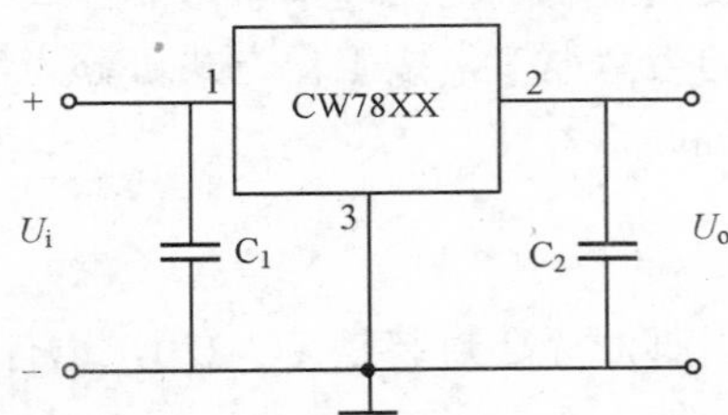

图4-3-2　CW78XX系列集成稳压器

2）输出负电压的三端固定稳压器

CW79XX 系列三端固定稳压器是负电压输出，在输出电压挡、电流挡等方面与 CW78XX 的规定一样。它们型号的后两位数字表示输出电压值，比如 CW7905 表示输出电压为−5V。其功能图如图 4-3-3 所示。“2”为输入端，“3”为输出端，“1”为公共端。

3．三端可调集成稳压器

三端可调式集成稳压器不仅输出电压可调，而且稳压性能比固定式更好，它也分为正电压输出和负电压输出两种。

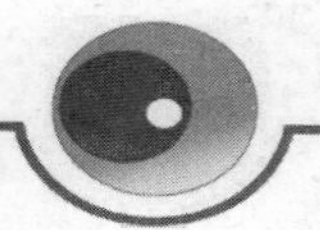

1）输出正电压的可调集成稳压器

CW117、CW217、CW317 系列是正电压输出的三端可调集成稳压器，输出电压在 1.2V～37V 范围内连续可调，电位器 R_P 和电阻 R_1 组成取样电阻分压器，接稳压器的调整端 1 脚，改变 R_P 可调节输出电压 U_o 的大小。其功能图如图 4-3-4 所示。集成稳压器的“1”为调整端，“2”为输出端，“3”为输入端。在输入端并联电容 C_1 旁路整流电路输出的高频干扰信号，电容 C_2 可消除 R_P 上的纹波电压，使取样电压稳定，C_3 起消振作用。

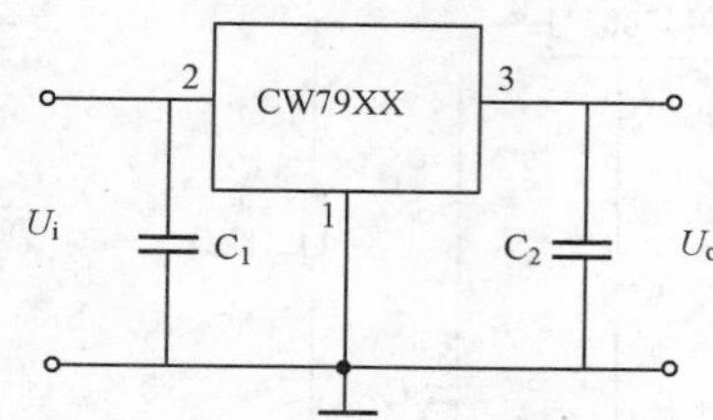

图4-3-3　CW79XX系列集成稳压器

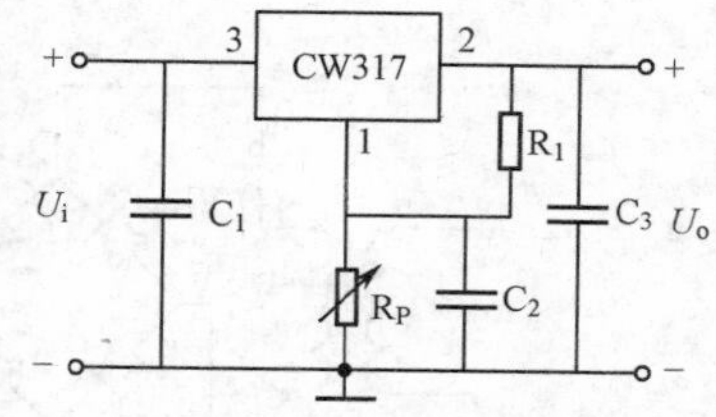

图4-3-4　CW317三端可调集成稳压器

2）输出负电压的可调集成稳压器

CW137、CW237、CW337 系列是负电压输出的三端可调集成稳压器，输出电压在−1.2V～−37V 范围内连续可调，电位器 R_P 和电阻 R_1 组成取样电阻分压器，接稳压器的调整端 1 脚，改变 R_P 可调节输出电压 U_o 的大小，其功能图如图 4-3-5 所示。集成稳压器的“1”为调整端，“2”为输出端，“3”为输入端。C_1、C_2、C_3 的作用与图 4-3-4 相同。

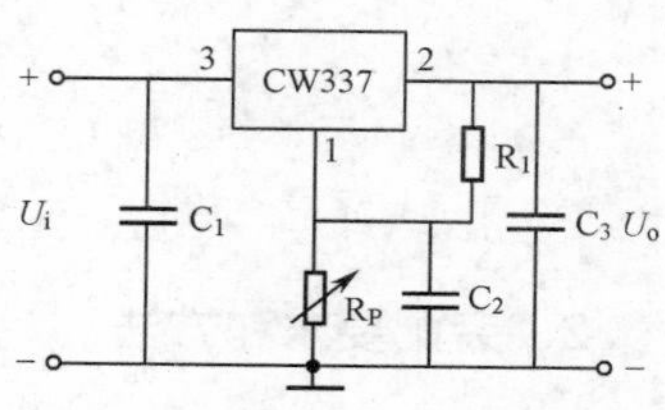

图4-3-5　CW337三端可调集成稳压器

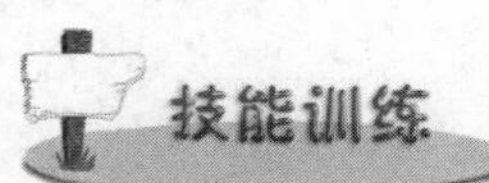

三、训练项目：三端集成稳压电源的组装与调试

技能目标

（1）掌握基本的手工焊接技术。
（2）能熟练在万能印制电路板上进行合理布局布线。
（3）熟悉整流、滤波、稳压电路的工作原理。
（4）熟悉与使用集成稳压器 78XX 系列。
（5）掌握直流稳压源几项主要技术指标的测试方法。

装配工具和仪器

（1）电烙铁等常用电子装配工具。
（2）万用表、示波器。

1．电路原理图及工作原理分析（见图 4-3-6）

大多数电子仪器都需要将电网提供的 220V，50Hz 的交流电转换为符合要求的直流电源，而直流稳压电源是一种通用的电源设备，它能为各种电子仪器和电路提供稳定直流电压。当电网电压波动，负载变化以及环境温度变化时，其输出电压能相对稳定。

直流稳压电源由变压器、整流电路、滤波电路、稳压电路和显示电路组成。

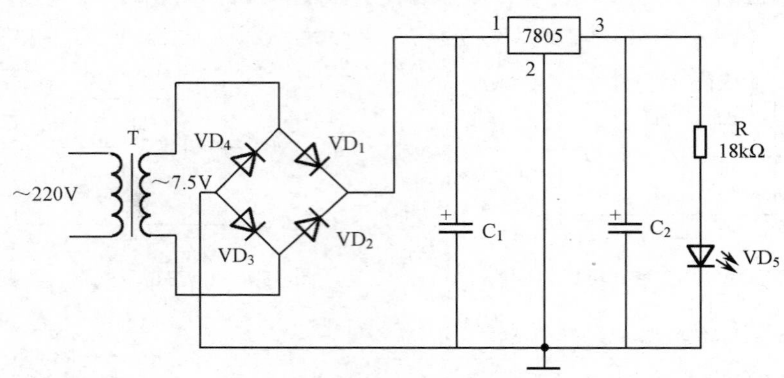

图4-3-6　电路原理图

2．装配要求和方法

工艺流程：准备→熟悉工艺要求→绘制装配草图→核对元件数量、规格、型号→元件检测→元器件预加工→万能电路板装配、焊接→总装加工→自检。

（1）准备：将工作台整理有序，工具摆放合理，准备好必要的物品。

（2）熟悉工艺要求：认真阅读电路原理图和工艺要求。

（3）绘制装配草图如图 4-3-7 所示。

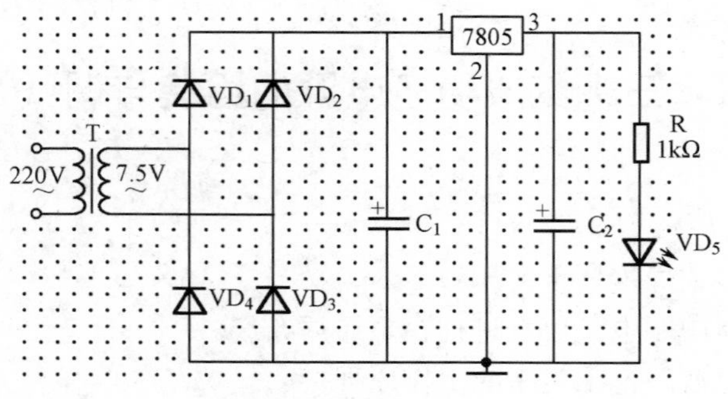

图4-3-7　装配草图

（4）清点元件：按表 4-3-2 配套明细表核对元件的数量和规格，应符合工艺要求，如有短缺、差错应及时补缺和更换。

表 4-3-2　配套明细表

代　　号	品　　名	型号/规格	数　量
U_1	集成电路	7805	1
VD_1-VD_4	整流二极管	1N4001	4
R	碳膜电阻	1kΩ	1
C_1、C_2	电解电容	1000μF	1
VD_5	发光二极管		1

（5）元件检测：用万用表的电阻挡对元器件进行逐一检测，对不符合质量要求的元器件剔除并更换。

（6）元件预加工。

（7）万能电路板装配工艺要求。

① 电阻、二极管均采用水平安装方式，高度紧贴印制板，色码方向一致。

② 电容采用垂直安装方式，高度要求为电容的底部离板 8mm。

③ 发光二极管采用垂直安装方式，高度要求底部离板 8mm。

④ 所有焊点均采用直脚焊，焊接完成后剪去多余引脚，留头在焊面以上 0.5～1mm，且不能损伤焊接面。

⑤ 万能接线板布线应正确、平直，转角处成直角；焊接可靠，无漏焊、短路等现象。

（8）总装加工：电源变压器用螺钉紧固在万能电路板的元件面，一次侧绕组的引出线向外，二次侧绕组的引出线向内，万能电路板的另外两个角上也固定两个螺钉，紧固件的螺母均安装在焊接面。电源线从万能电路板焊接面穿过打结孔后，在元件面打结，再与变压器一次侧绕组引出线焊接并完成绝缘恢复，变压器二次侧绕组引出线插入安装孔后焊接。

（9）自检：对已完成的装配、焊接的工件仔细检查质量，重点是装配的准确性，包括元件位置、电源变压器的绕组等；焊点质量应无虚焊、假焊、漏焊、搭焊及空隙、毛刺等；检查有无影响安全性能指标的缺陷；元件整形。实物图如图 4-3-8 所示。

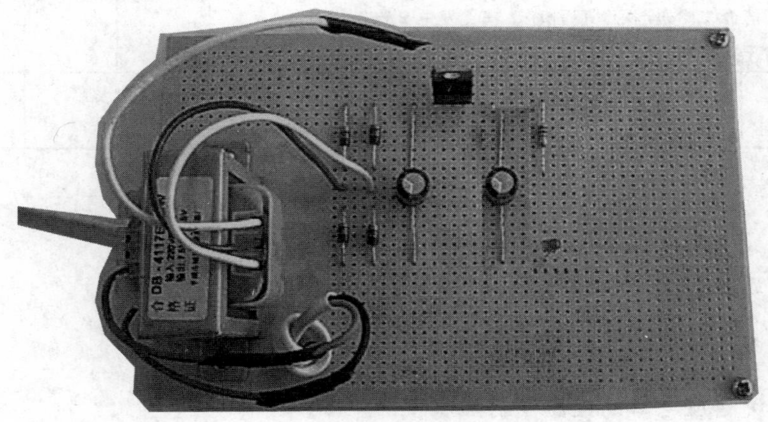

图4-3-8　实物图

3．调试、测量

（1）接通电源发光二极管应发光，测量此时稳压电源的直流输出电压 u_o=__________。

（2）测试稳压电源的输出电阻 R_o。

当 U_1=220V，测量此时的输出电压 u_o 及输出电流 I_o；断开负载，测量此时的 u_o 及 I_o，记录在表 4-3-3 中。

表 4-3-3　测量表

$R_L \neq \infty$	u_o=　　　　（V）	I_o=　　　　（mA）
$R_L=\infty$	u_o=　　　　（V）	I_o=　　　　（mA）
$R_o=\dfrac{\Delta u_o}{\Delta I_o}$		

（3）验证滤波电容的作用。

① 测量 C 两端的电压，并与理论值比较。

② 用示波器观察 C 两端的波形。

4．课题考核评价表

表 4-3-4　考核评价表

评价指标	评　价　要　点	评价结果				
		优	良	中	合格	差
理论知识	1. 集成稳压电路知识掌握情况					
	2. 装配草图绘制情况					
技能水平	1. 元件识别与清点					
	2. 课题工艺情况					
	3. 课题调试情况					
	4. 课题测量情况					
	5. 示波器操作熟练度					
安全操作	能否按照安全操作规程操作，有无发生安全事故，有无损坏仪表					

总评	评别	优	良	中	合格	差	总评得分	
		100～88	87～75	74～65	64～55	≤54		

课题 4　开关稳压电路简介

学习目标

✧　了解开关稳压电路的框图及稳压原理。

✧　了解开关稳压电路的主要特点。

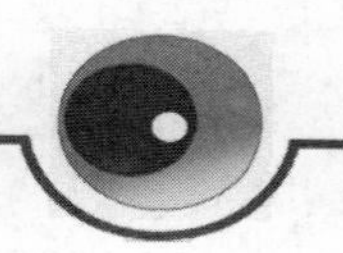

内容提要

随着电子技术的发展，电子系统的应用越来越广泛，电子设备的种类也越来越多。开关型稳压电源在各种直流稳压电路中应用最广泛，具有功耗小、效率高、体积小、重量轻等特点。通过学习，了解开关式稳压电源的电路组成、稳压原理和主要特点。

相关知识

前面介绍的串联型稳压电路，称为线性稳压电路，其调整管工作于线性放大区，流过的电流是连续的（$I_c \approx I_o$）；为使电路正常工作，调整管还具有一定的管压降，一般为 2~8V。这样，当负载电流较大时，调整管的集电极损耗功率（$\approx U_{CE}I_o$）相当大，从而使稳压电路的效率降低，还要采用价格较贵的大功率管，装设在体积庞大的散热器里。为了克服上述缺点，可采用串联型开关稳压电源，电路中的调整管工作于开关状态，即调整管交替工作于饱和导通和截止两种状态。由于饱和导通时管压降很小，管子损耗功率很小，截止时无电流通过调整管，管子损耗也很小，从而可使电路的效率提高到 80%~90%；调整管也不必配置庞大的散热器，所以体积小、质量小。开关稳压电源的主要缺点是输出电压所含纹波电压较大，电路组成较复杂；但是由于其优点突出，所以应用范围日趋广泛。

一、开关稳压电路的组成

典型的开关稳压电路方框图如图 4-4-1 所示。它由三大部分组成：开关电路（开关调整管 VT 与开关控制电路）、反馈放大电路（取样电路、比较放大电路和基准电路）和滤波电路（电感 L、电容 C 和续流二极管 VD）。

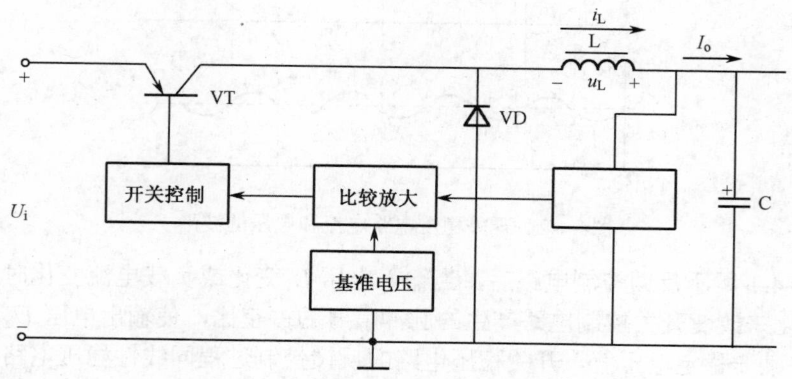

图4-4-1　开关稳压电路方框图

二、开关稳压电路的工作原理

开关调整管 VT 可接成集电极输出，也可接成发射极输出。它受开关控制电路产生的脉冲信号控制而工作于开关状态。如果开关调整管 VT 饱和导通，则其集电极电压 U_C 等于输入电压 U_i（忽略开关调整管的饱和压降），此时二极管承受反向电压而截止，负载中有电流 I_o 流过，电感 L 储存磁场能量，i_L 逐渐增大。当开关调整管 VT 截止时，其集电极电压等于零，滤波电感产生极性如图所示的自感电势，使二极管 VD 导通，于是电感中储存的能量通过 VD 向负载释放，使负载 R_L 继续有电流通过，因而常称 VD 为续流二极管。忽略二极管正向压降，则 VT 集电极电压 $U_C=0$，i_L 逐渐减小。

由此可见，虽然调整管处于开关工作状态，但由于二极管 VD 的续流作用和 L，C 的滤波作用，输出电压是比较平稳的。图 4-4-2 画出了滤波电感电流 i_L、调整管 VT 集电极电压 u_c 和输出电压 u_o 的波形。图中 t_{on} 是调整管 VT 的饱和导通时间，t_{off} 是 VT 的截止时间，$T=t_{on}+t_{off}$，是开关转换周期。

显然，在忽略调整管饱和压降和滤波电感直流压降的情况下，输出电压的平均值为：

$$U_o = \frac{U_i t_{on} + 0 t_{off}}{t_{on} + t_{off}} = \frac{t_{on}}{T} U_i \tag{4-4-1}$$

式中 $\frac{t_{on}}{T}$ 称为脉动占空比，改变占空比的大小，就可以改变输出电压 U_O。

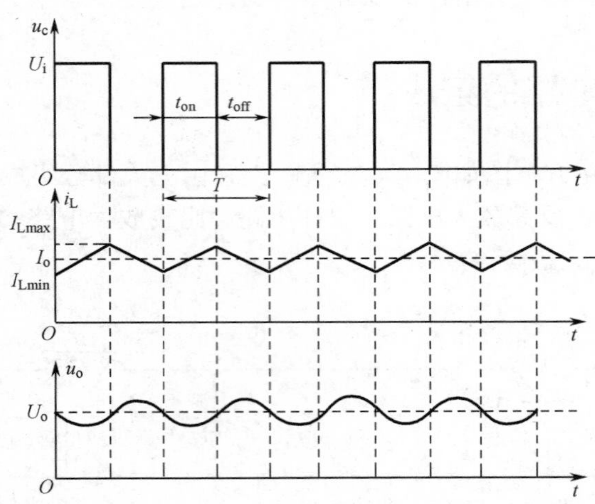

图4-4-2　开关稳压电路电流和电压的波形

采用图 4-4-1 所示反馈控制电路后，当输入电压 U_i 变化或负载电流变化时，可通过输出电压 U_o 的变化来改变开关控制电路产生的脉冲信号的占空比，使输出电压 U_o 的变化受到抑制，并维持在某一稳定电压值。开关稳压电路的反馈控制过程同线性稳压电路是类似的，主要区别是开关稳压电路是控制调整管饱和导通时间与截止时间的比例，而线性稳压电路是控制调整管的管压降。

三、开关型稳压电路的特点

1．稳压范围宽

开关电源的稳压范围宽。当电网电压在100～260V范围内变化时，开关电源仍能获得稳定的直流电压输出。而普通串联型稳压电源允许电网电压变化范围一般为190～240V。

2．功耗小、功率高

开关电源的开关管工作在开关状态，开关管功耗很小。而普通串联型稳压电源的调整管工作在放大状态，流过的电流大（即负载电流），管压降较大（是输入电压与输出电压的差），所以调整管功耗大，开关电源的效率可达90%。

3．体积小、重量轻

开关电源一般是直接对交流220V电压整流、滤波，省去了工频电源变压器；开关管工作频率在几十千赫，滤波元件体积小（电容器、电感器数值较小）；开关电源本身损耗又小，散热器也随之减小。因此，开关电源具有体积小、重量轻的优点。

4．整机的稳定性与可靠性提高

由于开关电源功耗小，机内温度降低，使整机的热稳定性与可靠性极大地提高。而且开关电源可以方便地设计过电压、过电流保护电路，一旦电路发生过电压、过电流故障，保护电路能自动地使开关电源电路停止工作，从而防止了故障范围的扩大。

课题5 训练项目：串联型可调稳压电源的安装、调试与测量

技能目标

（1）掌握基本的手工焊接技术。
（2）能熟练地在万能印制电路板上进行合理布局布线。
（3）能正确安装整流电路，并对其进行安装、调试与测量。

工具、元件和仪器

（1）电烙铁等常用电子装配工具。
（2）变压器、电阻等。
（3）万用表、示波器。

1. 电路原理图及工作原理分析

串联型可调稳压电源主要由变压、整流、滤波、取样电路、基准电压、比较放大、电压调整等电路组成，方框图如图 4-5-1 所示。电路原理图如图 4-5-2 所示。

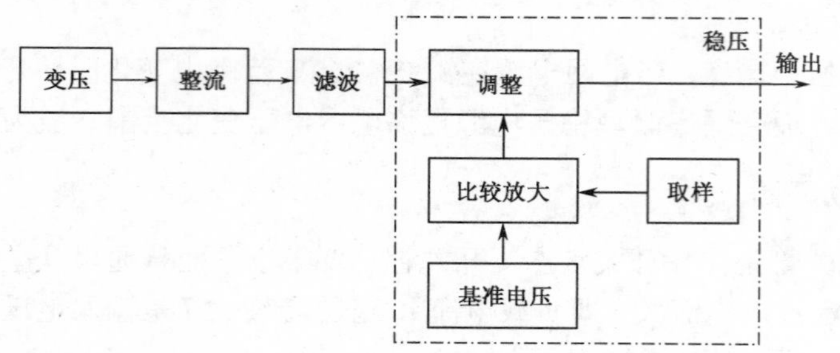

图4-5-1　电路方框图

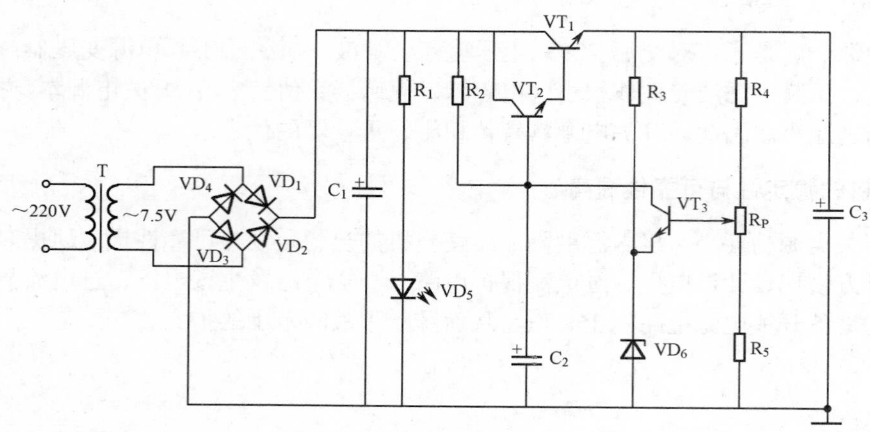

图4-5-2　电路原理图

R_1，VD_5 为电源指示电路；

C_1，C_3 为滤波电容；

VT_1，VT_2 为复合管，电流放大倍数大，用做电压调整；

VT_3 是比较放大管，R_2 既是 VT_3 的集电极负载电阻，又是 VT_2 的基极偏置电阻；

R_3，VD_6 提供比较放大管 VT_3 的基准电压；

R_4，R_P，R_5 组成取样电路。当输出电压变化时，取样电路将其变化量的一部分取出送到比较放大管的基极。

当 u_1 减小或负载减小时，U_o 有下降趋势，则稳压过程如下。

$$U_1\downarrow \rightarrow U_o\downarrow \rightarrow U_{b3}\downarrow \rightarrow U_{be3} \rightarrow U_{c3}\uparrow \rightarrow U_{b2}\uparrow \rightarrow U_{b1}\uparrow$$

$$\uparrow \qquad\qquad\qquad\qquad \downarrow$$

$$U_o\uparrow \leftarrow \cdots\cdots\cdots\cdots \; U_{ce1}\downarrow$$

当 u_1 增大或负载电阻增大时，U_o 有升高趋势，则稳压过程与上述相反。

直流电压的电路的输出电压大小可以通过调整取样电路中的电位器 R_P 实现。

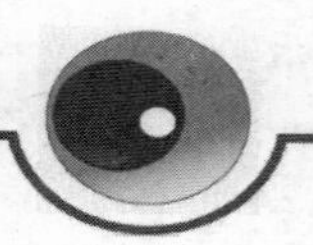

2．装配要求和方法

工艺流程：准备→熟悉工艺要求→绘制装配草图→核对元件数量、规格、型号→元件检测→元器件预加工→万能电路板装配、焊接→总装加工→自检。

（1）准备：将工作台整理有序，工具摆放合理，准备好必要的物品。

（2）熟悉工艺要求：认真阅读电路原理图和工艺要求。

（3）绘制装配草图，如图 4-5-3 所示。

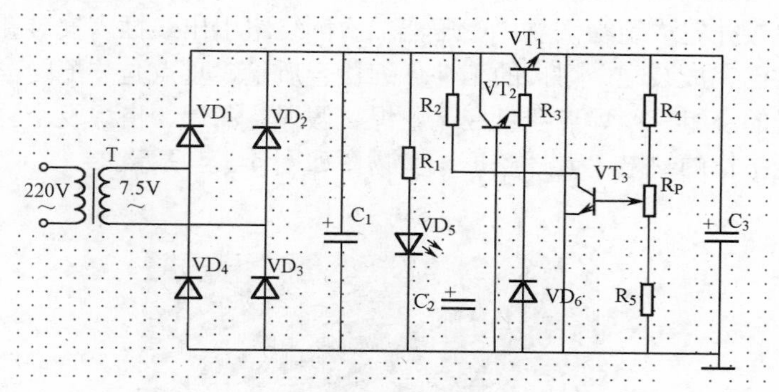

图4-5-3　装配草图

（4）清点元件：按表 4-5-1 配套明细表核对元件的数量和规格，应符合工艺要求，如有短缺、差错应及时补缺和更换。

表 4-5-1　元件清单

代　号	名　称	规　格	代　号	名　称	规　格
R_1	碳膜电阻	2.2kΩ	R_2	碳膜电阻	1kΩ
R_3	碳膜电阻	1kΩ	R_4	碳膜电阻	820Ω
R_5	碳膜电阻	1.2kΩ	R_P	碳膜电位器	1kΩ
C_1	电解电容	220uF	C_2	电解电容	10uF
C_3	电解电容	220uF	VD_1	整流二极管	1N4007
VD_2	整流二极管	1N4007	VD_3	整流二极管	1N4007
VD_4	整流二极管	1N4007	VD_5	发光二极管	绿色
VD_6	稳压二极管	3V 稳压	VT_1	三极管	9013
VT_2	三极管	9014	VT3	三极管	9014

（5）元件检测：用万用表的电阻挡对元器件进行逐一检测，对不符合质量要求的元器件剔除并更换。

（6）元件预加工。

（7）万能电路板装配工艺要求。

① 电阻、二极管均采用水平安装方式，高度要求为元件离印制板 5mm，色码方向一致。

② 电容采用垂直安装方式，高度要求为电容的底部离板 8mm。

③ 三极管采用垂直安装方式，高度要求三极管底部离板 8mm。

④ 发光二极管采用垂直安装方式，高度要求底部离板 6mm。

⑤ 微调电位器应贴板安装。

⑥ 所有焊点均采用直脚焊，焊接完成后剪去多余引脚，留头在焊面以上0.5～1mm，且不能损伤焊接面。

⑦ 万能接线板布线应正确、平直，转角处成直角；焊接可靠，无漏焊、短路等现象。

（8）总装加工：电源变压器用螺钉紧固在万能电路板的元件面，一次侧绕组的引出线向外，二次侧绕组的引出线向内，万能电路板的另外两个角上也固定两个螺钉，紧固件的螺母均安装在焊接面。电源线从万能电路板焊接面穿过打结孔后，在元件面打结，再与变压器一次侧绕组引出线焊接并完成绝缘恢复，变压器二次侧绕组引出线插入安装孔后焊接。

（9）自检：对已完成装配、焊接的工件仔细检查质量，重点是装配的准确性，包括元件位置、电源变压器的绕组等；焊点质量应无虚焊、假焊、漏焊、搭焊及空隙、毛刺等；检查有无影响安全性能指标的缺陷；元件整形。实物图如图4-5-4所示。

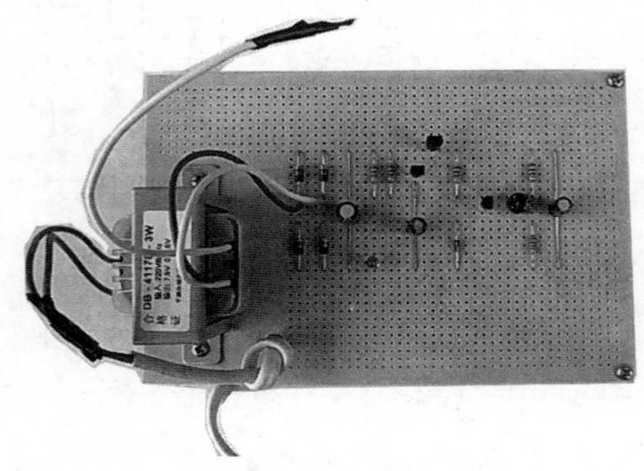

图4-5-4　实物图

3．调试、测量

① 检查元器件安装正确无误后，接通电源，调节R_P，使输出电压为6V，按表4-5-2中的内容测量，相关数据记入到下表中。

表4-5-2　电压测量表

输入电压	C_1两端电压	VT_1		VT_2		VT_3		稳压管两端电压
		U_{BE}	U_{CE}	U_{BE}	U_{CE}	U_{BE}	U_{CE}	
三极管工作状态								

② 检测稳压性能。检测负载变化时的稳压情况，使输入7.5V交流电压保持不变，空载时将输出电压调至6V。然后分别接入18Ω，12Ω负载电阻R_L，按表4-5-3中的内容进行测量．并将结果记入该表中，最后按照

$$稳压性能=(输出电压-6)/6\times 100\%$$

进行计算，将计算结果记入表4-5-3。

表 4-5-3　稳压性能测量表

C1 两端电压	U_{CE1}	U_{CE2}	R_L（Ω）	输出电压	稳压性能（%）
			∞		
			18		
			12		

③ 观察输出电压波形

将示波器接入稳压电源输出端，观察直流电压波形。断开 C_2、C_3 观察输出电压波形，再断开 C_1 观察输出电压波形，填入表 4-5-4。

表 4-5-4　波形观察记录表

输出电压波形	断开 C_2、C_3 输出电压波形	断开 C_1 输出电压波形
输出电压波形变化的原因		

4．课题考核评价表

表 4-5-5　考核评价表

评价指标	评　价　要　点	评价结果				
		优	良	中	合格	差
理论知识	1．串联型可调稳压电路知识掌握情况					
	2．装配草图绘制情况					
技能水平	1．元件识别与清点					
	2．课题工艺情况					
	3．电压检测情况					
	4．稳压性能情况					
	5．观察电压输出波形情况					
安全操作	能否按照安全操作规程操作，有无发生安全事故，有无损坏仪表					

总评	评别	优	良	中	合格	差	总评得分	
		100～88	87～75	74～65	64～55	≤54		

思考与练习

一、填空题

1．稳压的作用是在________波动或______变动的情况下，保持________不变。

2．带有放大环节的串联稳压电源主要由以下四部分所组成：（1）____________；（2）____________；（3）__________；（4）______________。

3．三端固定集成稳压器的输出电压是_________________________的，它有三个接线端，即________________、_____________和______________。

4．要获得 9V 的固定稳定电压，集成稳压器的型号应选用___________；要获得−6V 的固定稳定电压，集成稳压器的型号应选用_________。

5．现需用 CW78XX、CW79XX 系列的三端集成稳压器设计一个输出电压为±12V 的稳压电路，应选用______ 和________型号的。

二、综合题

1．将图 4-5-5 中的稳压管接入电路构成一个输出电压为−6V 的稳压电路。

2．一只稳定电压为 6V 和另一只稳定电压为 12V 的稳压管，用这两只稳压管能组合出几种稳压值？它们各为多少？

3．串联型直流稳压电路如图 4-5-6 所示，其中 $R_1=R_2=R_P=R$，$U_Z=5.3V$，$U_{BE2}=0.7V$，求输出电压的可调范围。

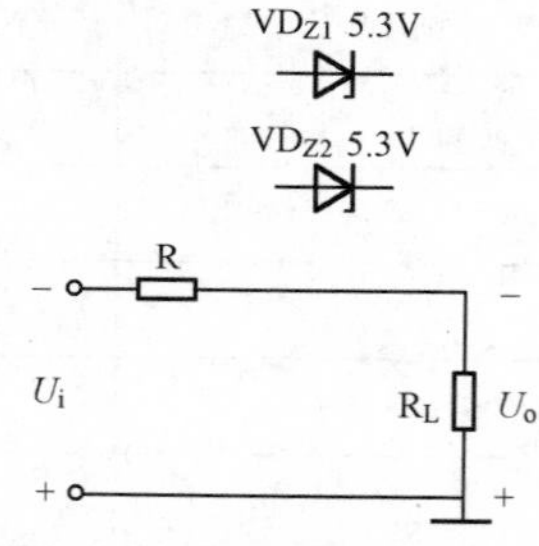

图4-5-5　综合题1用图

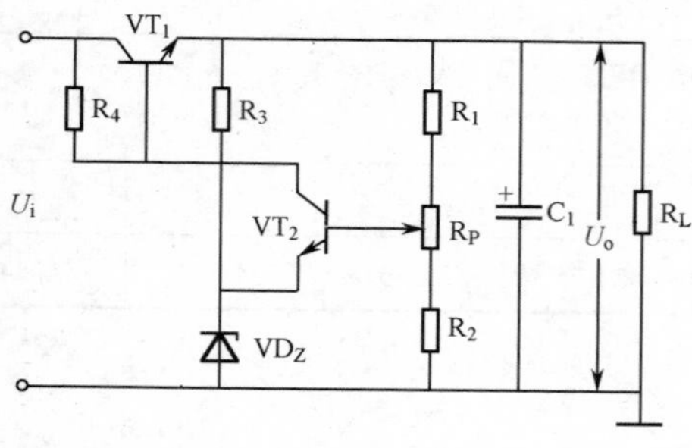

图4-5-6　综合题3用图

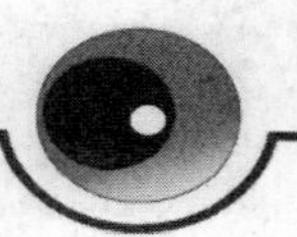

4．图 4-4-7 所示的直流稳压电路中，指出其错误，并画出正确的稳压电路。

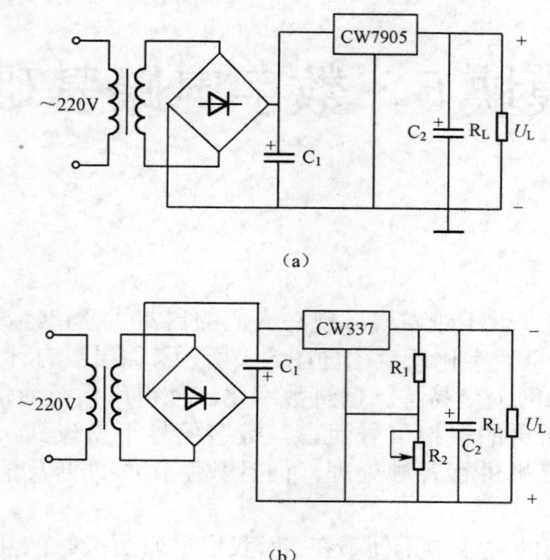

图4-5-7　综合题4用图

模块5　数字电路基础

任务导入

注意一下我们的周围，就不难发现，现在人们的日常生活已经离不开计算机了，我们正走向信息数字化时代，信息数字化示意图如图5-1所示。如果没有计算机，就不能从ATM提取现金，也不能进行各种网上交易等。信息数字化，使得广播及通信多频道化、双向化和多媒体化。相对前面模块所讲的模拟信号而言，数字信号不易失真，在传送过程中不易受到干扰，能有效地利用计算机进行各种处理，而且数字化的数据及信息还能被简单可靠地存储。

数字化的应用在我们的生活中无处不在。而我们平时所接触的几乎都是模拟信号，如风、气温、光照、说话的声音、听到的音乐、歌声等。我们如何将生活中的物理量实现数字化呢？这就是本任务要解决的问题。

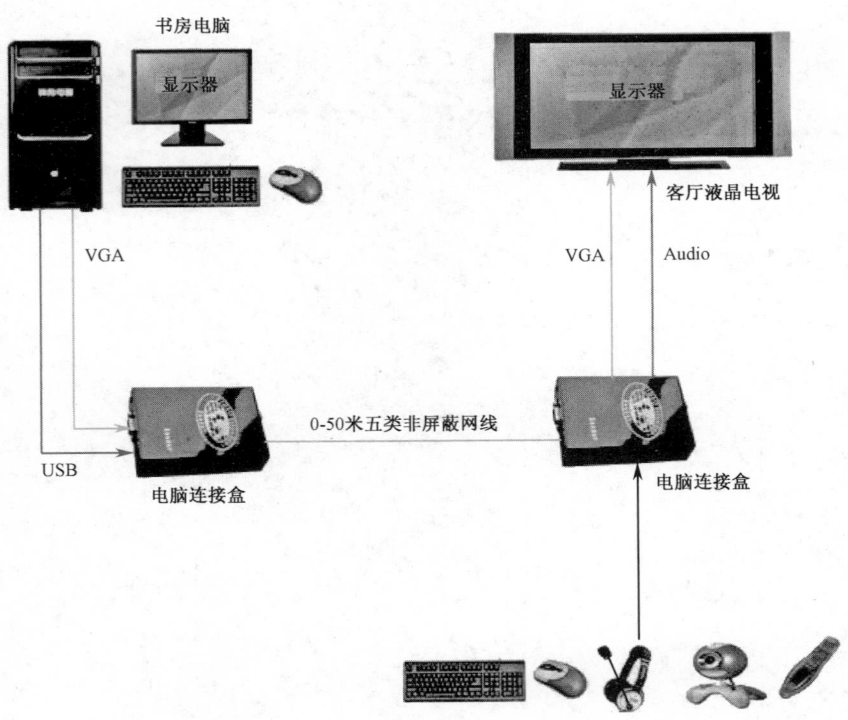

图5-1　信息数字化示意图

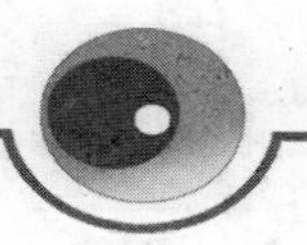

课题 1 脉冲与数字信号

学习目标

- ✧ 能区分模拟信号和数字信号，了解数字信号的特点及主要类型。
- ✧ 了解脉冲信号的主要波形及参数。
- ✧ 掌握数字信号的表示方法，了解数字信号在日常生活中的应用。

内容提要

目前数字电路已广泛应用于数字通信、自动控制、电子计算机、数字测量仪器、家用电器等各个领域。随着信息时代的到来，数字电路的发展将更加迅猛。能正确区分模拟信号和数字信号，了解脉冲与数字信号的特点及参数是正确使用数字电路的基础。

一、数字信号与模拟信号

电子电路中有两种不同类型的信号：模拟信号和数字信号，如图 5-1-1 所示为模拟信号与数字信号传输示例。

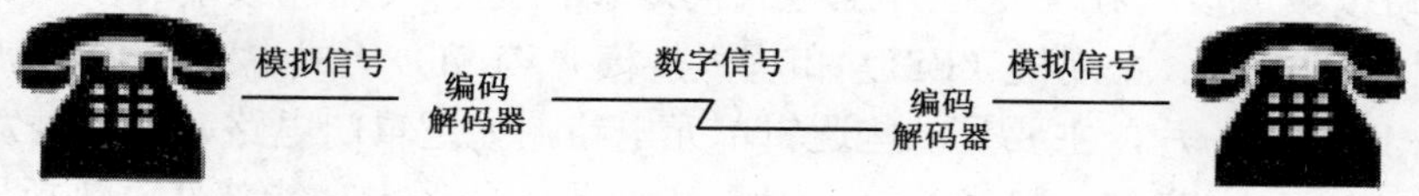

图5-1-1 模拟信号与数字信号之间的传输示意图

模拟信号是指那些在时间和数值上都是连续变化的电信号。例如，模拟语言的音频信号、热电偶上得到的模拟温度的电压信号等，如图 5-1-2（a）所示。数字信号则是一种离散信号，它在时间上和幅值上都是离散的。最常用的数字信号是用电压的高、低分别代表两个离散数值 1 和 0，如图 5-1-2（b）所示，图中，U_1 称为高电平；U_2 称为低电平。

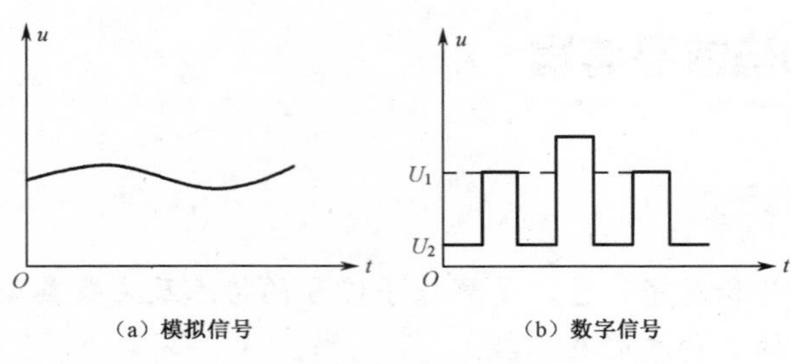

图5-1-2　模拟信号和数字信号

二、数字电路的特点

电子电路可分为两大类：一类是处理模拟信号的电路，称为模拟电路；另一类是处理数字信号的电路，称为数字电路。这两种电路有许多共同之处，但也有明显的区别。模拟电路中工作的信号在时间和数值上都是连续变化的，而在数字电路中工作的信号则是在时间和数值上都是离散的。在模拟电路中，研究的主要问题是怎样不失真地放大模拟信号，而数字电路中研究的主要问题，则是电路的输入和输出状态之间的逻辑关系，即电路的逻辑功能。

数字电路有如下特点：

（1）数字电路中数字信号是用两种逻辑状态来表示的，每一位数只有 0 和 1 两种数码。

（2）由于数字电路采用二进制，所以能够应用逻辑代数这一工具进行研究。

（3）由于数字电路结构简单，又允许元件参数有较大的离散性，因此便于集成化。而集成电路又具有使用方便、可靠性高、价格低等优点。因此，数字电路得到愈来愈广泛的应用。

三、数字电路的分类

（1）数字电路按组成的结构可分为分立元件电路和集成电路两大类。

集成电路按集成度（在一块硅片上包含的逻辑门电路或元件数量的多少）分为小规模（SSI）、中规模（MSI）、大规模（LSI）和超大规模（VLSI）集成电路。SSI 集成度为 1～10 门/片或 10～100 元件/片，主要是一些逻辑单元电路，如逻辑门电路、集成触发器。MSI 集成度为 10～100 门/片或 100～1000 元件/片，主要是一些逻辑功能部件，包括译码器、编码器、选择器、算术运算器、计数器、寄存器、比较器、转换电路等。LSI 集成度大于 100 门/片或大于 1000 元件/片，此类集成芯片是一些数字逻辑系统，如中央控制器、存储器、串并行接口电路等。VLSI 集成度大于 1000 门/片或大于 10 万元件/片，是高集成度的数字逻辑系统，如在一个硅片上集成一个完整的微型计算机。

（2）按电路所用器件的不同，数字电路又可分为双极型电路和单极型电路。其中双极型电路有 DTL、TTL、ECL、IIL、HTL 等多种，单极型电路有 JFET、NMOS、PMOS、CMOS 四种。

（3）根据电路逻辑功能的不同，又可分为组合逻辑电路和时序逻辑电路两大类。

四、数字电路的应用

由于数字电路的一系列特点，使它在通信、自动控制、测量仪器等各个科学技术领域中得到广泛应用。当代最杰出的科技成果——计算机，就是它最型的应用例子，如图 5-1-3 所示。

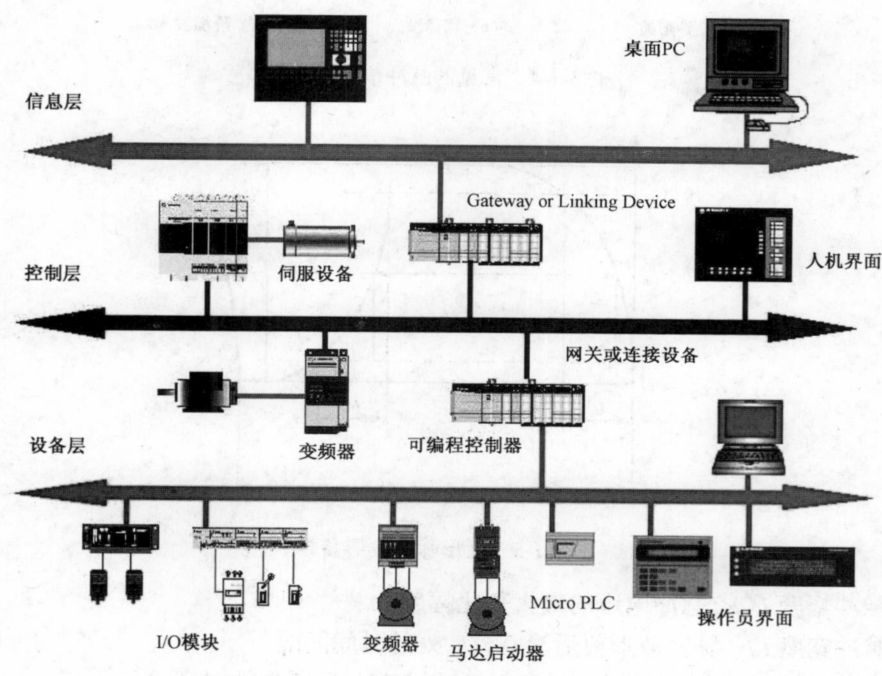

图5-1-3 数字电路的应用实例

五、脉冲信号

1．常见脉冲信号波形

数字信号通常以脉冲的形式出现，“脉冲”是脉动和短促的意思。它是指存在时间极短的电压或电流信号。随着科学技术的发展，相应出现的脉冲波的种类也越来越多。所以，从广义来说，通常把一切非正弦信号统称为脉冲信号。

常见的脉冲信号波形，如图 5-1-4 所示。

2．矩形脉冲波形参数

非理想的矩形脉冲波形是一种最常见的脉冲信号，如图 5-1-5 所示。下面以电压波形为例，介绍描述这种脉冲信号的主要参数。

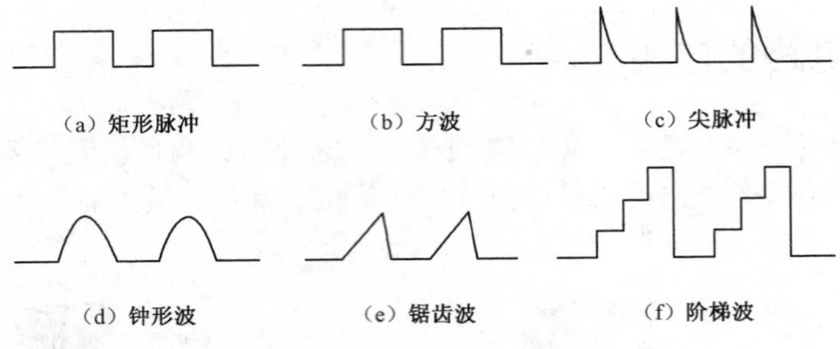

图5-1-4　常见的脉冲信号波形

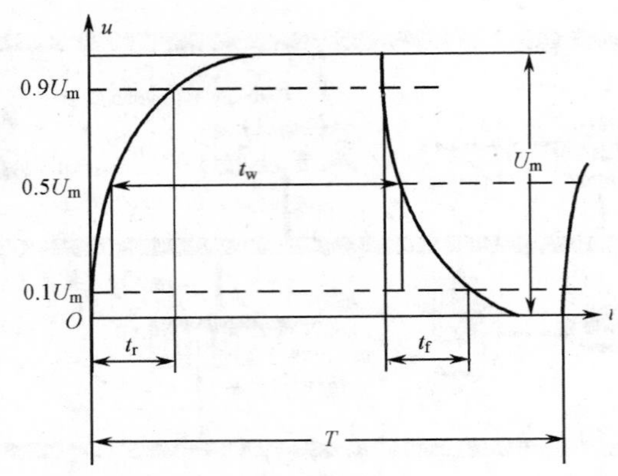

图5-1-5　矩形脉冲波形参数

（1）脉冲幅度 U_m：脉冲电压的最大变化幅度。

（2）脉冲宽度 t_w：脉冲波形前后沿 $0.5U_m$ 处的时间间隔。

（3）上升时间 t_r：脉冲前沿从 $0.1U_m$ 上升到 $0.9U_m$ 所需要的时间。

（4）下降时间 t_f：脉冲后沿从 $0.9U_m$ 下降到 $0.1U_m$ 所需要的时间。

（5）脉冲周期 T：在周期性连续脉冲中，两个相邻脉冲间的时间间隔。有时用频率 $f=1/T$ 表示单位时间内脉冲变化的次数。

（6）占空比 q：指脉冲宽度 t_w 与脉冲周期 T 的比值。

课题 2　数制与数制转换

学习目标

✧　能正确表示各种数制。

✧　会进行各种数制之间的转换。

✧　了解 8421BCD 码的表示形式。

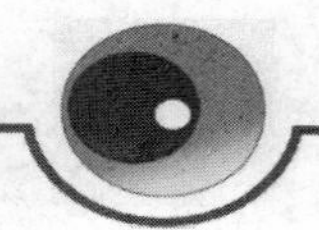

内容提要

数制是计数进位制的简称，当人们用数字量表示一个物理量的数量时，用一位数字量是不够的，因此必须采用多位数字量。把多位数码中每一位的构成方法和低位向高位的进位规则称为数制。日常生活中采用的是十进制数，在数字电路中和计算机中采用的有二进制、八进制、十六进制等。会正确使用各种数制，是学习数字电路的基础。

相关知识

一、十进制数

十进制数是人们最习惯采用的一种数制。它有 0～9 十个数字符号，按照一定的规律排列起来表示数值大小。例如，1875 这个数可写成：

$$1875=1\times10^3+8\times10^2+7\times10^1+5\times10^0$$

从这个十进制数的表达式中，可以看出十进制的特点如下。

（1）每一位数是 0～9 十个数字符号中的一个，这些基本数字符号称为数码。

（2）每一个数字符号在不同的数位代表的数值不同，即使同一数字符号在不同的数位代表的数值也不同。

（3）十进制计数规律是“逢十进一”。因此，十进制数右边第一位为个位，记做 10^0；第二位为十位，记做 10^1；第三，四…，n 位依此类推记做 10^2，10^3，…，10^{n-1}。通常把 10^{n-1}、10^{n-2}、…10^1、10^0 称为对应数位的权。它是表示数码在数中处于不同位置时其数值的大小。

所以对于十进制数的任意一个 n 位的正整数都可以用下式表示：

$$\begin{aligned}[N]_{10}&=k_{n-1}\times10^{n-1}+k_{n-2}\times10^{n-2}+\cdots+k_1\times10^1+k_0\times10^0\\&=\sum_{i=0}^{n-1}k_i\times10^i\end{aligned}$$

式中，k_i 为第 i+1 位的系数，它为 0～9 十个数字符号中的某一个数；10^i 为第 i+1 位的权；$[N]_{10}$ 中下标 10 表示 N 是十进制数。

二、二进制数

二进制是在数字电路中应用最广泛的一种数制。它只有 0 和 1 两个符号。在数字电路中实现起来比较容易，只要能区分两种状态的元件即可实现，如三极管的饱和与截止，灯泡的亮与暗，开关的接通与断开等。

二进制数因只采用两个数字符号，所以计数的基数为 2。各位数的权是 2 的幂，它的计数规律是“逢二进一”。

N 位二进制整数$[N]_2$的表达式为：

$$[N]_2=k_{n-1}\times 2^{n-1}+k_{n-2}\times 2^{n-2}+\cdots+k_1\times 2^1+k_0\times 2^0=\sum_{i=0}^{n-1}k_i\times 2^i$$

式中，$[N]_2$表示二进制数；k_i为第 i+1 位的系数，只能取 0 和 1 的任一个；2^i为第 i+1 位的权。

【例 5-2-1】 一个二进制数$[N]_2$=10101000，试求对应的十进制数。

解：$[N]_2=[10101000]_2$

$=[1\times 2^7+1\times 2^5+1\times 2^3]_{10}$

$=[128+32+8]_{10}$

$=[168]_{10}$

即：$[10101000]_2=[168]_{10}$

由上例可见，十进制数$[168]_{10}$，用了 8 位二进制数[10101000]表示。如果十进制数数值再大些，位数就更多，这既不便于书写，也易于出错。因此，在数字电路中，也经常采用八进制和十六进制。

三、十六进制数

在十六进制数中，计数基数为 16，有十六个数字符号：0、1、2、3、4、5、6、7、8、9、A、B、C、D、E、F。计数规律是“逢十六进一”。各位数的权是 16 的幂，n 位十六进制数表达式为

$$[N]_{16}=k_{n-1}\times 16^{n-1}+k_{n-2}\times 16^{n-2}+\cdots+k_1\times 16^1+k_0\times 16^0=\sum_{i=0}^{n-1}k_i\times 16^i$$

【例 5-2-2】 求十六进制数$[N]_{16}=[A8]_{16}$所对应的十进制数。

解：$[N]_{16}=[A8]_{16}$

$=[10\times 16^1+8\times 16^0]_{10}$

$=[160+8]_{10}$

$=[168]_{10}$

即：$[A8]_{16}=[168]_{10}$

四、不同进制数之间的相互转换

1．二进制、十六进制数转换成十进制数

由例 5-2-1、例 5-2-2 可知，只要将二进制、十六进制数按各位权展开，并把各位的加权系数相加，即得相应的十进制数。

2．十进制数转换成二进制数

将十进制数转换成二进制数可以采用除 2 取余法，步骤如下。

第一步：把给出的十进制数除以 2，余数为 0 或 1 就是二进制数最低位 k_0。

第二步：把第一步得到的商再除以 2，余数即为 k_1。

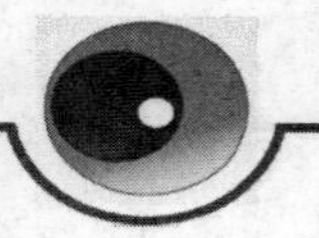

第三步及以后各步：继续相除、记下余数，直到商为 0，最后余数即为二进制数最高位。

【例 5-2-3】 将十进制数$[10]_{10}$转换成二进制数。

解：

2 |10 …余 0—— k_0
2 |5 …余 1—— k_1
2 |2 …余 0—— k_2
2 |1 …余 1—— k_3
0

所以$[10]_{10}=k_3\,k_2\,k_1\,k_0 = [1010]_2$

【例 5-2-4】 将十进制数$[194]_{10}$转换成二进制数。

解：

2 |194 …余 0—— k_0
2 |97 …余 1—— k_1
2 |48 …余 0—— k_2
2 |24 …余 0—— k_3
2 |12 …余 0—— k_4
2 |6 …余 0—— k_5
2 |3 …余 1—— k_6
2 |1 …余 1—— k_7
0

所以$[194]_{10}=k_7\,k_6\,k_5\,k_4\,k_3\,k_2\,k_1\,k_0 = [11000010]_2$

3．二进制与十六进制的相互转换

因为四位二进制数正好可以表示 0～F 十六个数字，所以转换时可以从最低位开始，每四位二进制数分为一组，每组对应转换为一位十六进制数。最后不足四位时可在前面加 0，然后按原来顺序排列就可得到十六进制数。

【例 5-2-5】 试将二进制数$[10101000]_2$转换成十六进制数。

解：

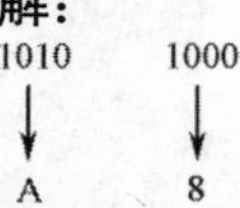

即：$[10101000]_2= [A8]_{16}$

反之，十六进制数转换成二进制数，可将十六进制的每一位，用对应的四位二进制数来表示。

【例 5-2-6】 试将十六进制数$[A8]_{16}$转换成二进制数。

解：

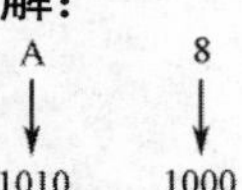

即：$[A8]_{16} = [10101000]_2$

五、BCD 编码

1．码制

数字信息有两类：一类是数值；另一类是文字、符号、图形等，表示非数值的其他事物。对后一类信息，在数字系统中也用一定的数码来表示，以便于计算机来处理。这些代表信息的数码不再有数值大小的意义，而称为信息代码，简称代码。例如我们的学号，教学楼里每间教室的编号等就是一种代码。

建立代码与文字、符号、图形和其他特定对象之间一一对应关系的过程，称为编码。为了便于记忆、查找、区别，在编写各种代码时，总要遵循一定的规律，这一规律称为码制。

2．二—十进制编码（BCD 码）

在数字系统中，最方便使用的是按二进制数码编制的代码。如在用二进制数码表示一位十进制数 0～9 十个数码的对应状态时，经常用 BCD 码。BCD 码意指“以二进制代码表示十进制数”。BCD 码有多种编制方式，8421 码制最为常见，它是用 4 位二进制数来表示一个等值的十进制数，但二进制码 1011～1111 没有用，也没有意义。表 5-2-1 为 8421BCD 代码表。

表 5-2-1　8421BCD 代码表

十进制数	8421BCD 码			
	位权 8	位权 4	位权 2	位权 1
0	0	0	0	0
1	0	0	0	1
2	0	0	1	0
3	0	0	1	1
4	0	1	0	0
5	0	1	0	1
6	0	1	1	0
7	0	1	1	1
8	1	0	0	0
9	1	0	0	1

如：$(9)_{10}=(1001)_{8421BCD}$；$(309)_{10}=(0011\ 0000\ 1001)_{8421BCD}$ 。

注意

8421BCD 码和二进制数表示多位十进制的方法不同，如 $(93)_{10}$ 用 8421BCD 码表示为 10010011，而用二进制数表示为 1011101。

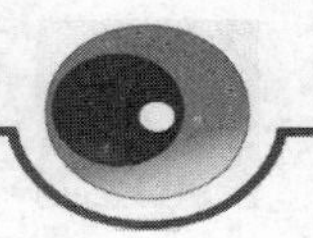

课题 3 基本逻辑门电路

学习目标

✧ 掌握与门、或门、非门基本逻辑门的逻辑功能，了解与非门、或非门、与或非门等复合逻辑门的逻辑功能，会画电路符号，会使用真值表。

✧ 了解 TTL、CMOS 门电路的型号、引脚功能等使用常识，会正确使用各种基本逻辑门电路。

内容提要

在生活中和自然界，许多现象往往存在相互对立的双方。例如，开关的闭合和打开；灯泡的亮和暗；晶体管的导通和截止；脉冲的有和无；电平的高和低…。我们采用只有两个取值（0、1）的变量来描述这种对立的状态，这种二值变量称为逻辑变量。在数字电路中用输入信号表示“条件”，用输出信号表示“结果”，这种电路称为逻辑电路。正确使用与门、或门、非门等基本逻辑门电路是利用好数字电路的基础。

一、基本逻辑关系

逻辑关系是渗透在生产和生活中的各种因果关系的抽象概括。事物之间的逻辑关系是多种多样的，也是十分复杂的，但最基本的逻辑关系却只有三种，即“与”逻辑关系、“或”逻辑关系和“非”逻辑关系。

1.“与”逻辑关系

当决定某一事件的各个条件全部具备时，这件事才会发生，否则这件事就不会发生，这样的因果关系称为“与”逻辑关系。

例如图 5-3-1 中，若以 F 代表电灯，A、B、C 代表各个开关，我们约定：开关闭合为逻辑“1”，开关断开为逻辑“0”；电灯亮为逻辑“1”，电灯灭为逻辑“0”。从图 5-3-1 可知，由于 A、B、C 三个开关串联接入电路，只有当开关 A“与”B“与”C 都闭合时灯 F 才会亮，这时 F 和 A、B、C 之间便存在“与”逻辑关系。

表示这种逻辑关系有如下多种方法。

（1）用逻辑符号表示。“与”逻辑关系的逻辑符号如图 5-3-2 所示。

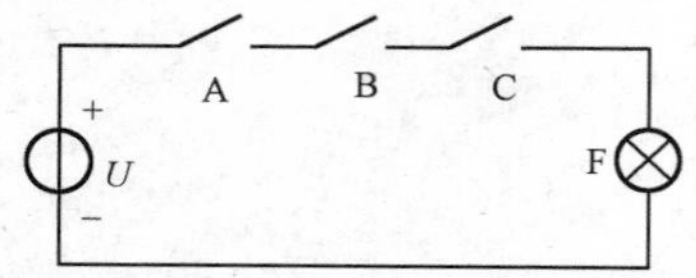

图5-3-1 “与”逻辑关系

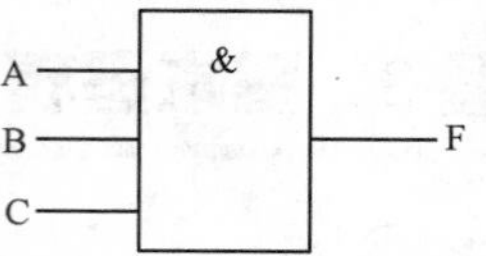

图5-3-2 “与”逻辑符号

（2）用逻辑关系式表示。“与”逻辑关系也可以用输入输出的逻辑关系式来表示，若输出（判断结果）用F表示，输入（条件）分别用A、B、C等表示，则记成：

$$F=A \cdot B \cdot C$$

“与”逻辑关系也叫逻辑乘。

（3）用真值表表示。如果把输入变量A、B、C的所有可能取值的组合列出后，对应地列出它们的输出变量F的逻辑值，如表5-3-1所示。这种用“1”、“0”表示“与”逻辑关系的图表称为真值表。

表5-3-1 “与”逻辑关系真值表

A	B	C	F
0	0	0	0
0	0	1	0
0	1	0	0
0	1	1	0
1	0	0	0
1	0	1	0
1	1	0	0
1	1	1	1

归纳

从表中可见，“与”逻辑关系可采用“全高出高，有低出低”的口诀来记忆。

2．“或”逻辑关系

“或”逻辑关系是指：当决定事件的各个条件中只要有一个或一个以上具备时事件就会发生，这样的因果关系称为“或”逻辑关系。

图5-3-3中，由于各个开关是并联的，只要开关A“或”B“或”C中任一个开关闭合（条件具备），灯就会亮（事件发生），F=1，这时F与A、B、C之间就存在“或”逻辑关系。

表示这种逻辑关系同样可以有多种方法如下。

（1）用逻辑符号表示。“或”逻辑关系的逻辑符号如图5-3-4所示。

（2）用逻辑关系式表示。“或”逻辑关系也可以用输入输出的逻辑关系式来表示，若输出（判断结果）用F表示，输入（条件）分别用A、B、C等表示，则记成：

$$F=A+B+C$$

“或”逻辑关系也叫逻辑加，式中“+”符号称为“逻辑加号”。

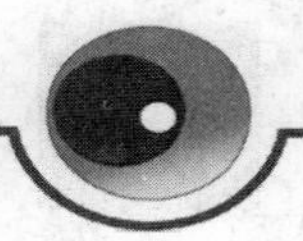

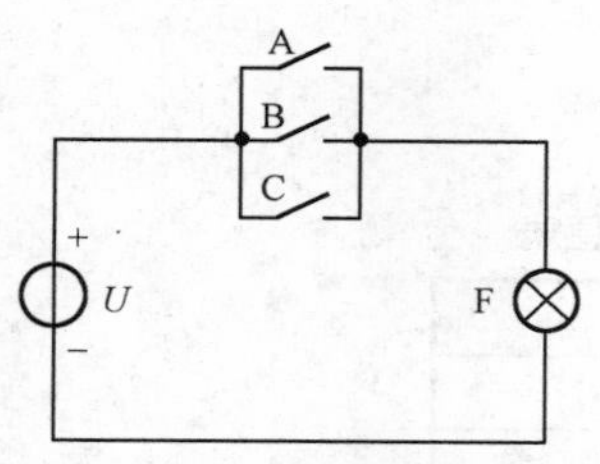

图5-3-3 “或”逻辑关系

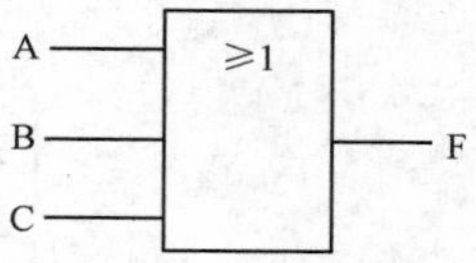

图5-3-4 “或”逻辑符号

（3）用真值表表示。如果把输入变量 A、B、C 所有取值的组合列出后，对应地列出它们的输出变量 F 的逻辑值，就得到“或”逻辑关系的真值表（见表 5-3-2）。

表 5-3-2　“或”逻辑关系真值表

A	B	C	F
0	0	0	0
0	0	1	1
0	1	0	1
0	1	1	1
1	0	0	1
1	0	1	1
1	1	0	1
1	1	1	1

归纳

从表中可见，“或”逻辑关系可采用“有高出高，全低出低”的口诀来记忆。

3．“非”逻辑关系

“非”逻辑关系是指：决定事件只有一个条件，当这个条件具备时事件就不会发生；条件不存在时，事件就会发生。这样的关系称为“非”逻辑关系。如图 5-3-5 所示中只要开关 A 闭合（条件具备），灯就不会亮（事件不发生），F=0，开关打开，A=0，灯就亮，F=1。这时 A 与 F 之间就存在“非”逻辑关系。

表示这种逻辑关系同样有如下多种方法。

（1）用逻辑符号表示。“非”逻辑关系的逻辑符号如图 5-3-6 所示。

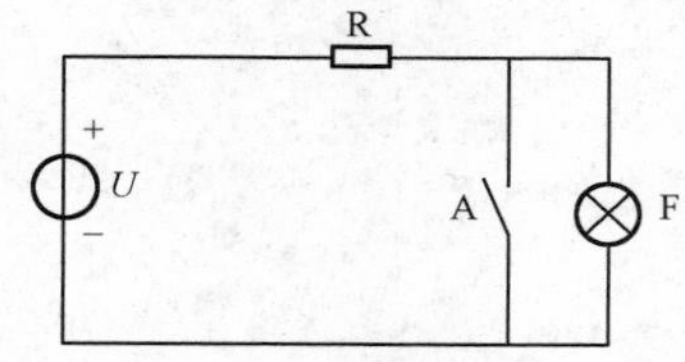

图5-3-5 “非”逻辑关系

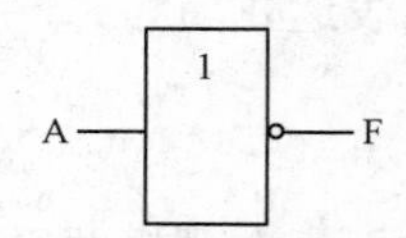

图5-3-6 “非”逻辑符号

（2）“非”逻辑关系式可表示成 $F=\overline{A}$。

（3）“非”逻辑关系的真值表如表 5-3-3 所示。

表 5-3-3 “非”逻辑关系的真值表

A	F
0	1
1	0

“与”、“或”、“非”是三种最基本的逻辑关系，其他任何复杂的逻辑关系都可以在这三种逻辑关系的基础上得到。以下是几种常用的复合逻辑关系。

4．“与非”逻辑关系

它的逻辑功能是：只有输入全部为 1 时，输出才为 0，否则输出为 1。即：有 0 出 1，全 1 出 0。

它的逻辑表达式为（以两个输入端为例，以下同）。

$$F=\overline{AB}$$

它是与逻辑和非逻辑的组合，其运算顺序是先与后非。

5．“或非”逻辑关系

它的逻辑功能是：只有全部输入都是 0 时，输出才为 1，否则输出为 0。即：有 1 出 0，全 0 出 1。

它的逻辑表达式为

$$F=\overline{A+B}$$

它是或逻辑和非逻辑的组合，其运算顺序是先或后非。

6．“异或”逻辑关系

它的逻辑功能是：当两个输入端相反时，输出为 1，输入相同时，输出为 0。即：相反出 1，相同出 0。

其逻辑表达式为

$$F=A\overline{B}+\overline{A}B$$
$$=A\oplus B$$

7．“同或”逻辑关系

它的逻辑功能是：当两个输入端输入相同时，输出为 1；当两个输入端输入相反时，输出为 0。即：相同出 1，相反出 0。

其逻辑表达式为

$$F=\overline{A}\overline{B}+AB$$
$$=A\odot B$$

几种常用复合逻辑关系的表示方式如表 5-3-4 所示。

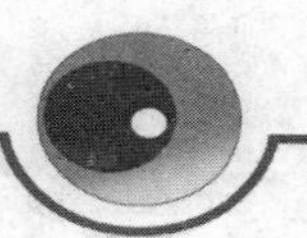

表 5-3-4　几种常用复合逻辑关系

功能＼函数名称	与　非	或　非	异　或	同　或
表达式	$F=\overline{AB}$	$F=\overline{A+B}$	$F=A\oplus B$	$F=A\odot B$
逻辑符号	A、B → & → F	A、B → ≥1 → F	A、B → =1 → F	A、B → =1 → F
真值表	A B F 0 0 1 0 1 1 1 0 1 1 1 0	A B F 0 0 1 0 1 0 1 0 0 1 1 0	A B F 0 0 0 0 1 1 1 0 1 1 1 0	A B F 0 0 1 0 1 0 1 0 0 1 1 1

二、门电路

由开关元件经过适当组合构成，可以实现一定逻辑关系的电路称为逻辑门电路，简称门电路。

1. 分立元件门电路

由电阻、电容、二极管和三极管等构成的各种逻辑门电路称做分立元件门电路。

1）二极管“与”门电路

二极管“与”门电路如图 5-3-7 所示。当三个输入端都是高电平（A=B=C=1）时，设三者电位都是 3V，则电源向这三个输入端流入电流，三个二极管均正向导通，输出端电位比输入端高一个正向导通压降，锗管（一般采用锗管）为 0.2V，输出电压为 3.2V，接近于 3V，为高电平，所以 F=1。

三个输入端中有一个或两个是低电平，设 A=0V，其余是高电平，由二极管的导通特性知，二极管正端并联时，负端电平最低的二极管抢先导通（VD_A 导通），由于二极管的钳位作用，使其他二极管（VD_B、VD_C）截止，输出端电位比 A 端电位高一个正向导通压降，U_F=0.2V，接近于 0V，为低电平，所以，F=0。输入端和输出端的逻辑关系和“与”逻辑关系相符，故称做“与”门电路。

2）二极管“或”门电路

二极管“或”门电路如图 5-3-8 所示。与图 5-3-7 比较可见，这里采用了负电源，且二极管采用负极并联，经电阻 R 接到负电源 U。

当三个输入端中只要有一个是高电平（设 A=1，U_A=3V），则电流从 A 经 VD_A 和 R 流向 U，VD_A 这个二极管正向导通，由于二极管的钳位作用，使其他两个二极管截止，输出端 F 的电位比输入端 A 低一个正向导通压降，锗管（一般采用锗管）为 0.2V，输出电压为 2.8V，仍属于“3V 左右”，所以，F=1。

当三个输入端输入全为低电平时（A=B=C=0），设三者电位都是 0V，则电流从三个输入端经三个二极管和 R 流向 U，三个二极管均正向导通，输出端 F 的电位比输入端低一个正向导通压降，输出电压为−0.2V，仍属于“0V 左右”，所以 F=0。输入端和输出端的逻辑关系和“或”逻辑关系相符，故称做“或”门电路。

3）三极管“非”门电路

三极管“非”门电路如图 5-3-9 所示。三极管此时工作在开关状态，当输入端 A 为高电平，即 U_A=3V 时，适当选择 R_{B1} 的大小，可使三极管饱和导通，输出饱和压降 U_{CES}=0.3V，F=0；当输入端 A 为低电平时，三极管截止，这时钳位二极管 VD 导通，所以输出为 U_F=3.2V，输出高电平，F=1。

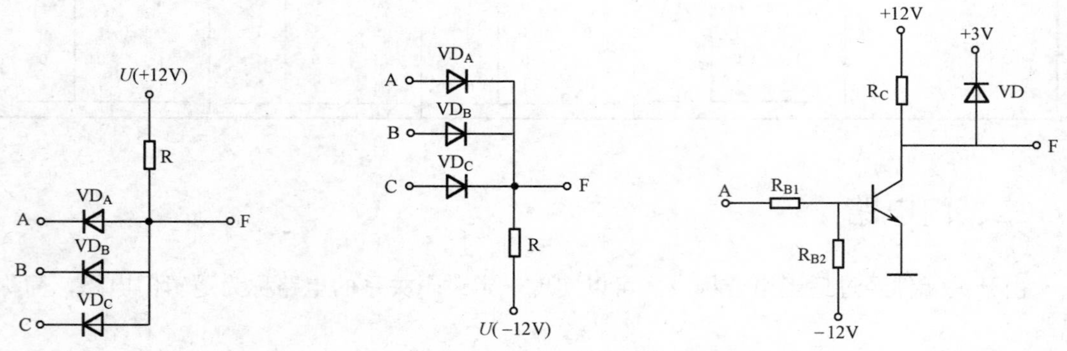

图5-3-7 二极管“与”门电路　　图5-3-8 二极管“或”门电路　　图5-3-9 三极管“非”门电路

在实际中可以将这些基本逻辑电路组合起来，构成组合逻辑电路，以实现各种逻辑功能。图 5-3-10 就是“与”门、“或”门、“非”门电路结合组成的“与非”门电路和“或非”门电路。

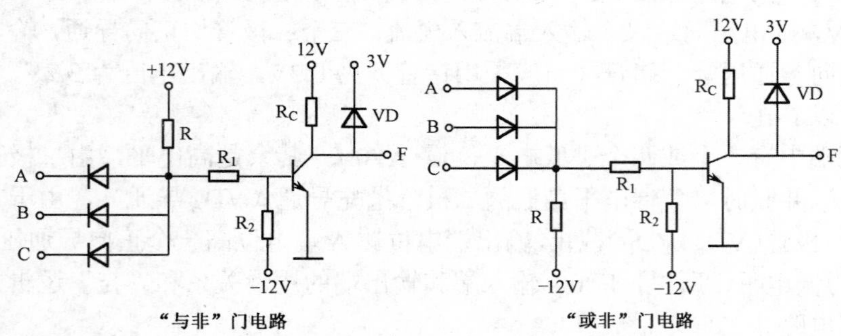

图5-3-10 “与非”门电路和“或非”门电路

2．集成逻辑门电路

分立元件构成的门电路应用时有许多缺点，如体积大、可靠性差等，一般在电子电路中作为补充电路时用到，在数字电路中广泛采用的是集成逻辑门电路。

1）TTL 集成逻辑门电路

TTL 集成逻辑门电路是三极管——三极管逻辑门电路的简称，是一种双极型三极管集成电路。

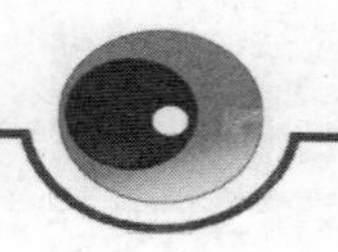

（1）TTL 集成门电路产品系列及型号的命名法。

我国 TTL 集成电路目前有 CT54/74（普通）、CT54/74H（高速）、CT54/745（肖特基）和 CT54/74LS（低功耗）四个系列国家标准的集成门电路。其型号组成的符号及意义如表 5-3-5 所示。

表 5-3-5　TTL 器件型号组成的符号及意义

<table>
<tr><td colspan="2">第 1 部分</td><td colspan="2">第 2 部分</td><td colspan="2">第 3 部分</td><td colspan="2">第 4 部分</td><td colspan="2">第 5 部分</td></tr>
<tr><td colspan="2">型号前级</td><td colspan="2">工作温度符号范围</td><td colspan="2">器 件 系 列</td><td colspan="2">器件品件</td><td colspan="2">封 装 形 式</td></tr>
<tr><td>符号</td><td>意　义</td><td>符号</td><td>意　义</td><td>符号</td><td>意　义</td><td>符号</td><td>意义</td><td>符号</td><td>意　义</td></tr>
<tr><td rowspan="3">CT</td><td rowspan="3">中国制造的 TTL 类</td><td rowspan="3">54</td><td rowspan="3">−55～+125℃</td><td>H</td><td>高速</td><td rowspan="6">阿拉伯数字</td><td rowspan="6">器件功能</td><td>W</td><td>陶瓷扁平</td></tr>
<tr><td>S</td><td>肖特基</td><td>B</td><td>塑封扁平</td></tr>
<tr><td>LS</td><td>低功耗肖特基</td><td>F</td><td>全密封扁平</td></tr>
<tr><td rowspan="3">SN</td><td rowspan="3">美国 TEXAS 公司产品</td><td rowspan="3">74</td><td rowspan="3">0～+70℃</td><td>AS</td><td>先进肖特基</td><td>D</td><td>陶瓷双列直插</td></tr>
<tr><td>ALX</td><td>先进低功耗肖特基</td><td>P</td><td>塑料双列直插</td></tr>
<tr><td>FAS</td><td>快捷肖特基</td><td>J</td><td>黑陶瓷双列直插</td></tr>
</table>

（2）常用 TTL 集成门芯片。

74X 系列为标准的 TTL 集成门系列。表 5-3-6 列出了几种常用的 74LS 系列集成电路的型号及功能。

表 5-3-6　常用的 74LS 系列集成电路的型号及功能

型　号	逻 辑 功 能	型　号	逻 辑 功 能
74LS00	2 输入端四与非门	74LS27	3 输入端三或非门
74LS04	六反相器	74LS20	4 输入端双与非门
74LS08	2 输入端四与门	74LS21	4 输入端双与门
74LS10	3 输入端三与非门	74LS30	8 输入端与门
74LS11	3 输入端三与门	74LS32	2 输入端四或门

下面列出几种常用集成芯片的外引脚图和逻辑图。

① 74LS08 与门集成芯片。常用的 74LS08 与门集成芯片，它的内部有四个二输入的与门电路，其实物图、外引脚图和逻辑图如图 5-3-11 所示。

② 74LS32 或门集成芯片。常用的 74LS32 或门集成芯片，它的内部有四个二输入的或门电路，其实物图、外引脚图和逻辑图如图 5-3-12 所示。

③ 74LS04 非门集成芯片。常用的 74LS04 非门集成芯片，它的内部有六个非门电路，其实物图、外引脚图和逻辑图如图 5-3-13 所示。

（a）实物图

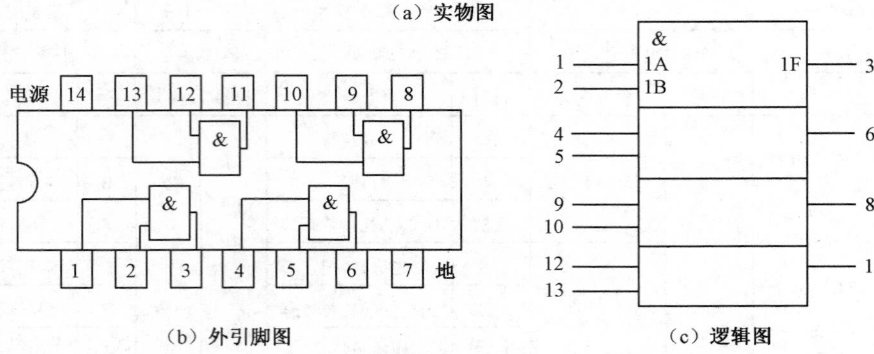

（b）外引脚图　　（c）逻辑图

图5-3-11　74LS08实物图、外引脚图和逻辑图

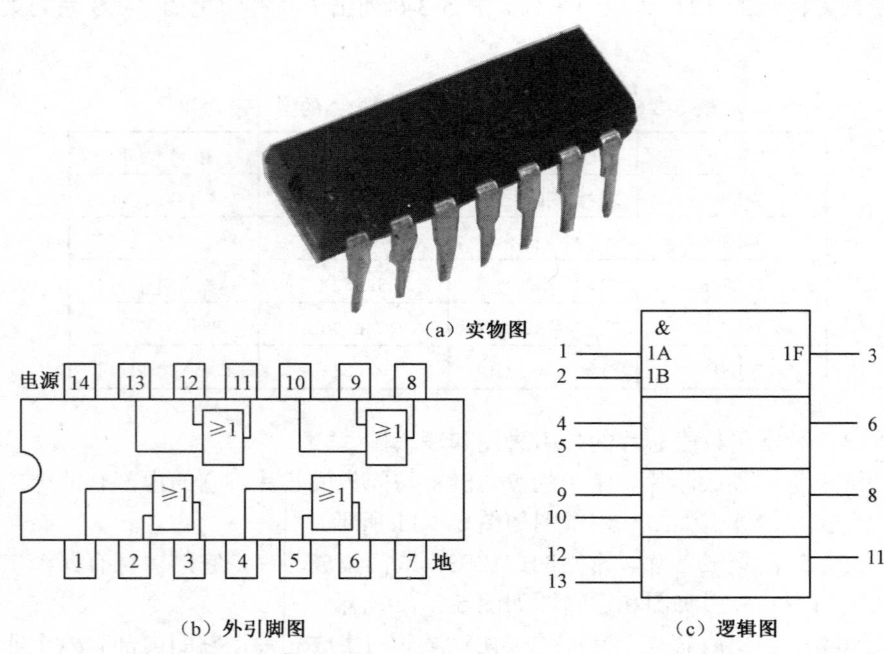

（a）实物图

（b）外引脚图　　（c）逻辑图

图5-3-12　74LS32实物图、外引脚图和逻辑图

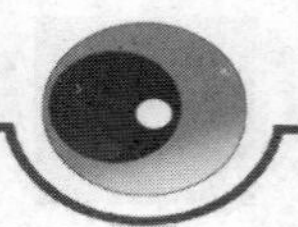

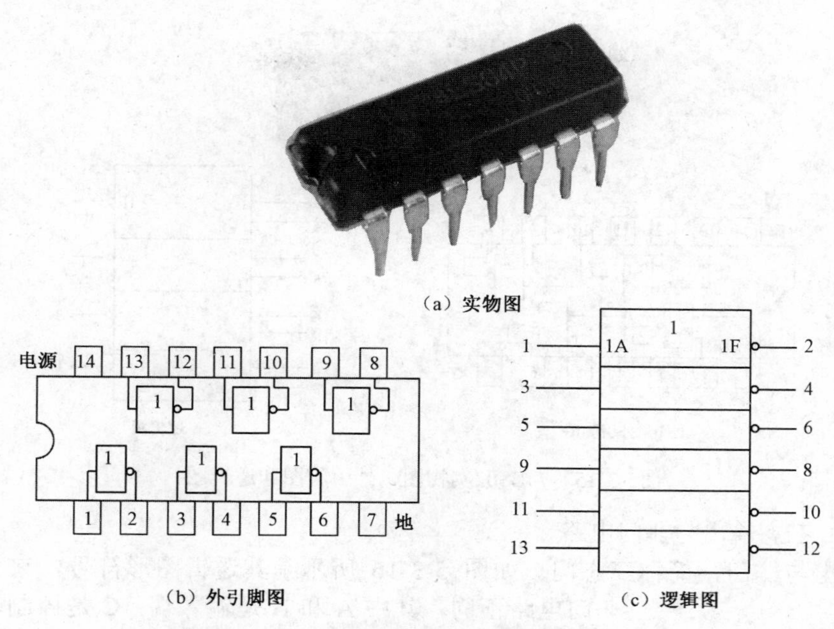

图5-3-13　74LS04实物图、外引脚图和逻辑图

④ 74LS00 与非门集成芯片。常用的 74LS00 与非门集成芯片，它的内部有四个二输入与非门电路，其实物图、外引脚图和逻辑图如图 5-3-14 所示。

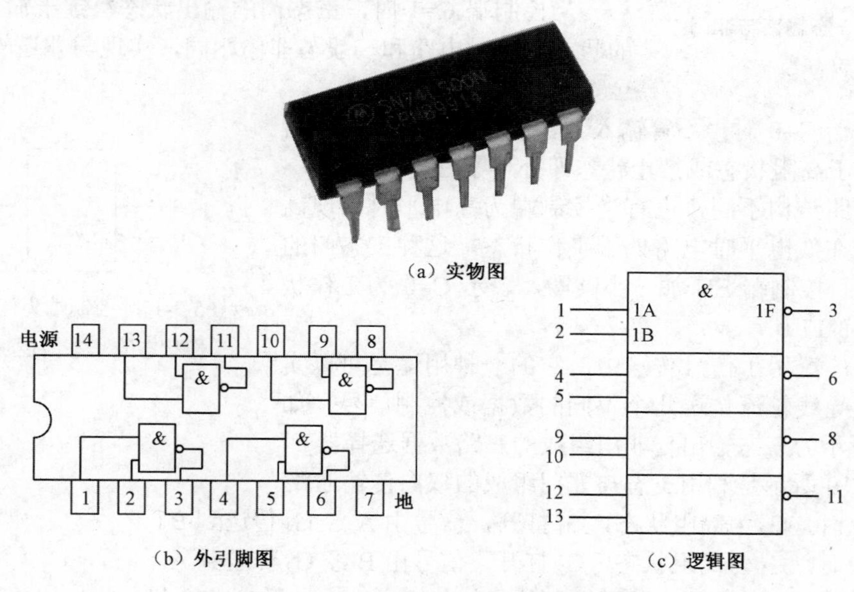

图5-3-14　74LS00实物图、外引脚图和逻辑图

⑤ 74LS02 或非门集成芯片。常用的 74LS02 或非门集成芯片，它的内部有四个二输入或非门电路，其实物图、外引脚图和逻辑图如图 5-3-15 所示。

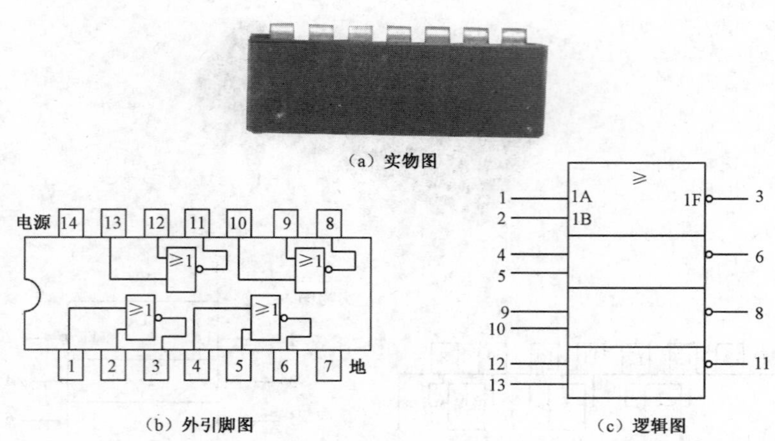

图5-3-15　74LS02实物图、外引脚图和逻辑图

（3）TTL 三态输出与非门电路。

三态输出与非门，简称三态门。如图 5-3-16 所示是其逻辑图形符号。它与上述的与非门电路不同，其中 A 和 B 是输入端，C 是控制端，也称为使能端，F 为输出端。它的输出端除了可以实现高电平和低电平外，还可以出现第三种状态——高阻状态（称为开路状态或禁止状态）。

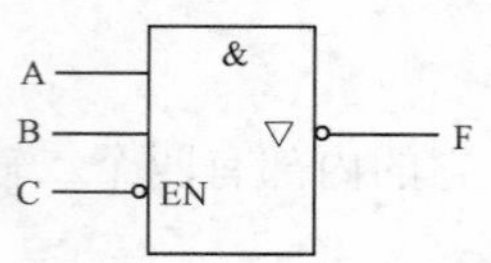

图5-3-16　三态输出与非门逻辑符号

当控制端 C=1 时，三态门的输出状态决定于输入端 A、B 的状态，这时电路和一般与非门相同，实现与非逻辑关系，即全 1 出 0，有 0 出 1。

当控制端 C=0 时，不管输入 A、B 的状态如何，输出端开路而处于高阻状态或禁止状态即处于第三种状态。

由于电路结构不同，也有当控制端为高电平时出现高阻状态，而在低电平时电路处于工作状态。这种三态门的逻辑图形符号控制端 EN 加一小圆圈，表示 C=0 为工作状态，如图 5-3-17 所示。

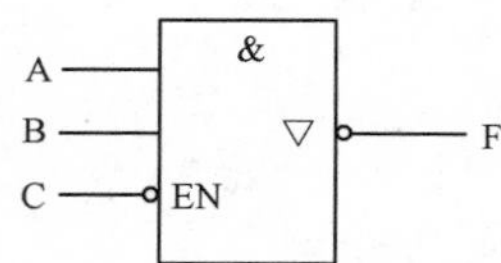

图5-3-17　控制端为低电平处于工作状态的三态门逻辑图形符号

三态门广泛用于信号传输中。它的一种用途是可以实现用同一根导线轮流传送几个不同的数据或控制信号，如图 5-3-18 所示为三态输出与非门组成的三路数据选择器。

图 5-3-19 所示是利用三态与非门组成的双向传输通路。

当 C=0 时，G_2 为高阻状态，G_1 打开，信号由 A 经 G_1 传送到 B。

当 C=1 时，G_1 为高阻状态，G_2 打开，信号由 B 经 G_2 传送到 A。

改变控制端 C 的电平，就可控制信号的传输方向。如果 A 为主机，B 为外部设备，那么通过一根导线，既可由 A 向 B 输入数据，又可由 B 向 A 输入数据，彼此互不干扰。

（4）TTL 集成门电路的使用。

TTL 门电路具有多个输入端，在实际使用时，往往有一些输入端是闲置不用的，需注意对这些闲置输入端的处理。

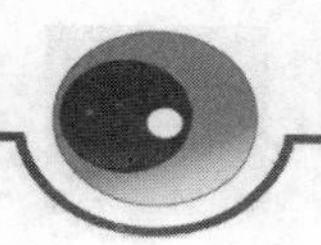

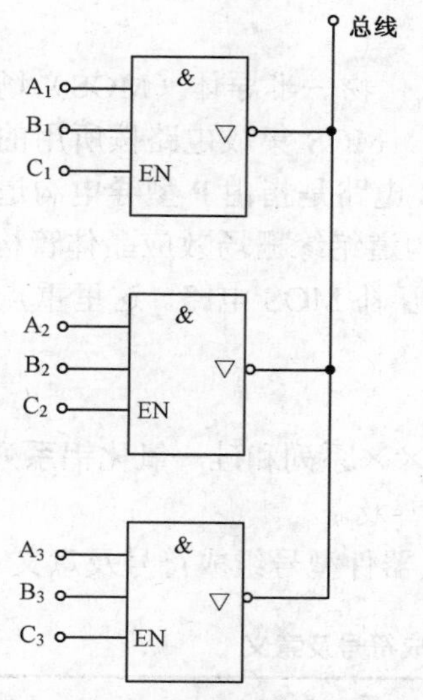

图5-3-18 三态输出与非门组成的三路数据选择器路

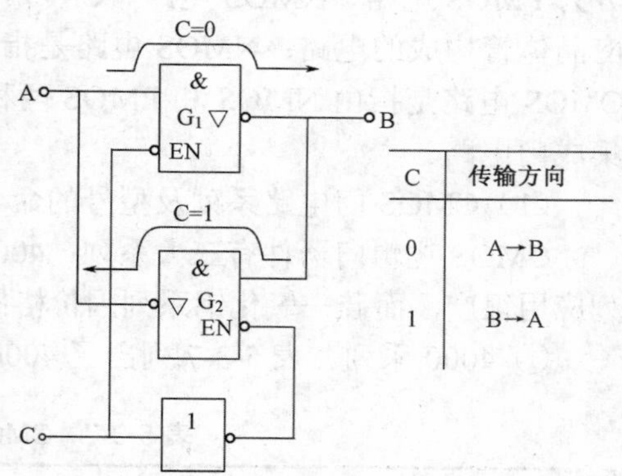

图5-3-19 三态与非门组成的双向传输通路

① 与非门多余输入端的处理。

a. 通过一个大于或等于 1kΩ的电阻接到 Vcc 上，如图 5-3-20（a）所示。

b. 和已使用的输入端并联使用，如图 5-3-20（b）所示。

② 或非门多余输入端的处理。

a. 可以直接接地，如图 5-3-21（a）所示。

b. 和已使用的输入端并联使用，如图 5-3-21（b）所示。

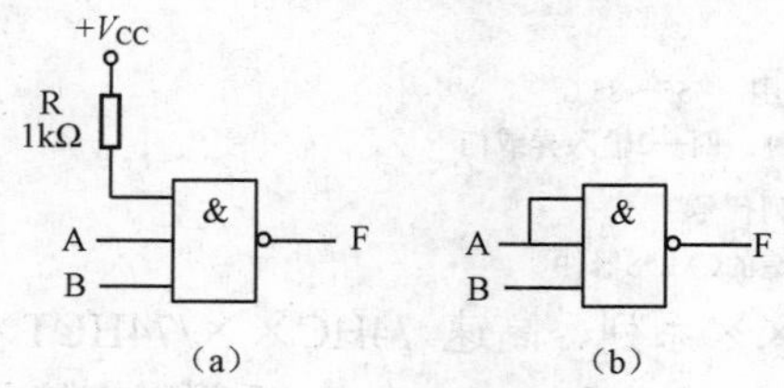

图5-3-20 与非门多余输入端的处理

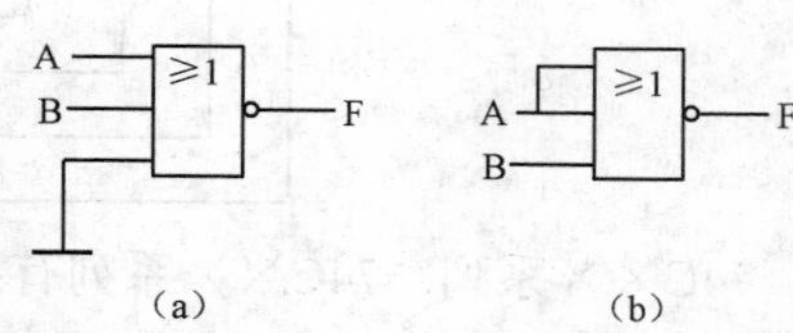

图5-3-21 或非门多余输入端的处理

对于 TTL 与门多余输入端处理和与非门完全相同，而对 TTL 或门多余输入端处理和或非门完全相同。

③ 其他使用注意事项。

a. 电路输入端不能直接与高于+5.5V，低于−0.5V 的低电阻电源连接，否则因为有较大电流流入器件而烧毁器件。

b. 除三态门和 OC 门之外，输出端不允许并联使用，否则会烧毁器件。

c. 防止从电源连线引入的干扰信号，一般在每块插板上电源线接去耦电容，以防止动态尖峰电流产生的干扰。

d. 系统连线不宜过长，整个装置应有良好的接地系统，地线要粗、短。

2）CMOS 集成门电路

除了三极管集成电路以外，还有一种以金属—氧化物—半导体（MOS）场效应晶体管为主要元件构成的集成电路，这就是 MOS 集成电路。MOS 集成电路按所用的管子不同，分为 PMOS 电路、NMOS 电路、CMOS 电路。PMOS 电路是指由 P 型导电沟道绝缘栅场效应晶体管构成的电路；NMOS 电路是指由 N 型导电沟道绝缘栅场效应晶体管构成的电路；CMOS 电路是指由 NMOS 和 PMOS 两种管子组成的互补 MOS 电路。这里重点介绍 CMOS 集成门电路。

（1）CMOS 门电路系列及型号的命名法。

CMOS 逻辑门器件有三大系列：4000 系列、74C××系列和硅—氧化铝系列。前两个系列应用很广，而硅—氧化铝系列因价格昂贵目前尚未普及。

① 4000 系列。表 5-3-7 列出了 4000 系列 CMOS 器件型号组成符号及意义。

表 5-3-7　CMOS 器件型号组成符号及意义

<table>
<tr><th colspan="2">第 1 部分</th><th colspan="2">第 2 部分</th><th colspan="2">第 3 部分</th><th colspan="2">第 4 部分</th></tr>
<tr><th colspan="2">产品制造单位</th><th colspan="2">器 件 系 列</th><th colspan="2">器 件 系 列</th><th colspan="2">工作温度范围</th></tr>
<tr><th>符号</th><th>意　义</th><th>符号</th><th>意　义</th><th>符号</th><th>意义</th><th>符号</th><th>意　义</th></tr>
<tr><td>CC</td><td>中国制造的 CMOS 类型</td><td rowspan="4">40
45
145</td><td rowspan="4">系列符号</td><td rowspan="4">阿拉伯数字</td><td rowspan="4">器件功能</td><td>C</td><td>0～70℃</td></tr>
<tr><td rowspan="2">CD</td><td rowspan="2">美国无线电公司产品</td><td>E</td><td>−40～85℃</td></tr>
<tr><td>R</td><td>−55～85℃</td></tr>
<tr><td>TC</td><td>日本东芝公司产品</td><td>M</td><td>−55～125℃</td></tr>
</table>

例如：

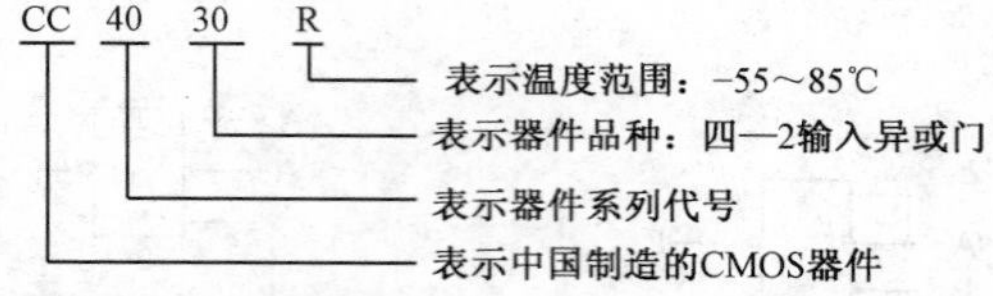

② 74C××系列。74C××系列有：普通 74C××系列、高速 74HC××/74HCT××系列及先进的 74AC××/74ACT××系列。其中，74HCT××和 74ACT××系列可直接与 TTL 相兼容。它们的功能及管脚设置均与 TTL74 系列保持一致。此系列器件型号组成符号及意义可参照表 5-3-5 所示。

③ 常用 TTL、CMOS 集成基本门电路如表 5-3-8 所示。

表 5-3-8　常用 TTL、CMOS 集成基本门电路

TTL 集成门电路	品 种 名 称	型 号 举 例
	2 输入四与门	54/748、74LS08、74HC08、CT4008
	3 输入三与门	54/7411、74LS11、CT4011
	双 4 输入与门	54/7421、74LS21、CT4021
	2 输入四或门	54/7432、CT4032、74LS32
	六反相器	54/7404、CT4004、74LS04、74HC04

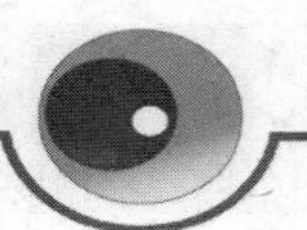

续表

	品 种 名 称	型 号 举 例
CMOS集成门电路	3 输入三与门	CD4073B
	2 输入四与门	CD4081B2
	4 输入二与门	CD4082B
	2 输入四或门	CD4071B
	4 输入二或门	CD4072B
	3 输入三或门	CD4075B
	六反相器	CC4049UB、CC4069

（2）常用 CMOS 门集成单元电路。

① CMOS 反相器。CMOS 反相器由 N 沟道和 P 沟道的 MOS 管互补构成，其电路组成如图 5-3-22 所示。

当输入端 A 为高电平 1 时，输出 F 为低电平 0；反之，输入端 A 为低电平 0 时，输出 F 为高电平 1，其逻辑表达式为 $F=\overline{A}$。反相器集成电路 CC4069 的引脚图如图 5-3-23 所示。

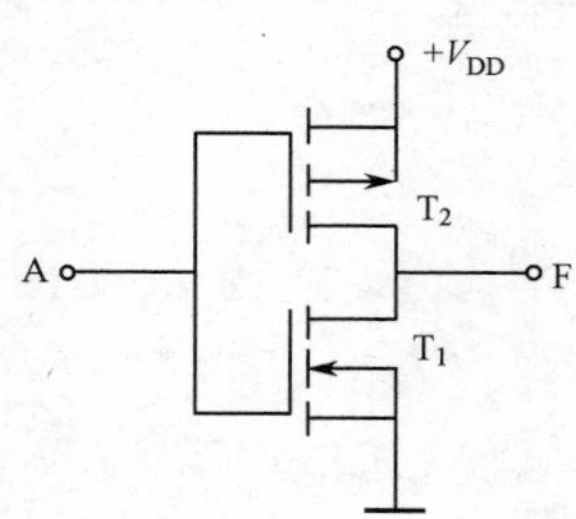

图5-3-22　CMOS反相器电路图

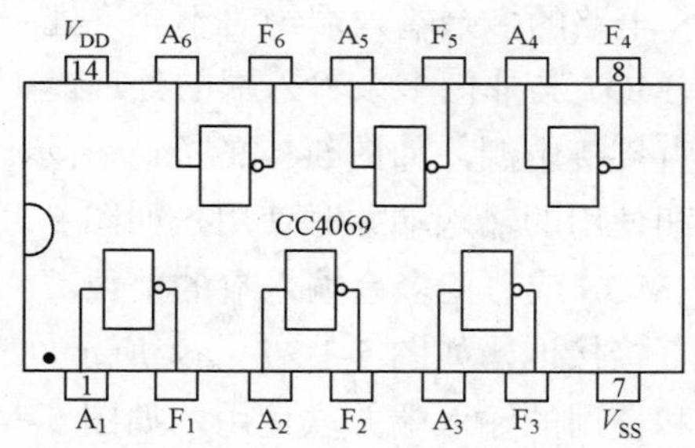

图5-3-23　CC4069引脚图

② CMOS 与非门。常用的 CMOS 与非门如 CC4011 等，图 5-3-24 为 CC4011 与非门引脚图。

③ CMOS 或非门。常用的 CMOS 或非门如 CC4001 等，图 5-3-25 为 CC4001 或非门引脚图。

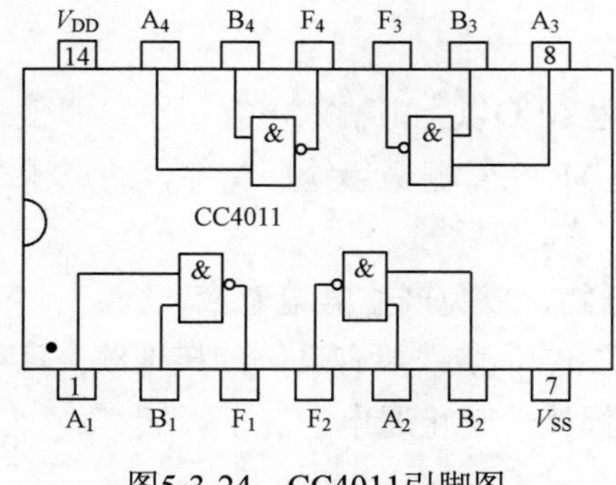

图5-3-24　CC4011引脚图

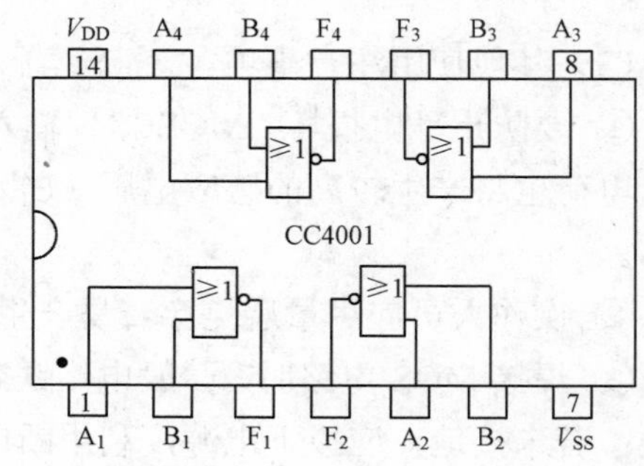

图5-3-25　CC4001引脚图

3）CMOS 数字集成电路的特点

CMOS 门电路的主要特点如下。

（1）功耗低。CMOS 电路工作时，几乎不吸取静态电流，所以功耗极低。

（2）电源电压范围宽。目前国产的 CMOS 集成电路，按工作的电源电压范围分为两个系列，即 3～18V 的 CC4000 系列和 7～15V 的 C000 系列。由于电源电压范围宽，所以选择电源电压灵活方便，便于和其他电路接口。

（3）抗干扰能力强。

（4）制造工艺较简单。

（5）集成度高，宜于实现大规模集成。

但是 CMOS 门电路的延迟时间较大，所以开关速度较慢。

由于 CMOS 门电路具有上述特点，因而在数字电路，电子计算机及显示仪表等许多方面获得了广泛的应用。

4）MOS 门电路的使用

MOS 电路的多余输入端绝对不允许处于悬空状态，否则会因受干扰而破坏逻辑状态。

（1）MOS 与非门多余输入端的处理。

① 直接接电源，如图 5-3-26（a）所示。

② 和使用的输入端并联使用，如图 5-3-26（b）所示。

（2）MOS 或非门多余输入端的处理。

① 直接接地，如图 5-3-27（a）所示。

② 和使用的输入端并联使用，如图 5-3-27（b）所示。

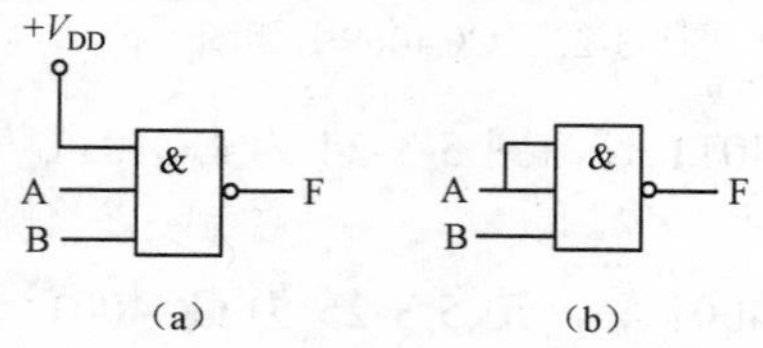

图5-3-26　MOS与非门多余输入端处理

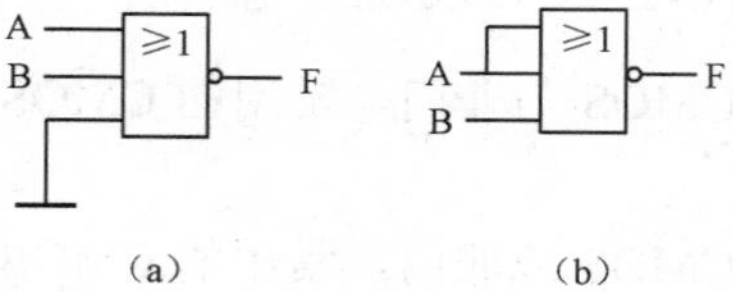

图5-3-27　MOS或非门多余输入端处理

（3）其他使用注意事项。

① 要防止静电损坏。MOS 器件输入电阻大，可达 $10^9\Omega$以上，输入电容很小，即使感应少量电荷也将产生较高的感应电压（$U_{GS}=Q/C$），可使 MOS 管栅极绝缘层击穿，造成永久性损坏。

② 操作人员应尽量避免穿着易产生静电荷的化纤物，以免产生静电感应。

③ 焊接 MOS 电路时，一般电烙铁容量应不大于 20W，烙铁要有良好的接地线，且可靠接地；若未接地，应拔下电源，利用断电后余热快速焊接，禁止通电情况下焊接。

训练项目：TTL 集成逻辑门电路功能测试

技能目标

（1）熟悉 TTL 与门、或门、非门、与非门集成芯片的外型、引脚排列。

（2）测试以上几种门电路的逻辑功能。

（3）学习门电路的使用方法。

工具、元件和仪器

（1）74LS08、74LS04、74LS00、74LS32 芯片各一块。

（2）1kΩ电阻 2 只，100Ω电阻 1 只。

（3）+5V 直流电源。

（4）发光二极管(LED)1 只。

（5）钮子开关 2 个。

（6）亚龙 DS-IIA 电子实验台。

一、测试 TTL 与门的逻辑功能

实训步骤

1．接线

按图 5-3-28 接好电路。任选一个与门，其输入端分别通过 1kΩ电阻与+5V 电源相连，同时与单刀双掷开关公共端连接，开关的两个触点一端接地一端悬空，以实现输入 0、1 转换。输出端接 LED 正极，LED 负极通过 100Ω电阻接地。集成电路的 VCC 端接+5V 电源正极，GND 接+5V 电源负极（地）。

2．调试、测量

操作开关 S_1、S_2，按表 5-3-9 给 A、B 置值，同时记下 Y 值（灯亮为 1，不亮为 0）。

训练拓展

1．与真值表比较，看两者是否一致。

2．与门的逻辑功能是什么？

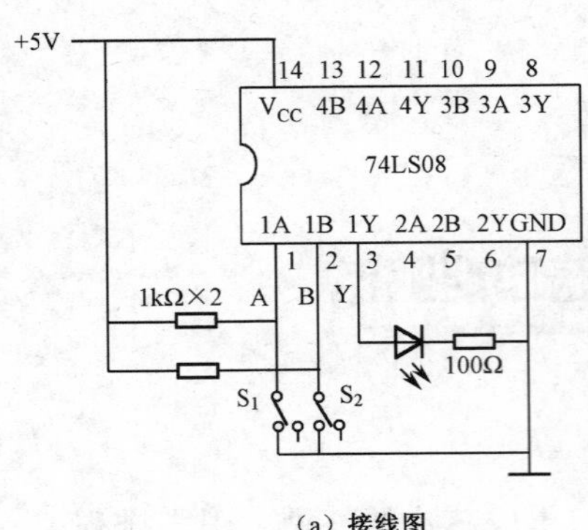

（a）接线图

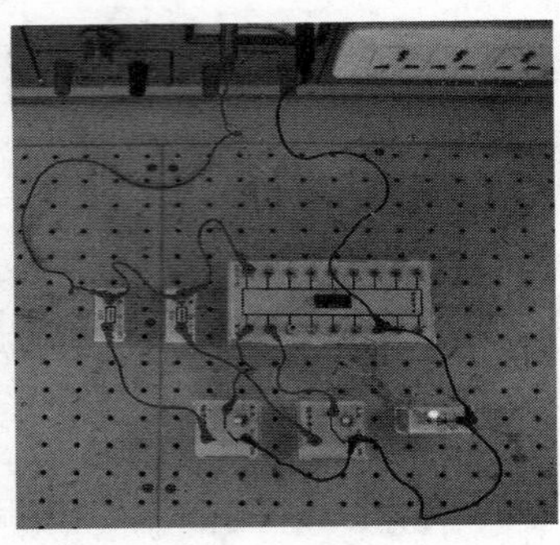

（b）实物图

图5-3-28 ）接线图和实物图

表 5-3-9

输　入		输　出
A	B	Y
0	0	
0	1	
1	0	
1	1	

二、测试 TTL 或门的逻辑功能

实训步骤

1．接线

按图 5-3-29 接好电路。

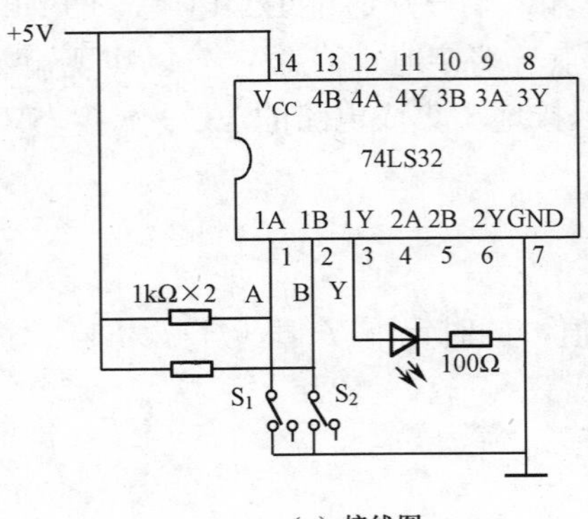

（a）接线图

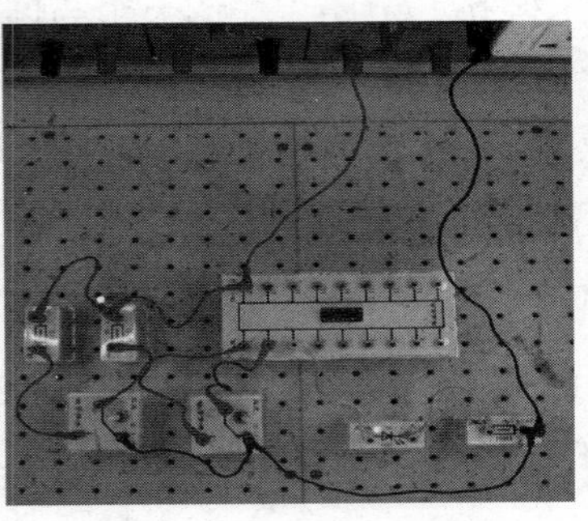

（b）实物图

图5-3-29 接线图和实物图

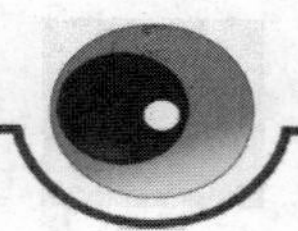

2．调试、测量

操作开关 S_1、S_2，按表 5-3-10 给 A、B 置值，同时记下 Y 值（灯亮为 1，不亮为 0）。

表 5-3-10

输　　入		输　　出
A	B	Y
0	0	
0	1	
1	0	
1	1	

训练拓展

1．与真值表比较，看两者是否一致。
2．或门的逻辑功能是什么？

三、测试 TTL 非门的逻辑功能

实训步骤

1．接线

按图 5-3-30 接好电路。

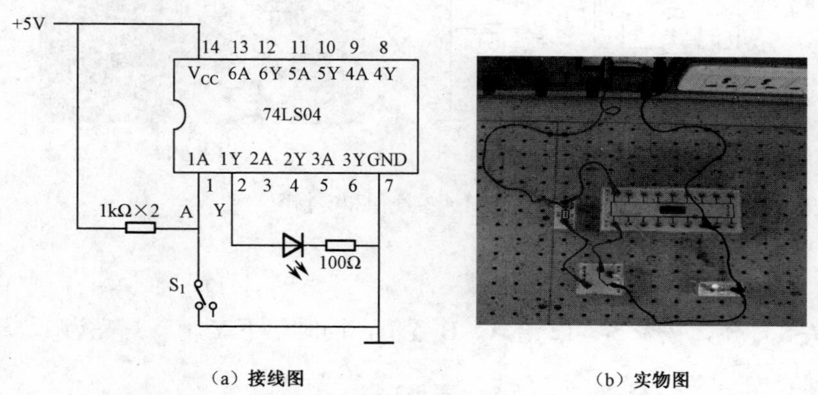

（a）接线图　　（b）实物图

图5-3-30　接线图和实物图

2．调试、测量

操作开关 S，按表 5-3-11 给 A 置值，同时记下 Y 值（灯亮为 1，不亮为 0）。

表 5-3-11

输　入	输　出
A	Y
0	
1	

训练拓展

1．与真值表比较，看两者是否一致。
2．非门的逻辑功能是什么？

四、测试 TTL 与非门的逻辑功能

实训步骤

1．接线

按图 5-3-31 接好电路。

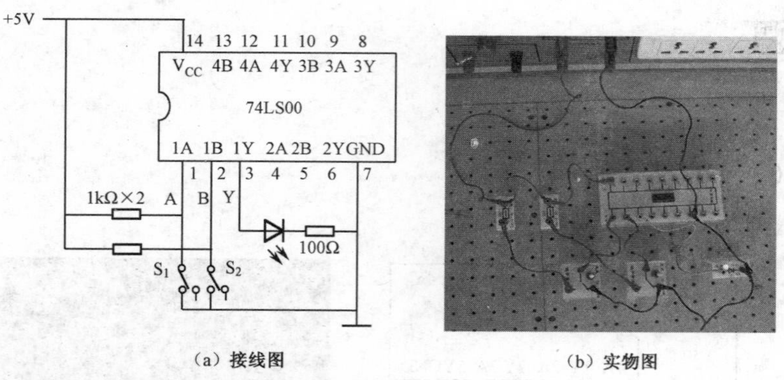

（a）接线图　　（b）实物图

图5-3-31　接线图和实物图

2．调试、测量

操作开关 S_1、S_2，按表 5-3-12 给 A、B 置值，同时记下 Y 值（灯亮为 1，不亮为 0）。

表 5-3-12

输　入		输　出
A	B	Y
0	0	
0	1	
1	0	
1	1	

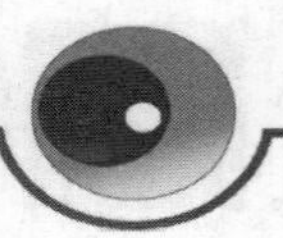

训练拓展

1．与真值表比较，看两者是否一致。
2．与非门的逻辑功能是什么？

思考与练习

一、填空题

1．在数字电路中，逻辑变量和函数的取值有______和______两种可能。
2．数字电路中工作信号的变化在时间和数值上都是______。
3．二进制数 1101 转化为十进制数为______。
4．基本逻辑门电路有______、______、______三种。
5．数字集成电路按开关元件不同：可分为______和______两大类。
6．三态门是在普通门的基础上加______，它的输出有 3 种状态：______，______，______。
7．TTL 电路中多余的输入端，一般不能用悬空办法处理，这是因为______。
8．CMOS 集成电路的优点是______。

二、选择题

1．十进制数 181 转换为二进制数为______。
A．10110101　　B．000110000001　　C．11000001　　D．10100110
2．______违反了基本逻辑关系。
A．有 1 出 0，有 0 出 1　　B．有 1 出 1，全 0 出 0
C．有 0 出 0，全 1 出 1　　D．有 1 出 1，有 0 出 0
3．异或门 F=A⊕B 的逻辑式是______。
A．$\overline{\overline{A}B+A\overline{B}}$　　B．$(A+\overline{B})\cdot(\overline{A}+B)$　　C．$\overline{\overline{AB}\cdot\overline{AB}}$
4．图 5-3-32 中能实现 $F=\overline{A}$ 功能的是______。

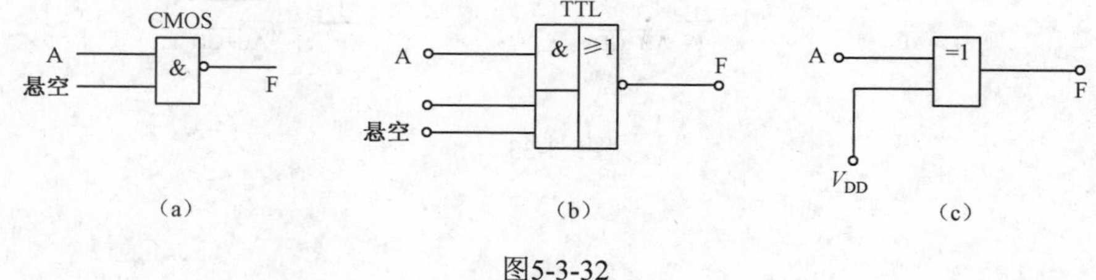

图5-3-32

三、判断题

1．在数字逻辑电路中，信号只有高、低电平两种取值。（　　）

2．负逻辑规定：逻辑 1 代表低电平，逻辑 0 代表高电平。（　　）
3．在非门电路中，输入为高电平时，输出则为低电平。（　　）
4．与运算中，输入信号与输出信号的关系是“有 1 出 1，全 0 出 0”。（　　）
5．与门的输入端，若有闲置时，应将其接地以确保与门正常工作。（　　）
6．三态门指输入有三种状态。（　　）

四、简答题

1．什么是数字电路？数字电路具有哪些主要特点？
2．什么是脉冲信号？如何定义脉冲的幅值和宽度？
3．脉冲与数字信号之间的关系是什么？
4．什么是 TTL 集成门电路？
5．什么是 CMOS 电路，使用 COMS 集成电路应注意什么问题？

五、综合题

1．将下列二进制数转换为十进制数。
（1）1011　（2）10101　（3）11101　（4）101001　（5）1000011
2．将下列十进制数转换成二进制数。
（1）27（2）43（3）127（4）365（5）539

3．试判断图 5-3-33 中所示 TTL 门电路输出与输入之间的逻辑关系哪些是正确的，哪些是错误的，并将错误的接法改正。

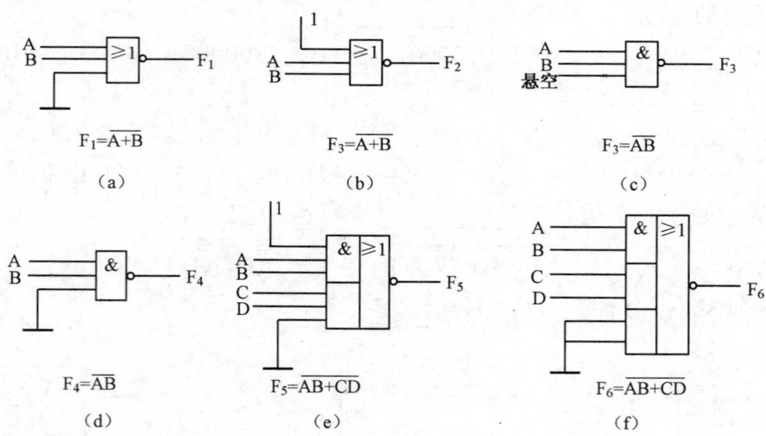

图5-3-33

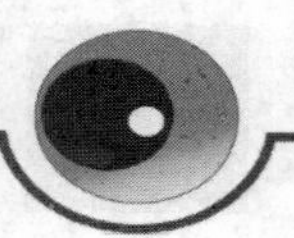

模块 6　组合逻辑电路

任务导入

图 6-1 所示是我们生活中常见的一些实际装置，图 6-1（a）为交通信号灯实例，图 6-1（b）为表决器实例。若图 6-1（a）中路口两侧的灯同时显示为红色，则信号灯出现了故障。如何实现故障监测呢？本模块组合逻辑电路可实现上述功能。

（a）交通信号灯实例

（b）表决器实例

图 6-1　逻辑控制电路实例

课题 1　组合逻辑电路的基本知识

学习目标

（1）掌握组合逻辑电路的分析方法和步骤。

（2）了解组合逻辑电路的种类。

（3）能运用逻辑代数对逻辑函数进行化简，了解其在工程应用中的实际意义。

内容提要

组合逻辑电路在逻辑功能上的特点是电路任意时刻的输出状态，只取决于该时刻的输入状态，而与该时刻之前的电路输入状态和输出状态无关。

组合逻辑电路在结构上的特点是不含有具有存储功能的电路。可以由逻辑门或者由集成组合逻辑单元电路组成，从输出到各级门的输入无任何反馈线。

组合逻辑电路的输出信号是输入信号的逻辑函数。这样，逻辑函数的四种表示方法，都可以用来表示组合逻辑电路的功能。

了解组合逻辑电路的基本知识是运用组合逻辑电路的基础。

一、逻辑代数

研究逻辑关系的数学称为逻辑代数，又称为布尔代数，它是分析和设计逻辑电路的数学工具。它与普通代数相似，也是用大写字母（A、B、C…）表示逻辑变量，但逻辑变量取值只有 1 和 0 两种，这里的逻辑 1 和逻辑 0 不表示数值大小，而是表示两种相反的逻辑状态，如信号的有与无、电平的高与低、条件成立和不成立等。

1. 基本逻辑运算法则

对应于三种基本逻辑关系，有三种基本逻辑运算，即逻辑乘、逻辑加和逻辑非。这三种基本运算法则，可分别由与其对应的与门、或门及非门三种电路来实现。逻辑代数中的其他运算规则是由这三种基本逻辑运算推导出来的。

（1）逻辑乘：简称为乘法运算，是进行与逻辑关系的运算的，所以也叫与运算。其运算规则如下。

$$0 \cdot A=0$$
$$1 \cdot A=A$$
$$A \cdot A=A$$
$$A \cdot \overline{A}=0$$

（2）逻辑加：简称为加法运算，是进行或逻辑关系的运算的，所以也叫或运算。其运算规则如下。

$$0+A=A$$
$$1+A=1$$
$$A+A=A$$
$$A+\overline{A}=1$$

（3）逻辑非：简称为非运算，也称为求反运算，是进行非逻辑关系的运算的。对于非逻辑来说，可得还原律如下。

$$\overline{\overline{A}}=A$$

2. 逻辑代数的基本定律

（1）交换律：

$$A \cdot B=B \cdot A$$
$$A+B=B+A$$

（2）结合律：

$$A \cdot B \cdot C=(A \cdot B) \cdot C=A \cdot (B \cdot C)$$
$$A+B+C=A+(B+C)=(A+B)+C$$

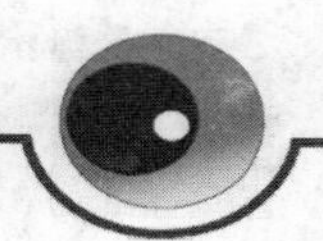

（3）分配律：

$$A\cdot(B+C)=A\cdot B+A\cdot C$$
$$A+B\cdot C=(A+B)\cdot(A+C)$$

（4）吸收律：

$$A\cdot(A+B)=A$$
$$A\cdot(\overline{A}+B)=A\cdot B$$
$$A+A\cdot B=A$$
$$A+\overline{A}\cdot B=A+B$$
$$A\cdot B+A\cdot\overline{B}=A$$
$$(A+B)(A+\overline{B})=A$$

（5）反演律（狄·摩根定律）：

$$\overline{A\cdot B}=\overline{A}+\overline{B}$$
$$\overline{A+B}=\overline{A}\cdot\overline{B}$$

3．逻辑函数的化简

某种逻辑关系，通过与、或、非等逻辑运算把各个变量联系起来，构成了一个逻辑函数式。对于逻辑代数中的基本运算，都可用相应的门电路实现，因此一个逻辑函数式，一定可以用若干门电路的组合来实现。

一个逻辑函数可以有许多种不同的表达式。

例如：$F=AB+\overline{A}C$　　与或表达式

$=(A+C)(\overline{A}+B)$　　或与表达式

$=\overline{\overline{AB}\cdot\overline{\overline{A}C}}$　　与非与非表达式

这些表达式是同一逻辑函数的不同表达式，因而反映的是同一逻辑关系。在用门电路实现其逻辑关系时，究竟使用哪种表达式，要看具体所使用的门电路的种类。

在数字电路中，用逻辑符号表示的基本单元电路以及由这些基本单元电路作为部件组成的电路称为逻辑图或逻辑电路图。上述三个表达式中的各逻辑电路图分别如图 6-1-1（a）、图 6-1-1（b）、图 6-1-1（c）所示。这些电路组成形式虽然各不相同，但电路的逻辑功能却是相同的。

一般地说，一个逻辑函数表达式越简单，实现它的逻辑电路就越简单；同样，如果已知一个逻辑电路，按其列出的逻辑函数表达式越简单，也越有利于简化对电路逻辑功能的分析，所以必须对逻辑函数进行化简。

逻辑函数的化简通常有两种方法：公式化简法和卡诺图化简法。公式化简法的优点是它的使用不受任何条件的限制，但要求能熟练运用公式和定律，技巧性较强。卡诺图化简的优点是简单、直观，但变量超过 5 个以上时过于烦琐，本书不做介绍，可参阅有关书籍。

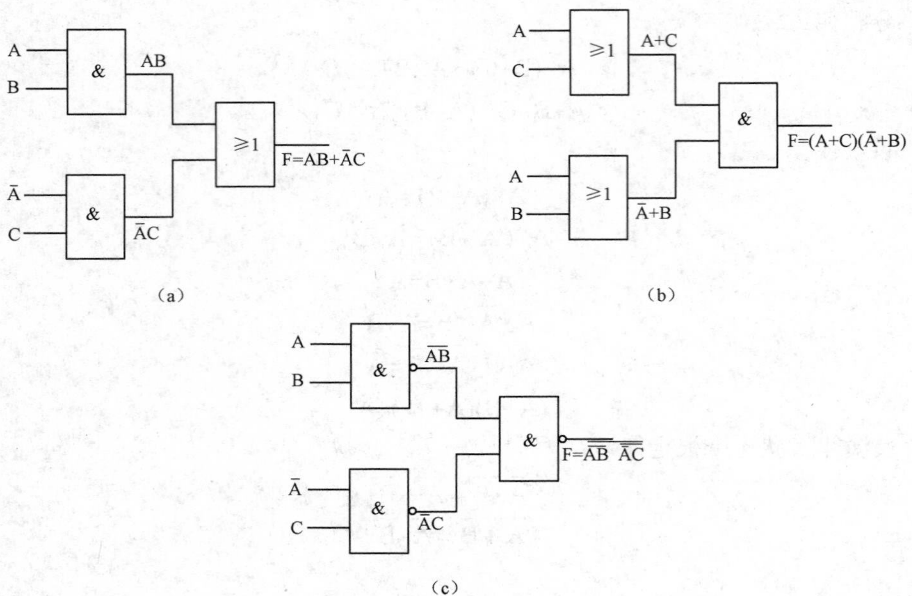

图6-1-1　逻辑电路图

下面举例说明如何利用逻辑代数的基本公式和定律，对逻辑函数进行化简和变换。

【例 6-1-1】　化简 $F=A\cdot B+A\cdot\overline{B}\cdot C+A\cdot\overline{B}\cdot\overline{C}$

解：$F=A\cdot B+A\cdot\overline{B}\cdot C+A\cdot\overline{B}\cdot\overline{C}$

$=A\cdot B+A\cdot\overline{B}\cdot(C+\overline{C})$

$=A\cdot B+A\cdot\overline{B}$

$=A$

【例 6-1-2】　证明 $A\cdot B+\overline{A}\cdot C+B\cdot C=A\cdot B+\overline{A}C$

证明：$\because A\cdot B+\overline{A}\cdot C+B\cdot C=A\cdot B+\overline{A}\cdot C+(A+\overline{A})\cdot B\cdot C$

$=A\cdot B+\overline{A}C+A\cdot B\cdot C+\overline{A}\cdot B\cdot C$

$=A\cdot B\cdot(1+C)+\overline{A}\cdot C(1+B)$

$=A\cdot B+\overline{A}C$

∴左式等于右式，等式得证。

【例 6-1-3】　化简 $F=\overline{(\overline{A}+A\cdot\overline{B})\cdot\overline{C}}$

$F=\overline{(\overline{A}+A\cdot\overline{B})\cdot\overline{\overline{C}}}$

$=\overline{\overline{A}+A\cdot\overline{B}}+\overline{\overline{C}}$

$=\overline{(\overline{A}+A)(\overline{A}+\overline{B})}+C$

$=\overline{\overline{A}+\overline{B}}+C$

$=A\cdot B+C$

【例 6-1-4】　将 $F=A\cdot B+\overline{A}\cdot C$ 变为与非与非式。

解：$F=A\cdot B+\overline{A}\cdot C$

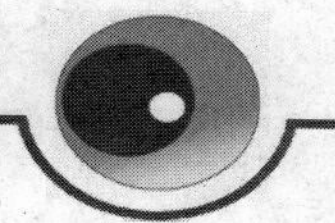

$$=\overline{\overline{A\cdot B+\overline{A}\cdot C}}$$

$$=\overline{\overline{A\cdot B}\cdot\overline{\overline{A}\cdot C}}$$

二、组合逻辑电路的分析

分析组合逻辑电路的目的就是为了确定电路的逻辑功能，即根据已知逻辑电路，找出其输入和输出之间的逻辑关系，并写出逻辑表达式。

一般分析步骤如下。

（1）写出已知逻辑电路的函数表达式。方法是直接从输入到输出逐级写出逻辑函数表达式。

（2）化简逻辑函数，得到最简逻辑表达式。

（3）列出真值表。

（4）根据真值表或最简逻辑表达式确定电路功能。

组合电路分析的一般步骤，可用如图 6-1-2 所示框图表示。

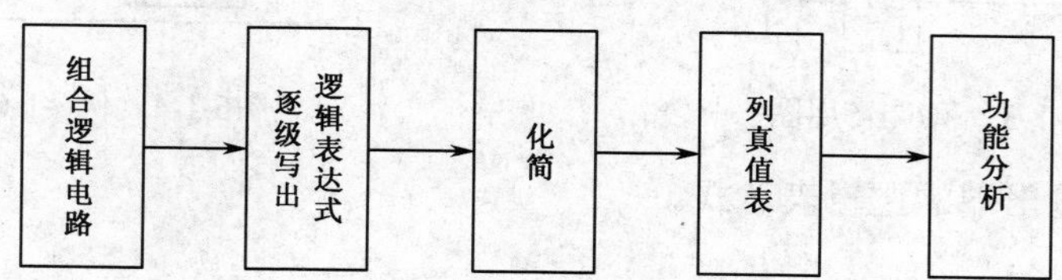

图6-1-2　组合逻辑电路分析步骤框图

下面举例说明组合逻辑电路的分析方法。

【例 6-1-5】　试分析图 6-1-3 电路的逻辑功能。

解：（1）从输入到输出逐级写出输出端的函数表达式。

$$F_1=\overline{A}$$

$$F_2=\overline{B}$$

$$F_3=\overline{\overline{A}+B}=A\overline{B}$$

$$F_4=\overline{A+\overline{B}}=\overline{A}B$$

$$F=\overline{F_3+F_4}=\overline{A\overline{B}+\overline{A}B}$$

（2）对上式进行化简。

$$F=\overline{A\overline{B}+\overline{A}B}$$

$$=\overline{A\overline{B}}\cdot\overline{\overline{A}B}$$

$$=(\overline{A}+B)(A+\overline{B})$$

$$=\overline{AB}+AB$$

（3）列出函数真值表，如表 6-1-1 所示。

表 6-1-1 函数真值表

A	B	F
0	0	1
0	1	0
1	0	0
1	1	1

（4）确定电路功能。

由式 $F=\overline{A}\overline{B}+AB$ 和表 6-1-1 可知，图 6-1-3 所示是一个同或门。

【例 6-1-6】 试分析图 6-1-4 所示电路的逻辑功能。

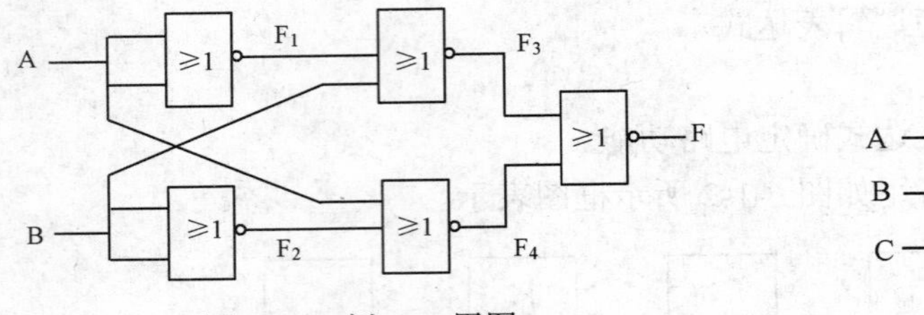

图6-1-3 例6-1-5用图

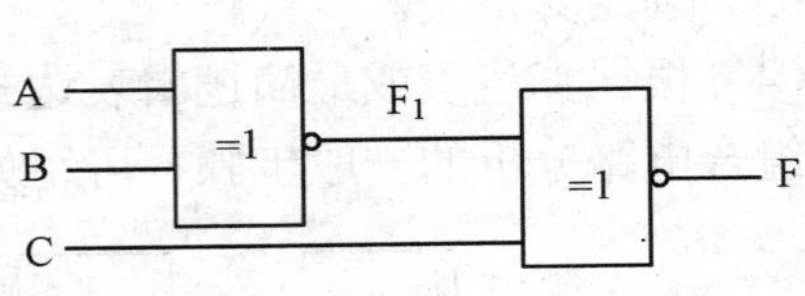

图6-1-4 例6-1-6用图

① 逐级写出输出端的逻辑表达式。

$F_1=A\oplus B$

$F=F_1\oplus C=A\oplus B\oplus C$

② 化简。上式已是最简，故可不用化简。

③ 列真值表，如表 6-1-2 所示。

表 6-1-2 函数真值表

A	B	C	F
0	0	0	0
0	0	1	1
0	1	0	1
0	1	1	0
1	0	0	1
1	0	1	0
1	1	0	0
1	1	1	1

④ 确定电路功能。

由表 6-1-2 所示可知，当 A、B、C 的取值组合中有奇数个 1 时，输出为 1，否则为 0，所以如图 6-1-4 所示电路为 3 位奇偶检验器。

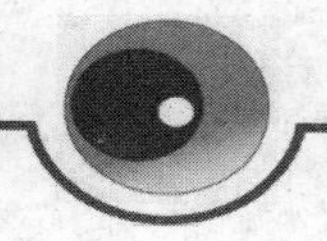

三、组合逻辑电路的类型

组合逻辑电路的种类有很多，常见的有加法器、编码器、译码器、数据选择器、数值比较器等。

1．加法器

加法器是实现两个二进制数的加法运算，它可分为半加器和全加器两类。

半加器——只能进行本位加数、被加数的加法运算而不考虑低位进位。

全加器——能同时进行本位数和相邻低位的进位信号的加法运算。

2．编码器

所谓编码就是将特定含义的输入信号（文字、数字、符号）转换成二进制代码的过程。能够实现编码功能的数字电路称为编码器。它可分为普通编码器和优先编码器两类。

普通编码器——电路在某一时刻只能对一个输入信号进行编码，即只能有一个输入端有效，存在有效输入信号。

优先编码器——允许多个有效输入信号同时存在，但根据事先设定的优先级别不同，编码器只接受输入信号中优先级别最高的编码请求，而不影响其他的输入信号。

3．译码器

所谓译码是指编码的逆过程，即将输入代码“翻译”成特定的输出信号。能实现译码功能的数字电路称为译码器。

4．数据选择器

数据选择器又称多路选择器，它有 n 位地址输入、2^n 位数据输入、1 位输出。每次在地址输入的控制下，从多路输入数据中选择一路输出，其功能类似于一个单刀多掷开关。常用的数据选择器有 2 选 1、4 选 1、8 选 1、16 选 1 等。

5．数值比较器

能完成比较两个数字的大小或是否相等的各种逻辑功能电路统称为数值比较器。

课题2 编码器

学习目标

（1）通过应用实例，了解编码器的基本功能。

（2）了解典型集成编码电路的引脚功能并能正确使用。

内容提要

编码就是用文字、符号或数码表示某一对象或信号的过程。例如，对运动员的编号，对单位邮政信箱的编号等就是编码。

编码器是指能够实现编码功能的组合逻辑电路。编码器是一个多输入、多输出的电路。通常输入端多于输出端。例如有四个信息 I0、I1、I2、I3 可用二位二进制代码 A、B 表示。A、B 为 00、01、10、11 分别代表信息 I0、I1、I2、I3，而 8 个信息要三位二进制代码 A、B、C 来表示。要表示的信息越多，二进制代码的位数也越多。n 位二进制代码有 2^n 个状态，可以表示 2^n 个信息。

常用的编码器有二进制编码器、二一十进制编码器、优先编码器等。

相关知识

一、二进制编码器

将各种有特定意义的输入信息编成二进制代码的电路称为二进制编码器。

下面以一个 3 位二进制编码器为例子，说明编码器的电路结构和工作原理。

3 位二进制编码器有 8 个输入端和 3 个输出端。3 位二进制编码器如图 6-2-1（a）所示。图 6-2-1（b）是它的内部电路图。

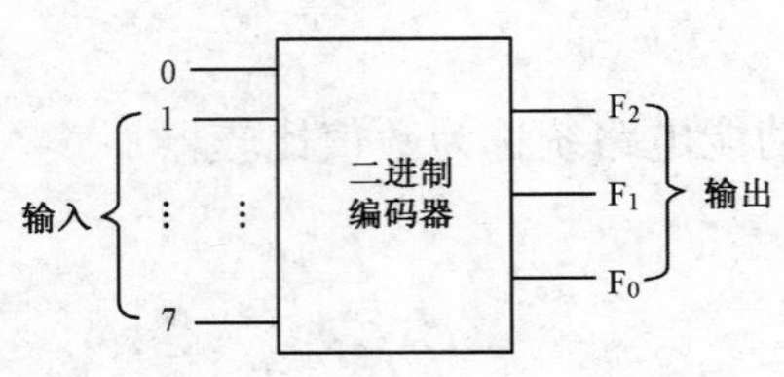

（a）3位二进制编码器框图

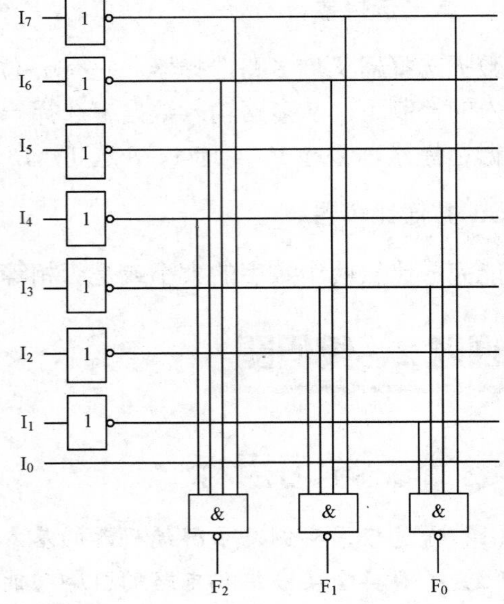

（b）3位二进制编码器内部电路图

图 6-2-1　3 位二进制编码器

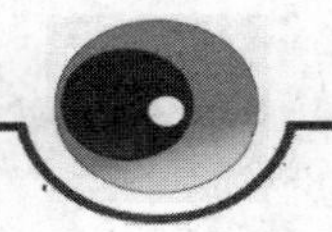

输入用 I_0，I_1，…，I_7 表示十进制 0～7 八个数。8 个信号可用一组 3 位二进制数来表示，所以编码器的输出是一组 3 位二进制代码，用 F_2、F_1、F_0 表示。

1．写表达式

由图 6-2-1（b）3 位二进制编码器内部电路图可写出如下表达式：

$$\begin{cases} F_2=I_4+I_5+I_6+I_7 \\ F_1=I_2+I_3+I_6+I_7 \\ F_0=I_1+I_3+I_5+I_7 \end{cases}$$

用与非－与非表达式表示为：

$$\begin{cases} F_2=\overline{\overline{I_4}\cdot\overline{I_5}\cdot\overline{I_6}\cdot\overline{I_7}} \\ F_1=\overline{\overline{I_2}\cdot\overline{I_3}\cdot\overline{I_6}\cdot\overline{I_7}} \\ F_0=\overline{\overline{I_1}\cdot\overline{I_3}\cdot\overline{I_5}\cdot\overline{I_7}} \end{cases}$$

2．列真值表

因为在任一时刻，编码器只能对一个输入信号进行编码，即输入的 I_0，I_1，…，I_7 这 8 个输入变量中，其中任一个为 1 时，其他 7 个均应为 0。由此可得真值表，如表 6-2-1 所示。

表 6-2-1　函数真值表

I	F_2	F_1	F_0
I_0	0	0	0
I_1	0	0	1
I_2	0	1	0
I_3	0	1	1
I_4	1	0	0
I_5	1	0	1
I_6	1	1	0
I_7	1	1	1

二、二—十进制编码器

将十进制数 0～9 编成二进制代码的电路，称为二—十进制编码器。要对十个信号进行编码，至少需要 4 位二进制代码。因为 $2^4>10$，所以二—十进制编器有 10 个输入和 4 个输出。

现以 842lBCD 码为例说明电路结构及工作原理。

1．分析要求

确定输入二进制位数，用 I_0～I_9 表示十进制数。输出为 4 位二进制代码用 F_3～F_0 表示。

2．列真值表

8421BCD 码编码器真值表如表 6-2-2 所示。

表 6-2-2　8421BCD 码编码器真值表

十进制数	输入变量	8421BCD 码			
		F_3	F_2	F_1	F_0
0	I_0	0	0	0	0
1	I_1	0	0	0	1
2	I_2	0	0	1	0
3	I_3	0	0	1	1
4	I_4	0	1	0	0
5	I_5	0	1	0	1
6	I_6	0	1	1	0
7	I_7	0	1	1	1
8	I_8	1	0	0	0
9	I_9	1	0	0	1

3．写表达式

由真值表可写出下列表达式：

$$\begin{cases} F_3 = I_8 + I_9 = \overline{\overline{I_8} \cdot \overline{I_9}} \\ F_2 = I_4 + I_5 + I_6 + I_7 = \overline{\overline{I_4} \cdot \overline{I_5} \cdot \overline{I_6} \cdot \overline{I_7}} \\ F_1 = I_2 + I_3 + I_6 + I_7 = \overline{\overline{I_2} \cdot \overline{I_3} \cdot \overline{I_6} \cdot \overline{I_7}} \\ F_0 = I_1 + I_3 + I_5 + I_7 + I_9 = \overline{\overline{I_1} \cdot \overline{I_3} \cdot \overline{I_5} \cdot \overline{I_7} \cdot \overline{I_9}} \end{cases}$$

4．画逻辑图

根据上式画逻辑图，如图 6-2-3 所示。

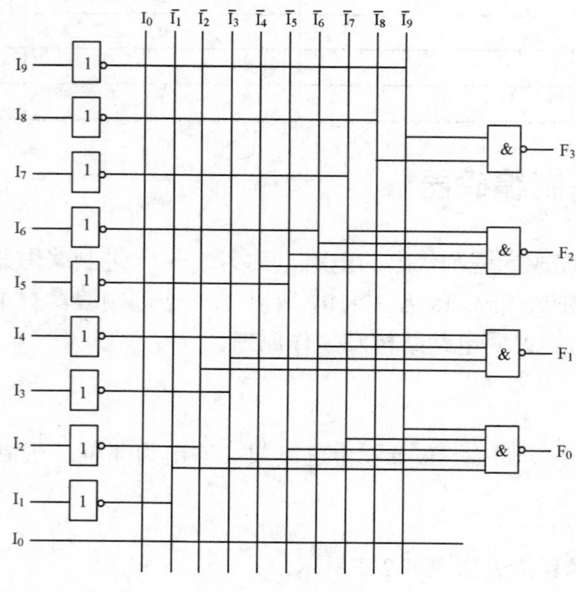

图6-2-3　二—十进制编码器

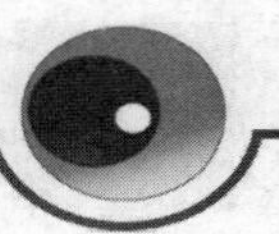

由逻辑图可知，当输入端 I_9 有信号（I_9=1），其他输入端无信号（即 $I_1=I_2=I_3=I_4=I_5=I_6=I_7=I_8=0$）时，$F_3F_2F_1F_0$=1001，完成 I_9 的编码。同理，当任何一个输入端有信号时，则可得相应输出状态。如果 I_0～I_9 全为 0，则 $F_3F_2F_1F_0$=0000，即隐含 I_0 的编码。

三、优先编码器

前面讨论的编码器中，在同一时刻仅允许有一个输入信号，如有两个或两个以上信号同时输入，输出就会出现错误的编码。而优先编码器中则不存在这样的问题。允许同时输入两个或两个以上输入信号，电路将对优先级别高的输入信号编码，这样的电路称为优先编码器。

如图 6-2-4 所示为 8 线－3 线 74LS148 优先编码器的引脚排列图，其真值表如表 6-2-3 所示。

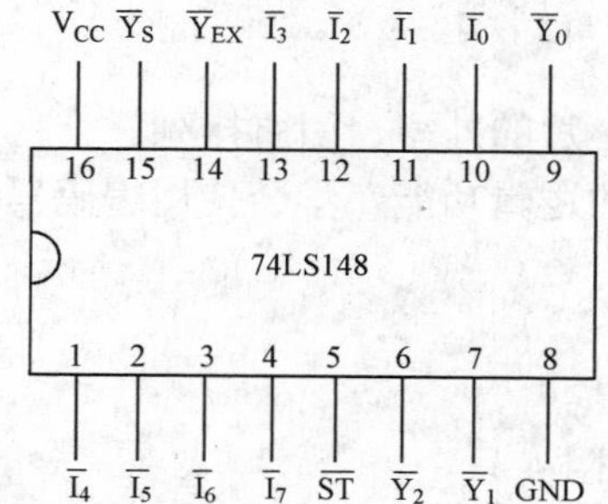

图6-2-4　74LS148优先编码器引脚排列图

表 6-2-3　74LS148 集成电路真值表

输　入									输　出				
$\overline{ST}$	$\overline{I_0}$	$\overline{I_1}$	$\overline{I_2}$	$\overline{I_3}$	$\overline{I_4}$	$\overline{I_5}$	$\overline{I_6}$	$\overline{I_7}$	$\overline{Y_2}$	$\overline{Y_1}$	$\overline{Y_0}$	$\overline{Y_S}$	$\overline{Y_{EX}}$
1	×	×	×	×	×	×	×	×	1	1	1	1	1
0	1	1	1	1	1	1	1	1	1	1	1	0	1
0	×	×	×	×	×	×	×	0	0	0	0	1	0
0	×	×	×	×	×	×	0	1	0	0	1	1	0
0	×	×	×	×	×	0	1	1	0	1	0	1	0
0	×	×	×	×	0	1	1	1	0	1		1	0
0	×	×	×	0	1	1	1	1	1	0	0	1	0
0	×	×	0	1	1	1	1	1	1	0	1	1	0
0	×	0	1	1	1	1	1	1	1	1	0	1	0
0	0	1	1	1	1	1	1	1	1	1	1	1	0

表中 $\overline{I_0}$ ～ $\overline{I_7}$ 为输入端，$\overline{I_7}$ 的优先权最高，其余输入优先级依次为 $\overline{I_6}\ \overline{I_5}\ \overline{I_4}\ \overline{I_3}\ \overline{I_2}\ \overline{I_1}\ \overline{I_0}$ 。$\overline{Y_0}$、$\overline{Y_1}$、$\overline{Y_2}$ 为输出端，在 $\overline{ST}=0$ 电路正常工作状态下，输入低电平 0 有效，即 0 表示有信号，1 表示无信号，输出均为反码。当 $\overline{I_7}=0$ 时，无论其他输入端有无输入信号（表中以×表示），

输出端只对$\overline{I_7}$编码，输出为7的8421BCD码的反码，即$\overline{Y_2}\,\overline{Y_1}\,\overline{Y_0}=000$。当$\overline{I_7}=1$、$\overline{I_6}=0$时，无论其余输入端有无输入信号，只对$\overline{I_6}$编码，输出为$\overline{Y_2}\,\overline{Y_1}\,\overline{Y_0}=001$。

$\overline{ST}$为输入控制端（或称选通输入端），低电平有效，即当$\overline{ST}=0$时，允许编码，当$\overline{ST}=1$时禁止编码；$\overline{Y_S}$为选通输出端，$\overline{Y_{EX}}$为扩展端，可用于扩展编码器的功能，如用2片8线－3线74LS148编码器可扩展为16线－4线优先编码器。

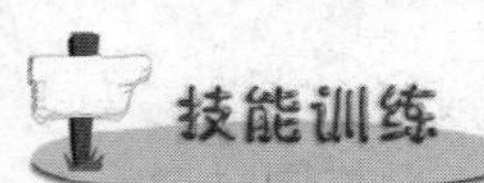

训练项目：8421BCD编码器逻辑功能测试

技能目标

（1）熟悉8421BCD编码器芯片的外型、引脚排列。
（2）测试8421BCD编码器的逻辑功能，学会使用编码器集成器件。

工具、元件和仪器

（1）74LS147芯片一块。
（2）1kΩ电阻9只，100Ω电阻4只。
（3）+5V直流电源。
（4）发光二极管（LED）4只。
（5）钮子开关2只。
（6）亚龙DS-IIA电子实验台。

实训步骤

1．认识74LS147

74LS147为8421BCD优先编码器，输入低电平有效，大数优先编码。

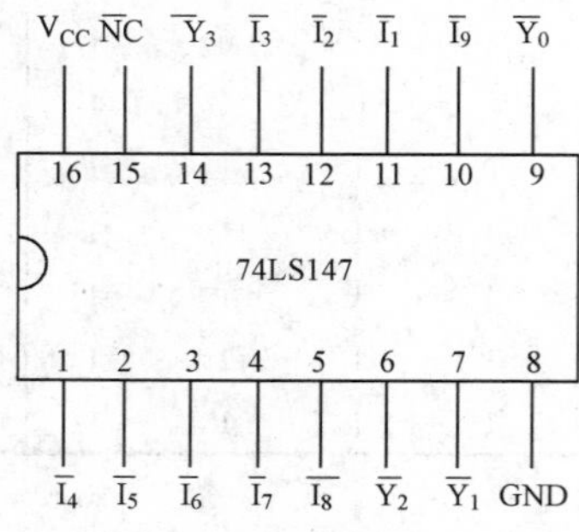

图6-2-5　74LS147引脚排列图

➢ 引脚功能

$\overline{I_1}\sim\overline{I_9}$—请求信号输入端；$\overline{Y_3}\,\overline{Y_2}\,\overline{Y_1}\,\overline{Y_0}$—代码输出端；NC—空脚；$V_{CC}$—电源；GND—

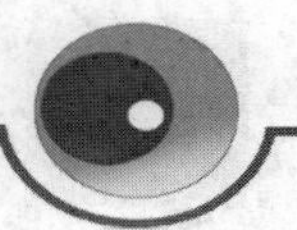

接地端。

2．接线

按图 6-2-6 接好电路。输入端分别通过 1kΩ电阻接开关公共端，开关两触点一个接+5V 电源正极，一个接地（ +5V 电源负极），以实现输入 0、1 转换。每一输出端接一个 LED 正极，LED 负极通过 100Ω电阻接地。集成电路的 V_{CC} 端接+5V 电源正极，GND 接+5V 电源负极。

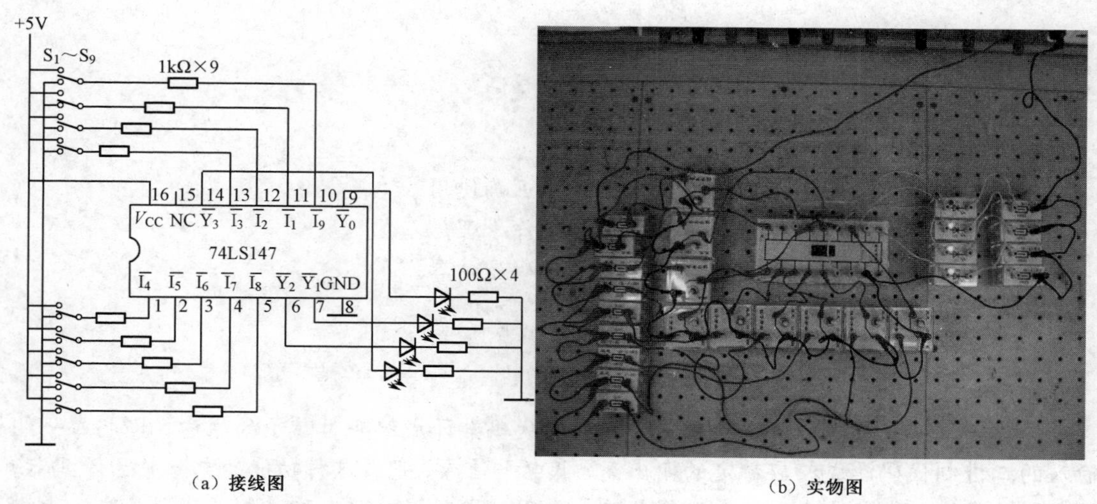

（a）接线图　　（b）实物图

图6-2-6　接线图和实物图

3．调试、测量

操作开关 S_1～S_9，按表 6-2-4 给 $\overline{I_1}$ ~ $\overline{I_9}$ 置值，同时填写 $\overline{Y_3}\,\overline{Y_2}\,\overline{Y_1}\,\overline{Y_0}$ 之值（灯亮为 1，不亮为 0）。填写输出代码是对哪个十进制数的编码，如表 6-2-4 所示。

表 6-2-4　74LS147 集成电路真值表

输入									输出				对应
$\overline{I_9}$	$\overline{I_8}$	$\overline{I_7}$	$\overline{I_6}$	$\overline{I_5}$	$\overline{I_4}$	$\overline{I_3}$	$\overline{I_2}$	$\overline{I_1}$	$\overline{Y_3}$	$\overline{Y_2}$	$\overline{Y_1}$	$\overline{Y_0}$	十进制数
1	1	1	1	1	1	1	1	1					
1	1	1	1	1	1	1	1	0					
1	1	1	1	1	1	1	0	×					
1	1	1	1	1	1	0	×	×					
1	1	1	1	1	0	×	×	×					
1	1	1	1	0	×	×	×	×					
1	1	1	0	×	×	×	×	×					
1	1	0	×	×	×	×	×	×					
1	0	×	×	×	×	×	×	×					
0	×	×	×	×	×	×	×	×					

训练拓展

从表中的数据来看，74LS147 输入是低电平有效还是高电平有效？输入信号优先级别如何？

课题 3　译码器

学习目标

（1）了解译码器的基本功能。
（2）了解典型集成译码电路的引脚功能并能正确使用。
（3）了解常用数码显示器件的基本结构和工作原理。
（4）通过搭接数码管显示电路，学会应用译码显示器。

内容提要

译码是编码的反过程，是将给定的二进制代码翻译成编码时赋予的原意，即将每一组输入的二进制代码译成相应特定的输出高、低电平信号，完成这种功能的电路称为译码器。译码器是多输入、多输出的组合逻辑电路。常用的译码器电路有二进制译码器、二—十进制译码器和显示译码器等。

相关知识

一、二进制译码器

1. 工作原理

二进制译码器的输入变量为 n 个，每一组输入组合为一个 n 位二进制代码，它们会使 2^n 个输出中所对应的一个分别产生有效电平（设计时可确定输出高电平有效，也可以确定输出低电平有效），所以这种译码器可称为 n 线－2^n 线译码器。它的工作情况，相当于根据号码寻找有效的输出端，因此输入端可称为“地址”。

2. 二变量译码器

（1）设二变量输入为 A、B，输入变量的最小项组合为 AB、$\overline{A}B$、$A\overline{B}$、$\overline{AB}$。输出有四条线 $\overline{F}_0 \sim \overline{F}_3$，设控制端为 E，当 E=0 时，译码器工作，否则，译码器禁止。

（2）列真值表，如表 6-3-1 所示（设输出低电平有效）。

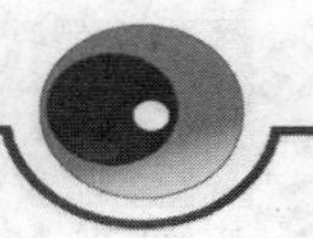

表 6-3-1　二变量译码器真值表

输入			输出			
E	A	B	$\overline{F}_3$	$\overline{F}_2$	$\overline{F}_1$	$\overline{F}_0$
0	0	0	1	1	1	0
0	0	1	1	1	0	1
0	1	0	1	0	1	1
0	1	1	0	1	1	1
1	×	×	1	1	1	1

（3）写表达式。

$$\overline{F}_0 = \overline{\overline{E}\,\overline{A}\,\overline{B}}$$

$$\overline{F}_1 = \overline{\overline{E}\,\overline{A}B}$$

$$\overline{F}_2 = \overline{\overline{E}A\overline{B}}$$

$$\overline{F}_3 = \overline{\overline{E}AB}$$

（4）画逻辑图，如图 6-3-1 所示。

3．三变量译码器

现以中规模集成芯片 74LS138 为例说明三变量译码器的工作原理、特点、功能及应用。74LS138 逻辑图如图 6-3-2（a）所示，引脚排列如图（b）所示。真值表如表 6-3-2 所示。

由逻辑图和真值表可知，74LS138 是一个三位二进制译码器，A_2～A_0 是三个输入端，$\overline{F}_0$～$\overline{F}_7$ 是八个输出端且为低电平有效，另设三个使能端 ST_A、ST_B、ST_C，用以控制译码器工作及扩展功能。

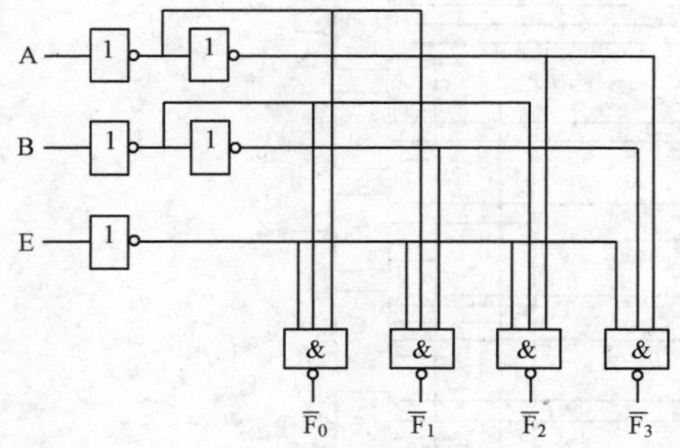

图6-3-1　二变量译码器

当 $ST_A = 1$，$\overline{ST}_B = \overline{ST}_C = 0$ 时，译码器工作。这时输出端 $\overline{F}_0$～$\overline{F}_7$ 的状态由输入变量 A_2、A_1、A_0 决定。即：

$$\overline{F}_0 = \overline{\overline{A}_2\,\overline{A}_1\,\overline{A}_0}$$

$$\overline{F}_1 = \overline{\overline{A}_2\,\overline{A}_1 A_0}$$

$$\overline{F}_2 = \overline{\overline{A}_2 A_1 \overline{A}_0}$$

$$\overline{F}_3=\overline{\overline{A}_2A_1A_0}$$

$$\overline{F}_4=\overline{A_2\overline{A}_1\overline{A}_0}$$

$$\overline{F}_5=\overline{A_2\overline{A}_1A_0}$$

$$\overline{F}_6=\overline{A_2A_1\overline{A}_0}$$

$$\overline{F}_7=\overline{A_2A_1A_0}$$

表 6-3-2　74LS138 译码器真值表

输入					输出							
ST_A	$\overline{ST}_B+\overline{ST}_C$	A_2	A_1	A_0	$\overline{F}_0$	$\overline{F}_1$	$\overline{F}_2$	$\overline{F}_3$	$\overline{F}_4$	$\overline{F}_5$	$\overline{F}_6$	$\overline{F}_7$
×	1	×	×	×	1	1	1	1	1	1	1	1
0	×	×	×	×	1	1	1	1	1	1	1	1
1	0	0	0	0	0	1	1	1	1	1	1	1
1	0	0	0	1	1	0	1	1	1	1	1	1
1	0	0	1	0	1	1	0	1	1	1	1	1
1	0	0	1	1	1	1	1	0	1	1	1	1
1	0	1	0	0	1	1	1	1	0	1	1	1
1	0	1	0	1	1	1	1	1	1	0	1	1
1	0	1	1	0	1	1	1	1	1	1	0	1
1	0	1	1	1	1	1	1	1	1	1	1	0

当$ST_A=0$，或$\overline{ST}_B=1$，或$\overline{ST}_C=1$时，译码器处于“禁止”译码状态，输出端$\overline{F}_0\sim\overline{F}_7$均为 1。

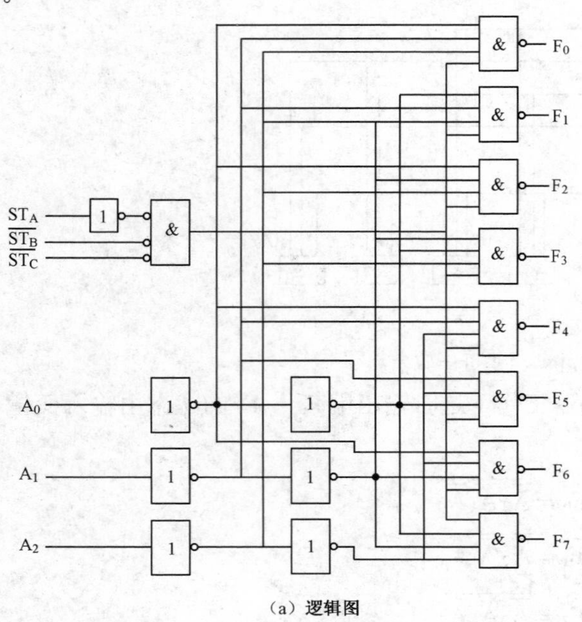

（a）逻辑图

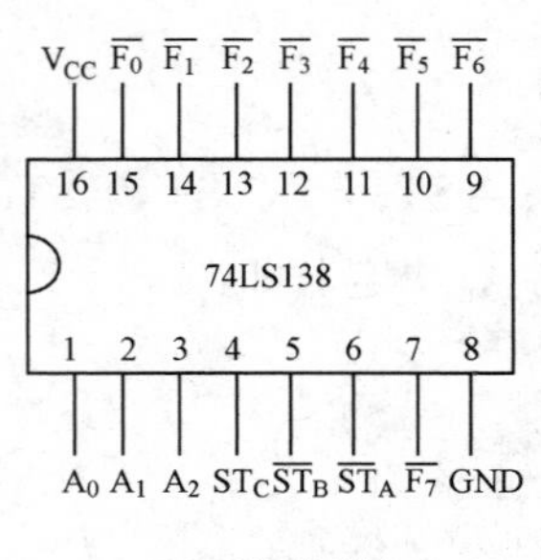

（b）引脚排列图

图6-3-2　74LS138译码器

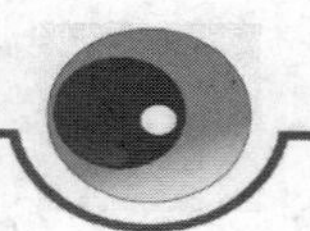

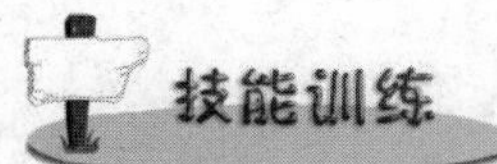

训练项目：74LS138 功能测试与应用

技能目标

（1）熟悉译码器芯片 74LS138 的外型、引脚排列。

（2）测试 74LS138 的逻辑功能，会正确使用 74LS138。

工具、元件和仪器

（1）74LS138 芯片一块。

（2）1kΩ电阻 3 只，100Ω电阻 8 只。

（3）+5V 直流电源。

（4）发光二极管（LED）8 只。

（5）钮子开关 3 只。

（6）亚龙 DS-IIA 电子实验台。

实训步骤

1．接线

按图 6-3-3 接好电路。输入端通过 1kΩ电阻接开关公共端，开关两触点一个接+5V 电源正极，一个接地（+5V 电源负极），以实现输入 0、1 转换。输出端接发光二极管正极，发光二极管负极通过 100Ω电阻接地。集成电路的 V_{CC} 端接+5V 电源正极，GND 接地。使能端接有效电平。

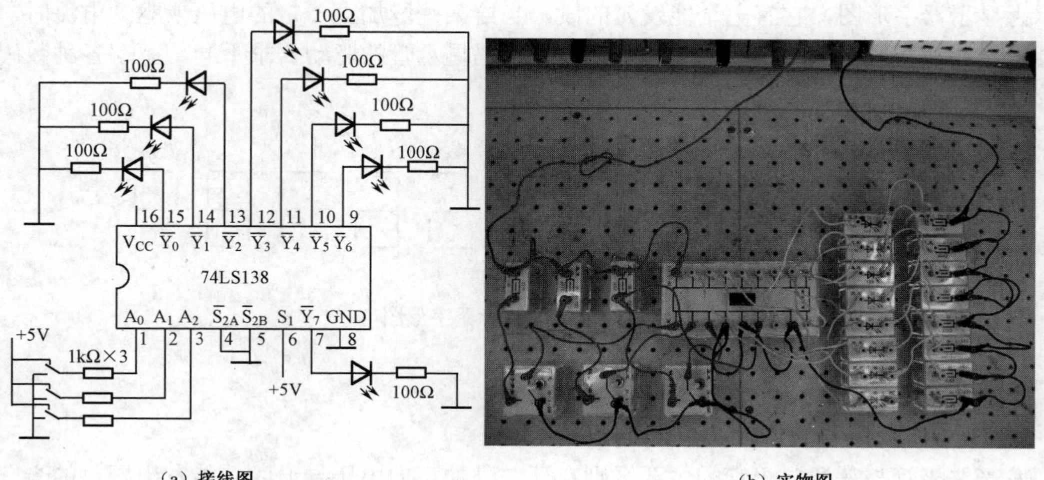

（a）接线图　　（b）实物图

图 6-3-3　接线图和实物图

2．调试、测量

按表 6-3-3 给 $A_2A_1A_0$ 置值，填写表格（灯亮为 1，不亮为 0）。

表 6-3-3　74LS138 测试表

输入			输出							
A_2	A_1	A_0	$\overline{Y}_0$	$\overline{Y}_1$	$\overline{Y}_2$	$\overline{Y}_3$	$\overline{Y}_4$	$\overline{Y}_5$	$\overline{Y}_6$	$\overline{Y}_7$
0	0	0								
0	0	1								
0	1	0								
0	1	1								
1	0	0								
1	0	1								
1	1	0								
1	1	1								

训练拓展

1．输出有效电平是高电平还是低电平？

2．输出有效电平端与输入代码有何对应关系？

二、显示译码器

在数字系统中，运算、操作的对象主要是二进制数码。人们往往希望把运算或操作的结果用十进制数直观地显示出来，因此数字显示电路就成为此数字系统的一个组成部分。

数字显示器件的种类较多，主要有半导体发光二极管显示器、液晶显示器等。显示的字形是由显示器的各段组合成数字 0～9，或者其他符号。我国字形管标准为七段字形。如图 6-3-4 所示为显示器字形图，它有七个能发光的段，当给某些段加上一定的电压或驱动电流时，它就会发光，从而显示出相应的字形。由于各种数码显示管的驱动要求不同，驱动各种数码显示管的译码器也不同。

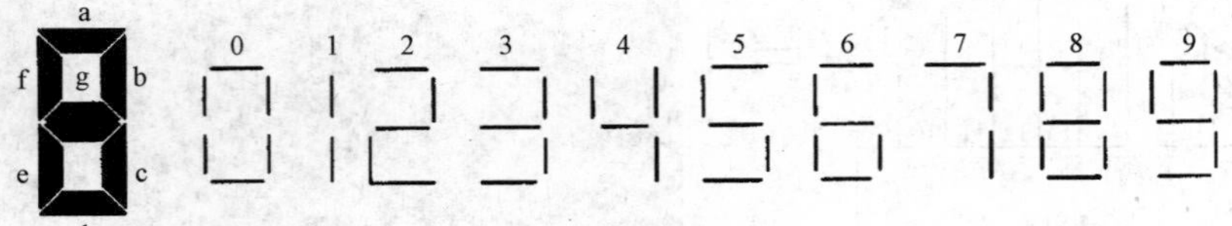

图6-3-4　七段显示器字形图

1．常用的数码显示器

1）半导体发光二极管显示器（LED 数字显示器）

发光二极管与普通二极管的主要区别在于它外加正向电压导通时，能发出醒目的光。发光二极管工作时要加驱动电流。驱动电路通常采用与非门，由低电平驱动和高电平驱动，如图 6-3-5 所示，Rs 为限流电阻，调节 Rs 的大小可以改变流过发光二极管的电流，从而控制

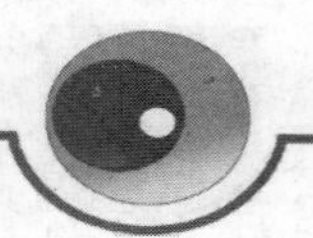

发光二极管的亮度。

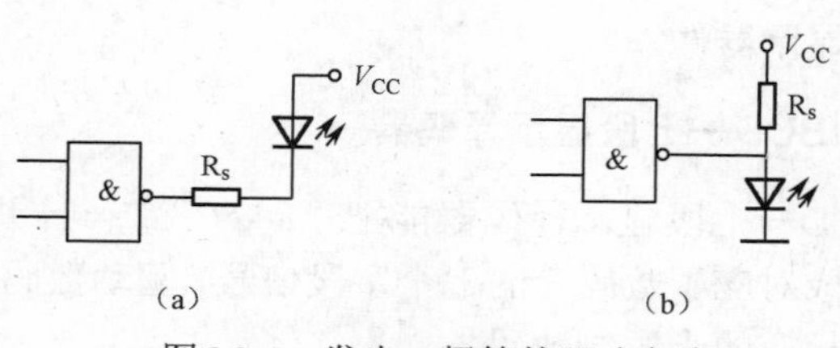

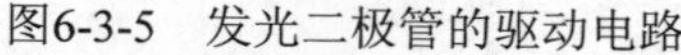

图6-3-5 发光二极管的驱动电路

图6-3-6 LED数字显示器外形图

LED 数字显示器又称数码管，它由七段发光二极管封装组成，它们排列成“日”字形，如图 6-3-7 所示，其外形如图 6-3-6 所示。

LED 数码管各引脚说明：

a、b、c、d、e、f、g——字形七段输入端。

DP——小数点输入端。

V_{CC}——电源。

GND——接地。

LED 数码管内部发光二极管的接法有两种：共阳极接法和共阴极接法，如图 6-3-7 所示。

共阳极接法时将 LED 显示器中七个发光二极管的阳极共同连接，并接到电源。若要某段发光，该段相应的发光二极管阴极须经限流电阻 R 接低电平，如图 6-3-7（d）所示。

共阴极接法是将 LED 显示器中七个发光二极管的阴极共同连接，并接地。若要某段发光，该段相应的发光二极管阳极应经限流电阻 R 接高电平，如图 6-3-7（b）所示。

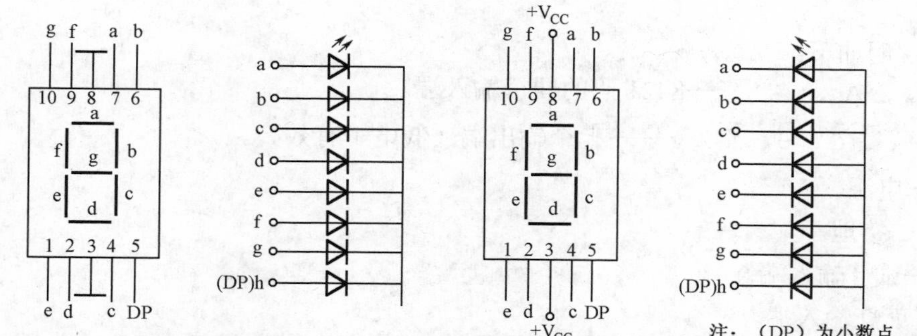

（a）共阴极LED引脚排列图 （b）共阴极LED内部接线图 （c）共阳极LED引脚排列图 （d）共阳极LED内部接线图

图6-3-7 LED数码管

2）液晶显示器

液晶显示器通常简称 LCD。液晶是一种介于固体和液体之间的有机化合物，它和液体一样可以流动，但在不同方向上的光学特性不同，具有类似于晶体的性质，故称这类物质为液晶。

液晶显示器是一种新型平板薄型显示器件，如图 6-3-8。液晶显示器本身不发光，它是用电来控制光在显示部位的反射和不反射（光被吸收）而实现显示的。正因为如此，LCD 工作电压低（2～6V）、功耗小（$1\mu W/cm^2$ 以下），能与 CMOS 电路匹配。LCD 显示柔和、字迹

图 6-3-8　液晶显示器

清晰、体积小、重量轻、可靠性高、寿命长，自问世以来，其发展速度之快、应用之广，远远超过了其他发光型显示器件。

2．BCD—七段显示译码器

BCD－七段显示译码器能把“8421”二一十进制代码译成对应于数码管的七个字段信号，驱动数码管，显示出相应的十进制数码。

BCD－七段显示译码器品种很多，其功能也不尽相同，下面以共阳极显示译码器 CT74LS247 为例，对它的各功能做一些简单的分析，CT74LS247 译码器的外形如图 6-3-9 所示，其引脚排列如图 6-3-10 所示。

图6-3-9　CT74LS247译码器外形图

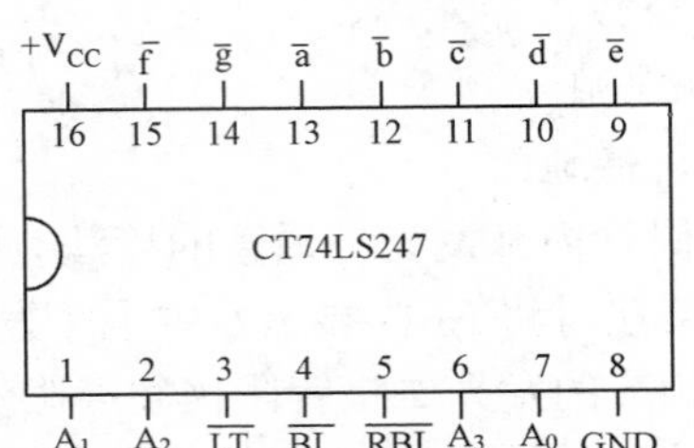

图6-3-10　CT74LS247译码器的引脚排列

各引脚说明如下：

A_3、A_2、A_1、A_0 ——8421 码的四个输入端。

$\overline{a}$、$\overline{b}$、$\overline{c}$、$\overline{d}$、$\overline{e}$、$\overline{f}$、$\overline{g}$——七个输出端（低电平有效）。

V_{CC}——电源。

GND——接地。

$\overline{LT}$ ——试灯输入端。

$\overline{BI}$——灭灯输入端。

$\overline{RBI}$——灭 0 输入端。

A_3、A_2、A_1、A_0 是 842lBCD 码输入端，$\overline{a}$、$\overline{b}$、$\overline{c}$、$\overline{d}$、$\overline{e}$、$\overline{f}$、$\overline{g}$ 为译码输出端，它们分别与七段显示器的各段相连接。当 A_3 A_2 A_1 A_0=0000 时，$\overline{a}=\overline{b}=\overline{c}=\overline{d}=\overline{e}=\overline{f}=0$，只有 $\overline{g}=1$。所以，七段显示器的 a、b、c、d、e、f 段分别发亮，而 g 段不亮，七段显示器显示“0”。

当 A_3 A_2 A_1 A_0=0001 时，$\overline{b}=\overline{c}=0$，而 $\overline{a}=\overline{d}=\overline{e}=\overline{f}=\overline{g}=1$，七段显示器的 b、c 发亮，而 a、d、g、f、g 不亮，七段显示器显示“1”。依此类推，就可以得到如表 6-3-4 所示的 CT74LS247 译码器功能表。

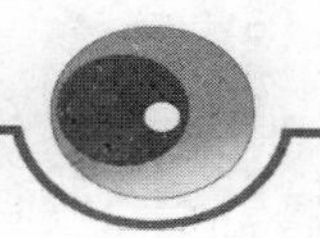

表 6-3-4　CT74LS247 译码器功能表

功能和十进制数	输入							输出笔划段状态							显示字符
	$\overline{LT}$	$\overline{RBI}$	$\overline{BI}$	D	C	B	A	$\overline{a}$	$\overline{b}$	$\overline{c}$	$\overline{d}$	$\overline{e}$	$\overline{f}$	$\overline{g}$	8
试灯	0	×	1	×	×	×	×	0	0	0	0	0	0	0	全灭
灭灯	×	×	0	×	×	×	×	1	1	1	1	1	1	1	灭 0
灭 0	1	0	1	0	0	0	0	1	1	1	1	1	1	1	
0	1	1	1	0	0	0	0	0	0	0	0	0	0	1	0
1	1	×	1	0	0	0	1	1	0	0	1	1	1	1	1
2	1	×	1	0	0	1	0	0	0	1	0	0	1	0	2
3	1	×	1	0	0	1	1	0	0	0	0	1	1	0	3
4	1	×	1	0	1	0	0	1	0	0	1	1	0	0	4
5	1	×	1	0	1	0	1	0	1	0	0	1	0	0	5
6	1	×	1	0	1	1	0	0	1	0	0	0	0	0	6
7	1	×	1	0	1	1	1	0	0	0	1	1	1	1	7
8	1	×	1	1	0	0	0	0	0	0	0	0	0	0	8
9	1	×	1	1	0	0	1	0	0	0	0	1	0	0	9

常用的共阴极显示译码器有：74LS347、74LS48、74LS49、CD4056、CC4511、CC14513、MC14544 等。

常用的共阳极显示译码器有：74LS247、74LS248、74LS429、74LS47、74LS447 等。

常用的液晶显示译码器有：C306、CC4055、CCl4543 等。

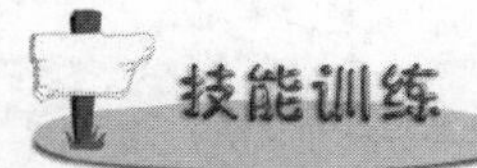

课题 4　训练项目：三人表决器的制作

技能目标

（1）掌握基本的手工焊接技术。

（2）能熟练在万能印制电路板上进行合理布局布线。

（3）掌握组合逻辑电路的设计与功能测试。

（4）熟悉全加器的逻辑功能。

工具、元件和仪器

（1）电烙铁等常用电子装配工具。

（2）CD4011、CD4023、电阻等。

（3）万用表。

1. 三人表决器使用组合逻辑电路的设计和实现方法

1）根据题意列出真值表

三个输入（0 表示同意，1 表示不同意），一个输出（0 表示通过，1 表示不通过），根据题意两人以上同意即可通过，那么得到下面的真值表：

表 6-4-1　真值表

A	B	C	Y
0	0	0	0
0	0	1	0
0	1	0	0
0	1	1	1
1	0	0	0
1	0	1	1
1	1	0	1
1	1	1	1

2）根据真值表写出逻辑表达式

$$
\begin{aligned}
Y &= \overline{A}BC + A\overline{B}C + AB\overline{C} + ABC \\
&= AC + AB + BC \\
&= \overline{\overline{AC}\cdot\overline{AB}\cdot\overline{BC}}
\end{aligned}
$$

3）根据逻辑表达式画出逻辑电路图（见图 6-4-1）

4）进一步完善电路原理图（见图 6-4-2）

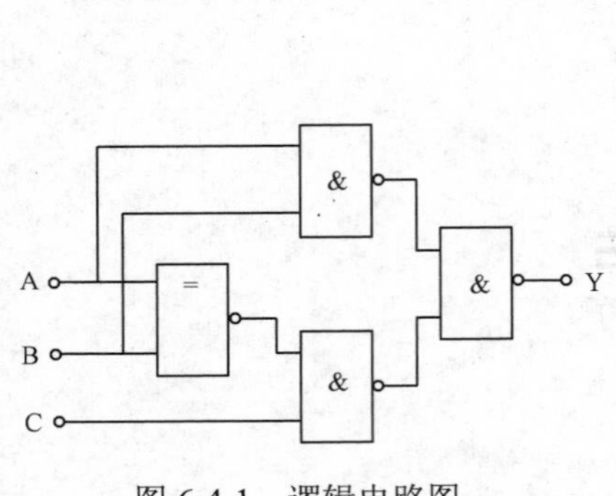

图 6-4-1　逻辑电路图

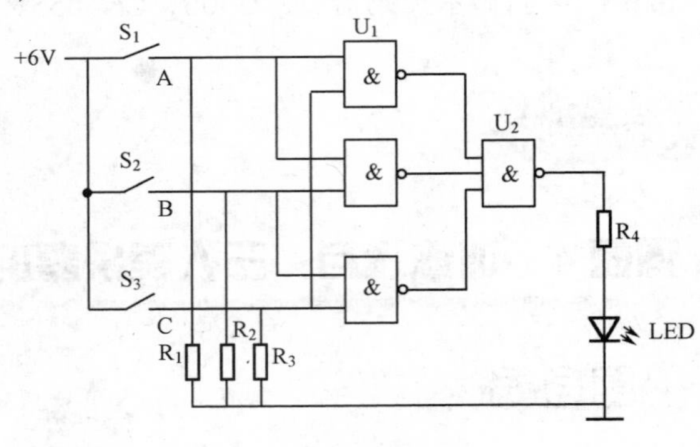

图 6-4-2　电路原理图

2. 装配要求和方法

工艺流程：准备→熟悉工艺要求→绘制装配草图→核对元件数量、规格、型号→元件检测→元器件预加工→装配、焊接→总装加工→自检。

（1）准备：将工作台整理有序，工具摆放合理，准备好必要的物品。

（2）熟悉工艺要求：认真阅读电路原理图和工艺要求。

（3）绘制装配草图，如图 6-4-3 所示。

（4）清点元件：按表 6-4-2 配套明细表核对元件的数量和规格，应符合工艺要求，如有

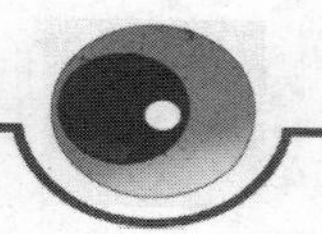

短缺、差错应及时补缺和更换。

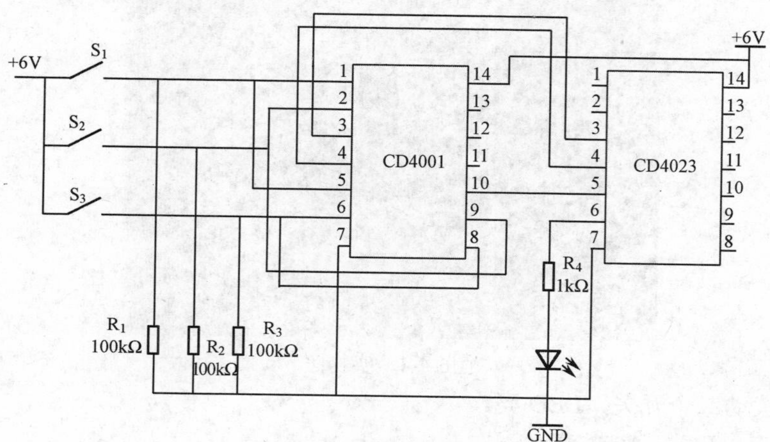

图 6-4-3　装配草图

表 6-4-2　元件清单

代号	品　名	型号/规格	数量
U_1	数字集成电路	CD4011	1
U_2	数字集成电路	CD4023	1
K_1~K_3	拨动开关		3
R_1~R_3	碳膜电阻	100kΩ	3
R_4	碳膜电阻	1kΩ	1
LED	发光二极管	红色	1

（5）元件检测：用万用表的电阻挡对元器件进行逐一检测，对不符合质量要求的元器件剔除并更换。

（6）元件预加工。

（7）万能电路板装配工艺要求。

① 电阻采用水平安装方式，紧贴印制板，色码方向一致。

② 发光二极管采用垂直安装方式，高度要求底部离板 8mm。

③ 所有焊点均采用直脚焊，焊接完成后剪去多余引脚，留头在焊面以上 0.5～1mm，且不能损伤焊接面。

④ 万能接线板布线应正确、平直，转角处成直角；焊接可靠，无漏焊、短路等现象。

（8）自检：对已完成的装配、焊接的工件仔细检查质量，重点是装配的准确性，包括元件位置、电源变压器的绕组等；焊点质量应无虚焊、假焊、漏焊、搭焊及空隙、毛刺等；检查有无影响安全性能指标的缺陷；元件整形。实物图如图 6-4-4 所示。

3. 调试、测量

（1）不拨动开关，LED 不亮。

（2）任意拨动一个开关，LED 不亮。

图6-4-4　实物图

（3）任意拨动二个开关，LED 亮。

（4）拨动三个开关，LED 亮。

4. 课题考核评价表

表 6-4-3　考核评价表

评价指标	评价要点	评价结果				
		优	良	中	合格	差
理论知识	1.组合逻辑电路知识掌握情况					
	2.设计方法正确与否，思路是否清晰					
	2.装配草图绘制情况					
技能水平	1.元件识别与清点					
	2.课题工艺情况					
	3.课题调试测量情况					
安全操作	能否按照安全操作规程操作，有无发生安全事故，有无损坏仪表					

总评	评别	优	良	中	合格	差	总评得分	
		100～88	87～75	74～65	64～55	≤54		

思考与练习

一、选择题

1. 以下表达式中符合逻辑运算法则的是＿＿＿＿＿。

A. $C \cdot C = C^2$　　B. $1+1=10$　　C. $0<1$　　D. $A+1=1$

2. 逻辑变量的取值 1 和 0 可以表示：＿＿＿＿＿。

A. 开关的闭合、断开　　B. 电位的高、低　　C. 真与假　　D. 电流的有、无

3. 当逻辑函数有 n 个变量时，共有＿＿＿个变量取值组合。

A. n　　B. $2n$　　C. n^2　　D. 2^n

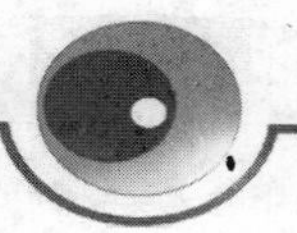

4. 逻辑函数的表示方法中具有唯一性的是_______。

A. 真值表　B. 表达式　C. 逻辑图　D. 卡诺图

5. F=$A\overline{B}$+BD+CDE+$\overline{A}$D= ________________。

A. $A\overline{B}+D$　B. $(A+\overline{B})D$　C. $(A+D)(\overline{B}+D)$　D. $(A+D)(B+\overline{D})$

6. 逻辑函数 F=$A\oplus(A\oplus B)$ =_________。

A. B　B. A　C. $A\oplus B$　D. $\overline{A\oplus B}$

7. A+BC=_______。

A. A+B　B. A+C　C. （A+B）（A+C）　D. B+C

8. 已知逻辑函数 F=AB+CD，可以肯定使 F=1 的状态________。

A. A=0，BC=1，D=0　B. A=0，BD=l，C=0

C. AB=l，C=0，D=0　D. A=0，AC=l，D=0

9. 能将输入信号转变为二进制代码的电路称为_________。

A. 译码器　B. 编码器　C. 数据选择器　D. 数据分配器

10. 优先编码器同时有两个输入信号时，是按_______ 的输入信号编码。

A. 高电平　B. 低电平　C. 高频率　D. 高优先级

11. 2-4 线译码器有_________。

A. 2 条输入线，4 条输出线　B. 4 条输入线，2 条输出线

C. 4 条输入线，8 条输出线　D. 8 条输入线，2 条输出线

12. 半导体数码管是由________排列成显示数字。

A. 小灯泡　B. 液态晶体　C. 辉光器件　D. 发光二极管

二、判断题

1. 数字电路中用“1”和“0”分别表示两种状态，二者无大小之分。(　)
2. 逻辑变量的取值，1 比 0 大。(　)
3. 异或函数与同或函数在逻辑上互为反函数。(　)
4. 若两个函数具有相同的真值表，则两个逻辑函数必然相等。(　)
5. 若两个函数具有不同的真值表，则两个逻辑函数必然不相等。(　)
6. 若两个函数具有不同的逻辑函数式，则两个逻辑函数必然不相等。(　)
7. 逻辑函数的对偶式再作对偶变换则还原为它本身。(　)
8. 逻辑函数 Y=$A\overline{B}+\overline{A}B+\overline{B}C+B\overline{C}$ 已是最简与或表达式。(　)
9. 因为逻辑表达式 $A\overline{B}+\overline{A}B$+AB=A+B+AB 成立，所以 $A\overline{B}+\overline{A}B$= A+B 成立。(　)
10. 对逻辑函数 Y=$A\overline{B}+\overline{A}B+\overline{B}C+B\overline{C}$ 利用代入规则，令 A=BC 代入，得 Y= $BC\overline{B}+\overline{BC}B+\overline{B}C+B\overline{C}=\overline{B}C+B\overline{C}$ 成立。(　)

三、填空题

1. 逻辑代数又称为________代数。最基本的逻辑关系有_______、________、_________三种。常用的几种导出的逻辑运算为__________、________、_______________、__________。

2. 逻辑函数的常用表示方法有_________、_________、__________。

3．逻辑代数中与普通代数相似的定律有________、________、________。摩根定律又称为________。

4．摩根定律表示式为 $\overline{A+B}=$________，$\overline{A\cdot B}=$__________。

5．逻辑函数 $F=\overline{A}\ \overline{B}\ \overline{C}\ \overline{D}+A+B+C+D=$______________。

6．逻辑函数 $F=\overline{A\overline{B}+\overline{A}B+\overline{AB}+AB}=$__________。

四、综合题

1．用公式法化简下列逻辑函数。

（1）$A\cdot\overline{B}\cdot C+\overline{A}\cdot B\cdot C+A\cdot B\cdot C+\overline{A}\cdot\overline{B}\cdot C$

（2）$\overline{A}\cdot\overline{B}+A\cdot B+\overline{A}\cdot\overline{B}\cdot C+A\cdot B\cdot C$

（3）$A\cdot\overline{B}+\overline{A}\cdot C+B\cdot C$

（4）$A\cdot\overline{B}+\overline{B}\cdot C+B\cdot\overline{C}+\overline{A}\cdot B$

2．写出如图 6-4-5（a）、（b）所示各电路的逻辑表达式，并化简之。

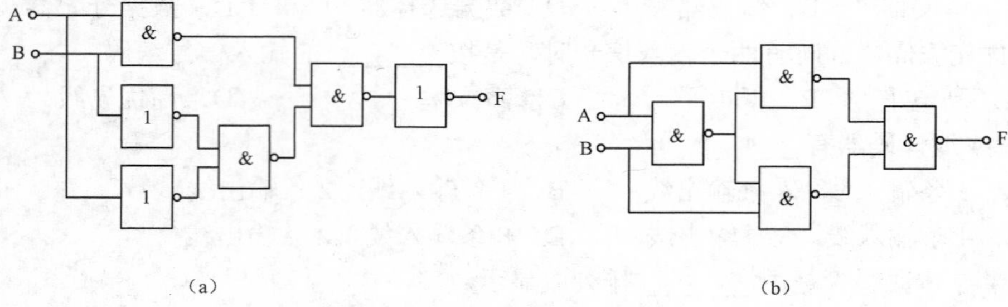

图6-4-5

3．写出如图 6-4-6 所示三图的逻辑表达式。

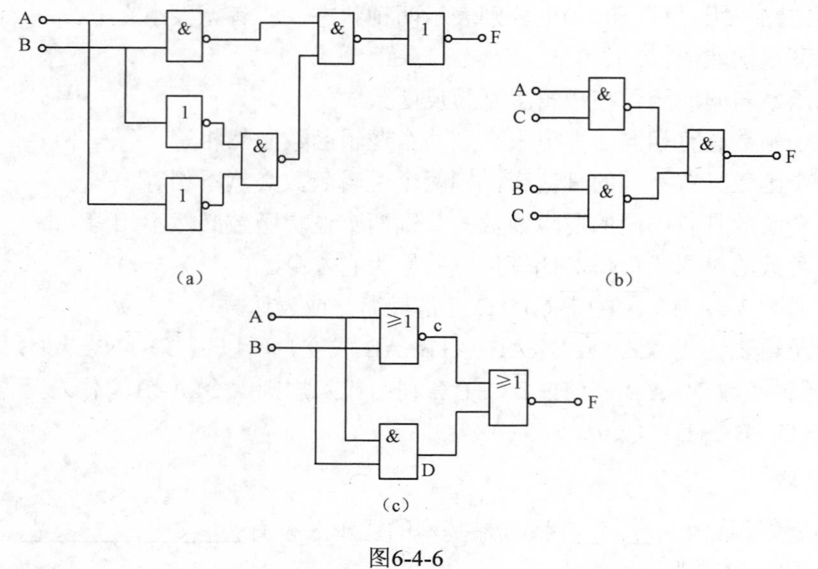

图6-4-6

4．已知某逻辑函数的真值表如表 6-4-4 所示。试写出 F 的表达式。

表 6-4-4

A	B	C	F
0	0	0	0
0	0	1	1
0	1	0	1
0	1	1	0
1	0	0	1
1	0	1	0
1	1	0	0
1	1	1	1

表 6-4-5

A	B	C	F_1	F_2
0	0	0	1	0
0	0	1	1	0
0	1	0	0	1
0	1	1	0	1
1	0	0	1	0
1	0	1	1	0
1	1	0	0	1
1	1	1	0	1

5．根据表 6-4-5 的真值表，分别写出 F_1、F_2 的表达式，并说明 F_1、F_2 的逻辑关系。

6．根据下列各逻辑表达式画出逻辑图。

（1）$F=(A+B)\cdot C$

（2）$F=A\cdot B+B\cdot C$

（3）$F=(A+B)\cdot(A+C)$

（4）$F=A+B\cdot C$

（5）$F=A\cdot(B+C)+B\cdot C$

7．试分析图 6-4-7 电路的逻辑功能。

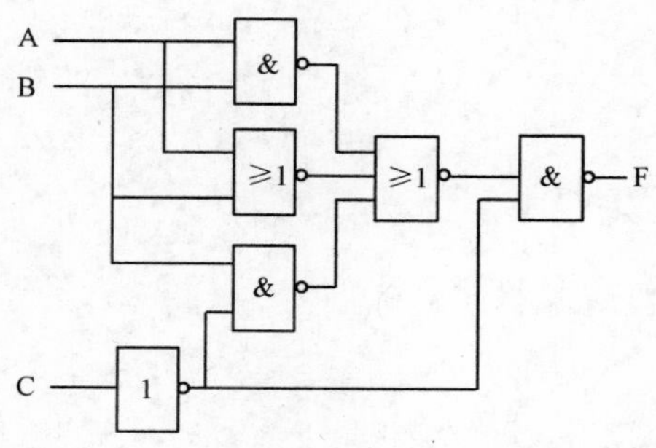

A
B
=1
=1
F
C
D
=1

图6-4-7

8．试分析图 6-4-8 电路的逻辑功能。

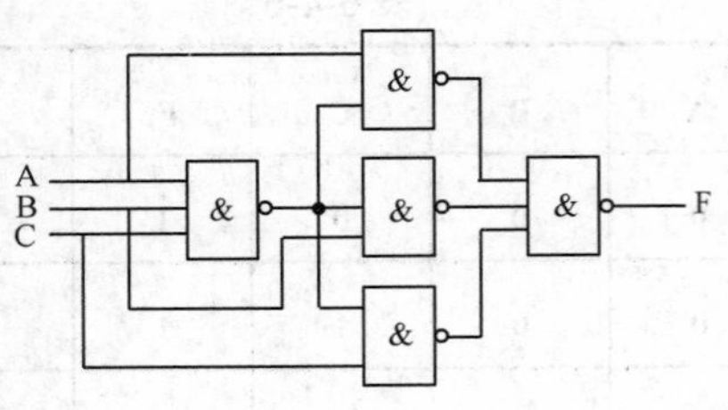

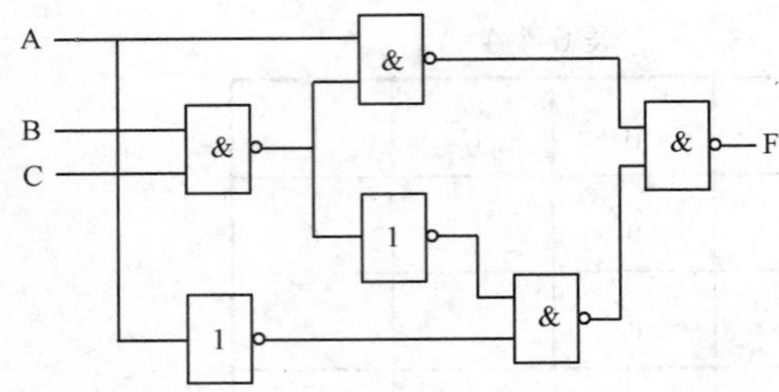

图6-4-8

模块 7　触　发　器

任务导入

在生活中我们常遇到多个用户申请同一服务，而服务者在同一时间只能服务于一个用户的情况，这时就需要把其他用户的申请信息先存起来，然后再进行服务。其中将用户的申请信息先存起来的功能需要使用具有记忆功能的部件。在数字电路中，也同样会有这样的问题。如要对二值（0、1）信号进行逻辑运算，常要将这些信号和运算结果保存起来。因此，也需要使用具有记忆功能的基本单元电路。

前面所学过的电路是组合逻辑电路，其输出只与当时的输入有关，与电路过去的输入无关。本模块所介绍的电路某一时刻的输出状态不仅与当时的输入状态有关，还与电路原来的状态有关，具有记忆功能。这类电路一般由门电路和触发器组成，称为时序逻辑电路。本任务主要学习触发器及由触发器组成的典型时序逻辑电路。

课题 1　RS 触发器

学习目标

(1) 了解基本 RS 触发器的电路组成，通过实验掌握 RS 触发器所能实现的逻辑功能。
(2) 了解同步 RS 触发器的特点、时钟脉冲的作用，了解逻辑功能。

内容提要

触发器是具有记忆功能、能存储数字信息的最常用的一种基本单元电路。按结构的不同，触发器可以分为两大类：基本触发器和时钟触发器。了解基本 RS 触发器的电路组成、逻辑功能是正确使用 RS 触发器的基础。

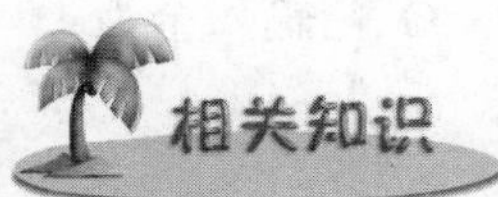

一、基本 RS 触发器

基本 RS 触发器是构成各种功能触发器最基本的单元，可以用来表示和存储一位二进制数码。

1．“与非”型基本 RS 触发器

1）电路组成

“与非”型基本 RS 触发器由两个与非门 G_1、G_2 交叉相连而成，如图 7-1-1（a）所示，图 7-1-1（b）图为逻辑符号。图中 $\overline{R}$ 、$\overline{S}$ 为触发器的输入端，字母上面的反号及符号图上 $\overline{R}$ 、$\overline{S}$ 端的圆圈表示低电平有效。Q 和 $\overline{Q}$ 是触发器的两个输出端，正常工作时这两个输出端状态相反。触发器的输出状态有两个：0 态（通常规定 Q=0，$\overline{Q}$=1 时）和 1 态（Q=1，$\overline{Q}$=0 时）。

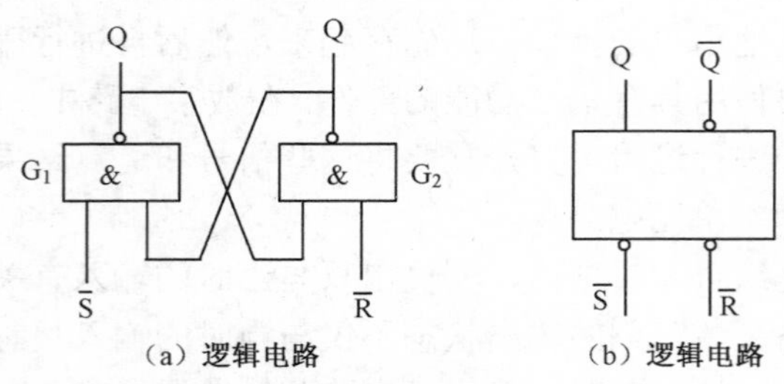

（a）逻辑电路　　（b）逻辑电路

图7-1-1　“与非型”基本RS触发器

2）逻辑功能

根据 $\overline{R}$ 、$\overline{S}$ 输入的不同，可以得出基本 RS 触发器的逻辑功能：

（1）$\overline{R}=\overline{S}=1$ 时，触发器保持原状态不变。

当 $\overline{R}=\overline{S}=1$ 时，电路可有两个稳定状态 0 态和 1 态。如果电路处于 0 态即 $Q=0$、$\overline{Q}=1$ 时，$\overline{Q}$ 反馈到 G_1 输入端，G_1 的两个输入端均为 1，使 Q 为低电平 0，Q 反馈到 G2，由于这时 $\overline{R}=1$，使 $\overline{Q}$ 为高电平 1，保证了 $Q=0$，电路保持 0 态。如果电路处于 1 态即 $Q=1$、$\overline{Q}=0$ 时，Q 反馈到 G_2 输入端，使 $\overline{Q}$ 为低电平 0，$\overline{Q}$ 反馈到 G_1 的输入端，由于这时 $\overline{S}=1$，使 Q 为高电平 1，保持 $\overline{Q}=0$，电路保持 1 态。可见，触发器保持原状态不变，也就是触发器将原有的状态存储起来，即通常所说的触发器具有记忆功能。

（2）$\overline{R}=1$、$\overline{S}=0$ 时，触发器被置成 1 态。

由于 $\overline{S}=0$（即在 $\overline{S}$ 端加有低电平触发信号），G_1 门的输出 Q=1，G_2 的输入全为 1，$\overline{Q}=0$，即触发器被置成 1 状态。因此称 $\overline{S}$ 端为置 1 输入端，又称置位端。

（3）$\overline{R}=0$、$\overline{S}=1$ 时，触发器被置成 0 态。

由于 $\overline{R}=0$（即在 $\overline{R}$ 端加有低电平触发信号）时，G_2 门的输出 $\overline{Q}=1$，G_1 门输入全为 1，$Q=0$，即触发器被置成 0 态。因此称 $\overline{R}$ 端为置 0 输入端，又称复位端。

（4）$\overline{R}=0$、$\overline{S}=0$ 时，触发器状态不定。

当 $\overline{R}=0$、$\overline{S}=0$（即在 $\overline{R}$ 、$\overline{S}$ 端同时加有低电平触发信号）时，G_1 和 G_2 门的输出 $Q=\overline{Q}=1$，这在 RS 触发器中属于不正常状态。这是因为在这种情况下，当 $\overline{R}=\overline{S}=0$ 的信号同时消失变为高电平时，由于无法预知 G_1、G_2 门延迟时间的差异，故触发器转换到什么状态将不能确

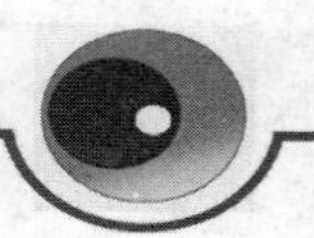

定，可能为 1 态，也可能为 0 态。因此，对于这种随机性的不定输出，在使用中是不允许出现的，应予以避免。

由上述可见，“与非”型基本 RS 触发器具有保持、置 0 和置 1 的逻辑功能。

3）真值表

由“与非”型基本 RS 触发器的逻辑功能可列出其真值表，如表 7-1-1 所示。

表 7-1-1　“与非”型基本 RS 触发器

$\overline{R}$	$\overline{S}$	Q^{n+1}	逻辑功能
0	0	不定	避免
0	1	0	置 0
1	0	1	置 1
1	1	Q^n	保持

表中 Q^n 称为现态或初态，指的是输入信号作用之前触发器的状态，Q^{n+1} 称为次态，指的是输入信号作用之后触发器的状态。

4）时序图（又称波形图）

时序图是以输出状态随时间变化的波形图的方式来描述触发器的逻辑功能。用波形图的形式可以形象地表达输入信号、输出信号、电路状态等的取值在时间上的对应关系。在图 7-1-1（a）所示电路中，假设触发器的初始状态为 $Q=0$、$\overline{Q}=1$，触发信号 $\overline{R}$、$\overline{S}$ 的波形已知，则 Q 和 $\overline{Q}$ 的波形如图 7-1-2 所示。

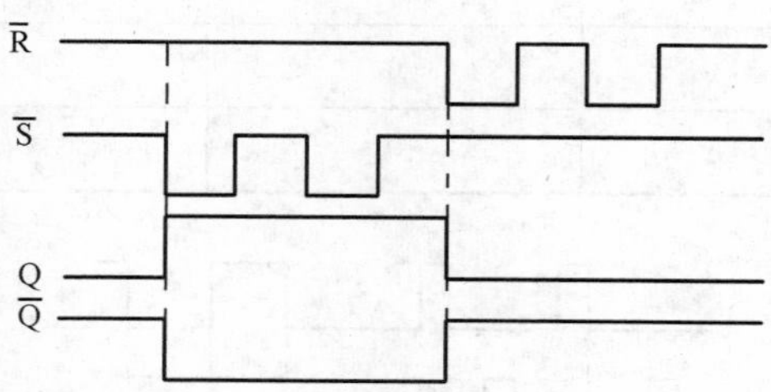

图7-1-2　“与非”型基本RS触发器时序图

2．“或非”型基本 RS 触发器

1）电路组成

基本 RS 触发器除了可用上述与非门组成外，也可以利用两个或非门来组成，其逻辑图和逻辑符号如图 7-1-3 所示。在这种基本 RS 触发器中，触发输入端 R、S 通常处于低电平状态，当有触发信号输入时变为高电平。Q 和 $\overline{Q}$ 是触发器的两个互补输出端。

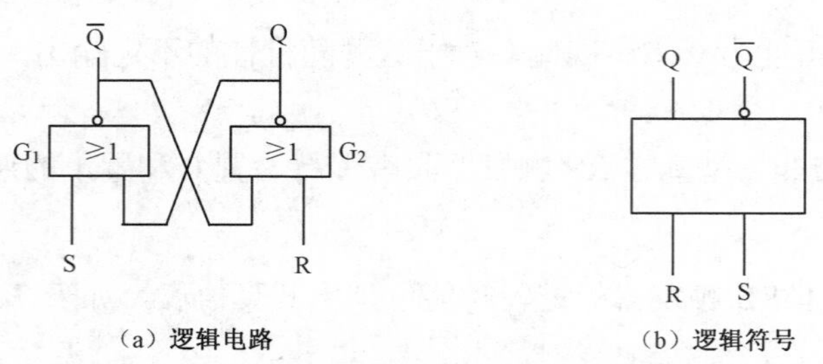

（a）逻辑电路　　（b）逻辑符号

图7-1-3 “或非型”基本RS触发器

2）逻辑功能

根据R、S输入的不同，可以得出“或非型”基本RS触发器的逻辑功能：

（1）当R＝0、S＝0时，触发器保持原状态不变。

（2）当R＝0、S＝1时，即在S端输入高电平，不论原有Q为何状态，触发器都置1。

（3）当R＝1、S＝0时，即在R端输入高电平，不论原有Q为何状态，触发器都置0。

（4）当R＝1、S＝1时，即在R、S端同时输入高电平，两个或非门的输出全为0，当两输入端的高电平同时消失时，由于或非门延迟时间的差异，触发器的输出状态是1态还是0态将不能确定，即状态不定，因此应当避免这种情况。

根据上述逻辑关系，可以列出由或非门组成的基本RS触发器的真值表，如表7-1-2所示，其时序图如图7-1-4所示。

表7-1-2 “或非”型基本RS触发器

R　　S	Q^{n+1}	逻辑功能
0　　0	Q^n	保持
0　　1	1	置1
1　　0	0	置0
1　　1	不定	避免

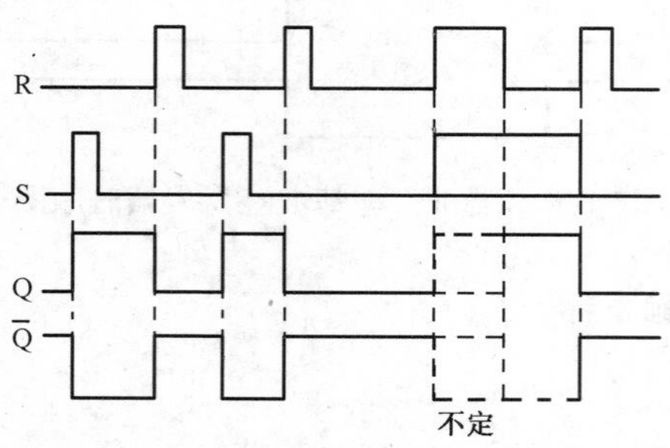

图7-1-4 “或非”型基本RS触发器时序图

3．实际应用

常用的机械开关都有抖动现象，而采用如图7-1-5所示电路，可消除开关的抖动。图7-1-5

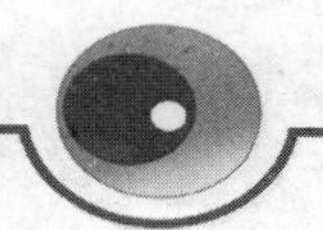

中采用了 RS 触发器后，当开关由 A 扳向 B 时，触点 B 则由于开关的弹性回跳，需要过一段时间才能稳定在低电平，造成 $\overline{S}$ 在 0、1 之间来回变化，如图 7-1-5（b）中的 $\overline{R}$ 、$\overline{S}$ 的波形。尽管如此，但在 $\overline{S}$ 端出现的第一个低电平时，就使 Q 端由 0 状态变为 1 状态，如图 7-1-5（b）所示 Q 端的输出波形。一旦 Q 置 1，即使 $\overline{S}$ 在 0、1 之间来回变化，输出 Q 端都无抖动，也就是说，触发器输出波形无抖动。

4．集成基本 RS 触发器

在实际的数字电路中，CC4043 是由 4 个或非门基本 RS 触发器组成的锁存器集成电路，其引脚排列图如图 7-1-6 所示。其中 NC 表示空脚。CC4043 内包含 4 个基本 RS 触发器。它采用三态单端输出，由芯片的 5 脚 EN 信号控制。电路的核心是或非门结构，输入信号经非门倒相，高电平为有效信号。CC4043 功能如表 7-1-3 所示。

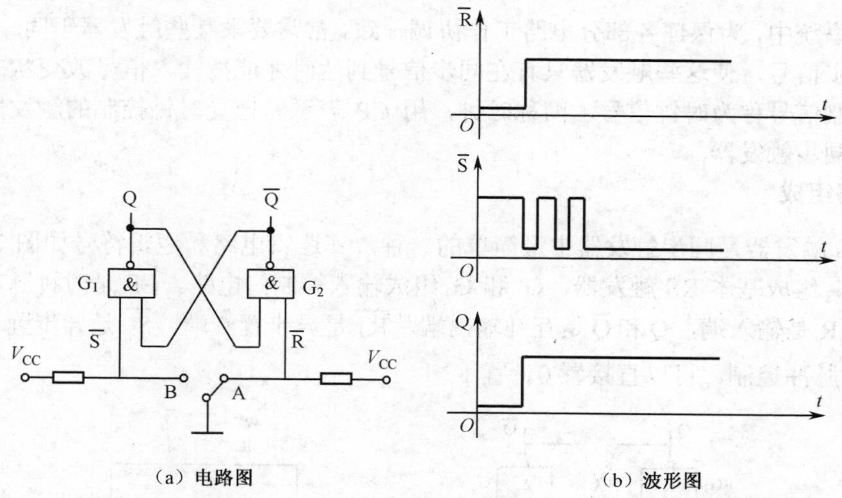

图7-1-5　基本RS触发器输出波形无抖动电路及波形

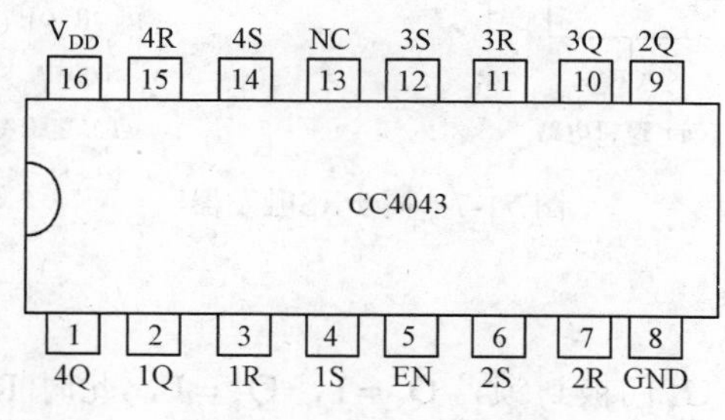

图7-1-6　CC4043引脚图

表 7-1-3　CC4043 功能表

输　入			输　出
S	R	EN	Q
×	×	0	高阻
0	0	1	Q^n（原态）
0	1	1	0
1	0	1	1
1	1	1	1

二、同步 RS 触发器

在数字系统中，为保证各部分电路工作协调一致，常常要求某些触发器于同一时刻动作，为此引入同步信号，使这些触发器只有在同步信号到达时才能按输入信号改变状态。通常把这个同步控制信号称为时钟信号，简称时钟，用 CP 表示。把受时钟控制的触发器统称为时钟触发器或同步触发器。

1．电路组成

同步 RS 触发器是同步触发器中最简单的一种，其逻辑电路和逻辑符号如图 7-1-7 所示。图中 G_1 和 G_2 组成基本 RS 触发器，G_3 和 G_4 组成输入控制门电路。CP 是时钟脉冲的输入控制信号，S、R 是输入端，Q 和 $\overline{Q}$ 是互补输出端。$\overline{R_d}$ 是异步置 0 端，$\overline{S_d}$ 是异步置 1 端，$\overline{R_d}$、$\overline{S_d}$ 不受时钟脉冲控制，可以直接置 0、置 1。

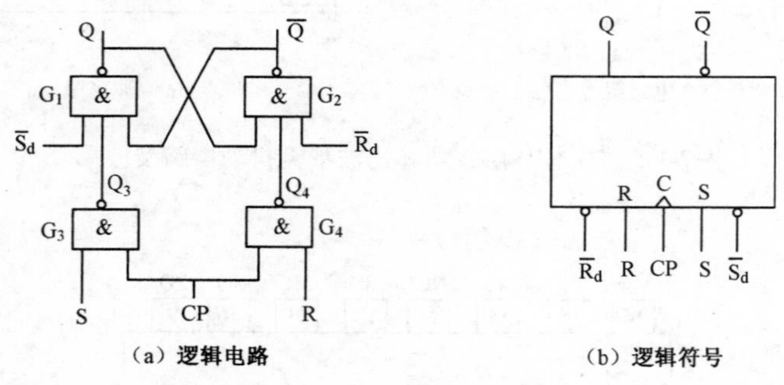

（a）逻辑电路　　（b）逻辑符号

图7-1-7　同步RS触发器

2．逻辑功能

（1）当 CP＝0 时，G_3、G_4 门被封锁，$Q_3=1$，$Q_4=1$，此时 R、S 端的输入不起作用，所以触发器保持原状态不变。

（2）当 CP＝1 时，G_3、G_4 门打开，$Q_3=\overline{S}$，$Q_4=\overline{R}$，触发器将按基本 RS 触发器的规律发生变化。

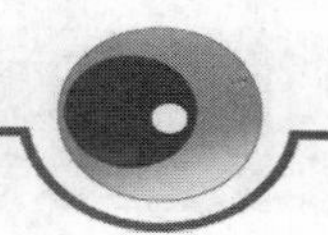

3．真值表

同步 RS 触发器真值表如表 7-1-4 所示。

表 7-1-4　同步 RS 触发器真值表

时钟脉冲 CP	输入信号		输出状态 Q^{n+1}	逻辑功能
	S	R		
0	×	×	Q^n	保持
1	0	0	Q^n	保持
1	0	1	0	置 0
1	1	0	1	置 1
1	1	1	不定	避免

4．同步触发特点

在 CP=l 的全部时间里，R 和 S 的变化均将引起触发器输出端状态的变化。这就是同步 RS 触发器的动作特点。

由此可见，在 CP=1 的期间，输入信号的多次变化，触发器也随之多次变化，这种现象称空翻。空翻现象会造成逻辑上的混乱，使电路无法正常工作。这也是同步 RS 触发器除了存在状态不确定的缺点外，存在的另一个缺点——空翻现象。为了克服上述缺点，后面将介绍功能更加完善的主从 RS 触发器、JK 触发器和 D 触发器。

三、主从 RS 触发器

为提高触发器工作的稳定性，希望在每个 CP 周期里输出端的状态只能改变一次。因此在同步 RS 触发器的基础上设计出了主从结构触发器。主从结构触发器是由两级触发器构成的。其中一级直接接受输入信号，称为主触发器，另一级接收主触发器的输出信号，称为从触发器。两级触发器的时钟信号互补，主触发器接收输入与从触发器改变输出状态分开进行，从而有效地克服了空翻。

主从 RS 触发器的真值表与同步 RS 触发器相同。

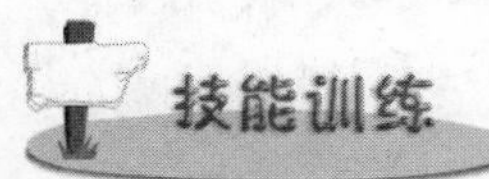

训练项目：基本 RS 触发器逻辑功能测试

技能目标

（1）熟悉基本 RS 触发器芯片的外型、引脚排列。

（2）测试基本 RS 触发器的逻辑功能，学会使用 RS 触发器集成器件。

工具、元件和仪器

（1）74LS00 芯片一块。
（2）1kΩ电阻 4 只，100Ω电阻 4 只。
（3）+5V 直流电源。
（4）发光二极管（LED）3 只。
（5）钮子开关 4 只。
（6）亚龙 DS-IIA 电子实验台。

实训步骤

1．接线

按图 7-1-8 接好电路。选用 74LS00 的两个与门，交叉耦合连接成基本 RS 触发器，信号输入端接开关公共端，开关两触点一个经 1kΩ电阻接+5V 电源正极，一个接地（+5V 电源负极），以实现输入 0、1 转换。输出端接发光二极管正极，发光二极管负极通过 100Ω电阻接地。集成电路的 V_{CC} 端接+5V 电源正极，GND 接地。

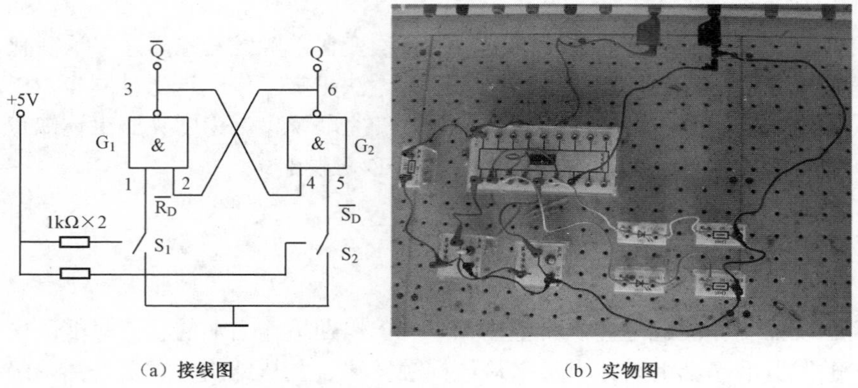

（a）接线图　　（b）实物图

图 7-1-8　接线图和实物图

2．调试、测量

操作开关 S_1、S_2，按表 7-1-5 给 $\overline{R}_D$、$\overline{S}_D$ 置值，填写输出端 Q、$\overline{Q}$ 的状态（灯亮为 1，不亮为 0）。

表 7-1-5　基本 RS 触发器功能测试

$\overline{R}_D$	$\overline{S}_D$	Q	$\overline{Q}$
1	1→0		
	0→1		
1→0	1		
0→1			
0	0		

训练拓展

1. 基本 RS 触发器的逻辑功能有哪些？

2. $\overline{R}_D$=$\overline{S}_D$ = 00 时，输出状态如何？$\overline{R}_D$、$\overline{S}_D$ 由 00 同时变为 11 时输出状态怎样变化？

课题 2 JK 触发器

学习目标

(1) 熟悉 JK 触发器的电路符号，了解 JK 触发器的逻辑功能和边沿触发方式。

(2) 会使用 JK 触发器。

(3) 通过操作，掌握 JK 触发器的逻辑功能。

内容提要

主从 RS 触发器虽然解决了空翻的问题，但输入信号仍需遵守约束条件 RS=0。为了使用方便，希望即使出现 R=S=1 的情况，触发器的次态也是确定的，为此，通过改进触发器的电路结构，设计出了主从 JK 触发器。为了提高触发器工作的可靠性，增强抗干扰能力，产生了边沿 JK 触发器。边沿 JK 触发器只在 CP 的上升沿（或下降沿），根据输入信号的状态翻转，而在 CP=0 或 CP=1 期间，输入信号的变化对触发器的状态没有影响。边沿触发器分为 CP 上升沿触发和 CP 下降沿触发两种，也称正边沿触发和负边沿触发。通过学习，能正确使用各种 JK 触发器。

一、主从 JK 触发器

1. 电路组成和逻辑符号

将主从 RS 触发器的 Q 端和 $\overline{Q}$ 端反馈到 G_7、G_8 的输入端，并将 S 端改称为 J 端，R 端改为 K 端，即构成了主从 JK 触发器。逻辑图如图 7-2-1（a）所示，图 7-2-1（b）所示为逻辑符号。

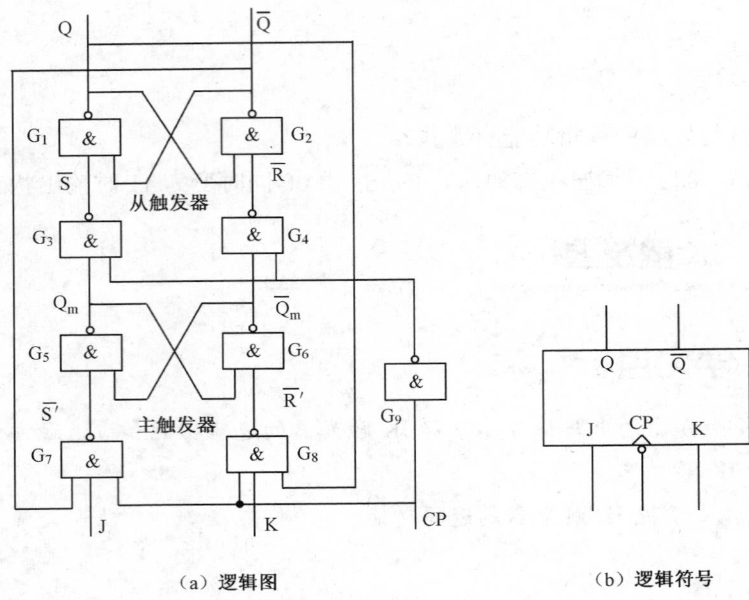

（a）逻辑图　　（b）逻辑符号

图7-2-1　主从JK触发器

2．逻辑功能

（1）J＝1、K＝1时，在CP作用后，触发器的状态总发生一次翻转，具有计数翻转功能

（2）J＝0、K＝1时，无论触发器的初始状态是0还是1，在CP脉冲下降沿到来时，触发器的状态为0态，具有置0功能。

（3）J＝1、K＝0时，无论触发器的初始状态是0还是1，在CP脉冲下降沿到来时，触发器的状态为1态，具有置1功能。

（4）J＝0、K＝0时，在CP脉冲下降沿到来时，触发器保持原来的状态不变，触发器具有保持功能。

表7-2-1　主从JK触发器的真值表

CP	J	K	Q^{n+1}	逻辑功能
↓	0	0	Q^n	保持
↓	0	1	0	置0
↓	1	0	1	置1
↓	1	1	$\overline{Q^n}$	翻转

可见，主从JK触发器是一种具有保持、翻转、置0、置1功能的触发器，其真值表如表7-2-1所示。

【例7-2-1】　已知主从JK触发器的输入CP、J和K的波形，如图7-2-2所示，试画出

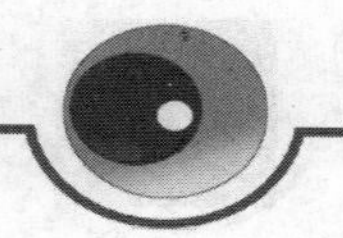

Q 端对应的电压波形。设触发器的初始状态为 0 态。

解：这是一个用已知的 J、K 状态确定 Q 状态的问题。只要根据每个时间里 J、K 的状态，去查真值表中 Q 的相应状态，即可画出输出波形图。得 Q 的波形如图 7-2-2 所示。

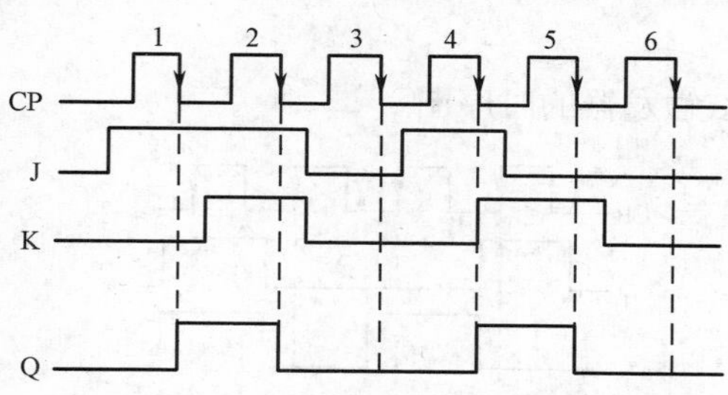

图 7-2-2　例 7-2-1 的输入/输出电压波形图

二、边沿 JK 触发器

1．逻辑符号

图 7-2-3 所示为边沿 JK 触发器的逻辑符号，其中图（a）所示为 CP 上升沿触发型，图（b）所示为 CP 下降沿触发型，除此之外，二者的逻辑功能完全相同。图中，J、K 为触发信号输入端，$\overline{R_d}$、$\overline{S_d}$ 为异步直接复位端和异步直接置位端，二者均为低电平有效，Q 和 $\overline{Q}$ 为互补输出端。

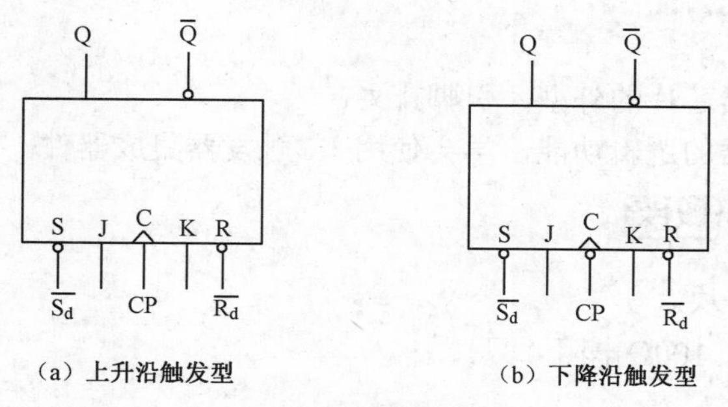

图7-2-3　边沿JK触发器

2．逻辑功能

（1）J＝1、K＝1 时，在 CP 作用后，触发器的状态总发生一次翻转，具有计数翻转功能。

（2）J＝0、K＝1 时，无论触发器的初始状态是 0 还是 1，在 CP 脉冲下降沿（或上升沿）到来时，触发器的状态为 0 态，具有置 0 功能。

（3）J＝1、K＝0 时，无论触发器的初始状态是 0 还是 1，在 CP 脉冲下降沿（或上升沿）到来时，触发器的状态为 1 态，触发器具有置 1 功能。

（4）J＝0、K＝0 时，在 CP 脉冲下降沿（或上升沿）到来时，触发器保持原来的状态不变，触发器具有保持功能。

3．真值表

同主从 JK 触发器。

4．时序图

图 7-2-4 所示为边沿 JK 触发器的时序图

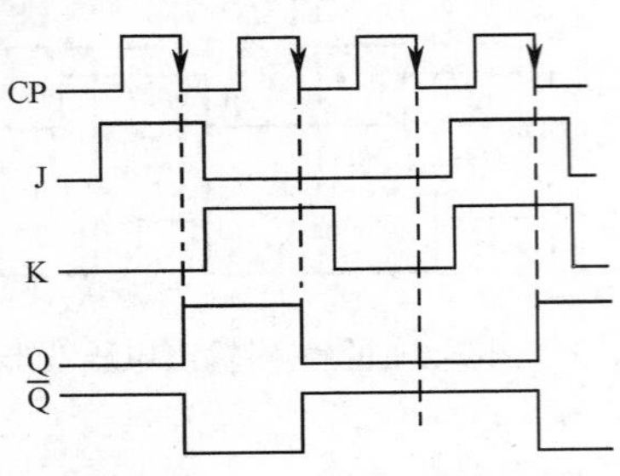

图7-2-4　边沿JK触发器的时序图

训练项目：JK 触发器逻辑功能测试

技能目标

（1）熟悉 JK 触发器芯片的外型、引脚排列。

（2）测试 JK 触发器的逻辑功能，学会使用 JK 触发器集成器件。

工具、元件和仪器

（1）74LS73 芯片一块。

（2）1kΩ电阻 4 只，100Ω电阻 4 只。

（3）+5V 直流电源。

（4）发光二极管（LED）3 只。

（5）钮子开关 4 只。

（6）亚龙 DS-IIA 电子实验台。

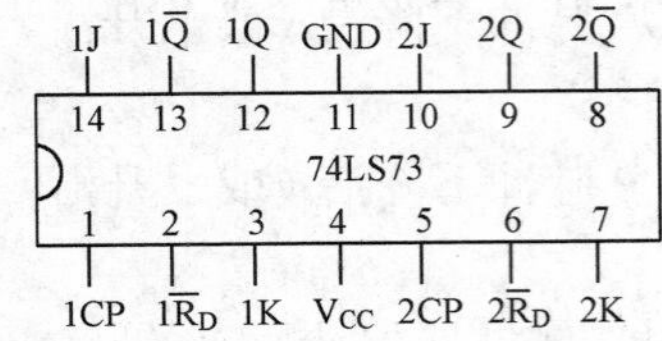

图 7-2-5　74LS73 引脚排列图

实训步骤

1．认识 74LS73

74LS73 是下降沿触发双 JK 触发器，具有置 0、置 1、保持、翻转功能，带异步复位功能，引脚图如图 7-2-5 所示。

2．接线

按图 7-2-6 接好电路。任选其中一个 JK 触发器（图中

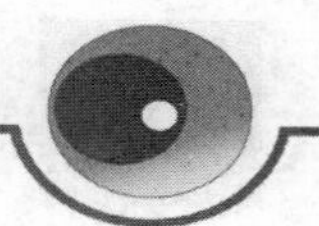

选择第一个），$\overline{R}_D$、J、K 端接逻辑电平开关公共端，开关两触点一个通过 R=1kΩ电阻接+5V 电源，另一个接地。CP 端接单次脉冲源，Q 端接逻辑电平显示（发光二极管），发光二极管负极接 100Ω电阻到地。

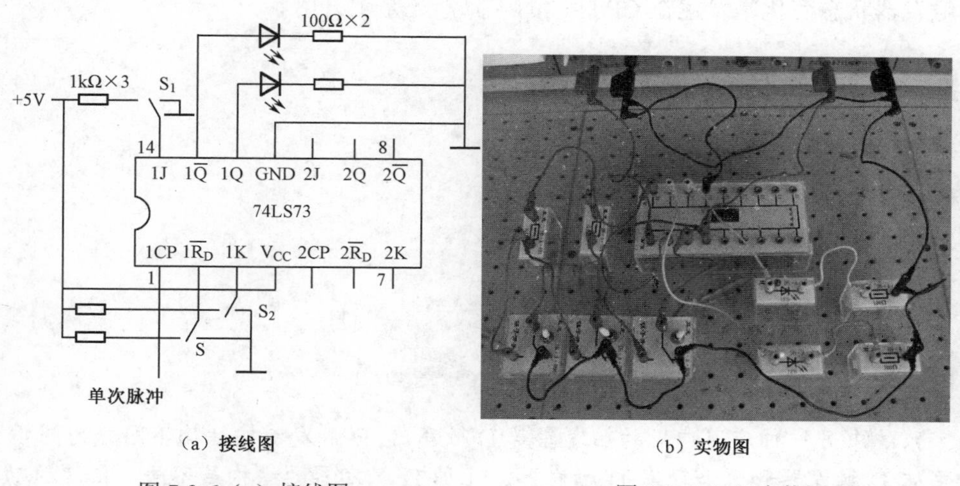

（a）接线图　　（b）实物图

图 7-2-6（a）接线图　　图 7-2-6（b）实物图

3．调试、测量

按表 7-2-2 的要求改变 $\overline{R}_D$ 的状态（J、K、CP 状态任意），观察 Q 端的状态。

表 7-2-2　74LS73 异步复位功能测试

CP	J　K	$\overline{R}_D$	Q^{n+1}	功能
×	××	0	0	
			1	
×	××	1	0	
			1	

按表 7-2-3 的要求改变 J、K、CP 的状态，观察 Q 端的状态变化。

表 7-2-3　JK 触发器 74LS73 逻辑功能测试

$\overline{R}_D$	J　K	CP	Q^{n+1}		功能
			Q^n=0	Q^n=1	
1	0　0				
1	0　1				
1	1　0				
1	1　1				

训练拓展

1．复位功能的特点是什么？

2．触发器状态变化是发生在 CP 脉冲的下降沿还是上升沿？

课题 3 D 触发器

学习目标

（1）掌握 D 触发器的电路符号和逻辑功能。

（2）通过操作，掌握 D 触发器的应用。

内容提要

数字系统中另一种应用广泛的触发器是 D 触发器。D 触发器按结构不同分为同步 D 触发器、主从 D 触发器和边沿触发 D 触发器。几种 D 触发器的结构虽不同，但逻辑功能基本相同。本课题主要介绍同步 D 触发器和边沿触发 D 触发器。

相关知识

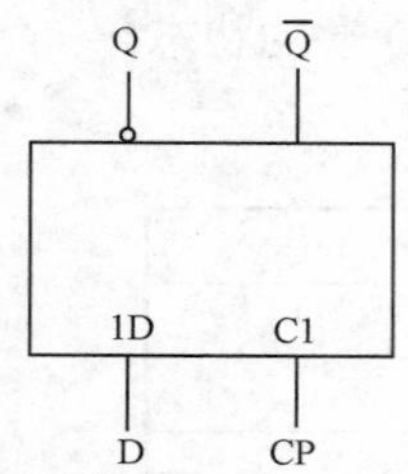

图7-3-1 同步D触发器图形符号

一、同步 D 触发器

1．图形符号

如图 7-3-1 所示为同步 D 触发器的图形符号。图中 D 为信号输入端（数据输入端），CP 为时钟脉冲控制端。

2．逻辑功能

当输入 D 为 1 时，在 CP 脉冲到来时，Q 端置 1，与输入端 D 状态一致。

当输入 D 为 0 时，在 CP 脉冲到来时，Q 端置 0，与输入端 D 状态一致。

D 触发器的真值表如表 7-3-1 所示。

表 7-3-1 同步 D 触发器的真值表

CP	D	Q^n	Q^{n+1}	逻辑功能
0	×	0	0	保持
		1	1	
1	1	1	1	置 1
		0		
1	0	0	0	置 0
		1		

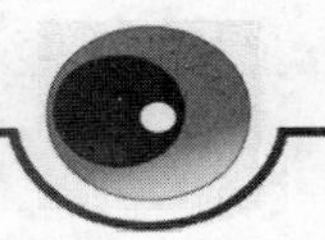

同步触发的 D 触发器仍然存在空翻现象，因此，它只能用来锁存数据，而不能用来作为计数器等使用。

【例 7-3-1】 已知同步 D 触发器的输入 CP、D 的波形如图 7-3-2 所示，试画出 Q 和 $\overline{Q}$ 端对应的电压波形。设触发器的初始状态为 0 态。

解:这是一个用已知的 D 的状态确定 Q 状态的问题。只要根据每个时间里 D 的状态，去查真值表中的 Q 的相应状态，即可画出输出波形图，如图 7-3-2 所示。

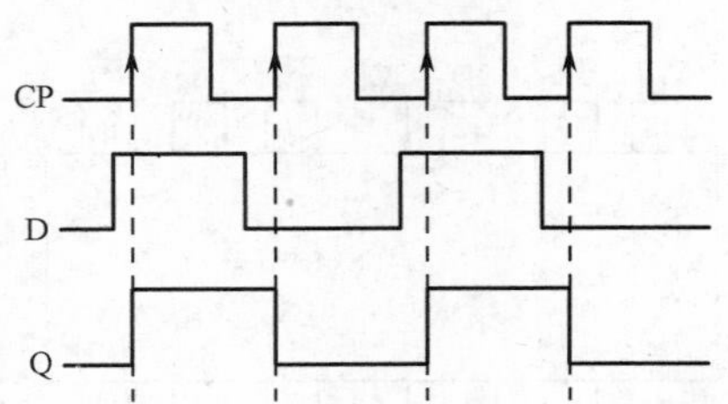

图 7-3-2　例 7-3-1 的输入/输出电压波形图

二、边沿 D 触发器

1．逻辑符号

图 7-3-3 所示为边沿 D 触发器的逻辑符号。图中 D 为触发信号输入端，CP 为时钟脉冲控制端，$\overline{R_d}$ 、$\overline{S_d}$ 为异步直接复位端和异步直接置位端，二者均为低电平有效，Q 和 $\overline{Q}$ 为互补输出端。时钟脉冲控制端标有“∧”，表示脉冲上升沿有效。

2．逻辑功能

边沿触发的 D 触发器逻辑功能与同步 D 触发器基本相同，区别仅在于对 CP 的要求不同。边沿触发的 D 触发器只能在 CP 脉冲上升沿（或下降沿）到来时，输出 Q 和 $\overline{Q}$ 的状态才能改变。

3．时序图

边沿 D 触发器的时序图如图 7-3-4 所示。

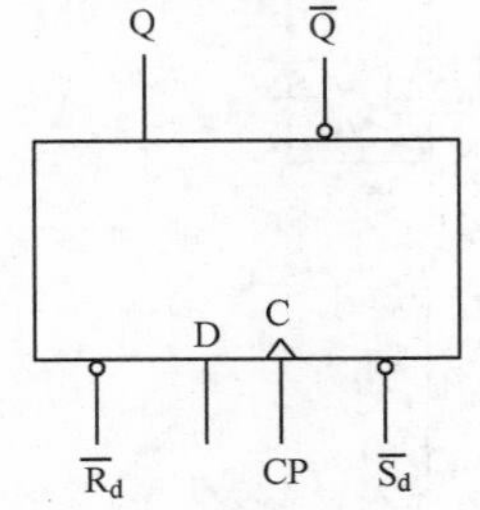

图7-3-3　边沿D触发器的逻辑符号

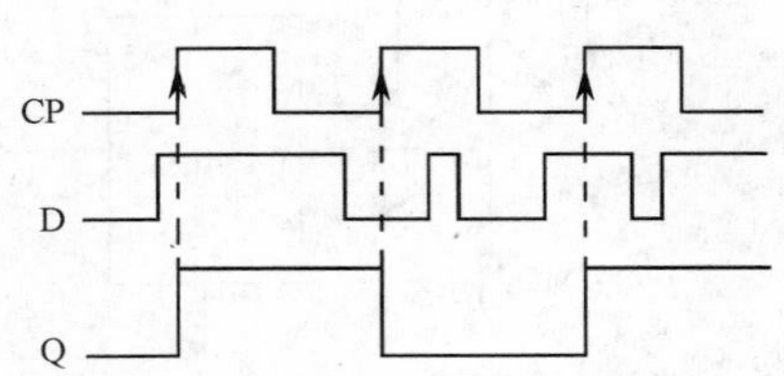

图7-3-4　边沿D触发器的时序图

三、集成 D 触发器

74LS74 为双上升沿 D 触发器，引脚排列如图 7-3-5 所示。CP 为时钟输入端；D 为数据输入端；Q 和 $\overline{Q}$ 为互补输出端；$\overline{R_d}$、$\overline{S_d}$ 为异步直接复位端和异步直接置位端，二者均为低电平有效；$\overline{R_d}$ 和 $\overline{S_d}$ 用来设置初始状态。

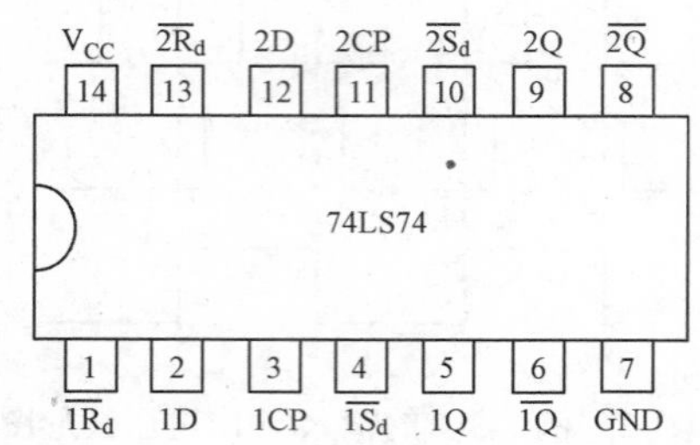

图7-3-5　集成D触发器74LS74引脚排列图

1．74LS74 的应用实例

图 7-3-6 所示是利用 74LS74 构成的单按钮电子转换开关，该电路只利用一个按钮即可实现电路的接通与断开。电路中，74LS74 的 D 端和 $\overline{Q}$ 端连接，这样有 $Q^{n+1}=\overline{Q^n}$，则每按一次按钮 SB，相当于为触发器提供一个时钟脉冲下降沿，触发器状态翻转一次。例如，假设 Q=0，当按下 SB 时，触发器状态由 0 变为 1；当再次按下 SB 时，触发器状态又由 1 翻转为 0，Q 端经三极管 VT 驱动继电器 KA，利用 KA 的触点转换即可通断其他电路。在继电器 KA 线圈的两端并联续流二极管 VD，当线圈在通过电流时，会在其两端产生感应电动势。当电流消失时，其感应电动势会对电路中的元件产生反向电压。当反向电压高于元件的反向击穿电压时，会对元件造成损坏。续流二极管并联在线圈两端，当流过线圈中的电流消失时，线圈产生的感应电动势通过二极管和线圈构成的回路做功而消耗掉。从而保护了电路中元件的安全。续流二极管在连接时将负极接直流电的正极端。

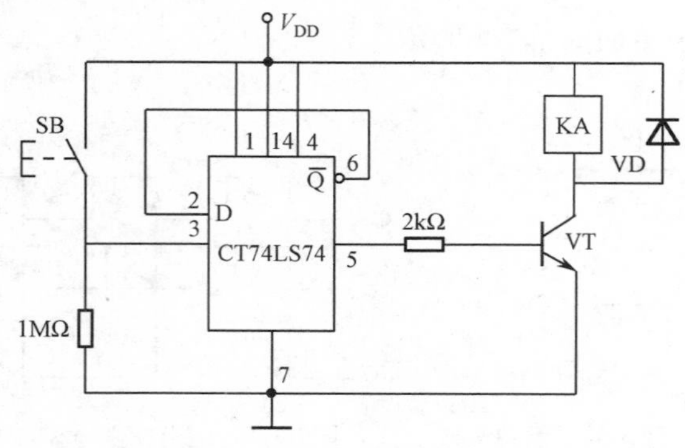

图 7-3-6　74LS74 的应用电路

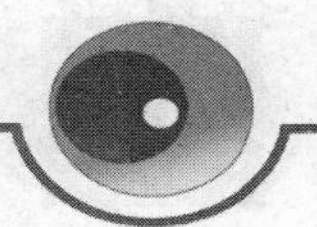

训练项目：D 触发器逻辑功能测试

技能目标

（1）熟悉 D 触发器芯片的外型、引脚排列。

（2）测试 D 触发器的逻辑功能，学会使用 D 触发器集成器件。

工具、元件和仪器

（1）74LS74 芯片一块。

（2）1kΩ电阻 4 只，100Ω电阻 4 只。

（3）+5V 直流电源。

（4）发光二极管（LED）3 只。

（5）钮子开关 4 只。

（6）亚龙 DS-IIA 电子实验台。

实训步骤

1．接线

按图 7-3-7 接好电路。任选其中一个 D 触发器（接线图中选择第二个，而实物图中接的是第一个），$\overline{R}_D$ 、$\overline{S}_D$ 、D 端接逻辑电平开关，开关两触点一个通过 R=1kΩ电阻接+5V 电源，另一个接地。CP 端接单次脉冲源，Q 端接逻辑电平显示（发光二极管），发光二极管负极接 100Ω电阻到地。

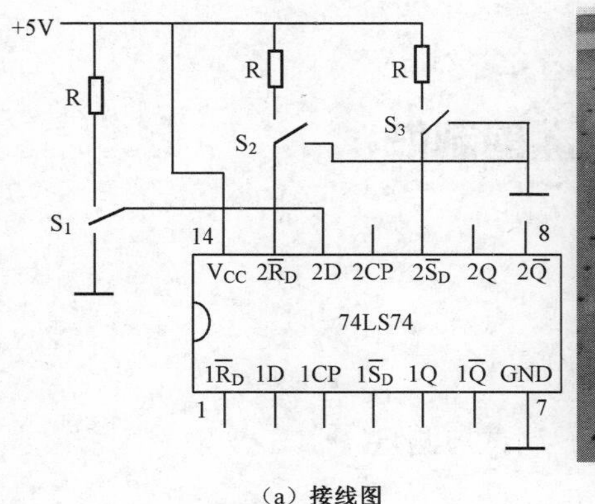

（a）接线图

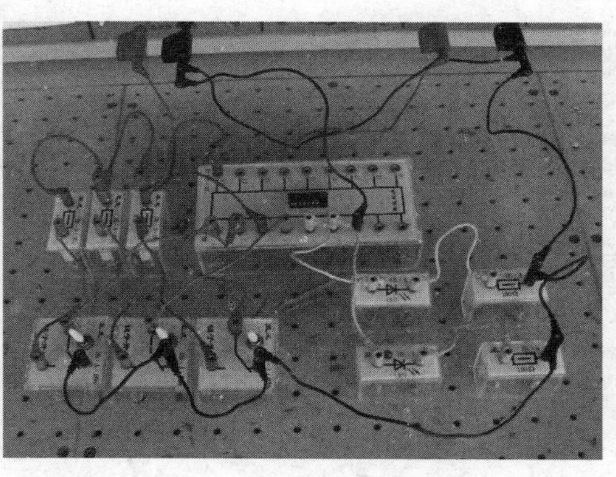

（b）实物图

图 7-3-7　接线图和实物图

3．调试、测量

按表 7-3-2 的要求改变 $\overline{R}_D$、$\overline{S}_D$ 的状态（D、CP 状态任意），观察 Q 端的状态。

表 7-3-2　74LS74 异步置位、复位功能测试

CP	D	$\overline{R}_D$、$\overline{R}_D$	Q^n	Q^{n+1}	功　能
			0		
			1		
			0		
			1		
			0		
			1		
			0		
			1		

将 $\overline{R}_D$、$\overline{S}_D$ 置成 11，按表 7-3-3 的要求，逐次改变 D、CP 的状态，观察 Q 端的状态变化，并记录实验结果。

表 7-3-3　D 触发器逻辑功能测试

D	CP	Q^{n+1}		功能
		Q^n=0	Q^n=1	
0	0→1			
	1→0			
1	0→1			
	1→0			

训练拓展

1．置位、复位功能特点是什么？

2．D 触发器状态变化是发生在 CP 脉冲的下降沿还是上升沿？

课题 4　综合训练项目：四人抢答器的制作

技能目标

（1）掌握基本的手工焊接技术。

（2）能根据装配图正确安装线路。

（3）能正确安装整流电路，并对其进行安装、调试与测量。

工具、元件和仪器

（1）电烙铁等常用电子装配工具。

（2）CC4042、CC4012、CC4532 等。

（3）万用表、示波器。

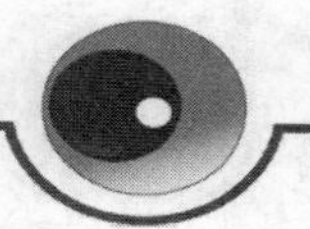

1. 电路原理图及工作原理分析

抢答器的组成框图如图 7-4-1 所示。它主要由开关阵列电路、触发锁存电路、编码器、7 段显示译码器、数码显示器等几部分组成。

1）开关阵列电路

图 7-4-2 所示为四路开关阵列电路，从图上可以看出其结构非常简单。电路中 R_1～R_4 为上拉和限流电阻。当任一开关按下时，相应的输出为高电平，否则为低电平。

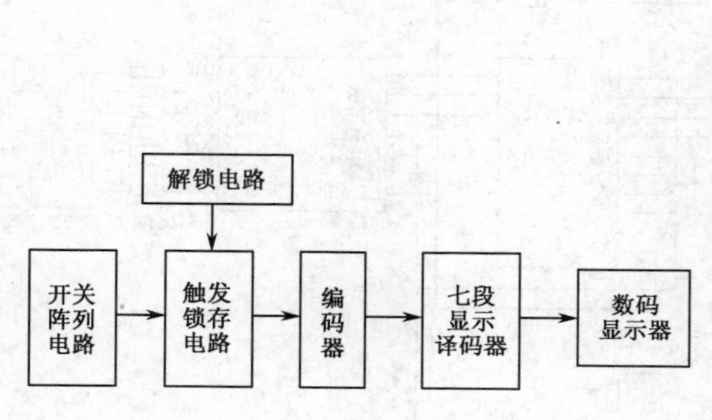

图7-4-1　抢答器的组成框图

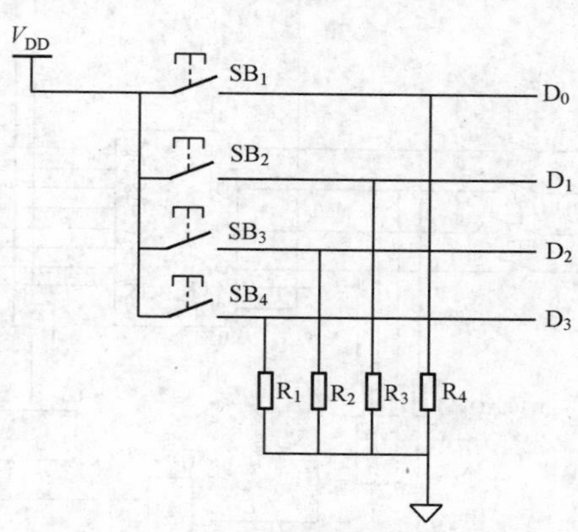

图7-4-2　四路开关阵列电路

2）触发锁存电路

图 7-4-3 所示为 4 路触发锁存电路。图中，CC4042 为 4D 锁存器，一开始，当所有开关均未按下时，锁存器输出全为高电平，经 4 输入与非门和非门后的反馈信号仍为高电平，该信号作为锁存器使能端控制信号，使锁存器处于等待接收触发输入状态；当任一开关按下时，输出信号中必有一路为低电平，则反馈信号变为低电平，锁存器刚刚接收到的开关被锁存，这时其他开关信息的输入将被封锁。由此可见，触发锁存电路具有时序电路的特征，是实现抢答器功能的关键。

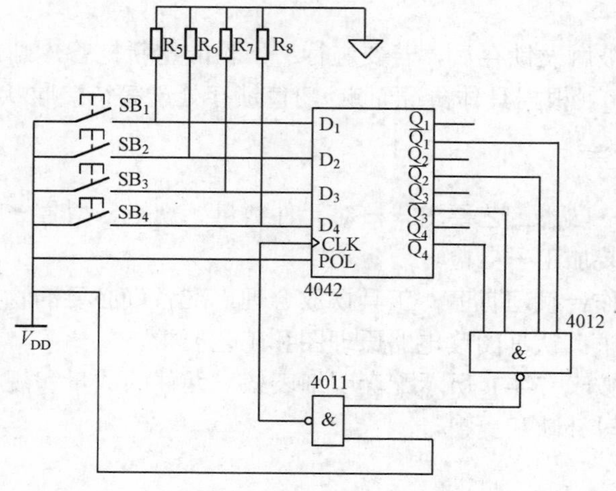

图7-4-3　触发锁存电路

3）编码器

CC4532 为 8—3 线优先编码器，当任意输入为高电平时，输出为相应的输入编号的 8421 码（BCD 码）的反码。

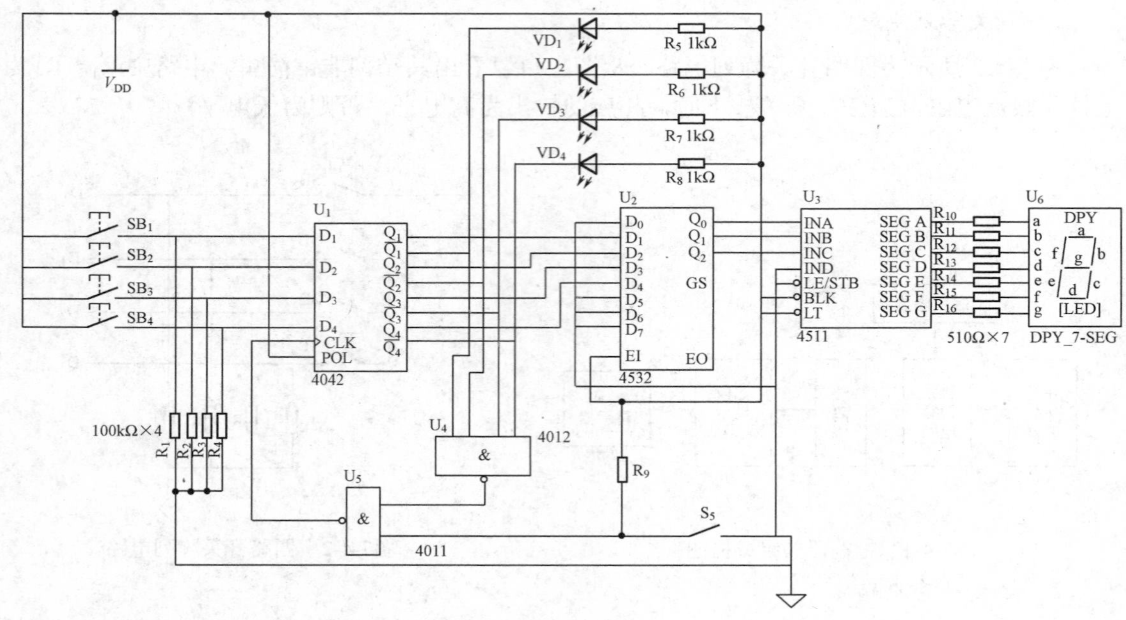

图7-4-4　电路原理图

4）译码驱动及显示单元

编码器实现了对开关信号的编码并以 BCD 码的形式输出。为了将编码显示出来，需用显示译码电路将计数器的输出数码转换为数码显示器件所需要的输出逻辑和一定的电流。一般这种译码通常称为 7 段译码显示驱动器。常用的 7 段译码显示驱动器有 CC4511 等。

5）解锁电路

当触发锁存电路被触发锁存后，若要进行一下轮的重新抢答，则需将锁存器解锁。可将使能端强迫置 1 或置 0（根据具体情况而定），使锁存处于等待接收状态即可。

2. 装配要求和方法

工艺流程：准备→熟悉工艺要求→核对元件数量、规格、型号→元件检测→元器件预加工→装配、焊接→总装加工→自检。

（1）准备：将工作台整理有序，工具摆放合理，准备好必要的物品。

（2）熟悉工艺要求：认真阅读电路原理图和工艺要求。

（3）清点元件：按表 7-4-1 所示配套明细表核对元件的数量和规格，应符合工艺要求，如有短缺、差错应及时补缺和更换。

表 7-4-1　配套明细表

代号	品　名	型号/规格	数量
U_1	数字集成电路	CC4042	1
U_2	数字集成电路	CC4532	1
U_3	数字集成电路	CC4511	1
U_4	数字集成电路	CC4012	1
U_5	数字集成电路	CC4011	1
U_6	数码显示器	BS205	1
SB_1～SB_5	按　钮		5
R_1～R_4	碳膜电阻	100kΩ	4
R_5～R_9	碳膜电阻	1 kΩ	5
R_{10}～R_{16}	碳膜电阻	510Ω	4
VD_1～VD_4	发光二极管		4

（4）元件检测：用万用表的电阻挡对元件进行逐一检测，对不符合质量要求的元件剔除并更换。

（5）元件预加工。

（6）装配工艺要求。按图 7-4-5 进行装配，3D 仿真如图 7-4-6 所示。

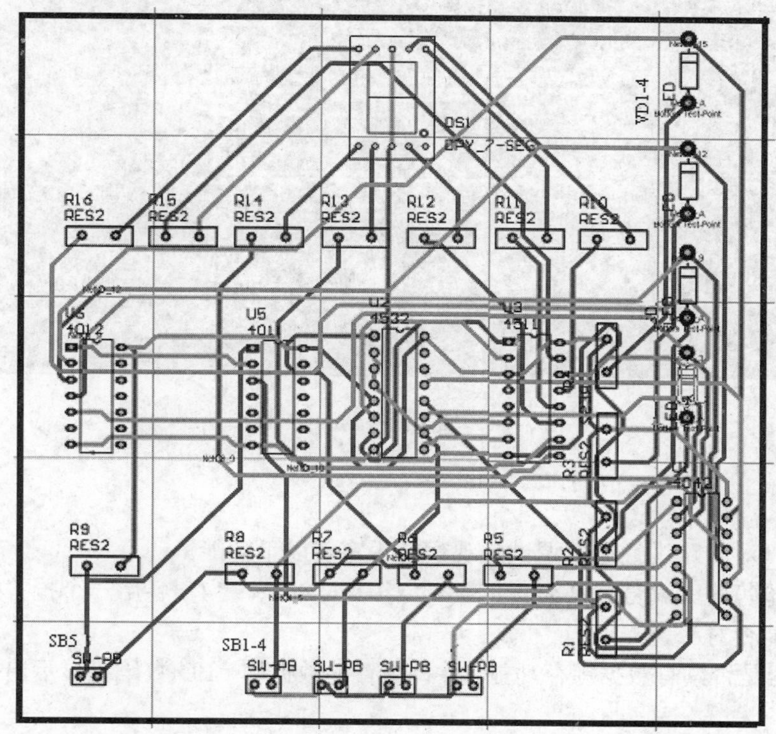

图 7-4-5　四人抢答器印制板图

① 电阻均采用水平安装方式，紧贴印制板，色码方向一致。

② 发光二极管采用垂直安装方式，高度要求底面离板 8mm。

③ 所有焊点均采用直脚焊，焊接完成后剪去多余引脚，留头在焊面以上 0.5～1mm，且不能损伤焊接面。

（7）自检：对已完成的装配、焊接的工件仔细检查质量，重点是装配的准确性，包括元件位置等；焊点质量应无虚焊、假焊、漏焊、搭焊及空隙、毛刺等；检查有无影响安全性能指标的缺陷；元件整形。

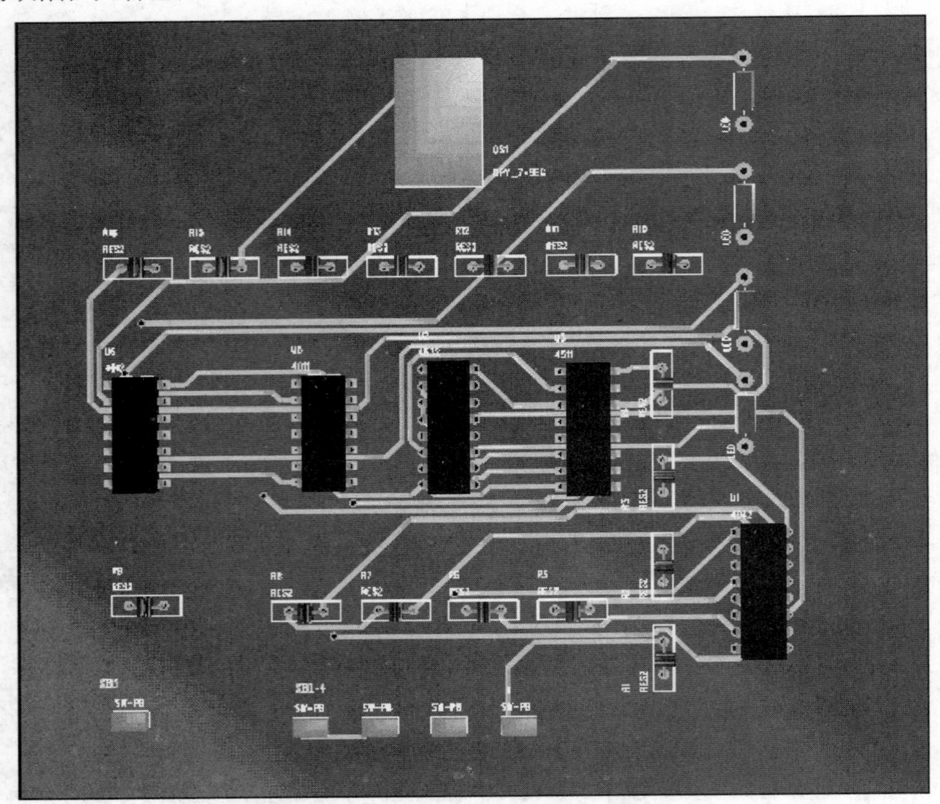

图 7-4-6 四人抢答器制作 3D 图

3. 调试

调试要求，对线路进行通电调试，观察能否实现以下功能。

（1）按下抢答器。编号分别为“1”、“2”、“3”、“4”各用一个抢答按钮，观察显示编号与按钮能否对应。

（2）抢答器是否具有数据锁存功能，并将锁存的数据用 LED 数码管显示出抢答成功者的号码。

（3）有手动控制开关，能否实现手动清零复位。

4. 课题考核评分标准（见表 7-4-2）

表 7-4-2 评分标准

项目及配分		工艺标准	扣分标准	扣分记录	得分
装配	插件 25 分	1. 电阻水平安装，贴紧印制电路板，色标法电阻的色环标志顺序一致 2. 发光二极管垂直安装，高度符合工艺要求 3. 按图装配，元件的位置、极性正确	1. 元件安装歪斜、不对称、高度超差、色环电阻标志方向不一致每处扣 1 分 2. 错装、漏装每处扣 5 分		
	焊接 30 分	1. 焊点光亮、清洁，焊料适量 2. 无漏焊、虚焊、假焊、搭焊、溅锡等现象 3. 焊接后元件引脚剪脚留头长度小于 1mm	1. 焊点不光亮、焊料过多过少、布线不平直每处扣 0.5 分 2. 漏焊、虚焊、假焊、搭焊、溅锡每处扣 3 分 3. 剪脚留头大 1mm 每处扣 0.5 分		
	总装 15 分	1. 整机装配符合工艺要求 2. 导线连线正确，绝缘恢复良好 3. 不损伤绝缘层和表面涂覆层	1. 错装、漏装每处扣 5 分 2. 导线连接错误每处扣 5 分。绝缘恢复不合要求扣 5 分 3. 损伤绝缘层和表面涂覆层每处扣 5 分		
调试	30 分	1. 显示编号与按钮能否对应 2. 抢答器是否具有数据锁存功能，并将锁存的数据用 LED 数码管显示出抢答成功者的号码 3. 手动控制开关，能否实现手动清零复位	1. 显示编号与按钮不能对应，扣 10 分 2. 抢答器不具有数据锁存功能，扣 10 分 3. 手动控制开关，不能实现手动清零复位，扣 10 分		

思考与练习

一、填空题

1. 按结构的不同，触发器可以分为__________和__________两大类。

2. RS 触发器提供了_________、_________、________三种功能。

3. JK 触发器提供了________、________、________、________四种功能。

4. D 触发器提供了_________、__________两种功能。

5. 由两个与非门组成的同步 RS 触发器，在正常工作时，不允许输入 S=R=1 的信号，因此应遵守的约束条件是________。

6. 通常把一个 CP 脉冲引起触发器两次（或更多次）翻转的现象称为_________。

7. 如果在时钟脉冲 CP=1 期间，由于干扰的原因使触发器的数据输入信号经常有变化，此时不能选用_______ 型结构的触发器，而应选用________型和________型的触发器。

二、选择题

1. 基本 RS 触发器输入端禁止使用__________。

A. $\overline{R}_d=0$，$\overline{S}_d=0$　　B. R=1，S=1　　C. $\overline{R}_d=1$，$\overline{S}_d=1$　　D. R=O，S=O

2. 同步 RS 触发器的 $\overline{S}_d$ 端称为__________。

A. 直接置 O 端　　B. 直接置 1 端　　C. 复位端　　D. 置零端

3．JK 触发器在 J、K 端同时输入高电平，则处于__________。

A．保持　　B．置 0　　C．翻转　　D．置 1

4．用于计数的触发器有__________。

A．边沿触发 D 触发器　　B．主从 JK 触发器

C．基本 RS 触发器　　D．同步 RS 触发器

三、判断题

1．触发器能够存储一位二值信号。（　　）

2．当触发器互补输出时，通常规定 $\overline{Q}=0$，$Q=1$，称 0 态。（　　）

3．同步 D 触发器没有空翻现象。（　　）

4．边沿触发 D 触发器的输出状态始终与输入状态相同。（　　）

四、简答题

1．基本 RS 触发器有哪几种功能？对其输入有什么要求？

2．同步 RS 触发器与基本 RS 触发器比较有何优、缺点？

3．什么是空翻现象？

4．JK 触发器与同步 RS 触发器有哪些区别？

五、综合题

1．由两个与非门组成的电路如图 7-4-7（a）所示，输入信号 A、B 的波形如图 7-4-7（b）所示，试画出输出端 Q 的波形。（设初态 Q=0）

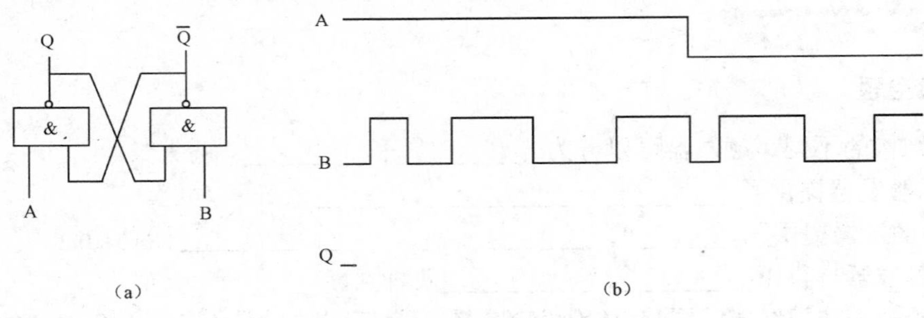

图7-4-7

2．如图 7-4-8（a）所示，输入信号 A、B 的波形如图 7-4-8（b）所示，试画出输出端 Q 的波形。（设初态 Q=0）

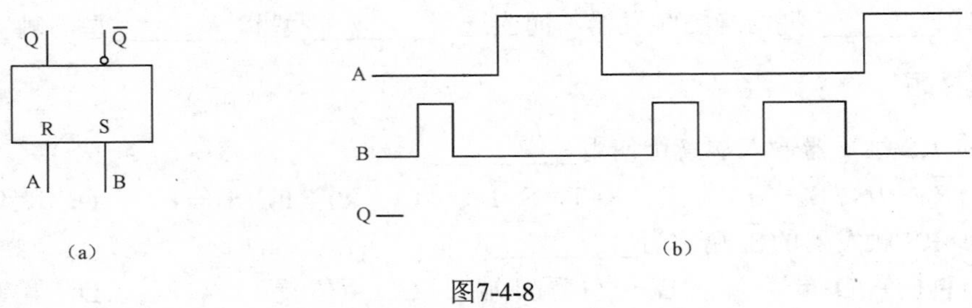

图7-4-8

3．主从 RS 触发器中 CP、R 和 S 的波形如图 7-4-9 所示，试画出 Q 端的波形。（设初态 Q=0）

4．如图 7-4-10（a）所示主从 JK 触发器中，CP、J、K 的波形如图 7-4-10（b）所示。试对应画出 Q 端的波形。（设 Q 初态为 0）

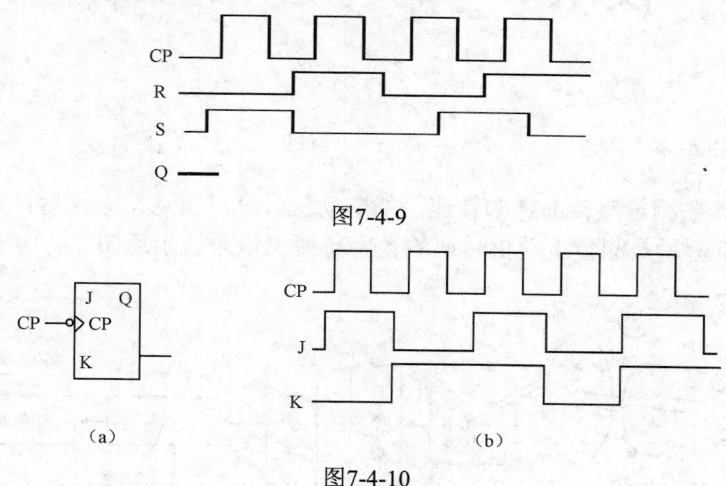

图7-4-9

图7-4-10

5．如图 7-4-11（a）所示边沿 JK 触发器中，CP、J、K 的波形如图 7-4-11（b）所示。试对应画出 Q 端的波形。（设 Q 初态为 0）

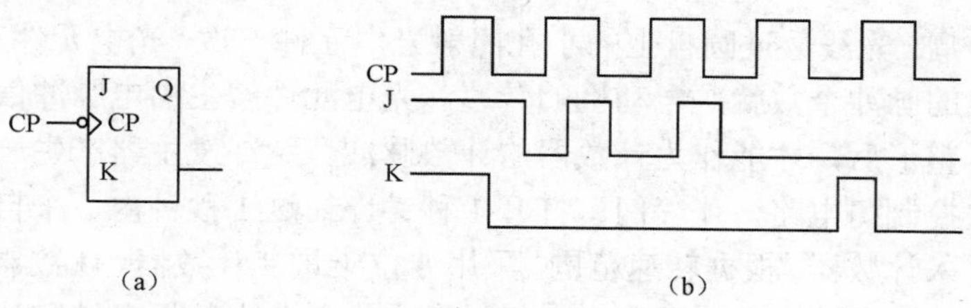

图7-4-11

6．设下图中各个触发器初始状态为 0，试画出 Q 端波形。

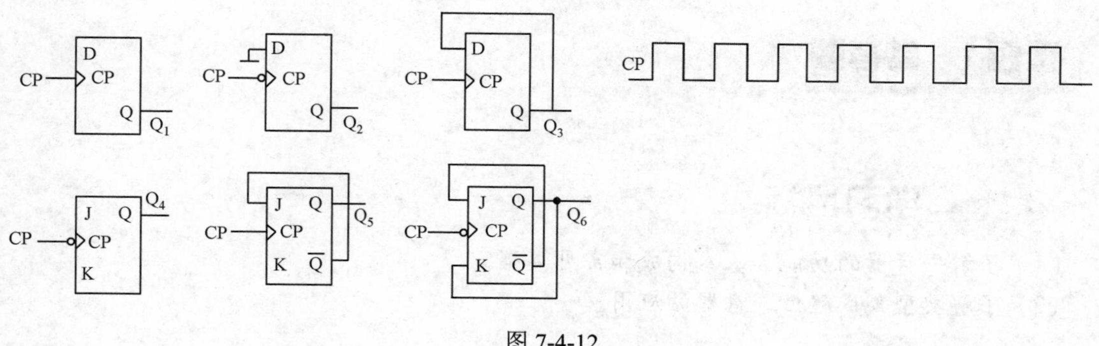

图 7-4-12

模块 8　时序逻辑电路

任务导入

在许多场合需要测量旋转部件的转速，如电动机转速、机动车车速等，转速多以十进制数制显示。图 8-1 所示是测量电动机转速的数字转速测量系统示意图。

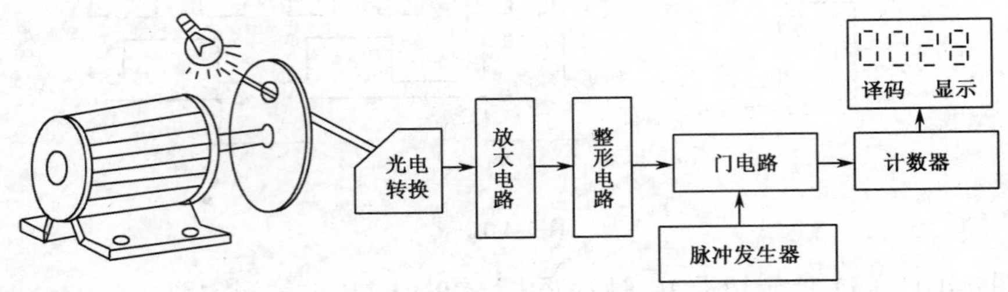

图 8-1　数字转速测量系统示意图

电动机每转一周，光线透过圆盘上的小孔照射光电元件一次，光电元件产生一个电脉冲。光电元件每秒发出的脉冲个数就是电动机的转速。光电元件产生的电脉冲信号较弱，且不够规则，必须放大、整形后，才能作为计数器的计数脉冲。脉冲发生器产生一个脉冲宽度为 1 秒的矩形脉冲，去控制门电路，让“门”打开 1 秒钟。在这 1 秒钟内，来自整形电路的脉冲可以经过门电路进入计数器。根据转速范围，采用 4 位十进制计数器，计数器以 8421 码输出，经过译码器后，再接数字显示器，显示电动机转速。本任务中数据存储和计数的问题就需要用时序逻辑电路的相关知识来解决。

课题 1　寄存器

学习目标

（1）了解寄存器的功能、基本构成和常见类型。
（2）了解典型集成移位寄存器的应用。

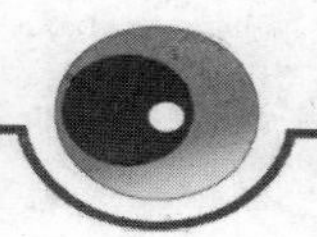

内容提要

时序逻辑电路是这样一种逻辑电路，它在任何时刻的稳定输出不仅取决于该时刻电路的输入，而且还取决于电路过去的输入所确定的电路状态，即与输入的历史过程有关。寄存器是由具有存储功能的触发器组合起来构成的。一个触发器可以存储 1 位二进制代码，存放 n 位二进制代码的寄存器，需用 n 个触发器来构成。

按照功能的不同，可将寄存器分为基本寄存器和移位寄存器两大类。基本寄存器只能并行送入数据，需要时也只能并行输出。移位寄存器中的数据可以在移位脉冲作用下依次逐位右移或左移，数据既可以并行输入、并行输出，也可以串行输入、串行输出，还可以并行输入、串行输出，串行输入、并行输出，十分灵活，用途也很广。

相关知识

一、认识寄存器家族

能够暂存数码（或指令代码）的数字部件称为寄存器。寄存器根据功能可分为数码寄存器和移位寄存器两大类。

1. 数码寄存器

具有接收数码和清除原有数码功能的寄存器称为数码寄存器。如图 8-1-1 所示为由 D 触发器组成的 4 位数码寄存器。在存数指令（CP 脉冲上升沿）的作用下，可将预先加在各 D 触发器输入端的数码，存入相应的触发器中，并可从各触发器的 Q 端同时输出，所以称其为并行输入、并行输出的寄存器。

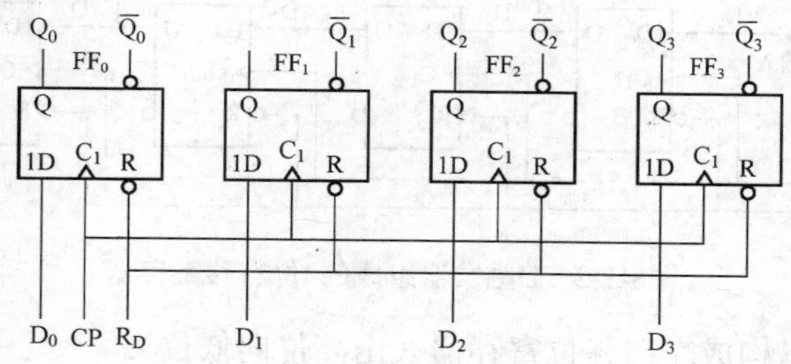

图8-1-1　4位数码寄存器

数码寄存器的特点是：

（1）在存入新数码时能将寄存器中的原始数码自动清除，即只需要输入一个接收脉冲，就可将数码存入寄存器中——单拍接收方式的寄存器。

（2）在接收数码时，各位数码同时输入，而各位输出的数码也同时取出，即并行输入、并行输出的寄存器。

（3）在寄存数据之前，应在 R_D 端输入负脉冲清零，使各触发器均清零。

2．移位寄存器

电子计算机在进行算术运算和逻辑运算时，常需将某些数码向左或向右移位，这种具有存放数码和使数码具有左右移位功能的电路称为移位寄存器。移位寄存器分为单向移位寄存器和双向移位寄存器。

（1）单向移位寄存器。

由 D 触发器构成的 4 位右移寄存器如图 8-1-2 所示。CR 为异步清零端。左边触发器的输出接至相邻右边触发器的输入端 D，输入数据由最左边触发器 FF_0 的输入端 D_0 接入。设输入数码为 1011，那么在位移脉冲作用下，输入数码移入触发器，位移寄存器中数码移动的情况如表 8-1-1 所示。

表 8-1-1　右向移位寄存器的状态表

移位脉冲 CP	输入数据	移位寄存器中的数码			
		Q_0	Q_1	Q_2	Q_3
0		0	0	0	0
1	1	1	0	0	0
2	0	0	1	0	0
3	1	1	0	1	0
4	1	1	1	0	1

从表中可以看出，当过来四个位移脉冲 CP 后，数码 1011 就由端 $Q_3Q_2Q_1Q_0$ 并行输出，如果想得到串行输出信号，则只需要再输入 4 个脉冲，这时 1011 便由 Q_3 端一次输出。

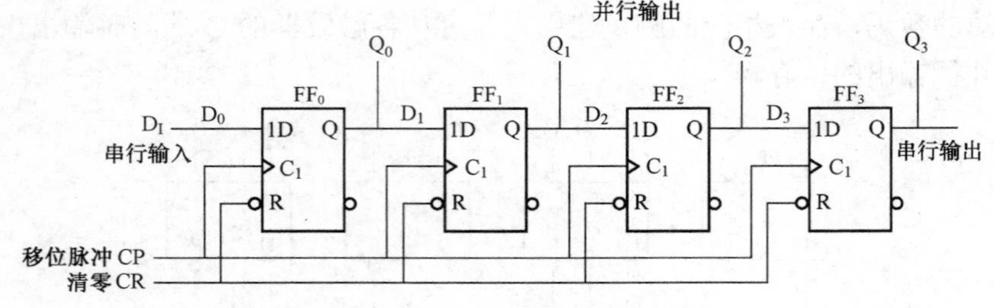

图8-1-2　D触发器组成的4位右移寄存器

同理，我们也可以构成左向移位寄存器（由高位向低位）。

除用 D 触发器外，也可用 JK、RS 触发器构成寄存器，只需将 JK 或 RS 触发器转换为 D 触发器功能即可。

（2）双向移位寄存器。

若将右移移位寄存器和左移移位寄存器组合在一起，在控制电路的控制下，就构成双向移位寄存器。

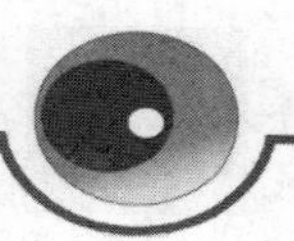

图 8-1-3 所示为 4 位双向移位寄存器 74LS194 的逻辑符号及外引线功能图。图中 $\overline{CR}$ 为置零端，$D_3 \sim D_0$ 为并行数码输入端，$Q_3 \sim Q_0$ 为并行数码输出端；D_{SR} 为右移串行数码输入端，D_{SL} 为左移串行数码输入端；M_1 和 M_0 为工作方式控制端。74LS194 的功能如表 8-1-2 所示。

表 8-1-2 74LS194 功能表

输入变量										输出变量				说明
$\overline{CR}$	M_1	M_0	CP	D_{SL}	D_{SR}	D_0	D_1	D_2	D_3	Q_0	Q_1	Q_2	Q_3	
0	×	×	×	×	×	×	×	×	×	0	0	0	0	置 0
1	×	×	0	×	×	×	×	×	×	保 持				
1	1	1	↑	×	×	d_0	d_1	d_2	d_3	d_0	d_1	d_2	d_3	并行置数
1	0	1	↑	×	1	×	×	×	×	1	Q_0	Q_1	Q_2	右移输入 1
1	0	1	↑	×	0	×	×	×	×	0	Q_0	Q_1	Q_2	右移输入 0
1	1	0	↑	1	×	×	×	×	×	Q_1	Q_2	Q_3	1	左移输入 1
1	1	0	↑	0	×	×	×	×	×	Q_1	Q_2	Q_3	0	左移输入 0
1	0	0	×	×	×	×	×	×	×	保 持				

（1）置 0 功能。$\overline{CR}$=0 时，寄存器置 0。$Q_3 \sim Q_0$ 均为 0 状态。

（2）保持功能。$\overline{CR}$=1 且 CP=0；或 $\overline{CR}$=1 且 M_1M_0=00 时，寄存器保持原态不变。

（3）并行置数功能。$\overline{CR}$=1 且 M_1M_0=11 时，在 CP 上升沿作用下，$D_3 \sim D_0$ 端输入的数码 $d_3 \sim d_0$ 并行送入寄存器，是同步并行置数。

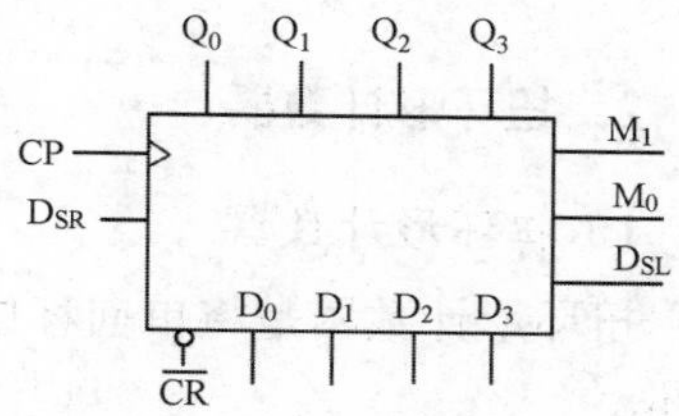

图8-1-3 74LS194的逻辑功能示意图

（4）右移串行送数功能。$\overline{CR}$=1 且 M_1M_0=01 时，在 CP 上升沿作用下，执行右移功能，D_{SR} 端输入的数码依次送入寄存器。

（5）左移串行送数功能。$\overline{CR}$=1 且 M_1M_0=10 时，在 CP 上升沿作用下，执行左移功能，D_{SL} 端输入的数码依次送入寄存器。

二、集成移位寄存器的应用

集成移位寄存器的功能主要从位数、输入方式、输出方式以及移位方式来考察。下面以移位寄存器构成的计数器作为应用加以说明。

1. 环形计数器

环形计数器是将单向移位寄存器的串行输入端和串行输出端相连，构成一个闭合的环。

结构特点：$D_0 = Q_{n-1}^n$，即将 FF_{n-1} 的输出 Q_{n-1} 接到 FF_0 的输入端 D_0。

工作原理：根据起始状态设置的不同，在输入计数脉冲 CP 的作用下，环形计数器的有效状态可以循环移位一个 1，也可以循环移位一个 0。即当连续输入 CP 脉冲时，环形计数器中各个触发器的 Q 端或 $\overline{Q}$ 端，将轮流地出现矩形脉冲。

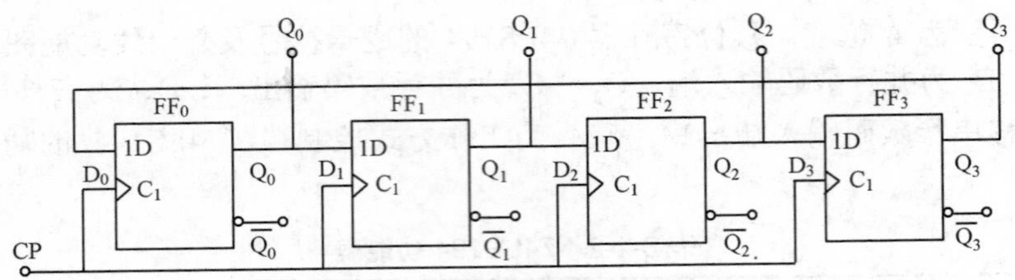

图8-1-4　环形计数器逻辑图

实现环形计数器时，必须设置适当的初态，且输出 $Q_3Q_2Q_1Q_0$ 端初始状态不能完全一致（即不能全为“1”或“0”），这样电路才能实现计数，环形计数器的进制数 N 与移位寄存器内的触发器个数 n 相等，即 $N=n$。如图 8-1-5 所示为能自启动的 4 位环形计数器，其逻辑状态如图 8-1-6 所示。

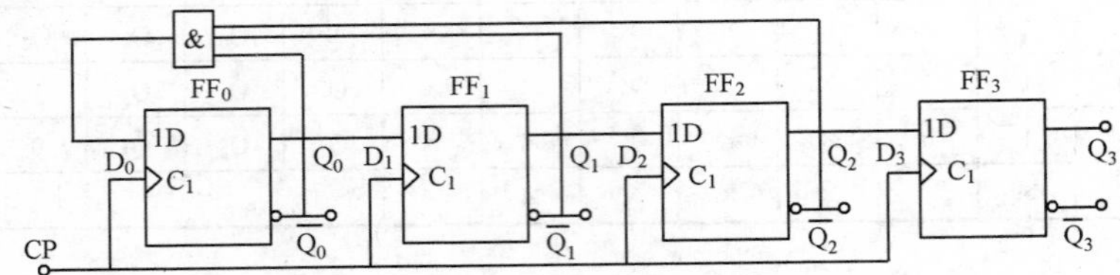

图 8-1-5　自启动 4 位环形计数器逻辑图

2. 扭环形计数器

1）扭环形计数器

扭环形计数器是将单向移位寄存器的串行输入端和串行反相输出端相连，构成一个闭合的环。

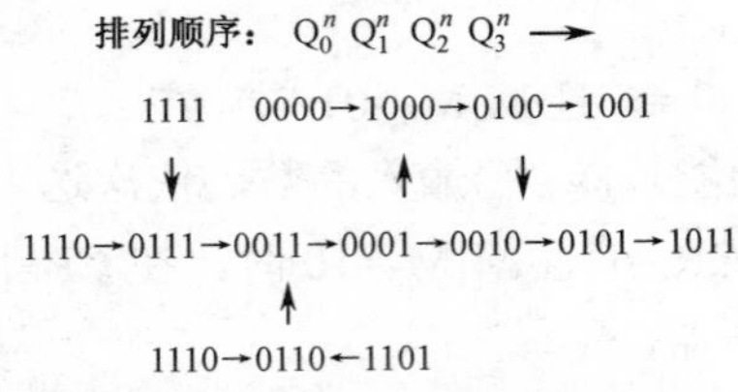

图 8-1-6　4 位环形计数器状态图

实现扭环形计数器时，不必设置初态。扭环形计数器的进制数 N 与移位寄存器内的触发器个数 n 满足 $N=2n$ 的关系，结构特点为：$D_0=\overline{Q}_{n-1}^n$，即将 FF_{n-1} 的输出 $\overline{Q}_{n-1}$ 接到 FF_0 的输入端 D_0，如图 8-1-7 所示为扭环形计数器的逻辑图，其逻辑状态图如图 8-1-8 所示。

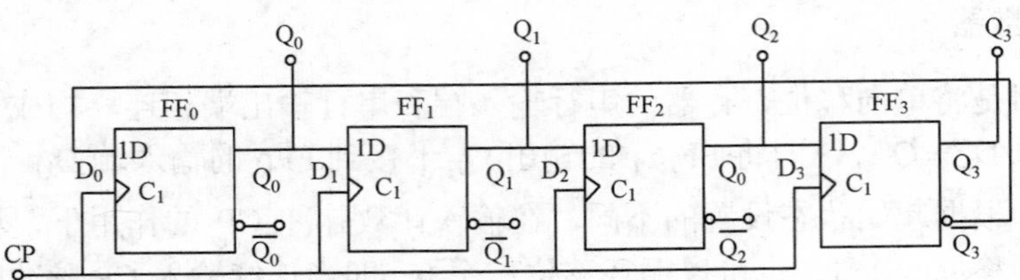

图 8-1-7　扭环形计数器的逻辑图

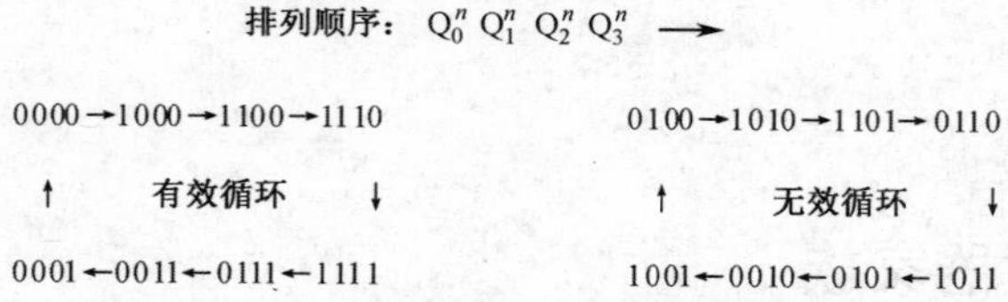

排列顺序：$Q_0^n\ Q_1^n\ Q_2^n\ Q_3^n$ ⟶

0000→1000→1100→1110　　　0100→1010→1101→0110

↑　有效循环　↓　　　↑　无效循环　↓

0001←0011←0111←1111　　　1001←0010←0101←1011

图 8-1-8　扭环形计数逻辑状态图

2）能自启动的 4 位扭环形计数器

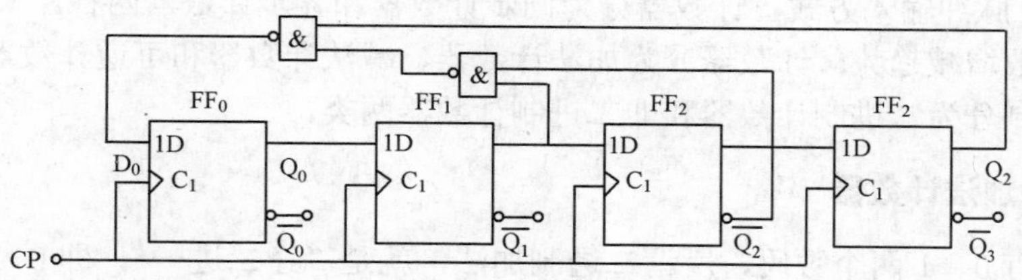

图 8-1-9　4 位扭环形计数器逻辑图

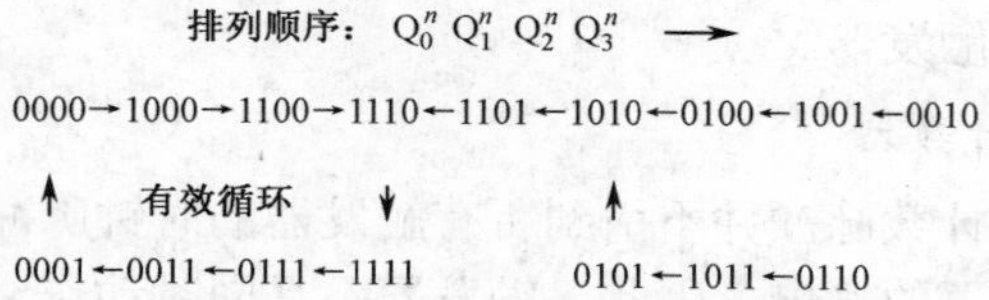

排列顺序：$Q_0^n\ Q_1^n\ Q_2^n\ Q_3^n$ ⟶

0000→1000→1100→1110←1101←1010←0100←1001←0010

↑　有效循环　↓　　　↑

0001←0011←0111←1111　　0101←1011←0110

图 8-1-10　4 位扭环形计数器状态图

课题 2　计数器

学习目标

（1）了解计数器的功能及计数器的类型。

（2）掌握二进制、十进制等经典型集成计数器的外特性及应用。

内容提要

计数器是一种应用十分广泛的时序电路，除用于计数、分频外，还广泛用于数字测量、运算和控制，从小型数字仪表，到大型数字电子计算机，几乎无所不在，是任何现代数字系统中不可缺少的组成部分。

一、认识计数器家族

能累计输入脉冲个数的时序部件叫计数器。计数器不仅能用于计数，还可用于定时、分频和程序控制等。

（1）按 CP 脉冲输入方式，计数器分为同步计数器和异步计数器两种。

（2）按计数增减趋势，计数器分为加法计数器、减法计数器和可逆计数器三种。

（3）按数制分为二进制计数器和非二进制计数器两类。

1. 二进制加法计数器

二进制只有 0、1 两个数码，所谓二进制加法，就是“逢二进一”，即 0+1=1，1+1=10，也就是每当本位是 1 再加 1 时，本位便变为 0，而向高位进位，使高位加 1。

同样由于触发器只有两状态，所以一个触发器只可以表示一位二进制数，如果要表示 n 位二进制数，就要用 n 个触发器。

1）异步二进制加法计数器

所谓异步计数器是指计数脉冲并不引到所有触发器的时钟脉冲输入端，有的触发器的时钟脉冲输入端是其他触发器的输出，因此，触发器不是同时动作。

图 8-2-1（a）所示为三位二进制加法计数器的逻辑图。

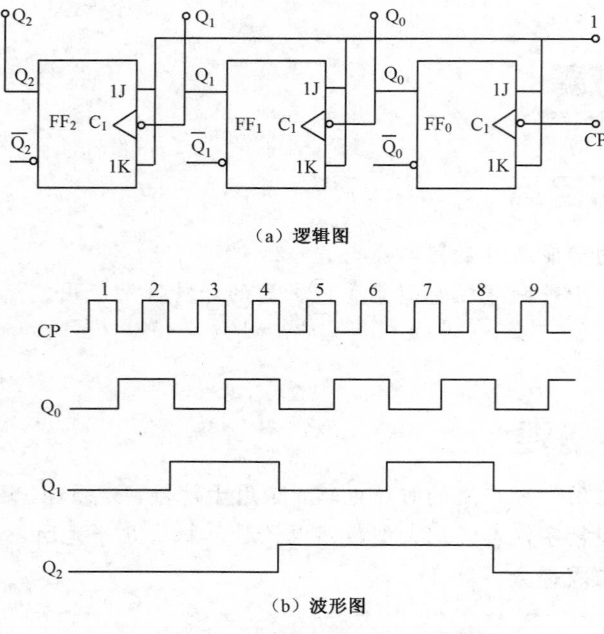

（a）逻辑图

（b）波形图

图8-2-1　三位二进制加法计数器的逻辑图

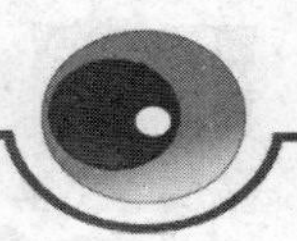

从逻辑图可以看出，CP 脉冲从低位触发器 FF_0 的时钟脉冲端输入，FF_0 在每个计数脉冲的下降沿翻转，触发器 FF_0 的输出 Q_0 接到 FF_1 的 CP 端，FF_1 在 Q_0 由 1 变为 0 时翻转。同理，FF_2 在 Q_1 由 1 变为 0 时翻转，按照计数器翻转规律，可得出它的工作波形图（见图 8-2-1（b））和状态转换表（见表 8-2-1）。

表 8-2-1　三位二进制加法计数器状态表

输入 CP 脉冲个数	输出二进制数		
	Q_2	Q_1	Q_0
0	0	0	0
1	0	0	1
2	0	1	0
3	0	1	1
4	1	0	0
5	1	0	1
6	1	1	0
7	1	1	1
8	0	0	0

异步计数器结构简单，构成二进制计数器时，可以不用附加其他电路。但它无统一时钟，计数脉冲只加到最低位的触发器，高位触发器的时钟脉冲就是低位触发器的输出，工作方式是一级推一级的串行工作，所以工作速度慢。

2）同步二进制加法计数器

所谓同步计数器是指计数脉冲引到所有触发器的时钟脉冲输入端，使应翻转的触发器在外接的 CP 脉冲作用下同时翻转，大大减少了进位时间，计数速度快。

图 8-2-2（a）所示为四位二进制同步加法计数器的逻辑图。

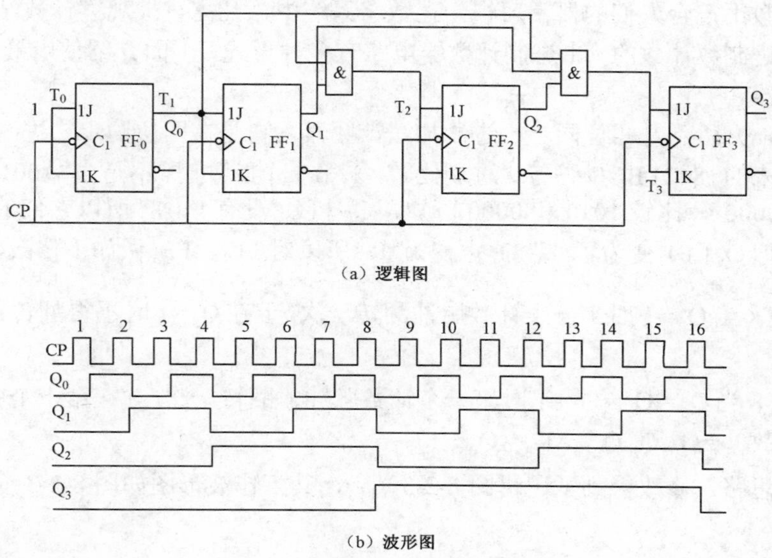

（a）逻辑图

（b）波形图

图8-2-2　四位二进制加法计数器

假设 CP 脉冲输入前电路已清零，则波形图如图 8-2-2（b）所示，状态表如表 8-2-2 所示。

表 8-2-2　四位二进制加法计数器状态表

输入 CP 脉冲个数	输出二进制数				相应的十进制数
	Q_3	Q_2	Q_1	Q_0	
0	0	0	0	0	0
1	0	0	0	1	1
2	0	0	1	0	2
3	0	0	1	1	3
4	0	1	0	0	4
5	0	1	0	1	5
6	0	1	1	0	6
7	0	1	1	1	7
8	1	0	0	0	8
9	1	0	0	1	9
10	1	0	1	0	10
11	1	0	1	1	11
12	1	1	0	0	12
13	1	1	0	1	13
14	1	1	1	0	14
15	1	1	1	1	15
16	0	0	0	0	0

2．十进制计数器

二进制计数不符合人们的日常习惯，在数字系统中，凡需直接观察计数结果的地方，差不多都是用十进制数计数的。十进制计数器电路有多种形式，下面介绍使用最多的 8421BCD 码十进制计数器。

图 8-2-3（a）所示是四位同步十进制加法计数器，它是在四位同步二进制加法计数器的基础上改进而来的。8421 BCD 码与二进制比较，来第十个脉冲时，不是由“1001”变为“1010”，而是应回到“0000”。比较 1010 和 0000 可知，Q_0 和 Q_2 没有变化，所以它们的驱动不变，输入接线不变。但 Q_3 由 1 变为了 0，Q_1 也变为 0，所以对 FF_1、FF_3 做如下修改。

触发器 FF_1，当 $Q_0=1$ 时来一个计数脉冲翻转一次，但在 $Q_3=1$ 时不得翻转，故 $J_1=Q_0\overline{Q_3}$，$K_1=Q_0$。

触发器 FF_3，当 $Q_0=Q_1=Q_2=1$ 时来一个计数脉冲才翻转一次，并在第十个脉冲时应由“1”翻转为“0”，故 $J_3=Q_0\ Q_1\ Q_2$，$K_3=Q_0$。

根据上述思路，修改得到了逻辑图 8-2-3（a），其工作波形图如图 8-2-3（b）所示。

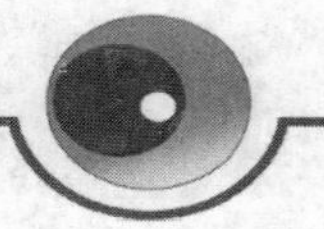

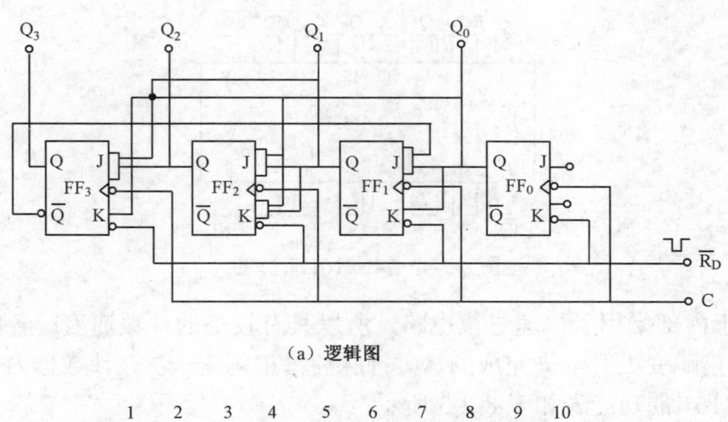

（a）逻辑图

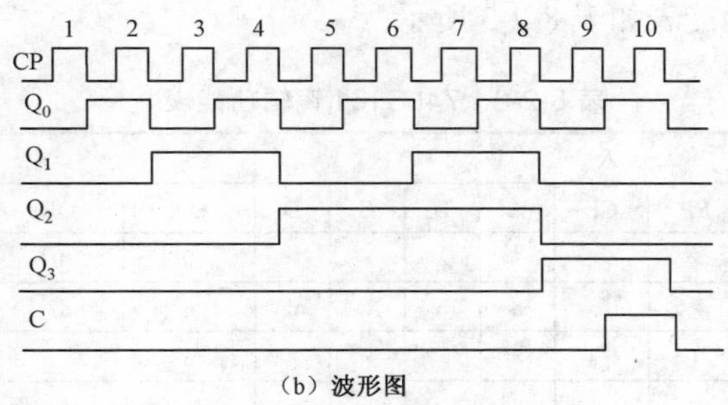

（b）波形图

图 8-2-3 异步十进制加法计数器

二、集成计数器的应用

常用集成计数器分为二进制计数器（含同步、异步、加减和可逆）和非二进制计数器（含同步、异步、加减和可逆），下面介绍几种典型的集成计数器。

1. 集成二进制同步计数器

74LS161 是四位二进制可预置同步计数器，由于它采用 4 个主从 JK 触发器作为记忆单元，故又称为四位二进制同步计数器，其集成芯片管脚如图 8-2-4 所示。

管脚符号说明：

Vcc：电源正端，接+5V

$\overline{R_D}$：异步置零（复位）端

CP：时钟脉冲

$\overline{LD}$：预置数控制端

A、B、C、D：数据输入端

QA、QB、QC、QD：输出端

RCO：进位输出端

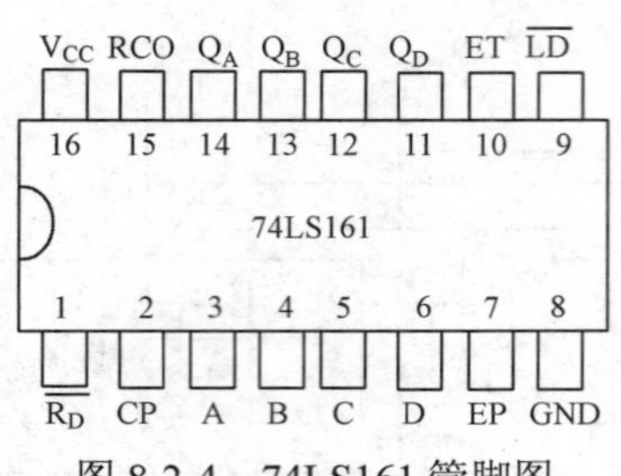

图 8-2-4　74LS161 管脚图

该计数器由于内部采用了快速进位电路，所以具有较高的计数速度。各触发器翻转是靠时钟脉冲信号的正跳变上升沿来完成的。时钟脉冲每正跳变一次，计数器内各触发器就同时翻转一次，74LS161 的功能表如表 8-2-3 所示：

表 8-2-3　74LS161 逻辑功能表

输　入									输　出			
$\overline{R_D}$	$\overline{LD}$	ET	EP	CP	A	B	C	D	QA	QB	QC	QD
0	×	×	×	×	×	×	×	×	0	0	0	0
1	0	×	×	↑	a	b	c	d	a	b	c	d
1	1	1	1	↑	×	×	×	×	计　数			
1	1	0	×	×	×	×	×	×	保　持			
1	1	×	0	×	×	×	×	×	保　持			

2. 集成二进制异步计数器

74LS197 是 4 位集成二进制异步加法计数器，其集成芯片管脚如图 8-2-5 所示，逻辑功能如下：

（1）$\overline{CR}$=0 时异步清零。

（2）$\overline{CR}$=1、CT/$\overline{LD}$=0 时异步置数。

（3）$\overline{CR}$=CT/$\overline{LD}$=1 时，异步加法计数。若将输入时钟脉冲 CP 加在 CP_0 端、把 Q_0 与 CP_1 连接起来，则构成 4 位二进制即 16 进制异步加法计数器。若将 CP 加在 CP_1 端，则构成 3 位二进制即 8 进制计数器，FF_0 不工作。如果只将 CP 加在 CP_0 端，CP_1 接 0 或 1，则形成 1 位二进制即二进制计数器。

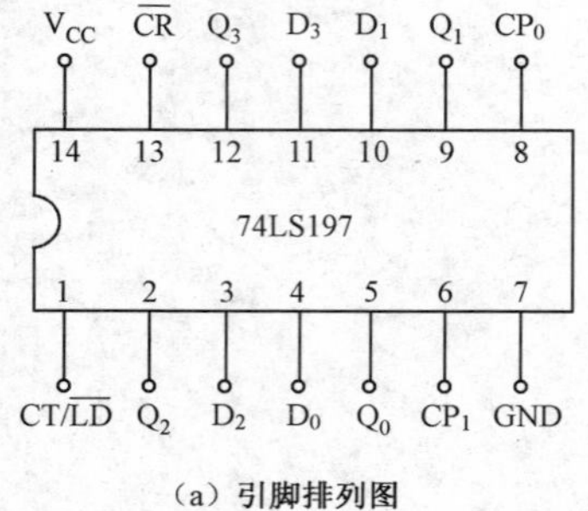

（a）引脚排列图

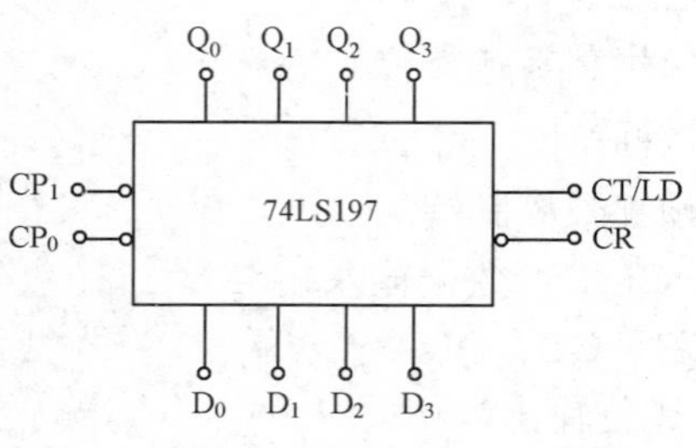

（b）逻辑功能示意图

图 8-2-5　74LS197 引脚及逻辑功能图

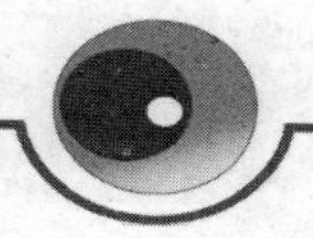

3. 集成十进制同步计数器

74LS160 是十进制同步计数器，具有计数、同步置数、异步清零等功能。其引脚排列图和逻辑符号如图 8-2-6 所示。各引脚功能如下：

CP 为输入计数脉冲，上升沿有效；$\overline{CR}$ 为清零端；$\overline{LD}$ 为预置数控制端；D_0～D_3 为并行输入数据端；CT_T 和 CT_P 为两个计数器工作状态控制端；CO 为进位信号输出端；Q_0～Q_3 为计数器状态输出端。

当复位端 $\overline{CR}$=0 时，不受 CP 控制，输出端立即全部为“0”，功能表第一行。当 $\overline{CR}$=1 时，$\overline{LD}$ 端输入低电平，在时钟共同作用下，CP 上跳后计数器状态等于预置输入 DCBA，即所谓“同步”预置功能（第二行）。当 $\overline{CR}$ 和 $\overline{LD}$ 都无效（即为高电平），CT_T 或 CT_P 任意一个为低电平时，计数器处于保持功能，即输出状态不变。只有当四个控制输入都为高电平时，计数器实现模 10 加法计数。表 8-2-4 所示是 74LS160 功能表。

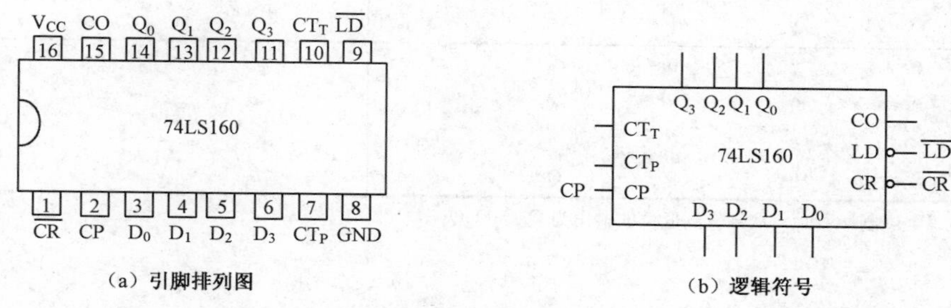

（a）引脚排列图　　（b）逻辑符号

图 8-2-6　74LS160 引脚排列图逻辑符号

表 8-2-4　74LS160 功能表

$\overline{CR}$	$\overline{LD}$	CT_T	CT_P	CP	D_3	D_2	D_1	D_0	Q_3	Q_2	Q_1	Q_0
0	×	×	×	×	×	×	×	×	0	0	0	0
1	0	×	×	↑	D	C	B	A	D	C	B	A
1	1	0	×	×	×	×	×	×	保持			
1	1	×	0	×	×	×	×	×	保持			
1	1	1	1	↑	×	×	×	×	计数			

4. 集成十进制异步计数器

为了达到多功能的目的，中规模异步计数器往往采用组合式的结构，即由两个独立的计数来构成整个的计数器芯片。如：74LS90（290）由模 2 和模 5 的计数器组成；74LS92 由模 2 和模 6 的计数器组成。下面以 CT74LS290 为例进行简单介绍：

（1）结构框图和逻辑功能图如图 8-2-7 所示。

（2）逻辑功能如表 8-2-5 所示。

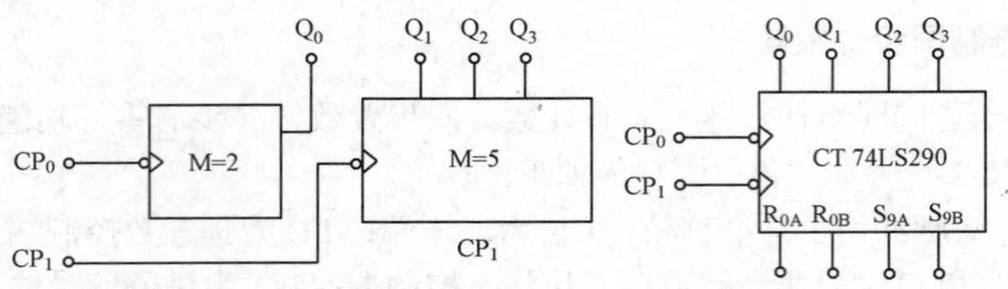

图8-2-7 CT74LS290的结构框图和逻辑功能图

表 8-2-5 CT74LS290 的逻辑功能

输入						输出			
R_{0A}	R_{0B}	S_{9A}	S_{9B}	CP_0	CP_1	Q_0^{n+1}	Q_1^{n+1}	Q_2^{n+1}	Q_3^{n+1}
1	1	0	×	×	×				
1	1	×	0	×	×				
×	0	1	1	×	×				
0	×	1	1	×	×				
×	0	×	0	↓	0				
×	0	0	×	0	↓				
0	×	×	0	↓	Q_0				
0	×	0	×	Q_3	↓				

注：5421 码十进制计数时，从高位到低位的输出为 $Q_0Q_3Q_2Q_1$。

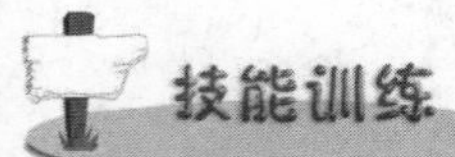

训练项目：寄存器、计数器功能测试

技能目标

（1）学会用触发器组成移位寄存器、计数器的方法。

（2）测试移位寄存器、计数器的逻辑功能。

工具、元件和仪器

（1）74LS00 芯片一块，74LS74 芯片二块。

（2）1kΩ电阻 2 只，100Ω电阻 4 只。

（3）+5V 直流电源。

（4）发光二极管（LED）4 只。

（5）钮子开关 2 只。

（6）亚龙 DS-IIA 电子实验台。

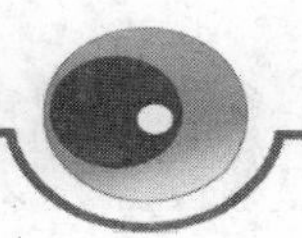

一、移位寄存器功能测试

实训步骤

1．接线

按图 8-2-8 接好电路。用两片双 D 触发器 74LS74，接成 4 位左移寄存器。根据集成 IC 的管脚图给各触发器标上对应的管脚号，进行接线，DSL、清零端通过 1kΩ电阻接逻辑电平开关（上述实物图中清零端、置位端均悬空未接），开关一端接+5V 电源，另一端接地。Q_3～Q_0 各接一只发光二极管，发光二极管阴极通过 100Ω电阻接地。CP 接单次脉冲输入。

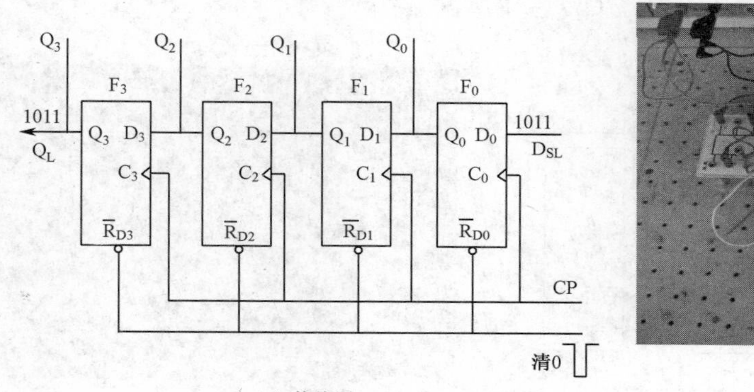

（a）接线图

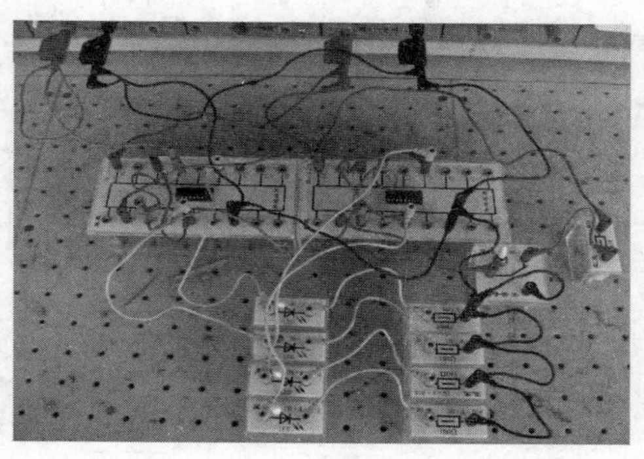

（b）实物图

图 8-2-8　接线图和实物图

2．调试、测量

首先通过清零端给移位寄存器清零。

按表 8-2-6 给 DSL 送数，同时用手动脉冲按钮给 CP 端送入时钟，每输入一个数据和时钟，观察各 Q 端的状态变化，填写表格。

表 8-2-6　四位左移寄存器功能测试表

清零端	脉冲顺序	输出				数据输入
$\overline{R}_D$	CP	Q_3	Q_2	Q_1	Q_0	D_{SL}
0	×					×
1	1					1
1	2					0
1	3					1
1	4					1

训练拓展

1．该移位寄存器是在脉冲的上升沿还是下降沿进行移位？

2．若要将一个数据由 Q_0 移位到 Q_3，需要经历几个 CP 脉冲？

二、计数器功能测试

实训步骤

1．接线

按图 8-2-9 接好电路。用两片双 D 触发器 74LS74，接成 4 位二进制异步加法计数器。根据集成 IC 的管脚图给各触发器标上对应的管脚号，进行接线，清零端通过 1kΩ电阻接逻辑电平开关（实物图中未接），开关一端接+5V 电源，另一端接地。Q_3～Q_0 各接一只发光二极管，发光二极管阴极通过 100Ω电阻接地。CP_0 接单脉冲输入。

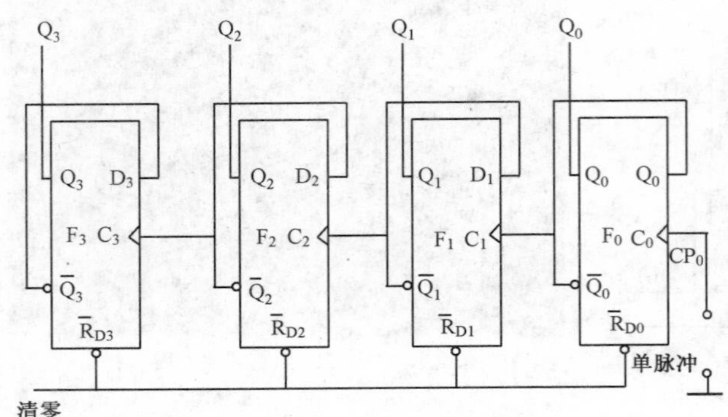

（a）接线图

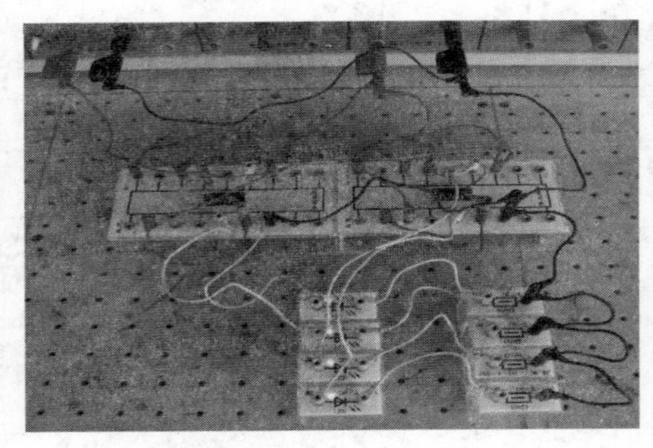

（b）实物图

图 8-2-9　接线图和实物图

3．调试、测量

首先通过清零端给计数器清零。

在计数输入端逐个输入单脉冲，观察 LED 的亮灭是否符合加法计数规律，填写表 8-2-7。

表 8-2-7　二进制异步加法计数器功能测试表

清零端	脉冲顺序	输　出			
$\overline{R}_D$	CP	Q_3	Q_2	Q_1	Q_0
0	×				
1	1				
1	2				
1	3				
1	4				
1	5				
1	6				
1	7				
1	8				
1	9				

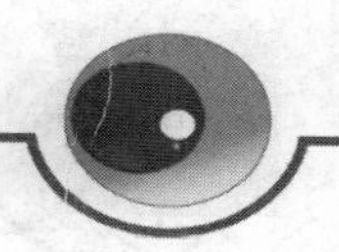

续表

清零端	脉冲顺序	输出			
$\overline{R}_D$	CP	Q_3	Q_2	Q_1	Q_0
1	10				
1	11				
1	12				
1	13				
1	14				
1	15				

训练拓展

1．触发器状态是在脉冲的上升沿还是下降沿翻转？

2．根据表 8-2-7 画出 CP、Q_0、Q_1、Q_2、Q_3 的波形。

技能训练

课题 4 综合训练项目：秒信号发生器的制作

技能目标

（1）掌握基本的手工焊接技术。

（2）能熟练在万能板上进行合理布局布线。

（3）掌握计数器的使用方法。

（4）熟悉计数器的逻辑功能。

工具、元件和仪器

（1）电烙铁等常用电子装配工具。

（2）CD4518、电阻等。

（3）万用表。

1．电路原理图及工作原理分析

秒信号产生是依靠 50Hz 220V 交流电源，经变压器降压过后由 VD1～VD4 全波整流成为 100Hz 的脉动信号。此脉动信号经 R_2、R_3 分压后，由 VT_1、VT_2 组成的施密特整形电路产生 100Hz 的矩形脉冲，输入到 IC_1（CD4518）计数。从 IC_1 的 14 脚输出端得到 1Hz 的脉冲秒信号。此脉冲信号送 VT_3～VT_7 组成的声光显示电路。使讯响器 HA 每秒发出“嘟”的一声报时声，发光管 VD_6 同步闪光显示。

2．装配要求和方法

工艺流程：准备→熟悉工艺要求→核对元件数量、规格、型号→元件检测→元器件预加工→装配、焊接→总装加工→自检。

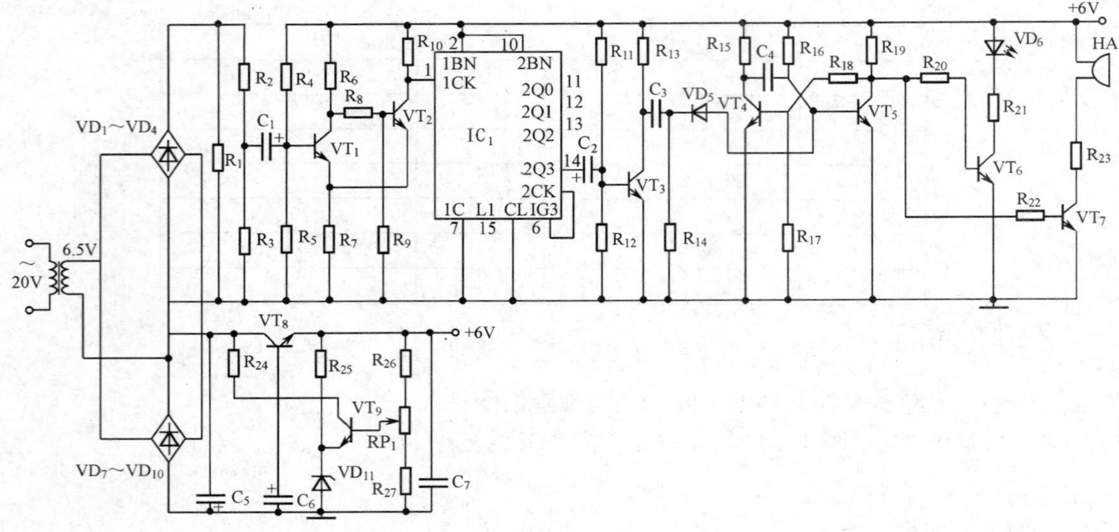

图8-3-1　电路原理图

（1）准备：将工作台整理有序，工具摆放合理，准备好必要的物品。

（2）熟悉工艺要求：认真阅读电路原理图和工艺要求。

（3）清点元件：按表 8-3-1 所示配套明细表核对元件的数量和规格，应符合工艺要求，如有短缺、差错应及时补缺和更换。

表 8-3-1　配套明细表

代号	品　　名	型号	代号	品　　名	型号	代号	品　　名	型号
R_1	碳膜电阻	20kΩ	R_{22}	碳膜电阻	5.6 kΩ	VD_8	二极管	1N4007
R_2	碳膜电阻	10 kΩ	R_{23}	碳膜电阻	10Ω	VD_9	二极管	1N4007
R_3	碳膜电阻	10 kΩ	R_{24}	碳膜电阻	2 kΩ	VD_{10}	二极管	1N4007
R_4	碳膜电阻	15 kΩ	R_{25}	碳膜电阻	1 kΩ	VD_{11}	稳压二极管	3V
R_5	碳膜电阻	5.1 kΩ	R_{26}	碳膜电阻	560Ω	VT_1	三极管	9014
R_6	碳膜电阻	2 kΩ	R_{27}	碳膜电阻	1 kΩ	VT_2	三极管	9014
R_7	碳膜电阻	300Ω	RP_1	微调电位器	500Ω	VT_3	三极管	9014
R_8	碳膜电阻	51 kΩ	C_1	电解电容	47μF	VT_4	三极管	9014
R_9	碳膜电阻	27 kΩ	C_2	独石电容	0.01μF	VT_5	三极管	9014
R_{10}	碳膜电阻	2 kΩ	C_3	独石电容	0.01μF	VT_6	三极管	9014
R_{11}	碳膜电阻	150 kΩ	C_4	电解电容	1μF	VT_7	三极管	9014
R_{12}	碳膜电阻	10 kΩ	C_5	电解电容	470μF	VT_8	三极管	8050
R_{13}	碳膜电阻	10 kΩ	C_6	电解电容	4.7μF	VT_9	三极管	9014
R_{14}	碳膜电阻	100 kΩ	C_7	电解电容	470μF	IC_1	集成电路	CD4518
R_{15}	碳膜电阻	10 kΩ	VD_1	二极管	IN4007	HA	讯响器	
R_{16}	碳膜电阻	68 kΩ	VD_2	二极管	IN4007	T	变压器	6.5V
R_{17}	碳膜电阻	20 kΩ	VD_3	二极管	IN4007		管座	16P
R_{18}	碳膜电阻	15 kΩ	VD_4	二极管	IN4007		印制板	
R_{19}	碳膜电阻	10 kΩ	VD_5	二极管	IN4148			
R_{20}	碳膜电阻	51 kΩ	VD_6	发光二极管	LED			
R_{21}	碳膜电阻	470Ω	VD_7	二极管	IN4007			

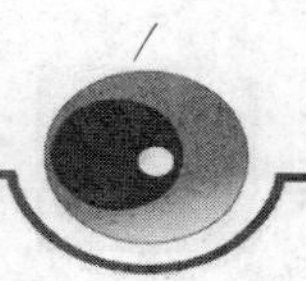

（4）元件检测：用万用表的电阻挡对元器件进行逐一检测，对不符合质量要求的元器件剔除并更换。

（5）元件预加工。

（6）装配工艺要求。按图 8-3-2 进行安装（图 8-3-3 为电路 3D 仿真图）

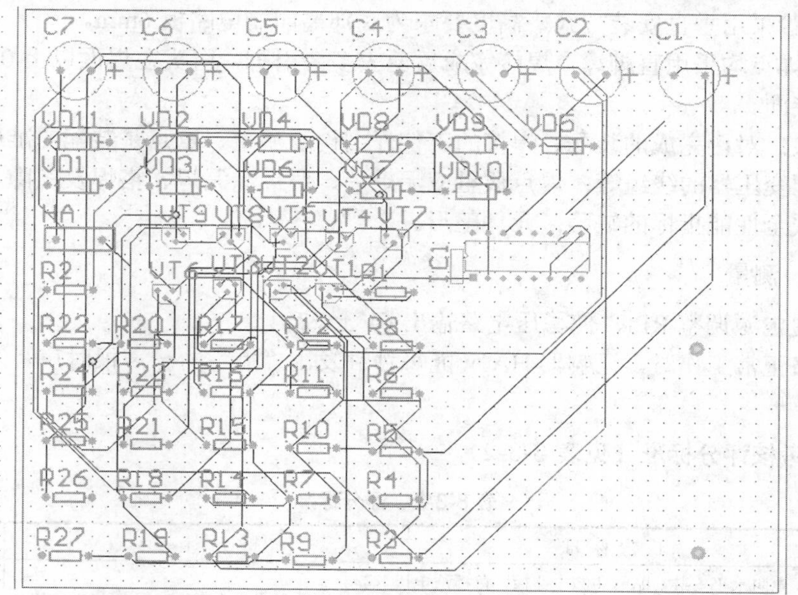

图 8-3-2　秒信号发生器装配图

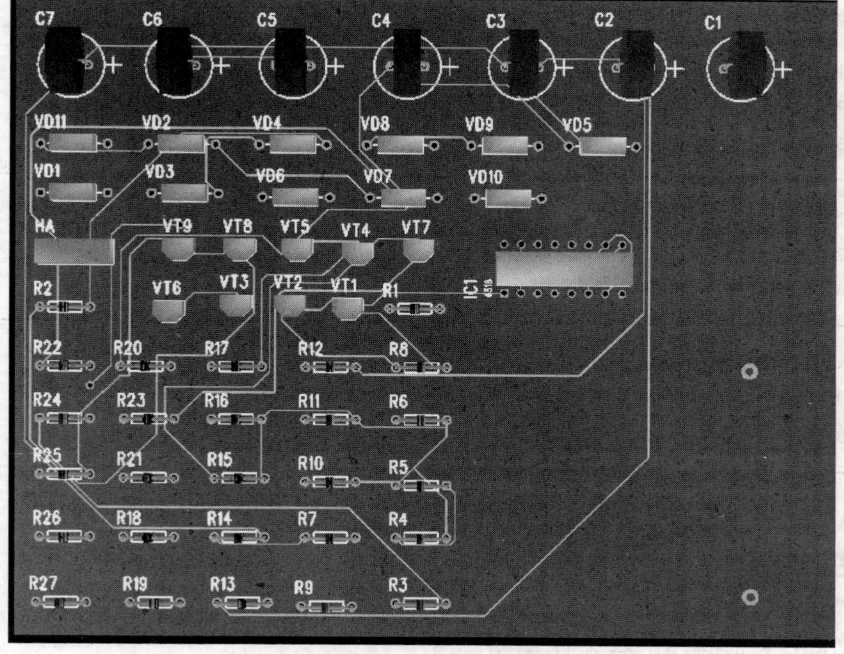

图8-3-3　秒信号发生器3D仿真图

① 电阻、二极管（发光二极管除外）采用水平安装方式，紧贴印制板；电阻色码方向一致。

② 发光二极管采用垂直安装方式，高度要求离板 8mm。

③ 电容器采用垂直安装方法，高度要求为底部离印制电路板 4mm。

④ 三极管采用垂直安装方式，高度要求为底部离印制电路板 6mm。

⑤ 所有焊点均采用直脚焊，焊接完成后剪去多余引脚，留头在焊面以上 0.5～1mm，且不能损伤焊接面。

（7）自检：对已完成的装配、焊接的工件仔细检查质量，重点是装配的准确性，包括元件位置、电源变压器的绕组等；焊点质量应无虚焊、假焊、漏焊、搭焊及空隙、毛刺等；检查有无影响安全性能指标的缺陷；元件整形。

3. 调试、测量

（1）接通电源调整 RP_1，使稳压电路输出 6V±0.2V。

（2）电路正常工作时，讯响器 HA 应能每秒钟发出“嘟”的一声报时声。发光管 VD_6 应能同步闪光。

4. 课题考核评分标准（见表 8-3-2）

表 8-3-2 评分标准

项目及配分		工艺标准	扣分标准	扣分记录	得分
装配	插件 25 分	1. 电阻水平安装，贴紧印制电路板，色标法电阻的色环标志顺序一致 2. 发光二极管垂直安装，高度符合工艺要求 3. 按图装配，元件的位置、极性正确	1. 元件安装歪斜、不对称、高度超差、色环电阻标志方向不一致每处扣 1 分 2. 错装、漏装每处扣 5 分		
	焊接 30 分	1. 焊点光亮、清洁，焊料适量 2. 无漏焊、虚焊、假焊、搭焊、溅锡等现象 3. 焊接后元件引脚剪脚留头长度小于 1mm	1. 焊点不光亮、焊料过多过少、布线不平直每处扣 0.5 分 2. 漏焊、虚焊、假焊、搭焊、溅锡每处扣 3 分 3. 剪脚留头大 1mm 每处扣 0.5 分		
	总装 15 分	1. 整机装配符合工艺要求 2. 导线连线正确，绝缘恢复良好 3. 不损伤绝缘层和表面涂覆层	1. 错装、漏装每处扣 5 分 2. 导线连接错误每处扣 5 分。绝缘恢复不合要求扣 5 分 3. 损伤绝缘层和表面涂覆层每处扣 5 分		
调试	30 分	1. 稳压电源输出电压正常 2. 秒信号发生电路工作是否正常 3. 讯响器能正确发出秒信号报时声	1. 稳压电源超差大于 0.2V 扣 5 分；大于 0.5V，扣 10 分 2. 秒信号发生电路工作不正常，扣 10 分 3. 讯响器报时电路不正常，扣 10 分		

思考与练习

1. 4 位寄存器需要几个触发器组成。

2. 74LS194 的 5 种工作模式分别为哪些。

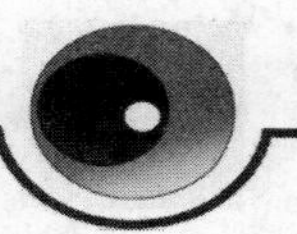

3．74LS194 中，清零操作为什么方式，它与什么信号是无关的。

4．74LS194 中，需要几个脉冲可并行输入 4 位数据。

5．74LS194 使用什么触发。

6．为了将一个字节数据串行移位到移位寄存器中，必须要几个时钟脉冲。

7．一组数据 10110101 串行移位（首先输入最右边的位）到一个 8 位并行输出移位寄存器中，其初始状态为 11100100，在两个时钟脉冲之后，该寄存器中的数据为多少。

8．试画出由 CMOS D 触发器组成的四位右移寄存器逻辑图，设输入的 4 位二进制数码为 1101，画出移位寄存器的工作波形。

9．如习题图 8-2-10 所示 12 位寄存器的初始状态为 101001111000，那么它在每个时钟脉冲之后的状态是什么？

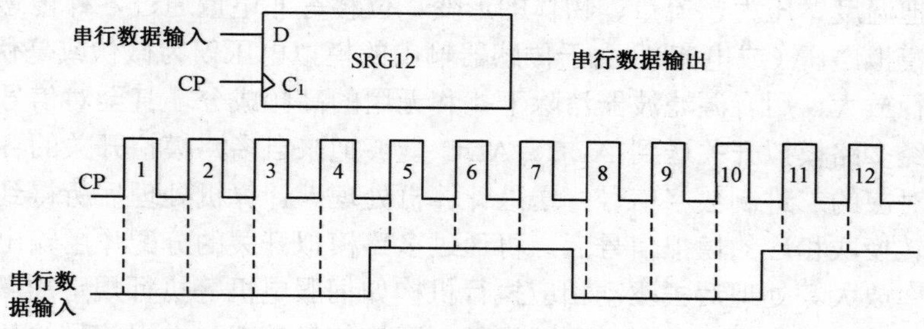

图 8-2-10　题 9 用图

10．为了构成 64 进制计数器，需要几个触发器。

11．2^n 进制计数器也称为几位二进制计数器。

12．使用 4 个触发器进行级联而构成二进制计数器时，可以对从 0 到多少的二进制数进行计数。

13．查阅集成电路手册，识读可逆十进制计数器 CC4510 集成电路各引脚功能，并完成下表。

表 8-2-8　习题 13 用表

CR	PE	$\overline{CI}$	CP	$U/\overline{D}$	D_3	D_2	D_1	D_0	Q_3	Q_2	Q_1	Q_0	功　能
1	×	×	×	×	×	×	×	×	0	0	0	0	
0	1	×	×	×	d_3	d_2	d_1	d_0					
0	0	1	×	×	×	×	×	×					
									0000→1001				加 1 计数
0	0	0	↑	0	×	×	×	×	1001→0000				

模块9　数模转换和模数转换

任务导入

图 9-1 所示是应用计算机进行控制的生产过程示意图，在应用计算机对生产过程进行控制时，经常要把温度、压力、流量、物体的形变、位移等非电量通过各种传感器检测出来，变换为相应的模拟电压（或电流）。由于传感器输出的模拟电压仅为微伏或毫伏数量级，所以必须对信号进行放大、用有源滤波器消除干扰和无用的高频成分，甚至对信号进行压缩、倍乘等处理后，经多路模拟开关送到 ADC。ADC 能够把来自多路模拟开关的各模拟电压（或电流）转换成对应的二进制数字信号，送入计算机处理。计算机处理后所得到的仍是数字信号，经 DAC 转换成相应的模拟信号后，再通过多路模拟开关的分配作用输出对应的某路控制信号，经功率放大等处理后去驱动相应执行机构如伺服电机等执行规定的操作。

实际上，在数据传输系统、自动测试设备、医疗信息处理、电视信号的数字化、图像信号的处理和识别、数字通信和语音信息处理等方面，同样都离不开 A/D 和 D/A 转换器。本任务主要是解决如何实现上述模数和数模转换问题。

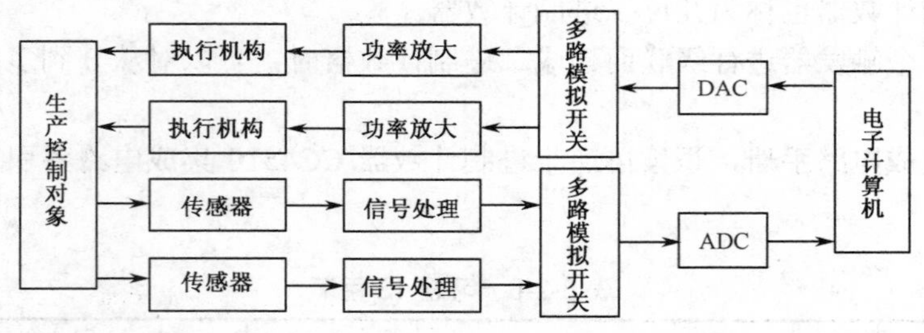

图 9-1　生产过程示意图

课题 1　数模转换

学习目标

（1）了解数模转换的基本概念。
（2）了解数模转换的应用。

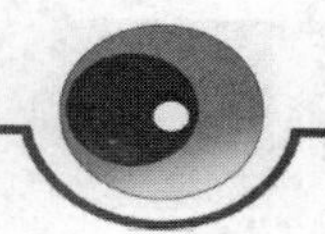

内容提要

随着数字电子技术的飞速发展，特别是计算机技术的发展与普及，用数字电路处理模拟信号的应用在自动控制、通信以及检测等许多领域越来越广泛。

自然界中存在的大都是连续变化的物理量，如温度、时间、速度、流量、压力等。要用数字电路特别是用计算机来处理这些物理量，必须先把这些模拟量转换成计算机能够识别的数字量，经过计算机分析和处理后的数字量又需要转换成相应的模拟量，才能实现对受控对象的有效控制，数模转换电路就是将数字量转换成模拟量的电路。

一、数模转换的原理

将数字信号转换为模拟信号的过程称之为数/模转换，简称 D/A 转换，完成 D/A 转换的电路称为数/模转换器，简称 DAC。数/模转换器输入的是数字量，输出的是模拟量。由于构成数字代码的每一位都有一定的权。为了将数字信号转换成模拟信号，必须将每一位的代码按其权的大小转换成相应的模拟信号，然后将这些模拟量相加，就可得到与相应的数字量成正比的总的模拟量，从而实现了从数字信号到模拟信号的转换。这就是构成 D/A 转换器的基本指导思想。其组成框图如图 9-1-1 所示。

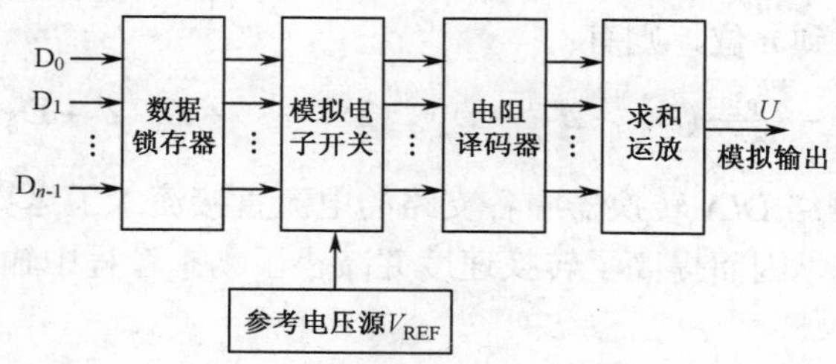

图9-1-1　n位D/A转换器方框图

图中，数据锁存器用来暂时存放输入的数字量，这些数字量控制模拟电子开关，将参考电压源U_{REF}按位切换到电阻译码网络中获得相应数位权值，然后送入求和运算放大器，输出相应的模拟电压，完成 D/A 转换过程。

能实现 D/A 转换的电路很多，当前主要采用三种：权电阻网络型、倒 T 型电阻网络和权电流型。这里只介绍倒 T 型电阻网络 D/A 转换器。

1. 倒 T 型电阻网络 D/A 转换器

如图 9-1-2 所示为一个 4 位倒 T 型电阻网络 D/A 转换器（按同样结构可将它扩展到

任意位置），它由数据锁存器（图中未画）、模拟电子开关（S）、R-2R 倒 T 型电阻网络、运算放大器（A）及基准电压 U_{REF} 组成。电阻网络只有 R（通常 R_F 取为 R）和 2R 两种电阻，给集成电路的设计和制作带来了很大的方便，所以成为使用最多的一种 D/A 转换电路。

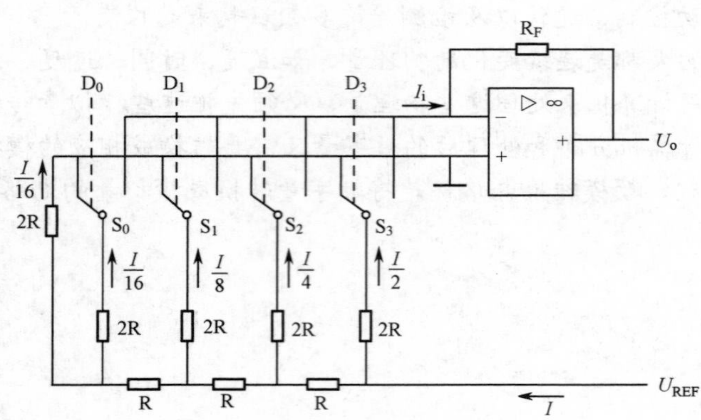

图 9-1-2　倒 T 型电阻网络 D/A 转换器

模拟电子开关 S_3、S_2、S_1、S_0 分别受数据锁存器输出的数字信号 D_3、D_2、D_1、D_0 控制。当输入的数字信号 D_0 ～ D_3 的任何一位为 1 时，对应的开关便将电阻 2R 接到放大器的反相输入端（虚地点）；若为 0 时，则对应的开关将电阻 2R 接地（同相输入端）。经过推导得

在 R_F=R 时，输出电压为

$$U_o = -\frac{U_{REF}}{2^4}(D_3 \cdot 2^3 + D_2 \cdot 2^2 + D_1 \cdot 2^1 + D_0 \cdot 2^0)$$

将输入数字量扩展到 n 位，则有

$$U_o = -\frac{U_{REF}}{2^n}(D_{n-1} \cdot 2^{n-1} + D_{n-2} \cdot 2^{n-2} + \cdots + D_1 \cdot 2^1 + D_0 \cdot 2^0)$$

由于倒 T 型电阻网络 D/A 转换器中各支路的电流直接流入了运算放大器的输入端，它们之间不存在传输时间差，因而提高了转换速度并减小了动态过程中输出端可能出现的尖峰脉冲。

鉴于以上原因，倒 T 型电阻网络 D/A 转换器是目前使用的 D/A 转换器中速度较快的一种，也是用得较多的一种。

2. D/A 转换器的基本技术指标

1）*分辨率*

分辨率是指 D/A 转换器输出的最小电压变化量与满刻度输出电压之比。

最小输出电压变化量就是对应于输入数字量最低位（LSB）为 1，其余各位为 0 时的输出电压，记为 U_{LSB}，满度输出电压就是对应于输入数字量的各位全是 1 时的输出电压，记为 U_{FSR}，对于一个 n 位的 D/A 转换器，分辨率可表示为：

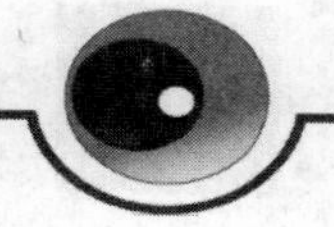

$$分辨率=\frac{U_{LSB}}{U_{FSR}}=\frac{1}{2^n-1}$$

一个 n=10 位的 D/A 转换器，其分辨率是：0.000978。

2）转换精度

转换精度是指 D/A 转换器实际输出的模拟电压与理论输出模拟电压间的最大误差。它是一个综合指标，包括零点误差、增益误差等，它不仅与 D/A 转换器中元件参数的精度有关，而且还与环境温度、集成运算放大器的温度漂移以及转换器的位数有关。所以要获得较高精度的 D/A 转换结果，除了正确选用 D/A 转换器的位数外，还要选用低漂移高精度的集成运算放大器。通常要求 D/A 转换器的误差小于 $U_{LSB}/2$。

3）转换时间

转换时间是指 D/A 转换器在输入数字信号开始转换，到输出的模拟电压达到稳定值所需的时间。它是反映 D/A 转换器工作速度的指标。转换时间越小，工作速度就越高。

二、数模转换的应用

1. 集成 D/A 转换器 DA7520

常用的集成 D/A 转换器有 DA7520、DAC0832、DAC0808、DAC1230、MC1408、AD7524 等，这里只对 DA7520 做介绍。

DA7520 是十位的 D/A 转换集成芯片，与微处理器完全兼容。该芯片以接口简单、转换控制容易、通用性好、性能价格比高等特点得到广泛的应用。其内部采用倒 T 型电阻网络，模拟开关是 CMOS 型的，集成在芯片上，但运算放大器是外接的。

DA7520 的外引线排列及连接电路如图 9-1-3 所示，DA7520 共有 16 个引脚，各引脚的功能如下：

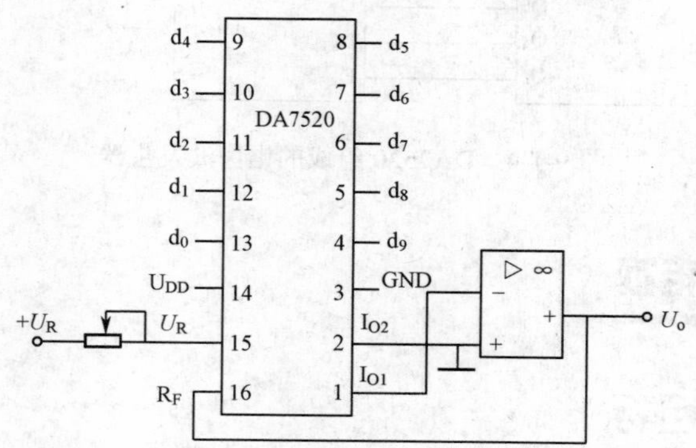

图 9-1-3　DA7520 的外引线排列及连接电路

4～13 为 10 位数字量的输入端；

1 为模拟电流 I_{o1} 输出端，接到运算放大器的反向输入端；

2 为模拟电流 I_{o2} 输出端，一般接地；

3 为接地端；

14 为 COMS 模拟开关的+U_{DD} 电源接线端；

15 为参考电压电源接线端，U_R 可为正值或负值；

16 为芯片内部一个电阻 R 的引出端，该电阻作为运算放大器的反馈电阻 R_F，它的另一端在芯片内部接 I_{O1} 端。

DA7520 的主要性能参数如下：

分辨率：十位。

线性误差：±（1/2）LSB（LSB 表示输入数字量最低位），若用输出电压满刻度范围 FSR 的百分数表示则为 0.05%FSR。

转换速度：500ns。

温度系数：0.001%/℃。

2．应用举例

图 9-1-4 所示的电路为一个由 10 位二进制加法计数器、DA7520 转换器及集成运放组成的锯齿波发生器。10 位二进制加法计数器从全“0”加到全“1”，电路的模拟输出电压 U_o 由 0V 增加到最大值，此时若再来一个计数脉冲则计数器的值由全“1”变为全“0”，输出电压也从最大值跳变为 0，输出波形又开始一个新的周期。如果计数脉冲不断，则可在电路的输出端得到周期性的锯齿波。

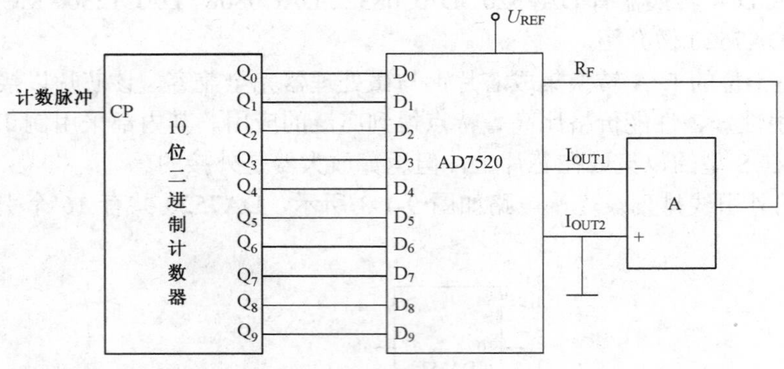

图 9-1-4　DA7520 组成的锯齿波发生器

课题 2　模数转换

学习目标

（1）了解模数转换的基本概念。

（2）了解模数转换的应用。

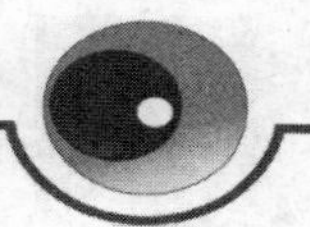

内容提要

将模拟信号转换为数字信号的过程称之为模/数转换，简称 A/D 转换，完成 A/D 转换的电路称为模/数转换器，简称 ADC。模/数转换过程分为两步完成：第一步是先使用传感器将生产过程中连续变化的物理量转换为模拟信号；第二步再由 A/D 转换器把模拟信号转换成为数字信号。

为将时间连续、幅值也连续的模拟信号转换成时间离散、幅值也离散的数字信号，A/D 转换需要经过采样、保持、量化、编码四个阶段。通常采样、保持用一种采样保持电路来完成，而量化和编码在转换过程中实现。

相关知识

一、采样与保持

将一个时间上连续变化的模拟量转换成时间上离散的数字量称为采样。

采样脉冲的频率越高，所取得的信号越能真实地反应输入信号，合理的取样频率由取样定理确定。

取样定理：设取样脉冲 $S(t)$ 的频率为 f_s，输入模拟信号 $X(t)$ 的最高频率分量的频率为 f_{max}，则 f_s 与 f_{max} 必须满足如下关系：

$$f_s \geqslant 2f_{max}$$

即采样频率大于或等于输入模拟信号 $X(t)$ 的最高频率分量 f_{max} 的两倍时，取样后输出信号 $Y(t)$ 才可以正确的反应输入信号。工程实际中通常取 $f_s=(3\sim5)f_{max}$。

由于每次把采样电压转换为相应的数字信号时都需要一定的时间，因此在每次采样以后，需把采样电压保持一段时间。故进行 A/D 转换时所用的输入电压实际上是每次采样结束时的采样电压值。

根据采样定理，用数字方法传递和处理模拟信号，并不需要信号在整个作用时间内的数值，只需要采样点的数值。所以，在前后两次采样之间可把采样所得的模拟信号暂时存储起来以便将其进行量化和编码。

二、量化和编码

经过采样保持后的模拟电压是一个个离散的电压值。对这么多离散电压直接进行数字化（即用有限个 0 和 1 表示）是不可能的，为此需对这些离散电压先进行量化，就是将离散电压幅度值化为某个最小单位电压（量化单位Δ）的整数倍，即进行取整。

编码就是将量化的数值用二进制代码表示。

1．只舍不入法

例如把（0～1V）模拟电压用三位二进制数码来表示，取量化单位Δ=1/8 V。

三位 A/D 转换器模/数转换关系对应表如表 9-2-1 所示。

表 9-2-1　只舍不入法三位 A/D 转换器模/数转换关系对应表

输入模拟电压	量化值	二进制输出
$0 \leqslant u_o < 1/8$V	0V（0Δ）	000
$1/8\text{V} \leqslant u_o < 2/8$V	1/8V（1Δ）	001
$2/8\text{V} \leqslant u_o < 3/8$V	2/8V（2Δ）	010
$3/8\text{V} \leqslant u_o < 4/8$V	3/8V（3Δ）	011
$4/8\text{V} \leqslant u_o < 5/8$V	4/8V（4Δ）	100
$5/8\text{V} \leqslant u_o < 6/8$V	5/8V（5Δ）	101
$6/8\text{V} \leqslant u_o < 7/8$V	6/8V（6Δ）	110
$7/8\text{V} \leqslant u_o < 1$V	7/8V（7Δ）	111

模拟信号采样值不一定恰好等于某个量化值，总会有偏差，这种偏差称为量化误差。上述量化方法中的最大量化误差为Δ=l/8 V。

2．有舍有入法

取量化单位Δ=2/15 V。

三位 A/D 转换器模/数转换关系对应表如表 9-2-2 所示。

表 9-2-2　有舍有入法三位 A/D 转换器模/数转换关系对应表

输入模拟电压	量化值	二进制输出
$0 \leqslant u_o < 1/15$V	0V（0Δ）	000
$1/15\text{V} \leqslant u_o < 3/15$V	2/15V（1Δ）	001
$3/15\text{V} \leqslant u_o < 5/15$V	4/15V（2Δ）	010
$5/15\text{V} \leqslant u_o < 7/15$V	6/15V（3Δ）	011
$7/15\text{V} \leqslant u_o < 9/15$V	8/15V（4Δ）	100
$9/15\text{V} \leqslant u_o < 11/15$V	10/15V（5Δ）	101
$11/15\text{V} \leqslant u_o < 13/15$V	12/15V（6Δ）	110
$12/15\text{V} \leqslant u_o < 1$V	14/15V（7Δ）	111

最大量化误差为Δ=2/15 V，显然量化单位越小，量化误差就越小。

三、模数转换的原理

1．A/D 转换器的分类

A/D 转换器的种类很多，按其转换过程，大致可以分为直接型 A/D 转换器和间接型 A/D 转换器两种，如图 9-2-1 所示。

直接型 A/D 转换器能把输入的模拟电压直接转换为输出的数字代码，不需要通过中间变量。常用的电路有反馈比较型和并行比较型两种。

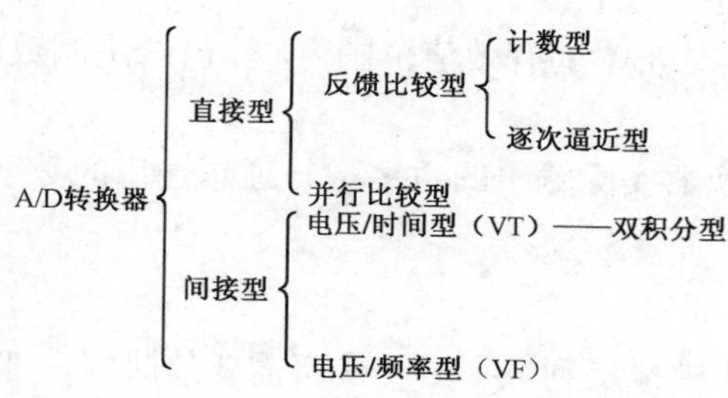

图9-2-1　A/D转换器分类图

间接型 A/D 转换器是把待转换的输入模拟电压先转换为一个中间变量，然后再对中间变量进行量化编码得出转换结果。

2．逐次逼近型 A/D 转换器

逐次逼近型 A/D 转换器是一种反馈比较型 A/D 转换器，如图 9-2-2 所示，它由电压比较器、逻辑控制器、*n* 位逐次逼近寄存器和 *n* 位 D/A 转换器组成。

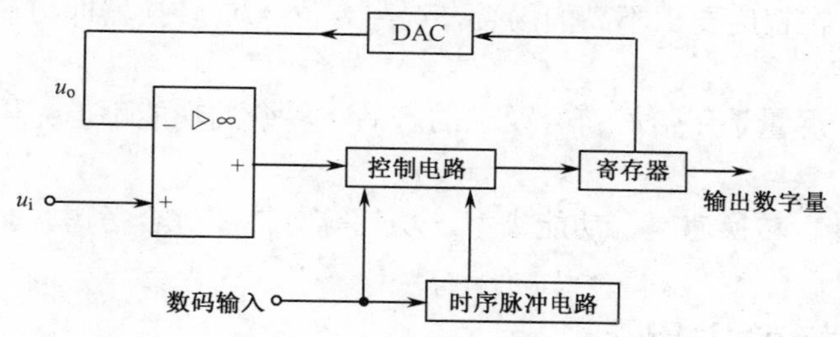

图9-2-2　逐次逼近型A/D转换器

逐次逼近型 A/D 转换器的工作原理与用天平称重量类似。它是将大小不同的参考电压与输入模拟电压逐步进行比较，比较结果以相应的二进制代码表示。其过程如下所述。

当电路收到启动信号后，首先将寄存器置零，之后第一个 CP 时钟脉冲到来时，控制逻辑将寄存器的最高位置为 1，使其输出为 100…0。这组数字量由 D/A 转换器转换成模拟电压 u_o，送到比较器与输入模拟电压 u_i 进行比较。若 $u_i > u_o$，则应将这一位的 1 保留，比较器输出为 1; 若 $u_i < u_o$，说明寄存器输出数码过大，舍去这一位的 1，比较器输出为 0。依此类推，将下一位置 1 进行比较，直到最低位为止。

此时寄存器中的 *n* 位数字量即为模拟输入电压所对应的数字量。通常，从清 0 到输出数据完成 *n* 位转换需要 *n*+2 个脉冲。

3．A/D 转换器的主要技术指标和选用原则

1）转换精度

在 A/D 转换器中，通常用分辨率和转换误差来描述转换精度。

分辨率是指引起输出二进制数字量最低有效位变动一个数码时，对应输入模拟量的最小变化量。小于此最小变化量的输入模拟电压，不会引起输出数字量的变化。

A/D 转换器的分辨率反映了它对输入模拟量微小变化的分辨能力，它与输出的二进制数

的位数有关，在 A/D 转换器分辨率的有效值范围内，输出二进制数的位数越多，分辨率越小，分辨能力就越高。

转换误差表示 A/D 转换器实际输出的数字量与理想输出的数字量之间的差别，并用最低有效位 LSB 的倍数来表示。

2）转换速度

A/D 转换器完成一次从模拟量到数字量转换所需要的时间，即从转换开始到输出端出现稳定的数字信号所需要的时间。并行型 A/D 转换器速度最高，约为数十纳秒；逐次逼近型 A/D 转换器速度次之，约为数十微秒；双积分型 A/D 转换器速度最慢，约为数十毫秒。

3）选用原则

（1）类型合理。根据 A/D 转换器在系统中的作用以及与系统中其他电路的关系进行选择，不但可以减少电路的辅助环节，还可以避免出现一些不易发现的逻辑与时序错误。

（2）转换速度。三种应用最广泛的产品——并行型 A/D 转换器的速度最高；逐次逼近型 A/D 转换器的速度次之；双积分型 A/D 转换器的速度最慢。要根据系统的要求选取。

（3）精度选择。在精度要求不高的场合，选用 8 位 A/D 转换器即可满足要求，而不必选用更高分辨率的产品。

（4）功能选择。尽量选用恰好符合要求的产品。多余的功能不但无用，还有可能造成意想不到的故障。

总之，转换精度、转换速率、功能类型、功耗等特性要综合考虑，全面衡量。

四、模数转换的应用

ADC0809 是带有 8 位 A/D 转换器、8 路多路开关以及微处理机兼容的控制逻辑的 CMOS 组件。它是逐次逼近式 A/D 转换器，可以和单片机直接接口。

1．ADC0809 的内部逻辑结构

ADC0809 的内部逻辑结构图如图 9-2-3 所示。

由图可知，ADC0809 由一个 8 路模拟开关、一个地址锁存与译码器、一个 A/D 转换器和一个三态输出锁存器组成。多路开关可选通 8 个模拟通道，允许 8 路模拟量分时输入，共用 A/D 转换器进行转换。三态输出锁存器用于锁存 A/D 转换完的数字量，当 OE 端为高电平时，才可以从三态输出锁存器取走转换完的数据。

2．ADC0809 引脚结构

ADC0809 引脚结构图如图 9-2-4 所示。

IN_0～IN_7：8 条模拟量输入通道。

ADC0809 对输入模拟量要求：信号单极性，电压范围是 0～5V，若信号太小，必须进行放大；输入的模拟量在转换过程中应该保持不变，如若模拟量变化太快，则需要在输入前增加采样保持电路。

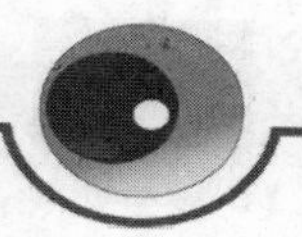

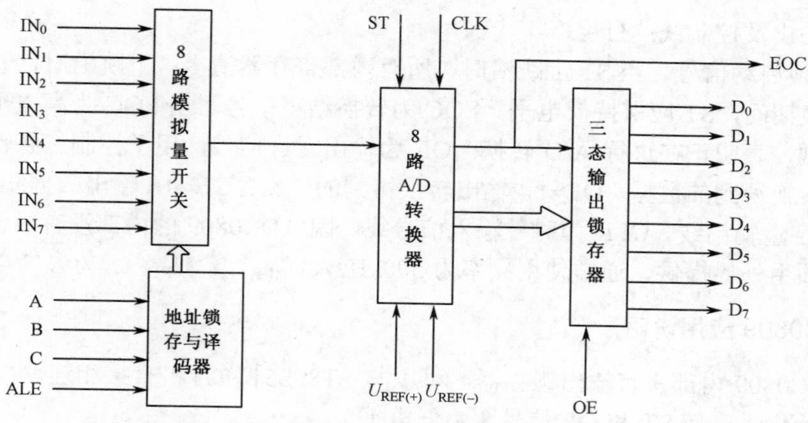

图9-2-3　ADC0809的内部逻辑结构图

引脚	名称	名称	引脚
1	IN_3	IN_2	28
2	IN_4	IN_1	27
3	IN_5	IN_0	26
4	IN_6	A	25
5	IN_7	B	24
6	ST	C	23
7	EOC	ALE	22
8	D_3	D_7	21
9	OE	D_6	20
10	CLK	D_5	19
11	V_{CC}	D_4	18
12	$U_{REF(+)}$	D_0	17
13	GND	$U_{REF(-)}$	16
14	D_1	D_2	15

图9-2-4　ADC0809引脚结构图

地址输入和控制线：4 条。

ALE 为地址锁存允许输入线，高电平有效。当 ALE 线为高电平时，地址锁存与译码器将 A、B、C 三条地址线的地址信号进行锁存，经译码后被选中的通道的模拟量进转换器进行转换。A、B 和 C 为地址输入线，用于选通 IN_0～IN_7 上的一路模拟量输入。通道选择表如表 9-2-3 所示。

表 9-2-3　ADC0809 通道选择表

C	B	A	选择的通道
0	0	0	IN_0
0	0	1	IN_1
0	1	0	IN_2
0	1	1	IN_3
1	0	0	IN_4
1	0	1	IN_5
1	1	0	IN_6
1	1	1	IN_7

数字量输出及控制线：11 条。

ST 为转换启动信号。当 ST 上跳沿时，所有内部寄存器清零；下跳沿时，开始进行 A/D 转换；在转换期间，ST 应保持低电平。EOC 为转换结束信号。当 EOC 为高电平时，表明转换结束；否则，表明正在进行 A/D 转换。OE 为输出允许信号，用于控制三条输出锁存器向单片机输出转换得到的数据。OE=1，输出转换得到的数据；OE=0，输出数据线呈高阻状态。D_7～D_0 为数字量输出线。CLK 为时钟输入信号线。因 ADC0809 的内部没有时钟电路，所需时钟信号必须由外界提供，通常使用频率为 500kHz，$U_{REF(+)}$，$U_{REF(-)}$ 为参考电压输入。

3．ADC0809 应用说明

（1）ADC0809 内部带有输出锁存器，可以与 AT89S51 单片机直接相连。

（2）初始化时，使 ST 和 OE 信号全为低电平。

（3）送要转换的哪一通道的地址到 A、B、C 端口上。

（4）在 ST 端给出一个至少有 100ns 宽的正脉冲信号。

（5）是否转换完毕，可以根据 EOC 信号来判断。

（6）当 EOC 变为高电平时，这时给 OE 为高电平，转换的数据就输出给单片机了。

课题 3　综合实训项目：数模转换与模数转换集成电路的使用

技能目标

（1）掌握基本的手工焊接技术。

（2）能熟练在万能板上进行合理布局布线。

（3）会搭接模数转换集成电路的典型应用电路，观察现象，并测试相关数据。

（4）能对综合电路进行原理分析，会判断、检修电路故障。

工具、元件和仪器

（1）电烙铁等常用电子装配工具。

（2）变压器、电阻等。

（3）数字式万用表、示波器。

1. 工作原理及电路原理图

在数字电路中往往需要把模拟量转换成数字量或把数字量转换成模拟量，完成这些转换功能的转换器有多种型号。本项目采用 ADC0804 实现模 / 数转换，用 DAC0832 实现数 / 模转换。

1）模数转换：集成 ADC0804 转换器

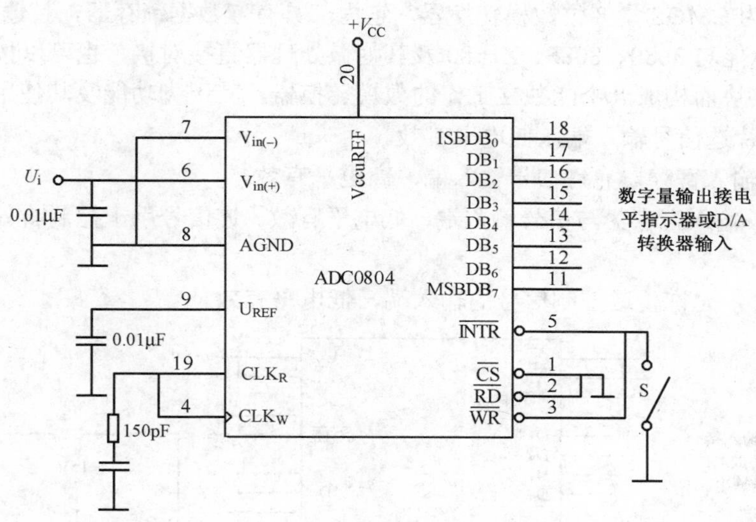

图9-3-1　模数转换原理图

常用的 ADC0804 集成片，它是 CMOS 8 位单通道逐次渐近型的模 / 数转换器，它的引脚功能及使用如下。

（1）$V_{in(+)}$ 和 $V_{in(-)}$：为模拟电压输入端，模拟电压输入接 $V_{in(+)}$ 端，$V_{in(-)}$ 端接地。双边输入时 $V_{in(+)}$、$V_{in(-)}$ 分别接模拟电压信号的正端和负端。当输入的模拟电压信号存在“零点漂移电压”时，可在 $V_{in(-)}$ 接一等值的零点补偿电压，变换时将自动从 $V_{in(+)}$ 中减去这一电压。

（2）基准电压 U_{REF}：为模数转换的基准电压，如不外接，则 U_{REF} 可与 V_{CC} 共用电源。

（3）$\overline{CS}$、$\overline{WR}$、$\overline{RD}$ 为片选信号输入，在微机中应用时，当 $\overline{CS}$=0，说明本片被选中，在用硬件构成的 ADC0804 系统中，$\overline{CS}$ 可恒接低电平。$\overline{WR}$ 为转换开始的起动信号输入，$\overline{RD}$ 为转换结束后从 ADC 中读出数据的控制信号，两者都是低电平有效。

（4）CLK_R 和 CLK_W：ADC0804 可外接 RC 产生模数转换器所需的时钟信号，时钟频率 $f_{CLK}=\dfrac{1}{1.1RC}$，一般要求频率范围 100kHz～1.28MHz。

（5）$\overline{IRTR}$ 中断申请信号输出端，低电平有效，当完成 A/D 转换后，自动发 $\overline{IRTR}$ 信号，在微机中应用，此端应与微处理器的中断输入端相连，当 $\overline{IRTR}$ 有效时，应等待 CPU 同意中断申请使 $\overline{RD}$ =0 时方能将数输出。若 ADC0804 单独应用，可将 $\overline{INT}$ 悬空，而 $\overline{RD}$ 直接接地。

（6）AGND 和 DGND：分别为模拟地和数字地。

（7）D_0～D_7 是数字量输出端。

图 9-3-1 所示是 ADC0804 的一个典型应用电路图，转换器的时钟脉冲由外接 10kΩ电阻和 150pF 电容形成，时钟频率约 640kHz。基准电压由其内部提供，大小是电源电压 V_{CC} 的一半。为了启动 A / D 转换，应先将开关 S 闭合一下，使 $\overline{WR}$ 端接地（变为低电平），然后再把开关 S 断开，于是转换就开始进行。模 / 数转换器一经启动，被输入的模拟量就按一定的速度转换成 8 位二进制数码，从数字量输出端输出。

2）数模转换：集成 DAC0832 转换器

DAC0832 为 CMOS 型 8 位数模转换器，它内部具有双数据锁存器，且输入电平与 TTL 电平兼容，所以能与 8080、8085、Z－80 及其他微处理器直接对接，也可以按设计要求添加必要的集成电路块而构成一个能独立工作的数模转换器，其引脚功能及其使用如下：

（1）$\overline{CS}$：片选信号输入端，低电平有效。

（2）ILE：输入寄存器允许信号输入端，高电平有效。

（3）$\overline{WR_1}$：输入寄存器与信号输入端，低电平有效。该信号用于控制将外部数据写入输入寄存器中。

（4）$\overline{XEFR}$：允许传送控制信号的输入端，低电平有效。

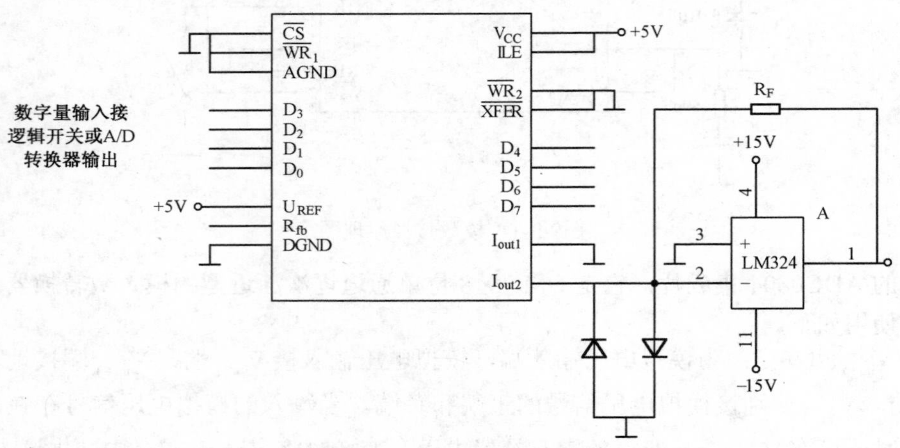

图9-3-2　数模转换原理图

（5）$\overline{WR_2}$：DAC：寄存器写信号输入端，低电平有效。该信号用于控制将输入寄存器的输出数据写入 DAC 寄存器中。

（6）D_0～D_7：8 位数据输入端。

（7）I_{out1}、DAC：电流输出 1，在构成电压输出 DAC 时此线应外接运算放大器的反相输入端。

（8）I_{out2}、DAC：电流输出 2，在构成电压输出 DAC 时此线应和运算放大器的同相输入端一起接模拟地。

（9）R_{fb}：反馈电阻引出端，在构成电压输出 DAC 时此端应接运算放大器的输出端。

（10）U_{REF}：基准电压输入端，通过该外引线将外部的高精度电压源与片内的 R－2R 电阻网络相连。其电压范围为-10V～+10V。

（11）V_{CC}：DAC0832 的电源输入端，电源电压范围为+5V～+15V。

（12）AGND：模拟地、整个电路的模拟地必须与数字地相连。

（13）DGND：数字地。

DAC0832 是 8 位的电流输出型数 / 模转换器，为了把电流输出变成电压输出，可在数 / 模转换器的输出端接一运算放大器（LM324），输出电压 U_o 的大小由反馈电阻 R_F 决定，整

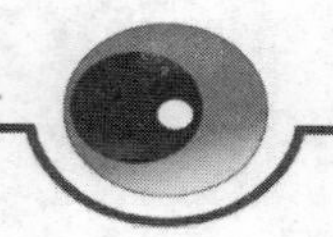

个线路如图 9-3-2 所示。图 9-3-2 中 U_{REF} 接 5V 电源。

若把一个模拟量经模 / 数转换后再经数 / 模转换，那么在输出端就能获得原模拟量或放大了的模拟量（取决于反馈电阻 R_F）。同理若在模 / 数转换器的输入端加一方波信号，经模 / 数转换后再经数 / 模转换，则在数 / 模转换器的输出端就可得到经二次转换后的方波信号。

2. 装配要求和方法

工艺流程：准备→熟悉工艺要求→核对元件数量、规格、型号→元件检测→元器件预加工→万能电路板装配、焊接→总装加工→自检。

（1）准备：将工作台整理有序，工具摆放合理，准备好必要的物品。

（2）熟悉工艺要求：认真阅读电路原理图和工艺要求。

（3）元件检测：用万用表的电阻挡对元器件进行逐一检测，对不符合质量要求的元器件剔除并更换。

（4）元件预加工。

（5）装配工艺要求。按图 9-3-3 进行安装。

① 电阻、二极管均采用水平安装方式，高度紧贴印制板，色码方向一致。

② 电容采用垂直安装方式，高度要求为电容的底部离板 8mm。

③ 所有焊点均采用直脚焊，焊接完成后剪去多余引脚，留头在焊面以上 0.5～1mm，且不能损伤焊接面。

（6）自检：对已完成的装配、焊接的工件仔细检查质量，重点是装配的准确性，包括元件位置、电源变压器的绕组等；焊点质量应无虚焊、假焊、漏焊、搭焊及空隙、毛刺等；检查有无影响安全性能指标的缺陷；元件整形。

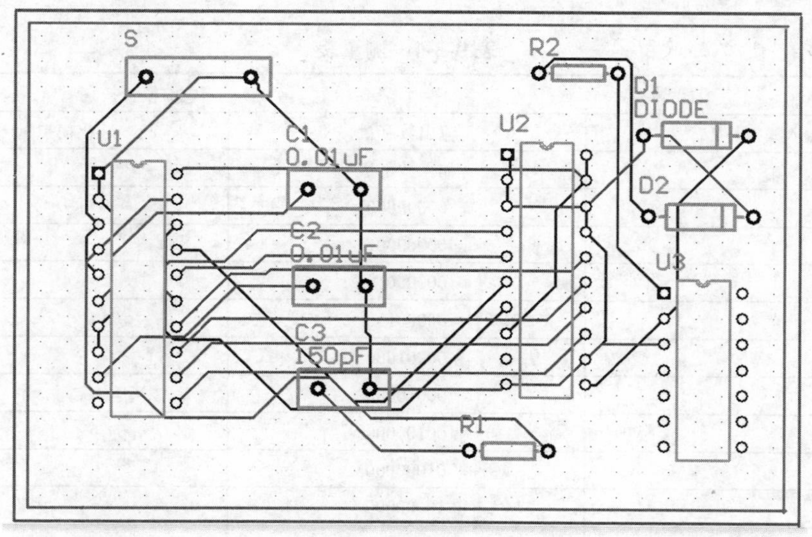

图 9-3-3　A/D、D/A 转换印制板图

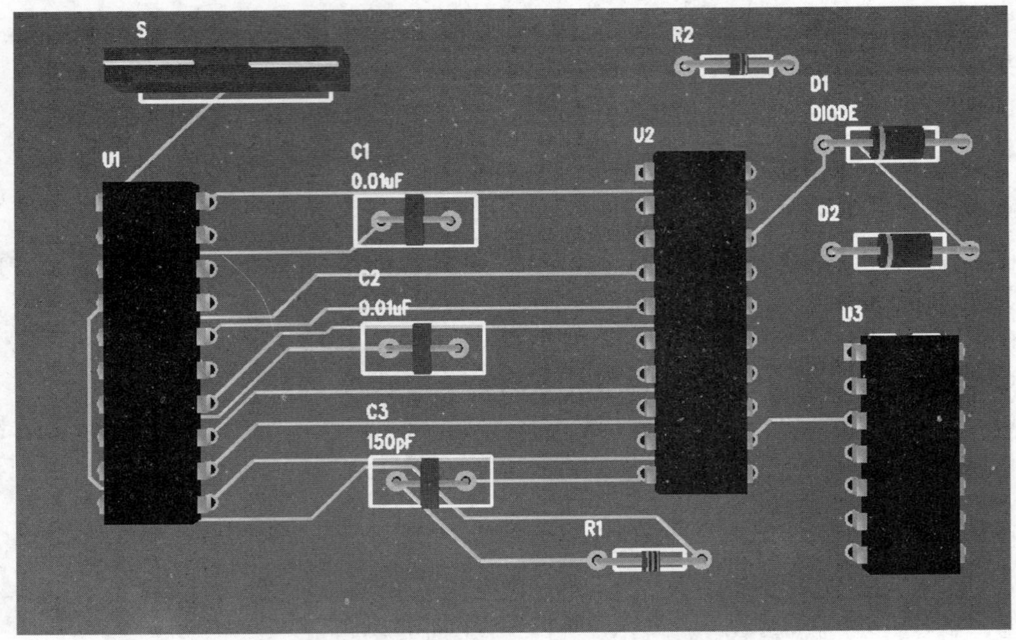

图 9-3-4　A/D、D/A 转换 3D 仿真图

3. 调试、测量

（1）接通模数转换电路，V_{CC}用 5V 直流电源，输入模拟量 U_i 在 0～5V 范围内调整，输出数字量用板上电平指示器指示。调节 U_i 使输出数字量按表 9-3-1 所示变化，用数字式万用表测量相应的模拟量。填入表中左方。

表 9-3-1　测量表

模/数转换		数/模转换
输入模拟量 U_i	输出数字量	输出模拟量 U_o
	输入数字量	
	00000000	
	00000001	
	00000010	
	00000100	
	00001000	
	00010000	
	00100000	
	01000000	
	10000000	
	11111111	

（2）再接通数模转换电路，输出 U_o 用数字万用表测量记录在表右方。

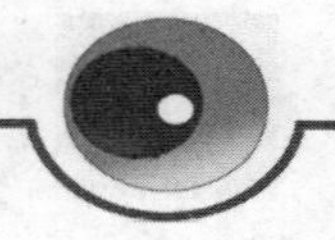

4. 课题考核评分标准（见表 9-3-2）

表 9-3-2　评分标准

项目及配分		工 艺 标 准	扣 分 标 准	扣分记录	得分
装配	插件 25 分	1. 电阻水平安装，贴紧印制电路板，色标法电阻的色环标志顺序一致 2. 发光二极管垂直安装，高度符合工艺要求 3. 按图装配，元件的位置、极性正确	1. 元件安装歪斜、不对称、高度超差、色环电阻标志方向不一致每处扣 1 分 2. 错装、漏装每处扣 5 分		
	焊接 30 分	1. 焊点光亮、清洁，焊料适量 2. 无漏焊、虚焊、假焊、搭焊、溅锡等现象 3. 焊接后元件引脚剪脚留头长度小于 1mm	1. 焊点不光亮、焊料过多过少、布线不平直每处扣 0.5 分 2. 漏焊、虚焊、假焊、搭焊、溅锡每处扣 3 分 3. 剪脚留头大 1mm 每处扣 0.5 分		
	总装 15 分	1. 整机装配符合工艺要求 2. 导线连线正确，绝缘恢复良好 3. 不损伤绝缘层和表面涂覆层	1. 错装、漏装每处扣 5 分 2. 导线连接错误每处扣 5 分。绝缘恢复不合要求扣 5 分 3. 损伤绝缘层和表面涂覆层每处扣 5 分		
调试	30 分	1. A/D 转换是否正常 2. D/A 转换是否正常 3. 测量数据是否准确	1. A/D 转换不正常，扣 10 分 2. D/A 转换不正常，扣 10 分 3. 数据测量错误，每处扣 1 分		

思考与练习

一、填空题

1. D/A 转换器是把__________信号转换为 _________信号。

2. A/D 转换通常经过________ 、_________ 、_________ 、_________ 四个步骤。采样信号频率至少是模拟信号最高频率的________倍。

3. 设 ADC 输入模拟电压的幅度为 U_m，把它转换成 n 位数字信号，那么 ADC 的分辨率是 ________。

4. ADC 的最大输入模拟电压为 l2V，当转换成 10 位二进制数时，ADC 可以分辨的最小模拟电压是_________mV；若转换成 16 位二进制数，则 ADC 可以分辨的最小模拟电压是_________mV。

5. A/D 转换器的主要技术指标有_________、________、__________。

6. 对于一个 12 位的 D/A 转换器，其分辨率是__________。

二、综合题

1. 常见的 D/A 转换器有哪几种？其组成框图是怎样的？

2. A/D 转换器的分辨率和相对精度与什么有关？

3．A/D 转换器的主要技术指标有哪些?

4．影响 D/A 转换器精度的主要因素有哪些?

5．12 位的 D/A 转换器的分辨率是多少？当输出模拟电压的满量程值是 10V 时，能分辨出的最小电压值是多少？当该 D/A 转换器的输出是 0.5V 时，输入的数字量是多少？

6．逐次逼近式 A/D 转换器中采用 8 位 D/A 转换器提供比较电压，时钟频率 f_s=500kHz，问完成这次转换所需的时间为多长?

参 考 文 献

1．范次猛主编. 电子技术基础. 北京：电子工业出版社，2009
2．陈振源、褚丽歆主编. 电子技术基础. 北京：人民邮电出版社，2006
3．陈梓城、孙丽霞主编. 电子技术基础. 北京：机械工业出版社，2006
4．石小法主编. 电子技术. 北京：高等教育出版社，2000
5．张惠敏主编. 电子技术. 北京：化学工业出版社，2006
6．郑慰萱主编. 数字电子技术基础. 北京：高等教育出版社，1990
7．沈裕钟主编. 工业电子学. 北京：机械工业出版社，1996
8．唐成由主编. 电子技术基础. 北京：高等教育出版社，2004
9．刘阿玲主编. 电子技术. 北京：北京理工大学出版社，2006
10．王忠庆主编. 电子技术基础. 北京：高等教育出版社，2001
11．胡斌主编. 电子技术学习与突破. 北京：人民邮电出版社，2006
12．杨承毅主编. 模拟电子技能实训. 北京：人民邮电出版社，2005
13．罗小华主编. 电子技术工艺实习. 上海：华中科技大学出版社，2003
14．黄士生. 无线电装接工（初、中级应会）. 无锡职业技能鉴定指导中心，2004
15．胡斌主编. 电源电路识图入门突破. 北京：人民邮电出版社，2008
16．胡斌主编. 放大器电路识图入门突破. 北京：人民邮电出版社，2008
17．陈小虎主编. 电工电子技术. 北京：高等教育出版社，2000

反侵权盗版声明

举报电话：（010）88254396；（010）88258888
传　　真：（010）88254397
E-mail:　　dbqq@phei.com.cn
通信地址：北京市万寿路 173 信箱
　　　　　电子工业出版社总编办公室
邮　　编：100036

验证码（资料包下载密码）使用说明

本书封底验证码即为配套资料包下载密码。

下载电子教学参考资料包前请登录华信教育资源网（www.hxedu.com.cn），免费注册成为网站的会员，注册并激活会员账号成功后，请先用注册用户在网站登录，然后用本书书名或作者名检索本书，单击封面或书名进入本书终极页面，可见本书配套资料下载，点击下载按钮，会弹出资料包下载密码输入框，请输入封底标签上的验证码，验证通过后即可下载，下载时请勿使用网际快车或迅雷等下载工具，资料包下载密码只能使用一次，逾次作废。

本书验证码在资料包下载时能够验证通过，则说明本书为正版图书。

使用本资料包下载密码下载资料包时如有任何问题，请拨打电话 010-88254485 或发邮件至 hxedu@phei.com.cn